U0185826

科学之光
LIGHT OF SCIENCE

科学文化经典译丛

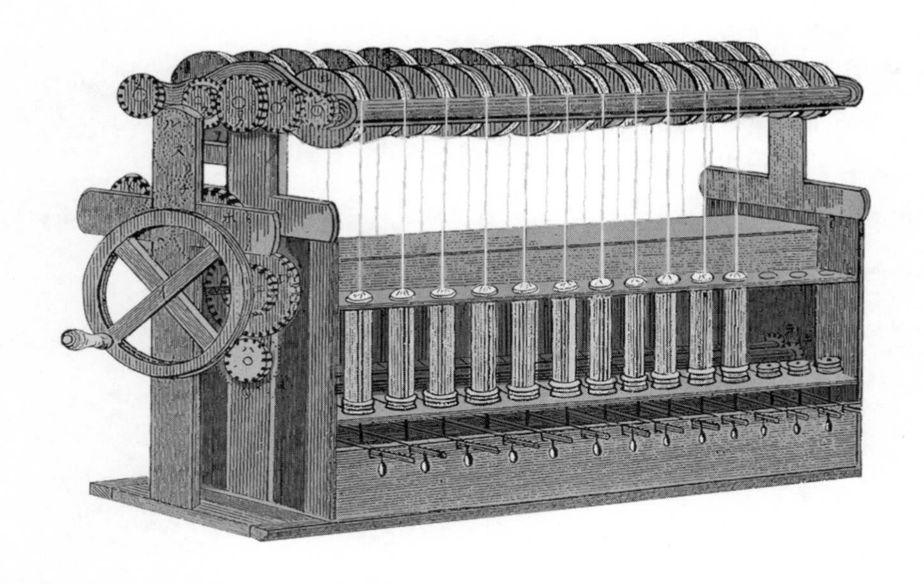

日本近代技术之路

传统与近代的互动

日本近代技術の形成
〈伝統〉と〈近代〉のダイナミクス

[日] 中冈哲郎　著
陈宝剑　王　蕊　译
萨日娜　审译

中国科学技术出版社
·北　京·

图书在版编目（CIP）数据

日本近代技术之路：传统与近代的互动 /（日）中冈哲郎著；陈宝剑，王蕊译 . —北京：中国科学技术出版社，2024.1

（科学文化经典译丛）

ISBN 978-7-5236-0290-4

Ⅰ. ①日… Ⅱ. ①中… ②陈… ③王… Ⅲ. ①科学技术—技术史—研究—日本—近代 Ⅳ. ① N093.13

中国国家版本馆 CIP 数据核字（2023）第 214317 号

总 策 划	秦德继
策划编辑	周少敏　李惠兴　郭秋霞
责任编辑	李惠兴　汪莉雅
封面设计	中文天地
正文设计	中文天地
责任校对	焦　宁
责任印制	马宇晨

出　　版	中国科学技术出版社
发　　行	中国科学技术出版社有限公司发行部
地　　址	北京市海淀区中关村南大街 16 号
邮　　编	100081
发行电话	010-62173865
传　　真	010-62173081
网　　址	http://www.cspbooks.com.cn

开　　本	710mm × 1000mm　1/16
字　　数	320 千字
印　　张	27.75
版　　次	2024 年 1 月第 1 版
印　　次	2024 年 1 月第 1 次印刷
印　　刷	河北鑫兆源印刷有限公司
书　　号	ISBN 978-7-5236-0290-4 / N · 315
定　　价	128.00 元

前　言

对于明治[1]时代以来的日本人来说，日本的工业化也像18世纪中叶，以英国为首的西欧各国推行的“工业革命”一样实现工业及社会经济的发展。当笔者还是学生的时候，就曾从这个角度对西欧的工业革命进行过详细的研究，并将其与日本的工业化进程做了比较，指出日本工业化对“工业革命”的歪曲，以及日本工业后进性的残存、日本工业对殖民地技术的依赖等问题的研究比较多。基于上述研究背景，本书的主要观点如下：从全球史的视角出发，对于工业化起步晚于西欧的国家而言，工业化是本国原有的经济和社会体制响应来自外部的欧洲工业经济的强烈力量而开始的发展。从本质上讲，这样的工业化具有扎根于本国传统经济和社会的要素与外来的欧洲工业经济要素相互交融后形成的“混血型”结构。因此，日本的工业化并不是对工业化的歪曲，而是“后发工业化”的独特表现。

基于上述主张，本书把“日本后发工业化”的起点设置在19世纪中叶。彼时，以大炮和军舰为先导的西欧工业经济与锁国的[2]幕藩体

① 日本明治天皇在位期时期使用的年号，使用时间为1868年10月23日至1912年7月30日。（如无特别说明，本书页下注均为译者注）

② “锁国”又称“海禁”，是一种官方禁止民间私自出海、限制外国商人前往本国通商的举措。日本的锁国时期大致为1639—1854年，该时期仅在长崎港设置“出岛”作为对西方的唯一窗口。

制[①]下成熟的手工业和传统经济相遇。随之而来的是从“攘夷”[②]转变为“倒幕”[③]的维新运动大获成功。在这样的背景下，日本社会逐渐呈现出两个不同的派别。第一个派别以政府、商界人士、知识分子为代表，他们以“西欧工业化”为目标，主张发展机械化大型工业；第二个派别以日本传统手工业者为代表，其在江户时代[④]便取得了稳定的发展，并有力地回应了欧洲工业经济的进入，尔后继续发展。这两个派别很好地结合在一起，有力地带动了日本的后发工业化，推动了日本社会的发展。不过，在日本后发工业化的进程中，日本的近代技术是如何形成的呢？这正是本书要呈现给读者的。

本书第一章至第三章讲述了日本的“幕末时期”[⑤]及明治时代。笔者对日本后发工业化的理解，在笔者长年对发展中国家的“技术转移”的研究中变得愈发深刻。1983 年，笔者曾在墨西哥学院大学（El Colegio de México）待过很长一段时间，当时笔者面向该校亚洲研究科的十几名研究生和老师开设过一门叫作“日本近代技术的形成”的课程。本书第一章至第三章的内容，几乎都是在当时的授课讲义的基础上整理而成的。笔者希望读者站在墨西哥学生的立场，从全球史的视角出发，仔细阅读第一章至第三章关于日本幕末时期及明治初期的故事，并结合前三章所提出的问题，

---

① 幕藩体制是指日本 17 世纪由幕府将军德川家康建立的、由幕府（将军在中央行使武家政权）和藩（地方封建领主实行区域管辖）相结合的统治模式。

② 源于中国儒学的术语，本书中特指日本 17 世纪至明治时代，幕府为巩固政治而提倡的观念，在日本各地方形成响应，成为“尊王攘夷派”，又称“尊皇攘夷派”。

③ 本书中的“倒幕”，特指日本 1853 年至 1869 年针对推翻幕府政权而发起的运动。运动的参与者被称为“倒幕派”。本书中，“讨幕”一词与该词同义。

④ 日本的江户时代大致为 1603—1867 年，以德川家康于 1603 年在江户地区开设幕府政权为起点，以 1867 年幕府将政权还给天皇为结束点。

⑤ 日本的“幕末时期”指的是江户时代后期，幕府政权的末年。大致时间为 1853—1869 年，以结束日本锁国状态的“黑船来航”事件为始，以结束幕府统治的“戊辰战争”为终。本书中部分地方简称其为“幕末”。

认真阅读第四章及以后章节中所写的关于两个派别相互作用并取得发展的内容。笔者相信，通过阅读本书，读者一定可以发现一个不同于以往所了解的“日本近代技术”形象。

本书第四章以传统纺织业为例讲述日本的“原始工业革命”。很多人关注“日本的工业革命”。作为自 1886 年开始的维持经济增长的主要部分，以手工业为基础的传统工业，受“开港”和“维新”创造的新市场条件及欧洲工业经济的影响，开始了“原始工业革命”。商人们最先关注到了细纱，因为它有着与丝绸相似的特质，他们投入了一些利用细纱生产的新商品群；手工业者们积极引进“雅卡尔织布机”“飞梭机”等适用于手工业的西方器械。不管是商人还是手工业者，他们都对来自中国及印度等海外国家的纺织品的美丽着迷，并在它们的刺激下开始发展日本的纺织业。可以说，他们的行为对于欧洲工业经济制品的冲击，是极其自然的一种反应。

不过，随着日本对西欧棉纱进口需求的加速增大，导致贸易收支的恶化，传统纺纱业的态势已然威胁到了经济的增长。基于此，本书第五章讲述政府主导的“2000 锭纺织”培育政策。但是，进口的美国棉用纺纱机完全不适合超短纤维的日本棉，令从业者困苦不已。不过，在形成相应技术知识体系后来理解困难的源头，人们积极探寻适合的纺纱机，纺织业才开始有了长足的发展。这是基于对日本近代技术人员的教育培训及在英国兰开夏郡的印度棉（其纤维比日本棉长，但比美国棉短）纺纱技术开发的共同努力的结果。

本书第六章主要讲述釜石钢铁厂与釜石田中钢铁厂的故事。釜石地区是日本有名的“南部铁”的故乡，工部省[①]曾在此建造炼铁用的大高炉，但以失败而告终。而在釜石钢铁厂的旧址上成立的“釜石田中钢铁厂”却不

① 工部省是日本明治维新时期的中央机构，设立于 1870 年 12 月，下设矿山寮、铁路寮、造船寮等机构，由日本前首相大隈重信领导，第一任工部卿是伊藤博文。它是日本经济走向现代化的开路机构。于 1885 年 12 月撤销。

断成长。该章节在对这两个钢铁厂进行比较的同时，探寻釜石田中钢铁厂成功的原因。釜石田中钢铁厂重视与传统炼铁地区的山林经济的平衡，建造水车动力的小型木炭高炉。虽然他们无法提炼出近代机械工业需要的生铁，却不断改善、努力，最终提炼出工部省高炉作业用的焦炭。因此，釜石田中钢铁厂也成为日本近代炼铁技术形成与培养炼铁技术人员的绝好的舞台。

本书第七章借用“技术跳跃”的概念描述了日本近代造船工业。明治初期的蒸汽船需要消耗大量煤炭。与政府和知识分子的“汽船信仰”相矛盾的是，初期的蒸汽船与不使用煤炭的传统帆船在海运上相比，几乎没有可以对等竞争的位置。好不容易才在平静的濑户内海和琵琶湖的木造小汽船渡船事业中发现了适当的位置，日本近代造船工业由此实现起步，经过不断的成长、竞争，才有了长足的发展。

本书第四章至第七章，聚焦于日本近代转型期的传统工业、机械纺织工业、钢铁工业、造船工业四大工业中的“传统与外来”，以案例记录的方式呈现给读者。这四个章节中的内容，与以往的记述整个工业领域的、追求时代脉搏的技术史不同，只涉及上述四大工业，因为这四大工业在传统技术与西方工业制品和技术的结合互动中取得了长足的、有力的发展，可以说它们是幕末时期到明治末期工业的典型代表。不过，其中的主题是矛盾，即在传统与外来的结合互动中产生的矛盾，这些矛盾是造成日本工业革命受挫、机械作业不振、粗制滥造等结果的原因。如果这些矛盾得到解决，工业发展一定会进入新的阶段，但与此同时也会产生新的矛盾。要解决这一系列的矛盾，最终成了日本的技术人员和手工业者的工作。在解决这些矛盾的过程中，他们作为“近代技术人员”也在不断成长。为了让不擅长技术的读者能充分理解当年探寻矛盾与解决矛盾的过程，笔者下了不少功夫。

最后的第八章，以回答问题的形式，对幕末以来的工业发展与技术形成进行总结，以期对本书前三章提出的“日本为什么避开了‘发展中国家开发式’的道路”这一问题作出回答。近代技术是人类的共同财产，它主要由高等教育培养的“技术者”这一社会团体所支撑。从这一点讲，近代技术也拥有国家的个性。基于这一立场，该章节尝试分析了20世纪10年代前后代表性的毕业生“技术者”的经验对日本近代技术产生的影响。之所以选择20世纪10年代前后，是因为从这个时期开始，由于政府主导并强行推进的重化学工业化（当时概念等同于“军需工业化”）的介入，原本由两个派别的结合互动所支撑的工业化的发展活力被剥夺，再加上日本逐渐转向对美国的战争，截至日美开战，日本的技术开发成果近乎化为灰烬。至于为什么会出现这样的结果，笔者在该章节中也作了回答。笔者非常期待来自年轻读者的热烈反馈与批判。

（注）本书参考、引用了很多的史料、文献，在此表示感谢。此外，在引用明治时代的史料时，为方便现代读者熟悉、阅读，笔者在原书中把汉字换成了假名①，也添加了标点符号及送假名②等。

（注）本书中出现的日本人名，在出现全名后，由于存在特定时代下的表达习惯，书中会有少量仅写姓氏或名的情况。此外，本书中出现的历史事件，大多仅精确至年月，请读者以具体事实为准。

---

① 假名是日语中的表音文字，与被称作“真名”的日语汉字相对。

② 送假名是指用汉字写日文词语时，为确定其读法在汉字后面写出的假名。比如“話す”的“す”,“聞き取り”的“き”“り”等。

目　录

第一章 工业化的起点

笔者的讲课主题是日本工业化中的技术问题。所谓技术问题，往大了说就是技术、社会和经济的问题。至于从日本的哪个时期开始讲起，取决于我们如何定位日本工业化的开端。

日本的计量经济学家们基于各项指标，认为日本近代经济的发展始于19 世纪 80 年代后半期（即明治十三年以后）。而更偏爱古典概念的学者们则普遍将 1890 年（即明治二十三年）前后视作日本工业革命的起点。以上两种定位并没有太大差异。大致在 19 世纪 80 年代后半期至 90 年代初，日本对工业化的诸项投入与当时的各项社会条件达到了适配状态，日本由此以快于西欧发达国家的速度迎来了经济增长期。

但是，上述时间段是日本工业化开花结果的时期。相较于此，笔者还是倾向于从工业化的开端讲起。从日本的社会经济在工业化的影响下开始发生巨大变化的时刻谈起也未尝不可。一般认为，明治维新和维新政府的主持的各项事业是日本工业化的滥觞。但在笔者看来，日本工业化的开端在明治维新之前便可觅得踪迹。比如在明治维新开始的前一年，即 1867 年（庆应[①]三年），日本在法国巴黎世界博览会（后文简称“巴黎世博会”）上展出了大量展品。19 世纪后半期是西欧各国在工业化形势下龙争虎斗的时期，作为象征工业化的盛典，世博会在当时的作用举足轻重。可以推断，日本之所以对参与这场展览会抱有极大热忱，是因为当时的日本已经将工业化纳入了国家政策。在这个国家的领导人看来，没有工业化，日本就无法与西欧国家平起平坐。

日本当时派了两个代表团来参加这场世博会。一个是江户幕府代表团（法语称“le taïcoun de Yedo”），另一个是萨摩藩[②]代表团（法语称“le prince de Satzouma”）。令巴黎人惊诧的是，双方都拿出了自己的展品，并且均主张己方政府是统治日本的合法政府。由于双方在代表权这一问题上互不相让，法国政府只好计划将日本展馆一分为二，以供两个代表团平等使用。可就在此时，肥前藩[③]也提出要参展，于是日本馆最终被一分为三。日本曾长时间处于锁国状态，最终在美国和西欧各国的施压下签订了开港条约[④]，1867 年是签订条约后的第 9 个年头。也就是说，日本刚刚从长期遗世独立的梦境中清醒过来，就使尽了浑身解数，意图使自己在这场工业盛典中占据一席之地。日本的这种举动和中国对世博会的态度形成了鲜明的对比。在 17 世纪至 18 世纪，欧洲在思想和文化领域上受中国影响颇深。但无论法国大使怎么劝说，当时的中国对世博会始终兴致寥寥。巴

---

① 日本江户时代的最后一个年号。使用时间为 1865 年 5 月 1 日至 1868 年 10 月 23 日。

② 日本江户时代地名，其正式名称为鹿儿岛藩，位于九州西南部，是日本江户时代的藩属地，其领地包含现在的鹿儿岛全县与宫崎县的西南部。

③ 日本江户时代的藩属地，位于日本九州岛西北部，其在幕末时期的领地主要包含肥前园佐贺藩领地及其他三个小的支藩领地，因佐贺藩影响力最大，因而这些领地经常被统称为“佐贺藩”。本书中“肥前藩”与“佐贺藩”概念基本等同。

④ 此处所指为截至 1858 年年底日本幕府政权与美、荷、俄、英、法五国签订不平等的开港条约，1858 年幕府政权在未获天皇敕许的状态下与五国签订不平等通商条约，日本历史上也称“安政五国条约”。

黎世博会的中国馆实际上是法国自己布置的。与此相对，国土面积与中国相比不足挂齿的岛国日本刚向欧洲敞开大门，就向巴黎输送了 3 个代表团，而且这三方还因为代表权问题争执不下。这种对比无疑激起了当时人们的兴趣。当时著名的法国月刊杂志《两世界评论》（*Revue des Deux Mondes*）曾花了 30 多页的篇幅对日本进行了一番评述，其中有一段话这样写道："不同于中国的漠然，为何日本如此急于参与这场文明国之间的竞赛？显贵们都是从日本来的，带的展品也都差不多，可三方却固执地坚持要各展各的，这又是何故？这些谜团定要一一解开。"（Dutchesne de Belecourt，1867）

众所周知，这一时期，日本的政治局势正在发生一连串变化，而这些变化最终导向明治维新。江户幕府维持了近 300 年的统治，以最后一代幕府将军将政权归还给天皇的形式（"大政奉还"）告终。在这一过程中出现了两个派别，一派对政权的返还心怀不满，企图继续维持旧体制；另一派反对江户幕府继续执掌政权。后者就是以萨摩藩为首，集结了肥前藩、长州藩①和土佐藩②一众势力的群体。当时的日本国内两派相争，内战一触即发，所以也难怪双方政府会在巴黎世博会上争相主张自身政权的正当性。这件事恰好反映了当时日本的政治状况。但在我们看来，这一世博会上的小插曲所蕴含的意义却不容忽视。说得明白点，就是作为争执的双方，江户幕府和萨摩藩都意识到：获得世博会这场工业盛典的代表权是一件何等重要的事。笔者想要深入探究的是，这种共同认知的存在是否意味着双方都认为工业关系到国家的根本。日本的领导人对工业化的态度是在什么时期、在何种情况下最终定型的？弄清这一问题不仅是为了理解明治时代之后的日本工业化，也是为了在世界史的视野下考察日本的工业化。

萨摩藩在这场世博会小纷争中表现得尤为积极，而幕府一方则显得颇为被动。在后者眼中，自己只是作为日方代表来参加一场国际活动而已，

① 日本江户时代的藩属地，位于日本本州岛最西端。

② 也称高知藩，为日本江户时代的藩属地，位于日本四国岛南部。

这也是听从了法国大使的建议。虽然此时的幕府已如风中残烛，但仍旧掌握着日本政权，因此他们从未怀疑过自己作为日方代表的正当性。为理解萨摩藩一方采取这种态度的原因，五代友厚的经历是最好的分析材料。五代已于两年前（1865 年）随萨摩藩一众留学生远赴英国。由于当时幕府限制出境，五代等人的做法实际上属于违反禁令的“集体偷渡”行为。但这一现象也表明，当时的萨摩藩已经开始有组织地开展向欧洲学习的工作。五代之所以会赴英，是因为他想从当时有名的机械制造商普拉特兄弟公司那里购买一套纺织设备。该设备于 1867 年（庆应三年）在鹿儿岛安装完成，日本最早的机械纺织厂由此开始运营。此时萨摩藩已正式走向工业化。购入设备后，五代并没有直接回日本，而是去了法国并在当地结交了比利时贵族蒙布朗（Montblac）①。两人商议在萨摩藩开一家主攻地下资源（矿产）开发的公司。虽然该计划无果而终，但五代友厚之后得到了蒙布朗的帮助，为萨摩藩获得世博会日本代表权一事积极进行了各种外交周旋（五代友厚,《回国日记》)。

鹿儿岛现今仍留有一枚萨摩藩制作的勋章。因为蒙布朗说法国人喜爱的勋章在外交上会大有用处，五代友厚便请人着手制作勋章并以日本政府的名义送给了交涉各方。尽管不知道法国人看不看得上这种粗制滥造的便宜货，但五代他们总归是迈出了这一步。请注意，此时距日本开港不过八九年而已。在此前的 300 年里，日本与世界隔绝，武士文化兴盛。五代友厚就成长在这样的环境里，与外交无缘。但他却在幕府尚未倒台之时一门心思地要从其手中夺过世博会代表权，可见萨摩藩长久以来对工业化的关切。另有一点需要牢记的是，在幕末内战②中取得胜利并成为明治政府核心成员的正是同萨摩藩关系密切的人们。

---

① 蒙布朗伯爵的国籍也有法国一说，他的家族在欧洲具有较大声望，他本人曾于 19 世纪 50 年代和 60 年代赴日本。

② 此处内战指从庆应四年（1868 年）至明治二年（1869 年）新政府军击败江户幕府军势力的一系列内战，史称“戊辰战争”。

萨摩藩早在1867年以前就开始努力推进工业化，这一点无须赘言。此外，萨摩藩和同在九州的佐贺藩的工业化进程联系紧密，两者相互影响。二者开始致力于尝试引进和学习西欧工业技术是在19世纪40年代末（嘉永[①]年间），正值西欧舰队向日本施加军事压力的时期。作出这一选择很大程度上是由于压力产生的危机感。萨摩藩位于日本西南端，旁边就是琉球群岛。群岛附近时常有寻求食物和饮水补给的西欧船只出没。中国在鸦片战争（1840—1842年）中战败后，琉球群岛附近的西欧船只数量猛增，这一现象增强了萨摩藩和佐贺藩的危机意识，使他们不禁认为：下一个就是日本。在这种情况下，佐贺藩的反应更为直接。在实行锁国政策的时期，日本唯一的对外港口长崎港便是由佐贺藩参与护卫的。武士的本职任务是战斗，即使300年的和平时光使其他武士忘了本，佐贺藩的武士也依旧时刻保持着警惕，钻研、磨练炮术，深化与到访长崎的荷兰人的交往，掌握国际局势。西欧诸国蚕食着亚洲各国，并逐渐在向日本逼近，这些佐贺藩都看在了眼里。正因如此，中国战败的消息一传来，佐贺藩就开始着手扩张军备了。这是日本在西欧脚步临近之时作出的最初反应。

下一章我们会深入探讨该时期这些藩采取的具体措施，此处只作如下简单说明：最初，佐贺藩试图在居留长崎的荷兰人的帮助下铸造性能优越的荷兰式青铜炮，并把火炮也改造成新式的。如该事实所呈现的那样，佐贺藩之所以会采取这种行动，本质上是为了利用西欧的技术来制造武器，以对抗西欧的舰队。仔细想来，这样的举动多少有些滑稽。彼时的欧洲即将经历工业产品“由铁到钢”的转变。“若是从欧洲引进技术制造青铜大炮就打得赢欧洲舰队”的想法不免让人觉得讽刺。然而事实上，这样的构想具有非常重要的意义。这一点随后会讲到。毋庸置疑的是，这是日本人开始真正对欧洲工业技术感兴趣，并努力将其收为己用的最初尝试。日本的

① 日本江户时代末期孝明天皇所用年号。使用时间为1848年2月28日至1854年11月27日。

工业化道路以及日本近代技术的形成就是从这里开始的。

大家应该也都注意到了，这样的定位同时也为从全球史的视角比较日本的工业化和拉丁美洲地区[①]（后文简称“拉美地区”）的工业化设定了一个坐标轴。面对来自西方的欧洲工业经济的威胁，日本的两个藩各自作出了反应。笔者就先从这里讲起。现在若要讲述拉美地区的经济史，一般也是从自东而来的欧洲工业经济前线与本土经济的相遇说起。自西涌向日本的波涛和由东奔向拉美地区的浪潮实为同一物。这样便能从全球史的角度比较此后日本的发展和拉美地区的发展了。在名著《开发与发展中国家的开发》(*Development and Underdevelopment*）中，拉美地区经济专家塞尔索·富尔塔多（Celso Furtado）认为：

> 工业化发端于18世纪的欧洲。它的出现使当时的世界经济开始走向解体，奠定了此后世界发展的基础，其影响几乎波及了整个世界。(Furtado，1964）

这正是拉美地区和日本等地之后发展的原动力。据富尔塔多所言，工业化强大的影响力此后主要表现在以下3个方面：

首先，在欧洲内部，前资本主义的作坊式生产逐渐解体，工业经济开始形成。其次，由此形成的欧洲工业经济前线此后推进到了美国、加拿大和澳大利亚等人口稀少、经济尚未萌芽的地区，使那些地方的经济发展几乎与欧洲工业经济别无二致。最后，这条前线延伸到了“前资本主义经济下的各类人口聚居区且人口稠密的”地区。

毫无疑问，欧洲工业经济的前线最后必定延伸到了拉美地区、亚洲和非洲等现今在走“发展中国家开发式”道路的地区。

---

① “拉丁美洲地区”泛指美国以南以拉丁语族为官方语言的众多美洲国家和地区。

日本则在19世纪40年代与这条自西而来的前线交会。富尔塔多将各地既存经济与欧洲工业经济发生的碰撞和重组，连同当今的“发展中国家开发式”问题结合在了一起。由于这一思路触及了我们接下来所要解决的问题的核心，笔者便在此作如下引用，并尽可能正确地将富尔塔多的原意表达出来。

> 这些地区长久以来都有人居住，在活力旺盛的资本主义经济长驱直入抵达当地时，人们的反应各不相同。有些地方的人们只关心贸易航线的开通，另一些地方的人们则从一开始就瞄准了原料生产。原料是工业发展的核心，其需求当时正在持续走高。受当地具体情况以及资本主义扩张的方式和程度的影响，资本主义对各地传统结构的冲击因地而异。虽说如此，最后的结果却总是一样的，即某种“混血”经济结构——一半是资本主义经济体系，另一半是传统经济体系——最终诞生。当下的发展中国家的开发问题实质上就是双重经济问题。（来源同前）

虽然富尔塔多在这里分析的主要是拉丁美洲地区的情况，但这一分析同样适用于当时的日本。日本人口稠密，其特殊的经济和社会形态具有前资本主义的特征。幕末时期，日本小小的国土由将近300个藩[①]组成，各藩由手握强权的大名[②]及其麾下的武士统治。大都市江户容纳了将近200万人口，天皇任命的将军在此设立名为“幕府”的中央政府，掌握全国统治权，坐拥强大的军事力量，将各藩完全纳入统辖范围中。此种政治形态即便称作封建制度也不为过。国家的经济基础则是以水田稻作为中心的农

---

① 江户时代，封建领主大名所支配、糙米收获量在1万石及以上的土地被称为“藩”。

② 本书“大名”指日本古时对封建领主的称呼，该称谓可追溯至平安时代，到了江户时代，则采用“藩”这一概念衡量大名的实力。

业和手工业。尽管江户、大阪[1]和京都等大都市及其周边的商品经济高度发达，市民文化日趋成熟，但这些都还称不上是资本主义性质的。再加上幕府在约 300 年的时间里禁止民间与海外进行任何交流接触，只通过长崎港与荷兰和中国进行贸易往来（锁国政策），所以当时日本的社会文化形态完全是独立的、特殊的、非西欧的。这样特殊的社会一旦与西欧接触，就会如富尔塔多教授所言，走上一条“混血型”的特殊的经济发展道路。从下一章开始我们会详细讨论这个问题。

但即便如此，日本还是成功规避了“发展中国家开发式”的道路。为何会如此呢？这是笔者讲课要解决的最大问题。接下来我们就在寻求解答的过程中对日本的工业化和近代技术形成的历史进行一番梳理。如笔者刚才所说，首先要从佐贺藩和萨摩藩的武士们讲起。

① 江户时代中期至明治时代初期，“大阪”与“大阪”这两个名字是并用的，因此本书的相关年代的部分，也有使用“大阪”的说法。

第二章

武士工业

天保[①]十三年（1842 年），佐贺藩开设“兰传石火矢制造厂”。所谓“石火矢”指的就是大炮。以居留在长崎的荷兰人为中介，青铜炮得以进口。以此为样板，该制造厂在荷兰人的秘密指导下开始制造青铜炮。如前文所述，这既是对中国在鸦片战争中战败这一消息的反应，也是武士准备着手应对来自西方的威胁的信号。

鸦片战争时期是值得注意的一个时间段。后来参加“倒幕”运动的许多武士都是在此时首次将西欧视为真正的威胁。儒家思想贯穿德川政权[②]的政治哲学，武士出身的知识分子们从小熟读中国古典，借助中国哲学思考治藩之道。对于他们而言，中国不是单纯的海外一国，而是远高于己的巨人，是周遭世界的中心。西欧轻而易举地击败了这个巨人，也自此成了日本武士们的心头之患。西欧舰队的出现使得国内混乱加剧，不久，动乱就

① 日本江户时代仁孝天皇所用年号，使用时间为 1830 年 12 月 10 日至 1844 年 12 月 2 日。

②“德川政权”基本等同于江户时代德川幕府的统治期。

演变成了革命，最终引发了约30年后的那场政治变革。而这一切都是缘于当初面对西欧威胁时所作出的种种本能反应。以佐贺藩为开端，由武士主导的武器制造计划无疑是这一大浪潮中的一环。

铜作为工业材料历来价格高昂。佐贺藩以青铜炮的铸造起家，对铜的需求量大，在铸造上又急于求成，致使铜供应不足，价格飞涨，该藩一时束手无策。虽然佐贺藩的财力在诸藩之中数一数二，却也被逼到了财政无力负担的地步。与铜相比，铁既廉价又坚实。不得已之下，藩中军事技师立即调整方向，以铁代铜。剖析这一过程对我们理解之后各藩的武器制造计划大有裨益。

他们首先要做的是拿到写有铁炮铸造法的书，这件事被委托给了居留在长崎的荷兰人去办。最终，他们如愿拿到了乌尔里希·胡格宁（Ulrich Huguenin）[①]的著作《列日[②]炮兵工厂的大炮铸造法》。该书于1826年在荷兰出版。从1847年和1848年（弘化[③]四年和五年）到1852年（嘉永五年），该书的3种译本相继出现，分别名为《铁熕全书》《西洋铁熕铸造篇》和《铁熕铸鉴图》。除手抄本外，《铁熕全书》和《铁熕铸鉴图》还以木版印刷的方式出版。杉谷雍介[④]是《铁熕全书》最初的译者之一，时任佐贺藩铁炮铸造计划主任技师，从译本的完成时间来看，此书的翻译工作与佐贺藩的技术转移有着紧密的联系。此外，该书在短时期内就出现了3种译本，这就说明它的影响力已经扩展到了佐贺藩以外的广大地区，而此时的日本也具备相当数目的荷兰语翻译人才。

由于江户幕府实行锁国政策，到长崎与荷兰人交流成了日本人满足自

① 又译作“于尔里克·于格南”，活跃于18世纪中叶至19世纪初期的荷兰炮兵军官，也是比利时皇家科学院的学者。

② 如今与荷兰接壤的比利时城市。

③ 日本江户时代仁孝天皇、孝明天皇所用年号，使用时间为1844年12月2日至1848年2月28日。

④ 此人的名字也写作“杉谷雍助”。

己对海外信息的求知欲的唯一手段。在江户时代，有志青年会为了学习西欧的科学，特别是医学而远赴长崎，学习荷兰语、阅读荷兰书籍。这种研究被称为“兰学”[①]。到了这一时期，来自西方的威胁使日本的神经愈发紧绷，兰学也随之兴盛。江户和大坂还开办了有名的兰学塾，来自各地的有识之士聚集于此，共同学习、辩论。他们对武器制造计划极为感兴趣，也抱有相当大的野心。

历经种种困难，佐贺藩终于建造出了第一台反射炉[②]，调试后准备着手铸造用于对抗西欧的大炮。此时已是 1852 年，西欧军舰在长崎等日本近海地区相继出没，不断向日本示威，催促其开港。面对这种情况，各藩的心都提到了嗓子眼。继佐贺藩之后，萨摩藩和水户藩[③]也先后开始建造反射炉，之后是长州藩、韭山代官所[④]、冈山藩[⑤]和鸟取藩[⑥]等地，最后发展成了全国性的大炮铸造运动。据该运动研究者大桥周治所言，除了上述 7 个藩及属地以外，佐贺藩的邑领[⑦]武雄也位列其中。在福冈藩的博多，铸造工作被委托给了铸物师[⑧]矶野七平；在岛原藩[⑨]的丰前[⑩]安心院地区的

---

① 日本江户时代通过荷兰语对西方的学术、技术、文化等进行研究的学问的总称。江户中期以来，由青木昆阳、前野良泽等人翻译荷兰书籍而兴起。日本门户开放后因英法美等国家的语言和先进的科学技术以及科学知识的传入而逐渐衰落。

② 反射炉是金属熔炉的一种，在 18 世纪至 19 世纪开始用于铁的精炼，通过加热炉内气体形成高温区间，重新熔化生铁。

③ 日本江户时代的藩，位于今茨城县中部及北部。

④ 江户幕府为控制伊豆国一带而设置的官厅，“代官所”是江户时代统治幕府直辖地并掌管年贡收取的机构，或指各藩管理土地及农业政策、法令、制度等的机构。位于今日本静冈县伊豆半岛北部的伊豆之国市一带。

⑤ 日本战国时代至江户时代的藩，相当于今冈山县一带。

⑥ 日本江户时代的藩，相当于今鸟取县一带。

⑦ “邑领”指日本较大的藩地附属的小藩地，概念近似于“支藩”。

⑧ 生产铸物的技术人员，常作为日本古代官职，大致形成于平安时代。

⑨ 日本江户时代的藩，今长崎县岛原市一带。

⑩ 此处丰前指“丰前国”的领地，丰前国是日本古代确立的“令制国”（基于律令制所设的地方行政机关）之一。

佐田[①]，反射炉的建造由富农贺来家族经营。截至本书撰写时为止，关于幕府的泷野川反射炉[②]是否建造完成的问题仍待讨论。大桥认为，该反射炉确已完成并投入了使用。尽管实质上铸铁工艺成熟度可达到“生产”标准的只有佐贺藩，但仍有 11 个地区建造了反射炉，富农和铸物师也都参与其中，可见该运动规模之大（大桥周治，1991）。这一运动的中坚力量是各藩的青年兰学家，采用的技术则源于胡格宁的著作。

笔者每每想起这场运动，总觉得不可思议。虽然这无疑是日本引进荷兰技术的一次尝试，但日本在这一过程中从未进口机械装置，外国技师也不曾参与其中。彼时，武士群体将日本传统民间手工艺人、铸物师、木工、陶工和石工等人招致麾下，依靠的基本上是日本传统技术。他们尝试合译技术教程，依图造炉，严格按书中所述操作，熔铁铸炮。也就是说，他们是在试着利用列日炮兵工厂的技术来制造铁制大炮。他们计划依样画葫芦，造出反射炉、大炮、炮筒镗床以及书中所画的高炉。不过，如此宏图大业真的能实现吗？

事实上，若是将众人遇到的困难件件数来，便可知他们时常为各种棘手问题所困，即便从现在看来，都是些啼笑皆非的问题。当时，萨摩藩的一号反射炉内侧的耐火砖在测试时由于无法抵御炉内高温，落入稀烂的熔铁之中。此外，由于建造反射炉时并未考虑根基问题，炉子渐渐倾斜，最后七零八落。这种结构问题的出现可谓家常便饭。水户藩反射炉的排烟管在遇到台风时也变得支离破碎。反射炉这种庞然大物需要强有力的基础作支撑，当时众人并不具备相关知识，只知道照着图样依葫芦画瓢，招致了这种后果。

但更加困难的还属反射炉的操作、熔铁的注入和大炮的建造。佐贺藩的杉谷雍介为我们留下了有关早期操作的宝贵记录，该份记录后被冠名为

---

① 日本旧贵族佐田氏的庄园领地遗址。

② 泷野川反射炉是江户幕府兵器制造工厂“关口制造所”的重要一部分。

“反射炉的由来”（秀岛成忠，1934）。据其记载，反射炉首次运转的情况如下：

> 填生铁一千五百斤[①]，其五分熔解流动，自注口出。终得五十斤左右。余糊其注口，遂不出。五分半熔，止于一间[②]，残存炉内。

约有 900 千克的生铁被投入炉内熔化，流入炉缸的成品却只有一半。当人们想要钻透炉缸壁取出这些成品时，洞口却被黏稠的熔铁堵住，最终注入模子的只有 30 千克左右。“五分半熔，止于一间”一句较难理解，大概意思应该是：剩下的一半无论如何也无法完全熔解，只流出了一间的量。总之，一半以上未能熔解并残留炉内的情况持续了 4 次，熔铁工作悉数失败。但在此期间人们始终在设法升温，最后顺利将炉缸内的熔铁全部注入了模具内。

> 第五次在（嘉永四年）四月十日，始成炮一门，铸芯。

首次测试的 5 个月后，尽管炉内依旧会残留一半左右半熔的铁，但大炮总归是造出来了。所谓“铸芯”是指炮管镗孔是利用砂芯钻出的。众人不胜欢喜。然而在（嘉永四年）四月十八日的试射中，这门大炮的表现却惨不忍睹。杉谷简要记述道：

> 装火药七百钱[③]，填茅栓八寸[④]，始破裂。

---

① 日本传统计量系统“尺贯法”的重量单位，彼时 1 斤约合 0.6 千克。

② 尺贯法的长度单位，1 间约合 1.818 米。

③ 尺贯法的重量单位，“贯”的千分之一，1 钱约合 3.75 克。

④ 尺贯法的长度单位，“尺”的十分之一，1 寸约合 3.03 厘米。

当时，发射大炮要先在底部装填火药，再往上填塞被称为“茅栓”的填充物，之后装入弹丸发射。由于还没有像样的试射场地，试射便在未装填弹丸的状态下进行了。结果炮体破裂，其脆弱性也可想而知。使炮弹向前飞行的同时防止炮体破裂是制造大炮的第一步——这一步的成功与否归根结底要看铸件的质量如何——总之他们无论如何也闯不过这一关，试射一炮体破裂的失败记录接连不断。

《反射炉的由来》一直追踪到大炮制作工作开展的第3年的（嘉永五年）七月五日，即第16次测试的当天。其间虽可见铸件质量的缓慢提升，但未见试射成功的记载。

> 大小炮共十一门。其中铸芯三门，实铸八门，均破裂。另有一门钻孔，一门断面，余四门未动。

所以这其实是炮体破裂的累累记录吧。杉谷的记述异常冷静，不夹杂任何感情。他观察生铁的熔解方式、追踪铁水的光泽变化、调查破裂炮弹断面灰色的浓淡和气泡状况、一有问题便去咨询石见国[①]的吹踏鞴[②]制铁工，再将其说法与胡格宁的描述对照……。这种近代科学精神着实令人感动。正因如此，那一条条简短的失败记录才真真切切地反映了这项事业的艰苦。

记录最后的“铸芯”和“实铸”指的是某种技术要领。要建造大炮，炮膛的制作就更加重要。从前是在铸型中填入砂芯铸成中空炮体，称为“砂芯炮法”。但由该制法建造的炮体强度不高，因此之后又发展出了先铸铁柱再用镗床钻透炮腔的“实铸法”。到了第3年的（嘉永五年）三月，依照胡

---

① 日本令制国之一，位于今岛根县西部一带。

② “吹踏鞴（bèi）”是一种砂铁炼制工艺，“鞴”是鼓风吹火的皮风箱。该工艺能较大程度利用一氧化碳和水，在同一炼制炉一次性同时炼出钢、生铁、熟铁等不同的品种，该炼铁法在日本近代以前承担了国内主要的铁生产任务。又称为“蹈鞴”。

格宁著书插图建造的水车驱动的镗床（即开孔钻台）在佐贺藩投入使用。

> 子闰年三月二十五日始用水车钻开钢铁实铸炮，此炮为总计第十二门。初钻时，锥刀一昼夜入一尺余，……终于五月五日。其间锥刀若有不备，则水车屡损，故颇费时日。五月十二日取炮试射，装铁弹一千零八十钱，火药一千一百钱，始破裂。

钻透一尺就需要花一天一夜，但按理说只要机械运转顺利，用不了一周炮体就能造好，结果却花费了一个半月。“水车屡损，颇费时日”一句生动描绘了日本第一台镗床的运转情况，这台镗床是由日本工匠们仅凭一幅设计图仿制出来的。在试射过程中，这门相对高科技的大炮的炮身再次破裂了。

尽管难以置信，但是经过一次次的失败，佐贺藩已逐渐能够造出可以成功发射的铁炮。据大桥周治推算，从这一时期到明治维新，佐贺藩共造实战可用铁炮约 200 门。他还强调，佐贺藩后期还制造出了带有膛线的“阿姆斯特朗大炮”（大桥周治，1975）。至于他们是如何克服巨大困难，取得如此大的技术进步的，至今还是个谜。虽然存在很多种解释，学者们也进行过激烈讨论，但目前还没有定说。笔者在此暂不深究这个问题，笔者想强调的是，对于当时的众人而言，这种技术上的困难非克服不可，这必会使武士们突破藩界的限制，进行交流合作甚至是组织性的研究。

佐贺藩在建造反射炉的准备阶段就和韭山代官所建立了紧密的合作关系。在佐贺藩将反射炉的计划提上日程的时候，韭山代官江川太郎左卫门[①]（英敏[②]）已经制造了小型实验用反射炉，并已着手进行熔铁研究。佐贺藩建造反射炉时，韭山代官所还派遣了技师和工匠帮助其完成工作。由于当时

---

① “卫门”“兵卫”等，是日本幕府时期聘用人员的官名，隶属于卫府，多为对武士的称谓，称呼方式一般是姓氏加官名。此处官名为“太郎左卫门”。

② 此人的名。

没有经验丰富的外国技师能够进行直接指导，经历过实验的人——哪怕只经历过一次，哪怕是失败的实验——所给的建议就具有了极大的参考价值。两藩的交流如此逐步发展，韭山代官所在建造反射炉的过程中遇到困难时，佐贺藩还派遣了技师和工匠协助应对。此外，水户藩的例子更能体现藩与藩之间交流的广泛性。该藩的铸炮计划基本上是在从其他藩请来的 3 名兰学家的指导下完成的。其中，萨摩藩技师竹下清右卫门还曾参与建造萨摩藩的反射炉。尽管当时还存在诸多限制，但在幕藩体制下，已经出现容许本藩的军事技术专家协助别藩的情况，这不得不说是划时代的。

当时，来自南部藩[①]的大岛高任告诉水户藩，制炮技术与生铁材料是一体的，吹踏鞴炼出的生铁由砂铁加工得来，直接将这种生铁投入反射炉有害而无益。应该先用高炉[②]精炼矿石，再将炼得的生铁用反射炉熔化，如此才能制成精良的大炮。因此，若是能在建造过程中将高炉和反射炉结合使用，自己就接下这份工作，而如果只用反射炉就免谈，因为自己无法负责。令人惊讶的是，大岛高任所言恰好与佐贺藩的制炮历程如出一辙。实际上，佐贺藩在初期操作中遇到的最大困难就是使用了吹踏鞴生铁。因为这种生铁在反射炉中不易熔化。大岛的这番话显示，他不仅熟知佐贺藩反射炉操作上的困难，而且清楚这种困难在冶金学上应该如何解决。佐贺藩遇到的问题很可能已在当时研究胡格宁著作的学者圈里传播开来，众人各抒己见，设法应对，而佐贺藩也从中获得了理论上的启发。竹下清右卫门坚持认为不能使用砂铁，这一主张与其说是大岛个人的见解，倒不如说是兰学家们的共识。

在江户时代，随着时间的推移，兰学的教育与研究体制逐渐超越藩的界限，将各地相关人士联系在一起。这一过程是自然发生的。即便有封建制度的禁锢，如上文所述，一旦到了武士们大展宏图，需要群策群力之时，

① 盛冈藩的别名，今位于日本岩手县中北部及青森县东部一带。

② 高炉相较于反射炉的横向结构，是可将铁矿石转化成生铁的竖式冶炼炉，能够在炼铁过程中通过化学反应有效还原氧化物，去除杂质。

依托既已形成的人脉，超越藩界的交流合作便水到渠成。兰学家们在大炮建造上的相互交流使我们明白了上述事实的重要性。大型兰学塾位于江户、京都、大坂和长崎。这 4 个都市均为幕府直辖地，不隶属于任何藩，来自五湖四海的人们多汇集于此。在这样的环境里，兰学塾的各藩武士之间必然会产生深厚的情谊，相互之间也会进行学术上的交流。

佐贺藩在推进铸炮业的同时，认为有必要加深系统性的实验研究，便于 1852 年（嘉永五年）组建了被称为“精炼方”的专门组织。担任总指挥的佐野常民在京都请到了兰学家福谷启介，和创办“机巧堂”、人称“络缲仪[①]右卫门”的田中久重[②]父子；在和歌山地区，佐野招揽了兰学家中村奇辅等人。值得注意的是，以上事实显示，在招募人才的过程中，以兰学为基础构建起来的人际网络已经开始发挥作用。至少当时的佐贺藩是头一次请外援。几乎在同一时期，福冈藩和萨摩藩等地也成立了这样的研究小组，但从生产力的高低上看，佐贺藩的精炼方鹤立鸡群。之所以会如此，部分原因是前文所述的该藩独特的人才招揽方式。精炼方团队将重点放在了蒸汽机和蒸汽船的研究上，此后不久，佐贺藩已经能造锅炉和蒸汽船。这一成果值得深入阐述。

但是，绝不宜对这种变化中所蕴含的近代化倾向作过高的评价。从整体上看，当时的日本仍被封建秩序所笼罩，水户藩的例子就很好地勾勒出了规制着铸炮业的封建制度的条条框框。大桥周治在水户藩大炮制造所组织结构图中将其性质描绘得很清楚（图 2-1）。负责建造的团队名为“铸铁大铳御制造”，直属于藩主[③]德川齐昭。但建造工作的实际总指挥却是佐久

① 日语写作“络缲”“唐缲”意为“机关”，“络缲仪”多指能够通过拉动一根线，触动机关运作的手动机械工艺，多见于人偶。

② 田中久重，日本细工师，发明家，曾自主制作机械座钟、会写字的人偶及蒸汽机等。田中在大约 19 世纪 40 年代搬至京都学习兰学，并开设“机巧堂”经营制造、销售机械工艺品。

③ 统治一个藩的封建领主。

间贞介，此人官位不高，俸禄只有 10 石 ①。实际上的总执行人是从别藩雇来的 3 名兰学家、几个比佐久间地位低的武士和一众工匠。而比佐久间等

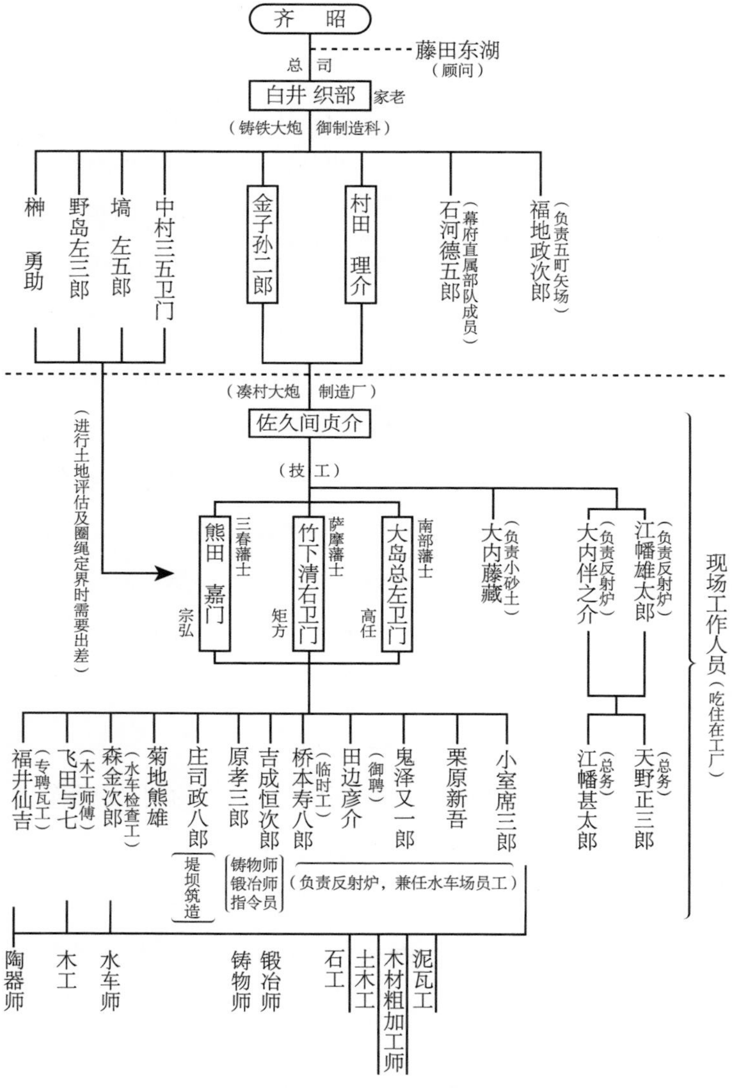

图 2-1 水户藩大炮制造所组织结构图

（该图基于大桥周治，《幕末明治制铁论》，阿久根出版社，1991）

① 体积单位，1 石约合 180 升。此处为当时的武士俸禄以米给付的计量单位。

级高的武士们不清楚反射炉为何物，不了解技术难题，只是高高在上地发号施令。这一事实清晰地反映了该事业在封建社会中所处的位置。围绕开港问题，幕府内部起了冲突，最后导致“安政大狱”[①]（1858—1859 年）爆发。卷入该政治事件的藩主齐昭被判闭门思过，水户藩的铸炮业由此被腰斩，工厂关闭，佐久间贞介也剖腹自尽（大桥周治，1991）。铸炮计划的失败分明是源于幕府的打压，为什么非得以死谢罪呢？为什么剖腹的偏偏是佐久间而不是其他人呢？原因虽然无从知晓，但这场悲剧足以体现封建社会的诸种面相。而这场悲剧也使我们清楚地认识到：在这种环境中成长的武士工业大多会经历怎样的命运。

在当时的日本，封建秩序占据着绝对优势。在与各种近代性的事物相互争斗、相互排斥的过程中，封建的囹圄被打开了一道缺口，近代化的倾向和特征由此显露。越是到运动后期，这道缺口就被扯得越大。工业自身的性质是其与封建制度斗争的力量源泉。与此前的手工业社会不同，工业具有极强的综合性，需要动员和组织大批能工巧匠，即使是制造反射炉这种程度的工作也同样如此。铸物师、锻冶师、陶器师、水车师、木工、泥瓦工、石工等都是必不可少的。光是在募集人才这一项上，小小一藩的界限就会被突破。在涉及专业技能时，不仅是兰学，连和铁[②]的相关知识都需要向藩外人员请教。与技术问题相比，更难应对的是资金问题，就连被称为“西南雄藩[③]”的长州、佐贺和萨摩在出资时都不得不冒着破产的风险。

在岛原藩、鸟取藩和南部藩这些小藩，民间资本渐渐融入了武士工业。鸟取藩的反射炉几乎由坐拥山林的地主们承包，其建造则由丰前安心院地区的铸物师所派遣的工匠协助。其中，丰前安心院地区还助力过岛原藩的

① 发生于日本安政年间（1854—1859 年）的政治事件。事件背景为江户幕府在未得到天皇敕许情况下与西方列强签署不平等条约，并擅自决定继嗣将军，引发国内大名、公卿、志士等的反对。“安政大狱”是江户幕府在幕藩体制下针对主要反对者的打压。

② “和铁”是用日本传统制铁法制出的铁。

③ “雄藩”指具有强大经济实力和影响力的藩。

反射炉建设，并使其以近似于民营的形式取得成功。如前所述，南部藩的大岛高任以制造高炉为条件为水户藩提供协助。高炉建设的地点是南部藩的釜石地区，该地有可用作原料的高品位磁铁矿。而建造时使用的参考资料则是胡格宁的图纸。由于南部藩经济能力极为有限，高炉是由商人出资、在大岛高任的指导下建造的。虽然水户藩的工业不幸中途夭折，但对于南部藩的制铁业从业人员而言，大岛高任的水车送风式高炉（后文简称“大岛型高炉”）可谓一项技术革新。与传统的吹踏鞴制铁法相比，这种技术将木炭用量减少了 2/3，还将此前的使用寿命只有 3 天的炉子升级成了半永久式的。之后，南部藩的铁矿山的所有者们争先恐后地采用大岛型高炉。到明治维新时，已经有 12 个高炉炼铁基地建起，其中南部藩领地内有 10 个，与之相邻的仙台藩内有 2 个（大桥周治，1991）。这表明，在由武士群体推进的“封建”工业化的外缘，封建的工业化已经逐步转化成了资本主义性质的工业化。这一点需要特别关注。凭借着此刻打下的基础，日本最初的近代制铁技术在釜石周边落地生根，使得当地在明治维新后发挥了重要作用。

铁炮的铸造远非武士工业的全貌。除了 11 处反射炉建设工程外，幕府和诸藩还计划创办多家造船厂。既然敌方以舰队的形式而来，军舰和大炮这两个部门自然就成了抗敌计划的核心，但据考证，在预估有可能会爆发陆战的众多藩的主导下，西洋式步枪的制造此时也在如火如荼地进行着（铃木淳，1996）。以铸炮、造船和制枪为支柱，这波大规模的军事工业热潮不断向四方延伸，将 19 世纪 50 年代的全国诸藩都卷入了其中。

如同水户藩反射炉的命运所折射出的那样，武士工业中的大多数工程在 19 世纪 50 年代末就已经终止，坚持到明治时代并与日本近代工业的开端相接续的屈指可数。但正如方才所述，武士群体的参与使日本的封建制度产生了必然性的改变，其重要性是不容忽视的。其中最重要的无疑是武士群体自身所持世界观的变化。萨摩藩身处于这场工业运动的一角，通过追溯其造船计划的终始，我们可以了解这一变化。

1853年（嘉永六年），萨摩藩主岛津齐彬开始着手实施自己的舰队创建计划。该舰队规模很大，由12艘西洋式帆船和3艘蒸汽船组成。与建造反射炉时的情况一样，萨摩藩没有建造西洋式帆船的经验，而实体的蒸汽机恐怕连见都没见到过。藩内有些渔民曾因海难流落到外国，姑且算是接触过西洋船只。这些人之后被召集起来问话，以其描述为依据，西洋式帆船的建造工作开始了。而在蒸汽船的建造上，萨摩藩选择以《水蒸船说略》一书中的记述和设计图为参考。该书原作者海达姆（Verdam）也是荷兰人，其日语版由箕作阮甫翻译而成。

该书末尾载有萨摩藩武士横山安容撰写的跋文，日期为嘉永五年七月。在该工程伊始，萨摩藩把形势看得太过简单，这篇文章就是很好的证明。

> 西夷恃之而衡行于五世界者，一曰炮，二曰船，惟此二物而已。我既已得炮，船则未然。美作藩[①]箕作阮甫氏，应我公之命，译“水蒸船说略”六卷。……

在横山看来，欧洲人虽说不可一世，但其仰仗的也只有军舰和大炮这两样，而日本已经具备制造大炮的能力。彼时还造不出利用蒸汽驱动的军舰，但这种局面形成的原因是多方面的，比如江户时代实施的大船没收令和大船禁造令。横山的言语中透露着已经有了教授制造方法的箕作先生的译本，所以问题不大的乐观心态，如此侃侃而谈。

这篇文章体现了武士群体在工业发端时期对局势的判断。诸藩之所以会着手建造反射炉、铸造大炮，就是因为他们认为自己有能力完成。建造蒸汽船需要将蒸汽机和动力装置组合在一起，而单是蒸汽机就比大炮更加复杂先进。即便如此，人们仍然认为只要去琢磨荷兰人教的方法就够了，

---

① 江户时期津山藩的别名，今日本冈山县北部一带。

由此可见众人对工业的肤浅认知。

在萨摩藩的反射炉建设遭遇瓶颈时，岛津齐彬曾搬出佐贺藩这个成功的例子为武士们打气，并鼓励说："他们是人，我们也是人。"这句话很有名，但若是将它和岛津的舰队创建计划放在一起来看，恐怕我们就要换个角度去理解了。这句话体现的不是人们通常理解的"有志者事竟成"，而是岛津在面对当时局势时仍抱有的天真。在幕末大名中，岛津齐彬对西欧的认识是卓越的，这一点毋庸置疑。岛津肯定西欧型工业化的必要性，并先人一步着力推进工业化。其涉足领域之广泛，从其主持设立在田上地区的"水车馆"的纺织业和"集成馆"的工业所具备的巨大规模就可以看出。这样一位藩主认为造舰计划可行，就说明他并不清楚在工业化的背后到底有多少牵扯，也就是说他并不知道什么才是工业化。在这一点上，恐怕江川太郎左卫门、锅岛直正[①]、大岛高任和杉谷雍介等人的认知水平和岛津齐彬差不多。在努力推进各项建设工程的武士们的脑海里，重要的就是先造大炮和军舰，至于如何应对由此产生的诸多问题则不在他们的考虑范围之内。他们认为"有志者事竟成"，确信至少自己具备建造的能力，由武士主导的工业运动就这样拉开了序幕。

令人惊讶的是，萨摩藩的确独立完成了 4 艘西洋式帆船和 1 艘蒸汽船的建造工作。至于造出的那些船究竟怎么样，荷兰海军士官为我们留下了宝贵的证言。在此作如下引用：

> 我看到港口内有一艘约一千吨的三桅帆船。那艘船是四年前在萨摩藩建造的，参考的是一本旧的造船学书上的设计图，难怪会那么丑。往夸张了说，它的船体和构造与从前东印度公司的船如出一辙。尤其是船上的设备，完全不协调，不是这儿有

① 幕末时期的佐贺藩主。

毛病就是那儿有毛病，下级士官和水兵们也都纷纷指出问题。（Kattendijke 著，水田信利译，1964）

该船名为“万年丸”，是按照岛津齐彬的构想建造的萨摩舰队的 3 艘帆船中的一艘。除了参考了旧的造船学书，造船厂需要的信息还有从曾经漂流到海外的渔民那里听来的。结果船就被造成了这个样子。那么蒸汽船又是怎样的呢?

我们两人去看了我们船旁边系着的一条小型外轮蒸汽船。这船的长度大约为二丈①，是木头做的，表面则是一层铜。这艘船的蒸汽机是日本制造的第一台蒸汽机，1851 年造于江户，……毕竟是第一次造这种船，因此船的各处都很不完备。从汽缸的尺寸来看，蒸汽机的功率应该是十二马力左右，但冷凝器是漏的，还有其他一堆缺点，所以实际功率只有二三马力。（来源同前）

这艘船是日本第一艘国产蒸汽船，名为“云行丸”。这份记录的作者是长崎海军传习所第二代教官卡滕代克（Kattendijke）。文中写道“我们两人”，当时和卡滕代克在一起的其实是位名叫胜麟太郎的年轻武士，此人即为胜海舟②，当时是传习所的学员，维新时期成了幕府一方的中心人物。外国军人和日本武士一起评论眼前的日本蒸汽机的场景此前从未有过，这种景象的出现象征着新时代的来临。

此时是 1858 年（安政五年）。虽然距“下田条约”③的签订只过去了 4

① 据说该船长度经换算约为 14.5 米。

② 在幕末时期向明治时代过渡中有着重要地位的江户幕府海军负责人，幼名为“麟太郎”，本名为“义邦”，但他的别名（号）“海舟”更为人所知。

③ 1855 年日本与俄罗斯签订的通商条约，该条约使日本北部的疆界得到关注。

年，但自从进入19世纪50年代以后，日本和外国的关系就发生了急剧变化。这种变化首先集中出现在日本对外交流的窗口——长崎。美国和英国等有力竞争者的出现，令锁国时期在对日贸易中独占鳌头的荷兰产生了危机感。为了加强与幕府的联系，荷兰开始为幕府提供各种帮助，其中一项就是让荷兰海军士官作为教官，教导由幕府或各藩派来的、在长崎海军传习所训练的年轻武士，将其培养成海军士官。派遣的第一批教官乘坐“松宾”号蒸汽军舰到达，该舰之后直接被赠给了幕府，改名“观光丸”。第二批教官乘坐的是1857年刚完工的“雅帕”号，这艘军舰其后也归了幕府，更名为“咸临丸”。此外，和卡滕代克一起乘“雅帕”号来到日本的哈尔德斯（Hardes）也开始在饱之浦[①]主持建造长崎钢铁厂，主营炼铁和船舶修理。更大的变化是“下田条约”的签订带来的长崎港开港。由此，除荷兰人以外的外国商人也可以在长崎居住，并在当地售卖自己的商品。

所有的这些变化对于在铸炮和造船事业上埋头苦干的武士们而言意义重大，因为从此以后，他们不用只依靠荷兰人的书和设计图了。只要去长崎就能直接向外国人讨教，还能亲眼看到西洋的大炮、军舰和蒸汽机，有时甚至还能自己上手操作一番。在这样的背景下，佐贺藩等藩国立即将佐野常民送入了海军传习所，而杉谷雍介和精炼方的田中仪右卫门也被派去对“观光丸”进行一番细致的研究。这一时期的长崎就像一所规模巨大的学校，其中有来自各藩的年轻学生，有前来购买武器的武士，还有遇上技术问题前来寻求解决良方的武士。这些人在此和外国商人、教师、船上的士官和水手等形形色色的人相互交流、辩论，各路信息也在彼此之间互相传递。

此时发展起来的教育无疑为武士工业的技术进步助了一臂之力。但更重要的是，它还让武士群体认识到，此前埋头苦干的自己那时是多么的自

① 地名，位于长崎港西岸。

不量力。卡滕代克在参观完“云行丸”后也曾发表了如下感想：

> 只是依照简单的设计图，这些从未亲眼见过蒸汽机的人就造出了一艘这样的船，他们的才能着实令人惊讶。（来源同前）

可能大家也有同感。然而，在怀着“有志者事竟成”的信念建造出“云行丸”，而后在长崎实地考察“观光丸”的发动机舱并亲眼见识到其运转状况的武士们看来，事情的性质就有些不同了。其中一人在事后如此回忆道：

> 当时真觉得醍醐灌顶。我们之前没有制铁设备，只好依靠铁匠，可这样根本不可能造出实用的西洋式蒸汽军舰。我一回去就把自己的意见说了出来：从荷兰人那里进口需要的东西才是上策。大家基本上都是这样认为的。（“市来四郎谈”，《史谈会速记录》第40辑）

日本在炼铁和用铁方面技艺不精，而在江户时代的日本，黄铜的铸造却有着较为深厚的技术积淀。“云行丸”所用蒸汽机的黄铜汽缸的制造依靠的应该就是这种技术。该蒸汽机与其说是工业用品，不如说是件艺术品。尽管材料是拿手的黄铜，但当时的人们不懂得如何切削。据说因为不知道螺丝的制法，人们只好用锉刀去削螺纹牙。在这种情况下，恐怕连打个洞都要花费不少时间。金属加工是机械制造的基础，日本那时连这项技术都还没有掌握，就试图制造复杂程度即使在西方也首屈一指的机械。有位萨摩武士形容这项工程是“赶鸭子上架”，想来这么说的确恰当。辛苦忙活了一场后，又在长崎见识到了加工精密、严丝合缝、运转良好的巨大蒸汽机（“观光丸”的功率是150马力），难以想象当时的他们心中会有何感想。

在这一时期，以聚集在长崎的武士群体为中心，“与西欧开战太过鲁莽”

这一认识正在急速向四周蔓延。讽刺的是，主战口号喊得最响、军备张罗得最积极的藩恰恰是往长崎跑得最勤的。结果，这些藩最早发觉了与西欧开战的危险性。在本藩走过发展军事工业的崎岖之路后，他们已经隐约察觉到：即便是在工业化最基础的阶段，也需要多个工业部门间的相互联系和相互配合，否则工业化就无法成形。正因如此，他们才早早地就认识到：眼前产自西欧的巨大船只、精密的机械设备和强大的火力含有超越其本身的意义，它们象征着建造工程背后的工业合作的力量，暗示着由这些工程所带来的国家的富强。

萨摩藩的独立造舰计划早在安政二年（1855年）就已中止。究其原因，除了藩内越来越多的人有了如上文所述般的清醒认识外，更重要的是，这项计划实在太费钱，以至于可能威胁到萨摩藩这种富庶藩国的财政。此后该藩开始转变方针，计划通过长崎商人进口武器和军舰，但又发现仅依靠本藩财政根本备不齐所有需要的军事装备。这也是当时诸藩面临的共同问题。这一时期，武士群体的关注点迅速转移到了经济实力上。关于这点的论述，最好的参考资料当属萨摩藩武士五代才助于元治[①]元年（1864年）提请藩的建议书。五代才助[②]即为本书第一章中出现的五代友厚，就是为萨摩藩在巴黎世博会中的参会铺平道路的那一位。

建议书提交的前一年，以萨摩武士斩杀英国商人的“生麦事件”（1862年8月）为导火线，日本武士和西欧舰队首次开战。文久[③]三年七月（1863年8月），为商谈该事件的赔偿问题，由7艘船组成的英国舰队载着代理公使尼尔上校驶入了鹿儿岛湾。最终谈判破裂，双方开始了炮击战。萨摩藩历来以日本最强藩国自居，从19世纪40年代起就开始发展军事工业，此次和西欧最强舰队的对决正好是检验其发展成果的绝佳机会。交战刚开始

① 日本江户时代末期孝明天皇所用年号，使用时间为1864年3月27日至1865年5月1日。

② “才助”为五代友厚的幼名。

③ 日本江户时代末期孝明天皇所用年号，使用时间为1861年3月29日至1864年3月27日。

时无疑是英方占据上风。进入中期阶段，放松了警惕的英国舰队在樱岛附近下锚并开始实施炮击。就在此时，萨摩方从樱岛炮台发射的炮弹击中了英军旗舰“尤里亚勒斯”号，造成包括舰长乔斯林（Josling）在内的 8 人死亡。这一打击造成的影响一直持续到了最后。最终，英国舰队在未取得决定性胜利的情况下便撤退了。经过历时两天的炮击战，萨摩藩的炮台和工厂几乎全部遭到损毁，大火吞噬了鹿儿岛的大部分街道，3 艘蒸汽船也全部沉没。在这场战役中，英方实际上也认为萨摩藩的实力不容小觑，但萨摩藩却借此进一步摸清了双方实力的差距。从武士工业起步时期的艰苦到在长崎这个巨大学校经历的种种，现实的敲打对众人的认知终于在这一决定性的战役中奠定了基调。

五代友厚在这场战争中扮演的是尴尬的角色。3 艘被击沉的蒸汽船是他大老远从中国上海买回来的，和同事松木弘安一同指挥船只作战的也是他。五代出身于长崎海军传习所，被视为萨摩海军的希望，前途无量。然而，不仅五代指挥的船只被英军捕获并纵火，连他自己也和松木一起成了敌方的阶下囚。藩内有人建议将两人处斩，两人因此被迫藏身。上文中提到的建议书就是五代友厚从藏身处写给萨摩藩的。值得注意的是，即便五代境遇凄凉，他的建议书还是得到了受理。历来走在“攘夷”第一线的萨摩藩此时已经正式开始商讨全藩今后的发展方向。在建议书中，五代友厚从西欧列强侵略亚洲等地，扩张势力范围的现实状况讲起，在此引用如下：

> 五州乱如麻，和则缔结盟约，互通贸易；不和则兵戎相见，互侵领土而吞并其国。(《五代友厚传记资料》第 4 卷)

这个开头和 12 年前横山安容写的文章在风格上有些相似，因为那些年里，武士们满脑子想的都是如何对付西欧。但二者的不同之处在于，横山说的是“我们已经拥有大炮”，而五代友厚则是这么写的：

此乃地球上一般风俗天数使然，无能为力。（来源同前）

在这 12 年间，武士们热衷于铸造大炮、建造蒸汽军舰，一心扑在这些几乎不可能成功的工程上，最终迎来现实中与西欧的对决。两位作者态度的差异体现了武士群体世界观的转变。五代友厚强调，敌我力量悬殊，在不谙世事、没有战斗力的情况下还吵闹着要攘夷是很危险的。现在要考虑的是：在当前形势下怎样才能不重蹈东印度和中国等地的覆辙，如何才能谋得生机。对此，五代主张以“富国”为方针。国富而兵强，西欧便是如此，只有提高经济实力才能有效应对西欧的威胁。过去，武士工业无论怎样发展都会因资金不足而陷入困境，五代的这番论述也可以看作对这项事业的总结，其中想必包含了他的亲身感受。

之后明治政府打出的“富国强兵”的口号正是在该时期以这种形式出现的，但更值得注意的是五代友厚提倡的富国计划的具体性。他提议，首先要推进西南诸岛原始制糖业的近代化，还详细计算出了在将粗糖精制后售卖的情况下所能赚取的丰厚利润。当然，近代化是需要资本作支撑的，而调配资金最可靠的方法就是将米卖到中国上海。卖米换来的钱可以用来买二十套制糖设备用以发展西南诸岛的制糖业。在此基础上，还要购买农业机械和水泵（附带蒸汽机），完善灌溉设备，促进新田开发；购入丝棉纺织机械、采矿机；发展生丝贸易等。我们能感觉到，在富国强兵这一思路的引领下，五代友厚的论述已经与近代式的工业发展——工业化的思想十分接近。

该份建议书还强调，应派遣 16 名学生赴欧洲留学。这一建议之后被几乎原封不动地采纳和实施，这也印证了萨摩藩领导层已经接受五代主张的事实。留学生（最终定下的是 15 人）的领队是五代友厚和松木弘安，一行人违反幕府禁令，于 1865 年（庆应元年）乘坐商人哥拉巴[①] 的船秘密前往

---

① 汤玛士·哥拉巴（Thomas Glover），英国人，于 19 世纪 60 年代在日本长崎开设洋行，负责了五代友厚一行人的海外航行与留学事宜。

英国。当时，萨摩藩内部正在对发展方向作出大规模调整，此次行动就是其中一环。

调整的内容主要包括 3 个方面。第一，暂时放弃与外国开战，专注于“倒幕”。第二，想方设法接近英国，以对抗暗中支持幕府的法国。英国在萨英战争中已经见识过萨摩藩的实力，这算是一个接近的机会。第三，派遣留学生学习西欧擅长的军事、机械、化学和医学等知识和技术。五代友厚一行人的出航就与上述的第二和第三方面有关。松木弘安擅长英语，在与英国建交事宜中扮演着重要角色。

然而，这种转变不只发生在萨摩藩，许多曾经想要和西欧大战一场的武士都试图这样做。曾和萨摩藩一样属于强硬主战派的长州藩，和率先开始备战的佐贺藩，此时都逐步认清了现实。随后，虽经历了诸多曲折，但这些藩姑且在“倒幕”问题上达成了一致，并以此为目标开展合作。与此同时，偷渡赴欧的各藩武士的数量也愈发增多。

本书第一章出现的《两世界评论》曾对居留巴黎的日本人数量连年增长这一现象表示惊讶，可见这种变化已经引起了当地人的注意。石附实所著《近代日本海外留学史》的卷末附有明治维新前赴欧留学人员一览表，共计 148 人。该表未将随幕府或藩使节团进行短期出访的人员计算在内，而且表本身也存在一些缺陷，所以笔者推测当时或许有数百名武士亲眼见证了欧美社会的样态，并将其刻印在了自己的脑海。这些留学生的学习成果将在明治时代的政治和经济建设中发挥了重要作用。当今的发展中国家都在为人才流失问题而发愁，因为这些人一旦出国就很少回来。但这一时期越洋的日本武士大部分都回国了。他们试图以自己在欧美地区的所见所闻改造日本。故而该时期的留学生在欧美习得的内容就至关重要。

身居巴黎的五代友厚曾给家老[①]桂久武写过一封信，在此引用其中一

① 日本江户时代武家的重臣，主宰家政、统率家族的人，由数人合议，轮流主政，家老多为世袭。

段。该段内容可体现当时的武士在欧美的见闻，笔者就通过对其的解读来为本章收尾。

> ……其他一般欧罗巴之形势、国政之大意者，先富国，后强兵；出入详实，而后行事业；国政公平，无论贵贱；采纳高论，推举贤能；……贫院收容穷苦，医院治病救人，弃子有归，残障者有依，狱中罪人亦有业，实属无微不至。欧罗巴诸州之仁政，最公平者为英国，比利时次之。（来源同前）

此刻，五代友厚关注的是近代国家的社会制度以及作为其支柱的“平等”和“公平”理念。在经济方面已颇有见解的他对推动经济活动发展的“商社”（贸易公司）制度非常感兴趣，在这一时期的备忘录中，五代曾写道：应“不论贵贱，在鹿儿岛全域开办商社”“商社合力方能成大业”。

有趣的是，涩泽荣一[①]在巴黎时也产生了与五代同样的想法。与五代友厚相比，此人对明治工业界的影响更为深远。作为巴黎世博会幕府代表团的一员，涩泽到达巴黎的时间比五代稍晚。他曾在晚年屡次提到，自己在留居巴黎期间，明白了工业发展的关键是股份有限公司制度，同时对作为该制度存在条件的西欧社会的平等理念深感敬佩。事实上笔者在撰写本章时一直在犹豫，是以涩泽荣一的文章收尾，还是用五代友厚的文章作结。而之所以选择后者，也只是因为本章后半部分所述故事的舞台是萨摩藩。明治时代开展的工业化运动此时已经在伦敦和巴黎等地埋下了种子，在本章末尾提及五代和涩泽二人也正是为了说明此点。

在哥拉巴的帮助下成功到达英国的五代友厚，抵达后要做的第一件事

① 日本明治、大正时代的实业家，被称为日本企业之父、日本近代实业界之父。明治维新后供职于大藏省，曾参与日本第一国立银行、王子造纸公司、大阪纺织公司、东京商业大学（今一桥大学）等企业的创立，还曾参与诸多工业的经营，形成涩泽财阀。

就是前往曼彻斯特和普拉特兄弟公司谈生意，期望能从那里购买一套纺织设备。最终，以1848锭的翼锭精纺机和1800锭的走锭精纺机为主的一套设备被送到了鹿儿岛。同行的还有技师和操作指导，共计7名。1867年（庆应三年），日本第一家西式纺织厂——鹿儿岛纺织厂开业。在这项工作完成之后，五代去了比利时，在那里和蒙布朗商议在萨摩藩开办公司以促进工业开发的事宜，这点在本书第一章已经提到过。从五代当时的记录来看，除了上述建议书中写明的以外，购买浮船坞发展修船业，开辟连通萨摩、四国和大阪地区的蒸汽船航线，在大阪和京都之间铺设铁路和电缆，在大阪地区开办动物园等都在他的设想范围内。这些构想放在一起看着实有些奇怪，但五代认为它们均“大有益处”，想来这种搭配组合也不无道理。此时的五代虽然脑海里仍旧满是提高萨摩藩经济实力的各种计划，但若抛开萨摩藩这个限定框架，剩下的就是一个循着利益忙前忙后的“近代经济人”的形象。当初，为对抗西欧，增强军事实力，武士们开始推进工业的发展。在此过程中，“富国”理论逐渐萌芽，而武士这一身份也在不知不觉中开始朝着“企业家”的方向转变。

第三章

明治维新与工部省事业

第一节　维新、工业化和文明的理想

庆应三年（1867 年），江户幕府的末代将军德川庆喜将政权交还给天皇[①]，幕府形式上的统治宣告终结。为了巩固自身的军事地位，幕府和“倒幕”联盟展开了内战。该内战历时 1 年零 5 个月，以明治二年五月（1869 年 6 月）最后一批幕府军在北海道的无条件投降而告终。至此，幕府方彻底败下阵来。在天皇的统治下，由“倒幕”联盟领袖和朝廷公卿组成的新政府成了日本这一统一国家名副其实的政府。这场政治革命被称为“明治维新”。之后，江户更名为“东京”，明治天皇和新政府从京都迁移至此，并规定东京为新首都，由此开启了明治时代。

新政府（此概念在本章等同于“明治政府”）在统治基础还未稳固的情

① 庆应三年十月十四日（1867 年 11 月 9 日）德川幕府第 15 代将军德川庆喜提出辞去征夷大将军的职务，将政权奉还天皇，第二天得到批准，由此标志着持续 260 多年的德川幕府的统治结束，即日本封建时代的结束、近代的开始。该事件史称“大政奉还”。

况下就积极地投入了工业基础设施的建设工作中，这点着实令人印象深刻。早在明治元年（1868 年），政府就采纳了神奈川县审判员寺岛宗则的建议，决定设置电缆。寺岛宗则并非本名，此人是上一章提到的松木弘安①，曾在幕末时期和五代友厚远赴伦敦和巴黎的那位，是同行萨摩武士中的一员。铁路建设开始于 1869 年左右，东京至横滨的部分于 1870 年动工。建设工程的领导者是佐贺藩出身的大隈重信和留学归国的长州藩武士伊藤博文。同年，日本创设工部省，计划推进铁路、电信、灯塔、矿山、制铁 5 项事业。翌年，又增设工部省工学寮，发展工学教育，从英国归来的山尾庸三任负责人。并非只有工部省在推进工业化。为了使民间工业掌握西欧技术，各政府部门主持开展了模范工厂和模范农牧场的建设工作，这些工程不久后统一归由内务省②劝业寮负责。富冈制丝厂、堺市纺织厂、新町废纱纺纱厂、千住制绒厂和下总牧羊场等都是有名的模范工厂。1873 年（明治六年）维也纳世博会召开时，日本派遣了大规模代表团前往进行技术研修。率领这支代表团的是佐贺藩武士工业的总负责人、1867 年巴黎世博会的参与者佐野常民。由此看来，似乎在明治政府的主导下，自上而下的、系统的工业化政策正在稳步推行。此前有很多历史学家也是这样认为的。然而在当时的日本，近代工业的发展不超过 30 年。西欧舰队的军事压迫使全国陷入一片混乱，其后形势又急转直下，最终新政府成立。在此背景下，新政府系统制定政策的能力到底如何，而那些事业的内部实况又究竟怎样，这些问题有必要进行详细探讨。

修史馆③文书《工业》是一本记录 1868 年至 1879 年大阪府工业活动的小册子，也是一份考察上述问题的重要参考资料。大阪地区不仅是江户时代日本经济的中心，而且是幕府的直辖地，因而在明治维新后不久就被

---

① “寺岛宗则”是松木弘安改姓名后的通称。

② 内务省是日本掌管地方行政、选举和警察等内政的中央机构，设立于 1873 年 11 月，下设劝业寮、警保寮、户籍寮、土木寮等机构，第一任内务卿是大久保利通。它是日本政府统治国民的实质性中枢机构，于 1947 年 12 月解体。

③ 明治政府于明治初期设立的历史编纂所，1877 年更名为修史局。

新政府纳入了统辖范围内，称为“大阪府”。诸藩的封建体制一直维持到1871年，在此期间统治者依旧为各藩大名。新政府能够直接行使行政权的只有被政府接收的幕府直辖地区，以及与政府军占领的藩的领地。作为旧经济中心的大阪就名列其中。因此，该地区可谓商议工业化政策的绝佳场所。

（注）在江户时代，“大阪”多写作“大坂”，“坂”后来之所以变成“阪”，据说是因为明治维新之后，百废待兴，而人们认为“坂”这个字可以理解成“归为尘土”[①]的意思，换成“阪”才更吉利。之后这种呼声越发高涨，“大坂”就被改为了“大阪”。本书只在引用部分和需要突出年代感的地方使用“大坂”这一称呼，其他部分一律采用“大阪”。

《工业》将各种项目分为建筑、桥梁和道路等类别进行归纳。但按时间顺序看的话，最早的应该是“劝业场”，相关记述如下：

> 明治一年十一月清水谷西成郡一小区[②]吉右卫门肝煎地[③]内设救恤场。

所谓“救恤场”指的是为食不糊口、朝不保夕的穷人提供应急救助的地方。救助工作一直持续到翌年（和历[④]）十一月救恤场被废止之时。明治三年五月，救恤场再度设立，翌年四月再次被废止。由此可见，新政府统治下的日本民生凋敝，内战掀起的混乱使原本贫穷的国家雪上加霜。

虽说江户时代最富裕的是大阪地区，但此时的大阪地区已然今不如昔，关于弃婴的记录就能说明这个问题。一份当时的大阪府行政文件显示，明

---

① “坂”拆开来看就成了“土”和“反”，按日语可读作“土にかえる”（“かえる”汉字可写作“反”），即“归为尘土”之意。

② 此处“小区”是明治初期地方行政区划中最小的单位，由户长管辖。

③ “肝煎”指负责照料、安置，需在两方之间斡旋的工作，该词也泛指日本一些大名的领地中村长的管辖地，此处“吉右卫门肝煎地”是一个沿袭幕府时代的地名叫法。

④ 日本传统历法，简称“和历”。

治二年六月三日，摄津国池田村的加岛春收养了加岛兵藏并为其申报户籍。这是文件第一页的内容，“兵藏”无疑是加岛春取的名字。因贫穷而养不起孩子的父母会在深夜悄悄把孩子放在别人家的屋檐下面，而找到好心收养这些孩子的夫妇并为其制作户籍是新政府下属大阪府厅的“市务课”和“郡务课”等部门的重要任务之一。记录显示，有的年份弃婴多达 26 人，合计有数百人。这份资料的厚度可谓日本贫困程度的象征。话又说回来，为什么救恤场的记录会出现在《工业》里面呢？那是因为救恤场不久就会发展成“劝业场”，这一制度带有殖产兴业的性质。

同月年（明治四年四月）于同所设大贫院，五年三月改大贫院为授产所……

此处的授产所就是劝业场的前身。突然出现“大贫院”这种煞有介事的名字，这不禁令人惊讶。在上一章的末尾，笔者曾引用了五代友厚的“立贫院以养贫人”这句话，对于穷人甚至是囚犯，应做的不是施舍，而是帮助他们找到谋生的手段。这种思想是日本从西欧那里学来的。面对当下的困境，思想逐渐衍生出了制度。在这一曲折的过程中，救恤所变成了大贫院，大贫院又改名为授产所，而后又逐步发展成了劝业场。如此，时人与贫穷的斗争被呈现在了《工业》的开篇当中。

下一条是 1870 年（明治三年）的记录。该记录显示：

东横堀川上架设的高丽桥被改建成了铁桥，该项目共花费大阪府税收 17549 两[①]；而长度为该桥 3 倍的天满桥于次年用木材改建，费用为 4934 两。

---

① 日本旧货币单位，1871 年由“円”（或称日元）取代。

对比两项工程可知，政府在长度相当于木桥的 1/3 的铁桥的建设上投入了 3 倍半的资金。这项举动既不明智又脱离现实，结合此时日本还深陷于贫困泥沼这一事实来看就更是如此。但或许在政府看来，铁桥就是西欧文明的标志。

而最会让人联想到“文明的标志”的是 1871 年（明治四年）的记录：

明治四年八月七日造币寮内设 65 盏煤气灯。

造币寮的设置是为了终止幕末时期货币铸造的混乱局面，设备和厂房是政府紧急派人从中国香港造币局处购买后迁到大阪的。身为新政府的官员，当时身在大阪的“外国官权判事”[①] 五代友厚在本次交易中发挥了重要作用。1871 年 4 月 4 日（明治四年二月十五日），造币寮开业仪式举行。此外，人们还利用熔解金属用的煤气炉在周围安装了煤气灯。这些灯于（和历）八月七日被点亮，其苍白的灯光立即吸引了大阪人。由此，明亮的煤气灯和插着 3 根烟囱的造币寮一起成了西洋风景的象征。其后还有这样一段记述：

五年十月于市街设玻璃灯台，总计 1475 座。

该项虽然被归在“煤气灯”类别之下，但其真实性值得商榷。资料显示，大阪的 4 个区全部被纳入了安装范围中，而煤气灯的安装——包括煤气炉的安设和配管在内——是一项大工程，按理说当时的大阪府根本无力执行。还有一种说法认为，所谓的“玻璃灯”指的其实是煤油灯。也许是官吏们觉得造币寮的煤气灯新鲜，就跑去买了许多大型煤油灯并将其作为夜灯安置在了重要地段。从数量上来看，安装费和维护费自然是一笔不小的开支。此时的政府正被弃婴问题弄得焦头烂额，财政状况也捉襟见肘，

① 判事是明治维新政府设置的负责管辖外交权、贸易等事务的审判员。

为了路灯投入一大笔资金并不合适。很明显，此时的政府拿着本可以用来救济民众的钱，又是造铁桥，又是装街灯，而其目的就是展示本国是多么的文明先进。难道这就是新大阪府眼里的工业吗？

在笔者看来，这份记录带有幕末时期留学生在赴欧途中留下的各类记述的影子。他们一离开日本，西欧文明的气息就扑面而来：

> 中国上海有西欧舰队和商船队的停泊地，港口密密麻麻的船只令众人瞠目结舌。向西航行到中国香港时，从港口看到的夜景使他们心醉神迷。和现在灯火辉煌的景象相比，那时的夜景大概黯淡许多。即便如此，煤气灯苍白的灯光在一众留学生眼中仍然无比耀眼。夜晚的半山腰上，苍白色的光星星点点，如梦似幻。有武士还描述道，这些亮光"宛如夏萤"。随后，一行人航行经过了新加坡、孟买等西欧在亚洲的据点，亲眼见证了殖民地的惨状。再往西，他们到了苏伊士地峡。此时苏伊士运河还没有开通，众人便坐上了火车。这是他们头一次坐火车，铁路在这些人心中留下的深刻印象已无法用"瞠目结舌"来形容。文明的产物各式各样，令人惊奇。就在这样的氛围中，一行人经过地中海来到了西欧。在那里，他们看到了雄伟的石造建筑群、铁桥以及设施完备的西欧街道，这些都令看惯了木质建筑的众人惊叹不已。（犬塚孝明，1974）

为了改造大阪，新政府的年轻官员们决定推进工业化，而各项工程的先后顺序似乎是与留学生见证各类文明产物的顺序相一致的。这是笔者阅读《工业》时的感觉。再往下的记录显示，1872 年（明治五年），有 5 万余日元[①] 官民费被投资用于新建大阪府厅；1874 年，通往因神户至大阪之

① 日元是日本于 1871 年 6 月确立的货币单位，日语写作"円"，本书统一写作"日元"。

间的铁路的铺设而新建的曾根崎村车站的道路得到整修。虽然《工业》中没有相关记录，但彼时身居大阪的五代友厚在投身于造币寮建设的同时，还积极推动大阪港的近代化。此外，他还与当时身在神户的伊藤博文合作，反对让外国人主导日本铁路和通信事业的建设。他们采取这种态度的原因应该与留学生的体验有关。那些越洋者已经观察到，在本国资本的支持下构建起的铁路和通讯事业是西欧各国殖民地统治的命脉。

在寺岛宗则、伊藤博文、五代友厚、山尾庸三和佐野常民等本章出现的明治初期工业化事业的推动者中，除大隈重信外，其余人都是幕末时期西欧社会的亲历者。在他们眼里，所谓的工业化无非就是按部就班地将日本变成先进的西欧的模样。赴欧途中的日本人在看到中国上海繁忙的港口、中国香港辉煌的灯火以及苏伊士地峡的铁路和电信设备时受到了强烈刺激，以此为愿景，众人回国后整修港口、点亮街灯、修筑铁路、发展电信，同时吸取印度的教训，坚决拒绝外国资本对各项事业主导权的干涉。此外，他们还仿照西欧建造石建筑、铁桥，开设了大贫院。笔者并不认为上述事业是一帮幼稚青年的胡闹。这通常是人们希望建设一个崭新国家时所走的第一步。只是，这些举动在很大程度上是由质朴的情感所支撑的，不能称为系统的政策；与其说这是在推进工业化，还不如说是在推动西欧化。这些事业不但远非当时贫穷的日本所求，而且很快就会在现实中碰壁。

但是，他们的这些事业并不一定是毫无意义的。就像当初吸引赴欧留学生那样，无论是煤气灯，还是铁桥，抑或是在铁轨上行驶的蒸汽火车都无疑牢牢抓住了普通日本人的心，勾起了他们对工业文明的好奇。用今天的话来说，这些实物具有强烈的“文明示范效果”。萨摩藩在大阪南部建造的堺市纺织厂就是一个很好的例子。

随着鹿儿岛纺织厂从普拉特兄弟公司购买设备，并且在派遣技师驻留期间，该厂设备运转顺利，因而萨摩藩对此十分满意，便决定着手实施一项酝酿已久的计划——在大阪附近建起第二所纺织厂。大阪是日本的商业中心，位于日本最大的棉花生产地区的核心地带。这一计划最终在堺市实现。明治三年（1870年）七月，安置于堺地区的2000锭走锭精纺机开始工作。然而在明治维新后，随着普拉特兄弟公司派遣技师的撤离，鹿儿岛纺织厂的设备开始出现各种问题，萨摩藩忙于维修，已无暇顾及堺市纺织厂的经营。明治五年，堺市纺织厂被纳入大藏省①管辖，成了政府的模范工厂，但运营并不顺利。而蒸汽驱动的纺纱机却广受好评，远道而来的参观者记录道：

日日蜂屯蚁聚，门庭若市。（绢川太一，第1卷）

与其说这里是家工厂，倒不如说是专门供人参观的地方。因为为了维护现场秩序，最后规定参观者需缴纳10钱②入场费。堺市纺织厂、造币寮、铁路和煤气灯等被描绘在了当时最普遍的大众传媒“锦绘”③上；再加上人们的口口相传，其影响力之大已超乎想象。由文明开化所象征的明治的时代热潮是一种时代精神，这种精神是“文明示范效果”和民众对名为“御一新”④这一政治改革的期望的产物。忽视了民众的作用，明治工业化就无从谈起。

第二节　工部省事业

以上结论是通过分析大阪的行政记录得出的。但就算考察对象是新政府中负责工业化的工部省，这一结论也基本适用。工部省成立于明治三年

① 时为日本最高财政机关，是现今的财务省和金融厅的前身。

② 原日本货币计量单位，1钱等于百分之一日元。

③ 也称“江户绘”“东锦绘”，是一种彩色浮世绘版画。

④ 日本对于明治维新的旧称。

（1870年），1885年因政府政策转变而废止。在这15年中，工部省主持了多项大规模事业，合称为“工部省事业”。历史学家在讲述由日本政府主导的“自上而下”的工业化时，总是将工部省事业看作其第一阶段。然而，这并不是开明政府精心制定的政策，而是众人渴望将西欧一股脑移植到日本的心情的体现。这种行为和当时日本贫穷的现实格格不入。正因如此，工部省事业对日本的工业和经济发展影响甚微，其中多数还遭遇了赤字。但另一方面，民众对工业文明形态的认识在很大程度上却是来源于这些事业。如果再坚持一段时间的话，或许这个国家的工业和经济都将焕然一新，然而，日本政府早已陷入资金枯竭的窘境，所以只能放弃大部分事业。当时作为不发达国家的日本完全以农业作为发展基础，经济实力薄弱，所以这种结果的出现可谓再正常不过。

表3-1显示的是《工部省沿革报告》记载的工部省各项事业和截至1885年工部省被废止时各项事业所用的资金数量。注释部分说明了各项事业与幕末武士工业的联系，由笔者添加。该表提供了考察工部省事业的多个视角。

表3-1　工部省主要事业的沿革和兴业费

矿山（主要矿产）	兴业费	沿革
佐渡矿山（金、银）	1,286,384日元	政府接收幕府佐渡矿山
生野矿山（金、银）	1,656,579日元	政府接收幕府生野矿山
小坂矿山（银）	547,470日元	政府接收南部藩小坂矿山
三池矿山（煤）	755,062日元	政府接收柳川藩、三池藩，以及三池藩士族所有矿区
大葛矿山（金）	149,544日元	经由秋田县官行，秋田藩大葛矿山最终由工部省接收
釜石矿山（铁）	2,376,621日元	政府接收南部藩釜石矿山，新设工部省钢铁厂
阿仁矿山（铜）	535,002日元	秋田藩→小野组→工部省
院内矿山（银）	226,892日元	秋田藩→小野组→工部省
中小坂矿山（铁）	85,506日元	工部省于明治十一年六月接收民营中小坂钢铁厂
石油凿井	45,375日元	—

（续表）

工作局		
兵库造船厂	816,130 日元	收购加贺藩钢铁厂、伏尔甘铁制品加工厂（美国人经营）
长崎造船厂	628,763 日元	接收幕府长崎钢铁厂，收购哥拉巴公司小菅船坞
赤羽工作分局	550,293 日元	利用佐贺藩上缴的制铁设备重新建设
深川工作分局	100,556 日元	接管内务省土木寮水泥制造厂
品川玻璃制造所	294,154 日元	收购民营兴业社玻璃制造厂
铁路局	14,293,286 日元	明治三年三月，民部、大藏两省的铁路事业由民部省接管
电信局	3,638,963 日元	工部省接管始于明治二年八月的传信机役所（后为传信局）的事业，改名为电信局
灯塔局	（4,332,206）* 日元	灯明台役所的灯塔建设事业因开港转归民部省管理
工学寮	（1,905,731）* 日元	始于明治四年九月的工部省属工学教育机构，主体为明治六年开设的工部大学

* 所谓兴业费是指用于工厂设备投资的费用。在这一项上，没有关于工学寮和灯塔局的记载。可能因为两者不是工厂，所以没有兴业费。括号内的数字为一般经费的合计。
（出处:《工部省沿革报告》）

首先我们会发现，在看似规模宏大的工部省事业中，直接继承幕末时期幕府和雄藩事业的多达半数以上。而构成剩下事业主要部分的灯塔、铁路和电信都是已经付诸实施的政府计划，工部省只是负责接手而已。只有工学寮（工部大学）和釜石的工部省钢铁厂是由工部省独立开创的。结合日本困窘的现实来看，这种情况也不足为怪。其次，从兴业费的支出明细来看，铁路被视为重中之重，其花费占了总支出额的一半；然后是采矿和电信。电信本就不需要过多的投资，在采矿这一项中，金矿和银矿占比最大，可见新政府已经将金银视为铸造钱币的材料和对外支付的手段，而非工业原料。煤也从燃料变身成了出口矿物。讽刺的是，在工部省被解散后的明治后半期，曾经被工部省忽视的铜矿通过出口在对外支付手段中占据了重要一席，成了整个矿业中发展得最好的。而采矿业中唯一以生产工业原材料为主要目的的釜石钢铁厂则沦为了工部省事业发展中的最大失败者。详情可参阅本书第六章，在此暂不作赘述。再次，从业绩上看，采矿业和制造业收入甚微，与投资不成比例，就连记录都没留下多少；而铁路和电信事业则发展顺利。因此有观点认为，虽然工部省事业未能直接实现工业部门的近代化，但在基础设施建设上可谓成绩斐然。然而以铁路为例，截至工部省废止的 1885 年年末，铁路仍只有东京—横滨、神户—大津、敦贺—大垣以及高崎—横川这 4 个零散的运行区间，线路总长仅有 143 英里（约 230 千米），这点成果在当时不足挂齿。此后，铁路逐渐得以延长，由段到线，由线到网，最后覆盖到了全国，而日本的工业也随之迎来了巨大的发展。作为基础设施的铁路在推动工业发展上的作用直到 19 世纪 90 年代前后才逐步显现，此时私营铁路正在民间资本的助推下快速崛起，日本铁路的总长也超过了 2000 千米。但那毕竟是工部省废止之后的事了。从铁路事业发展的缓慢程度就可以看出，在捉襟见肘的财政状况下，拒绝外国资本干涉的日本政府已经难以在推动工业发展这一问题上施展拳脚。

最后需要强调的是，工部省事业是在数量庞大的外国技术人员的协助下推进的。尽管这一点未能直接反映在表 3-1 中。《工部省沿革报告》记录了 775 个技工、机械工和船员等外国技术人员的名字，其人数之多简直让人以为外国人才是工部省事业的主力。在这方面最离谱的是有 253 名外国员工的铁道局（表 3-2），从名为“列车监察方”的技师长到普通技师、驾驶员、机车乘务员和修理工，所有雇员均为外国人。预算由作为隶属于日本政府的工部省支出，而铁路的运营则基本上由外国人负责。在这种情况下，任谁都会对这种所谓“日本的铁道业”抱有疑问。至少在主导权转移到日本人手里之前，这些事业并没有推动日本工业的发展。而由于经济上的窘迫和明治维新这一革命性变革引发的政治和经济形势的动摇，转机的出现快得有些出人意料。

表 3-2　工部省各部门外国技术人员总人数与人数最多的 1878 年 1 月的统计对比

—	记载总人数（人）	1878 年 1 月（人）
省部内	10	6
矿山局	76	16
铁路局	253	60
电信局	59	26
灯塔局	53	9
（明治丸）	（103）	
（灯明丸）	（7）	
（灯塔视察船“特波尔”号）	（66）	
制造局	36	8
劝工寮	5	
油井调查	1	1
品川玻璃制造所	4	2
长崎造船局	10	4
兵库造船局	8	1
赤羽制造分局	8	
（横须贺造船所）	（35）	
（横滨制造所）	（5）	
营缮课[①]	11	4
工部大学校	37	23
测量司	11	0
合计	546 （221）	152

注:《工部省沿革报告》所载人数为 775 人，其中有 8 人在两个部门被重复登记，本表以各自所属时间较长的部门为准。灯塔局一栏括号中的内容指的是相应船只的船员人数；制造局一栏括号中的内容则指的是立即被海军接管的部门和相应的外国技术人员人数，是否应当视作工部省所雇员工还有待商榷，因此暂不计入总人数。综上所述，本表所计工部省各部门外国员工共 546 人。

（出处:《工部省沿革报告》）

第三节　各类改革与抵抗

如前文所述，支撑着工部省事业的是新政府内一群年轻留学生的创业

① 指负责建造、修缮建筑物的部门。

热情。另外，推进事业的是根基尚未稳固的新政府，事业起步时的背景是该国不稳定的经济状况。迄今为止，多数研究者对工部省事业给出的评价都不够准确，这是由于他们未能将当时的政治和经济情况考虑在内。因此我们需要再次将这项事业放在明治初期的政治和经济背景下进行考察。由于本书是技术史而不是经济史，所以在此暂且引用大川一司的话对当时的政治和经济状况作一番简单概括。

> 在此对主要改革和其意义进行一下简单的梳理和解释。1869年（明治二年）至1871年（明治四年），政府全面改革了旧式封建等级体系。由朝廷贵族和士、农、工、商组成的旧体系被废除，取而代之的是由士族和平民构成的两级体系。武士阶级旧成员的俸禄此前来自德川家或大名家，政府在1876年以前成功用公债买断了他们的俸禄，此项计划总花费超过2亿日元。在此期间，新政府解除了国内旅行的各项限制，还开放了港口。最重要的是农地改革，这是整个19世纪70年代新政府领导层工作的重中之重。土地形式上被归还给了农民（在封建时期，土地形式上的所有者是天皇），但农民需向中央和地方政府缴纳繁重的地税。此前是根据土地的收成缴税，改革后则一律按土地的价格缴纳，税率全国统一。货币和银行制度的改革也是该时期的重要工作之一。政府改善了货币体系，在19世纪80年代末之前设立了中央银行（日本银行），同时确立了对快速崛起的民间银行体系的统制。（Ohkawa & Rosovsky，1993，笔者译）

这段话提纲挈领地概括了该时期施行的主要改革。然而，大川一司未能指出各项改革在政治上的影响。虽然这段描写的侧重点在经济上，但不可否认的是，由于有关政治影响方面的叙述的缺失，以上引文很容易让人认为新政府的改革实施得格外顺利。因此笔者在此从政治的角度作两三点补充：

首先需要点明的是，尽管明治维新的主力是武士，但他们中的多数人几乎未曾预料到：在这场政治革命中解体、没落的正是自己所属的阶级。这为新政府日后面临的困难埋下了祸根。幕末时期，面对突然降临的外部威胁（即西欧舰队的施压），武士阶级决定与之开战。在备战过程中，他们逐渐认识到：只有超越藩与藩的阻隔，以日本这个国家为单位聚集力量才能与西欧对抗。这是他们在明治维新前的政治进程中达成的唯一共识。此后以天皇为中心，统一政府得以成立，维新运动暂告成功。然而此时的新政权还未曾设想过：作为统一国家的日本今后走的应该是怎样一条政治道路。只有幕末时期在欧美经受过思想洗礼的一小撮年轻人以及和他们一样洞悉世界局势的若干领导人认为：废除封建制、建立西欧型近代国家才是日本的出路。这些人之所以能最终成为新政府的骨干，不是由于其他武士的信任，而是因为当时的新政府已被来自西欧各国的无数外交压力所围困。为了处理这些外交事宜，多少需要用到会外语的官员，留过洋的年轻人就自然成了不二人选。正是这些人推动了工部省事业以及大川一司在引文中归纳的多项改革的实施。他们和其他大多数武士——这些做梦也没想到改革会让自己失去统治者身份的人——之间有着巨大的分歧。随着改革的进行，两者间的分歧越来越大，不久就转化成了敌对关系。

其次，需要进一步点明的是，早在明治二年（1869 年），现实的严峻程度就一览无余地显现了出来。这一年，新政府高官横井小楠和大村益次郎等人遭遇暗杀身亡。大村益次郎曾是新政府军的指挥，指导过新政府军与幕府军的对战；他是一位军事天才，是新政府兵部省的核心人物。正因如此，精通近代战争的他才深知武士对日本已没有任何军事价值，故而急于组建以征兵制为基础的国民军。大村的行为招致了武士的反感，也为其引来了杀身之祸。如果说大村益次郎暗杀事件标志着武士群体已逐渐意识到新政府的计划与武士自身的利益背道而驰，那么针对横井小楠的暗杀则显示，武士们已经注意到新政府会使自己统治阶级的身份不保。从此刻开始，新政府的骨干不得不冒着生命危险完成工作。不过，他们的每一步工作都做得很谨慎：他们在内战期间就已决定把首都从京都迁到东京，将天皇与支持天皇的旧体制和旧势力分离。另外，萨摩、长州、土佐和肥前这四个藩的领主在明治二年一月向天皇上奏，希望将“版”（领地）和“籍”（国民）归还给天皇，以此逼迫各藩依循此例进行“版籍奉还”，该计划最终大获成功。翌年（和历）五月，262 个藩提出奉还申请。当月，倒幕联盟取得了内战胜利。次月（和历）十七日，天皇受理了奉还申请，任命旧藩主为“知藩事”。为防止旧势力阻碍这场大变革，这些措施实行得慎重而又巧妙。

再次，形势在此之后却急剧恶化，使谨慎行事难上加难。其中最大的麻烦就是新政府财政收入问题。在封建时期，日本名义上的领地有 3000 万石①；而此时新政府的领地只有860万石，其中包括幕府的直辖地、幕臣②的领地和敌对藩③的领地等（松尾正人，1986）。也就是说，新政府的财源仅有各地缴纳的地租，总数只比从前的 1/4 多一点。此外，全国各地皆因内战而疲弊不堪，政府和大名为筹措战争经费均大举借债，原本就贫穷的日本在财政上迎来了至暗时刻。新政府不得不在这种条件下设法实现日本的统一和经济的繁荣。新政府首先意图用增发不兑换纸币这一下下策来摆脱危机，结果引发了严重的通货膨胀和纸币信用危机。为了将财政运转引向正轨，新政府又计划以直辖地为重点区域加强地租征收，却招致了农民的不满和叛乱以及负责直辖地行政工作的知事的痛批。最终，新政府强

① “石”指米的收成量，此处代指相应面积的土地具备的生产力。

② “幕臣”一般是江户幕府时代将幕府首领，即“征夷大将军”作为直接主君来侍奉的武士。

③ 此处“敌对藩”是新政府军在戊辰战争的鸟羽、伏见之战胜利之时，为幕府一方战斗或与新政府军敌对的诸藩，包括会津藩、松山藩、宫津藩等。

制推行“废藩置县”，将旧藩主名下剩余土地的 3/4 收归政府直接管辖。这项紧急措施的实行不仅是为了推进日本的近代化，还是为了挽救财政危机。然而在废藩置县的过程中，新的问题又出现了：此前，武士的俸禄一直由旧藩主支付；而改革后，这项给付需要政府来承担。虽然政府通过改革获得了全国的地租，但据说这笔钱的 80% 最后都用在了武士俸禄的支付上。

如上所述，明治政府摆脱困境的手段促成了新问题的滋生，而为解决这些问题所推行的改革又引来了更大的麻烦。最终，明治政府决定用所谓“秩禄公债”的方法解决武士的俸禄问题。具体来讲就是：将封建时期的俸禄转换成相应额度的公债，让武士及其家属依靠这些公债的利息生活。如此一来，武士阶级的生活有了保障，政府至此也与他们划清了界限。在上段引文中，尽管大川一司简单地写道：“政府在 1876 年以前成功用公债买断了他们的俸禄，此项计划总花费超过 2 亿日元。”但隐藏在这件事背后的却是这般政治经济的风云变幻。然而，风波并没有就此结束。由于政府在发行这笔巨额公债时并未对未来财政状况进行预估，结果引发了严重的通货膨胀，债券瞬间贬值，以至于到了无法满足大多数武士一年生活所需的程度，更别提养活他们的家属了。武士已经无法压抑自己的不满，各地叛乱频发，而这波反叛的高潮就是 1877 年（明治十年）的萨摩叛乱（西南战争[①]）。恐怕新政府就是在此刻迎来了自成立以来的最大危机。

一般认为，这场叛乱起因于新政府内部在对外政策，特别是对朝鲜半岛政策上的对立。而笔者则认为，隐藏在其背后的是日趋没落的武士的不

---

① 又称“西南之役”，是明治维新期间日本政府讨伐以西乡隆盛为核心的鹿儿岛士族叛乱的战争，发生于 1877 年（明治十年）2—9 月，前后历时 7 个多月的时间，以西乡隆盛的剖腹自杀宣告战争的结束。西南战争是明治初年最大的也是最后一次士族叛乱，因发生地鹿儿岛地处日本西南，故称为“西南战争”。

满以及身为维新运动推动者的武士群体的内部分歧，这些才是不容忽视的。萨摩藩是支持“倒幕”的雄藩联盟的核心，维新后也一直在多方面支援着新政府。然而另一方面，主张维持旧藩体制的势力在该藩最为强大，所以萨摩藩也是武士群体不满声音的代言人，一直明里暗里批判新政府。萨摩藩在前维新重要领袖西乡隆盛的领导下与新政府进行了交战，这场战争是二者关系从分歧转向敌对的转折点。

第四节　危机的高涨与政策修订的尝试

1873年，政府内部在“征韩”问题①上决裂。次年，“佐贺之乱”②爆发，内政危机加剧，政府财政愈发吃紧，刚刚起步的工业化政策自然也受到了影响。铁路是工部省事业的核心，占据兴业费支出的4成。下面就以铁路为例分析一下上述状况的具体影响。

东京—横滨之间的铁路工程以及神户—大阪之间的测量工作在1870年开始，然而仅仅两年后就出现了费用过高的问题。对此，中村尚史写道：

> 从明治三年（1870年）十月到明治九年（1876年）六月，国库支出的铁路相关经费及兴业费高达988万日元，相当于工部省同期总支出（2467万日元）的4成以上。当时政府一年的财政收入为2000万日元左右（明治三、四年度），而新桥—横滨之间、神户—大阪之间，以及大阪—京都之间总长加起来只有100千米多一点，可见这些工程耗费了多少国库资金。（中村尚史，1998）

---

① “征韩论”是明治初期由政府高官西乡隆盛等人首次提出的以武力打开朝鲜大门的主张。1873年，围绕是否立即征韩这一问题，政府内部分成了两派。这场论争最终以西南战争的爆发和以西乡隆盛为首的征韩派的退出而告终。

② 日本明治初期由江藤新平等人发动的士族叛乱。1874年（明治七年），前参议江藤新平等人的征韩论遭到反对，于是在佐贺发动叛乱，不久被政府军所打败。

就算国库投入了巨额资金，能建的铁路也仅有100千米，这就是当时铁路建设的经济效率。1872年（明治五年）12月，岩仓具视在从英国寄来的意见书[①]中写道，通过对英美两国铁路建设费用的对比，发现美国的建设费用一般为英国的1/3，所以建议日本效仿美国。更严厉的批判见于1875年（明治八年）1月太政大臣[②]三条实美提交给大藏卿[③]大隈重信的《关于清理收支来源、立理财会计之根本之议案》。文中建议将铁路事业出让给民间，重点发展沿海海运。这份意见书中虽有若干点与内务卿大久保利通相对立，但也获得了大久保的认可，大久保在同年5月提交的《关于拟定本省事业目的之议案》中，"开海运之路"被列为4项"当务之急"之一。由此，政府决定向三菱公司支付补助金，以其商船沿海航路为干线，以注入外海的内陆河流为支线，尽快构建起覆盖全国的交通网。除建设中的大阪—京都线以外，所有新线路的测量工作均被中止（小风秀雅，1994）。

更值得注意的是铁路民营计划的实行。

> 1875年6月，九条道孝等27名华族[④]成员联合提交了收购东京—横滨之间铁路的申请。1873年，曾有一家主营铁路建设的铁路公司成立，但之后却无人问津。1875年，这家公司在前大藏大辅[⑤]井上馨的建议下进行了改造……（小风秀雅，1994）

① 此处历史背景为明治政府派遣岩仓具视、大久保利通等百余人于1871年至1873年远渡欧美国家考察富国强兵之道，该团体史称"岩仓使节团"，这也是明治政府成立以来首次大规模官方海外访问活动。

② 日本律令制度下的最高官位，宰相级职务。

③ 大藏卿是明治初期，日本大藏省长官的名称。此处"卿"的叫法为日本古代律令制官职的沿袭，随着19世纪80年代，日本内阁制的建立，"卿"的叫法逐渐由"大臣"替代。

④ 随着1869年的"版籍奉还"，日本原有公卿诸侯改称"华族"，设有公、侯、伯、子、男五等爵位。此为日本明治时代设立的身份等级制度，第二次世界大战后被废除。

⑤ "大辅"在日本官制中一般是"卿"的直属下级。

1876 年（明治九年）8 月 5 日，大藏卿大隈重信、工部卿伊藤博文与由 27 名成员组成的华族联合会达成协议，以 300 万日元出让东京—横滨之间铁路，分 7 年支付。尽管支付已经开始，但该计划最终还是被迫中止，款项也被退还给了华族联合会。涩泽荣一之后利用剩下的一部分钱创办了大阪纺织厂，这点第五章会详述。大隈和大久保在出台这些政策时都强调：日本四面环海，地势险峻，山地较多，适宜发展海运而非铁路运输。这不禁令人想起大久保利通《关于殖产兴业的建议书》中的一段话：

> 以国家人民之发展为己任者，当深谋远虑，自工业物产之利，至水陆运输之便，凡属保障民生之紧要者，宜应国之风土习俗，从民之性情智识，斟酌行事。（《大久保利通文书》五）

一般认为，这份建议表明大久保利通在随岩仓使节团详细考察欧美后意识到了工业的重要性，并以“殖产兴业”为名为工业化政策的执行铺路。但这种说法却忽视了一个事实，即工业化政策在使节团出发前就以“工部省事业”的形式开始执行。笔者认为，大久保真正意识到的是：无论到访哪个国家，该国的工业化都因其“应国之风土习俗，从民之性情智识”而发展顺利。而归国后看到的景象却与之相去甚远。在大量外国技术人员的指导下推进的工部省事业既忽视了本国风土习俗，又不顾国民的性情智识，强行移植西欧模式，从而导致效率低下，浪费了原本就几近空虚的国库储蓄。事实上，中村尚史通过对“京滨”（东京—横滨）、“阪神”（大阪—神户）和“京阪”（京都—大阪）3 条铁路建设费用的比较分析，发现除因操作不熟练而导致的效率低下这一总体原因外，隧道、铁桥和海岸填埋等地理因素以及进口材料的费用问题也是促使铁路建设费用水涨船高的原因，而外国员工工资更是占了支出的 10%。

如此看来，《关于殖产兴业的建议书》其实是大久保利通的一份宣言，旨在将由外国技术人员主导的国营工业化转变为“国民的工业”，依靠倡议和奖励等措施促进其发展。而该计划的第一步就是将发展的重点从铁路转向海运。这并不是笔者个人的推测，这点在大久保的《行政改革建言书》中有明确说明。在财政危机加剧的背景下，大久保于1876年（明治九年）12月提交建言书，提议实施行政改革，具体措施包括大量削减官吏、解雇外国员工、合并内务省与工部省等。此文在该时期大久保主导并实施的政策转换上具有纪念性意义，在此将全文引用如下：

行政改革建言书（明治九年，西历十二月）

凡欲矫时弊而行改革者，必先察其病源，溯其根本，对症下药。病源为何，熟察维新后之形势，乃将门之权之数百年之因习也。以王政代其权，以郡县代封建，以华族代公卿诸侯，废士族之特权，倡四民之平等。此大变革，恰如灭火之水，墨中之朱，事业之难，不言而喻。

其目的与示范，皆拟自海外开明之治，无外乎舍我短，取彼长而已。故不可不以破陋习、变古法为重。

于是，明治天皇锐意图治，左右辅之，誓成此业，力求政治之开明、国权之振兴。

虽如此，数百年之因习已使人民麻木。欲引导之，则当以政府为嚆矢。故宜先新组政府，后设有司百官，选贤举能，各司其职，各尽其责。

明治元年于今已近十年，其间有弊必改，有害必除，行数回变革方成今日之局。凡以经历行考迹之事者，当以时间为重。三年见三分弊，五年见五分弊，八年见八分弊，十年见十分弊。今当见其十分之弊，行十分之改革。问其弊为何，会计不足。此乃病源也。以前条所论形势及事实为据，以欲成之事为参，着眼目下当务之急。法律、教育、陆军、海军、工业、农业、开拓及其他，凡新起之事，无不依洋人之见。洋人本无会计有余不足之虑，亦皆欲试其所研究之伎俩。吾国以开明强国之所行为模范，造建筑，成事业，肆意妄为，实乃欧亚皮相之移植也。

反观吾国之今日，外饰之于实力，望尘莫及。所谓过度铺张者，此也。

然虽如此，于迄今之形势，虽有疲敝，不得不尔。且全国进步迅速，故可谓功过相偿。

鉴既往，虑将来，衡轻重，考利害，施以改革，则祸可转福，实乃千载难逢之良机也。

大纲

· 简化政体

· 解雇洋人

· 设辅丞为书记官

· 裁减奏任官

· 裁减判任官

· 合并内务省与工部省

· 改教部省为局

· 合并各寮，或改为局

· 改府为县

· 改警视厅为内务省下属一寮

· 废除警保局

· 废除高等法院

· 立诸省奏判赏誉之法

· 报纸条例相关事宜

（《大久保利通文书》七）

全文气势磅礴，一气呵成，若出声朗读则更显其魄力。在本节日语版本中笔者特意将汉字改为假名，并补上了送假名、振假名①和标点符号，以此展示给今天的日本年轻人。作者首先指出：现在正是改革十年来的积弊的时候。之后出现的“问其弊为何，会计不足。此乃病源也。”这一设问，表明大久保等人已对形势具有准确而深刻的把握。在接下来关于外国技术人员的记述中，建言书作者认为，为在短期内搭建好“皆拟自海外开明之治，无外乎舍我短，取彼长而已”的改革框架，有必要借助外国的力量；但现今直接移植西欧模式的做法太过僵硬，不适用于日本国情，甚至到了“外饰之于实力，望尘莫及”的地步，这一状况正在把日本引入危机之中。

简化政体、解雇洋人、大幅裁减官吏、缩小不适合日本国情的洋人主导下的国营事业的规模，通过促进民营业的发展走向一条与日本风土习俗以及国民性情智识相符的殖产兴业道路。这是日本在利用军事手段化解政治危机之时，由大久保提出的针对财政危机的应对之策。

第五节　国营企业的出让

1877 年（明治十年），新政府在西南战争中取得了军事上的胜利。至此，政府在自维新起的 10 年后第一次在政治上稳固了基础，并将全国纳入了统治范围。在大久保 - 大隈体制下，解雇外国员工、简化政体的行政改革得以推行。1878 年 3 月，政府决定发行 1000 万日元创业公债，并推行新的“殖产兴业”政策。以连接内陆与沿海地区的线路建设为重点，之前遭遇冻结的铁路工程此时也逐步恢复。然而，到了 5 月，大久保利通却被暗杀了。失去了领导核心后，政府要面对的是更加严重的经济危机。

① 日语中标示在汉字等上方以表示其读音的假名。

引发危机的原因首先来自西南战争时，由于需要筹措巨额战争经费，政府再次开始发行不兑换纸币，结果加剧了通货膨胀。其次，政府财政收入的最大来源——地税因通货膨胀而减少。地税是指农地改革时的土地价值乘以一定的税率所得的金额。由于该金额是固定的，所以随着物价的上涨，地税的实际价值降低，农民肩上原本繁重的税务负担逐年减轻；相反，政府实质上的税收逐年递减，财政状况雪上加霜。最后是国际收支问题。如表 3-3 所示，日本自维新以来就一直保持着贸易赤字，此时已经深陷贸易逆差的泥沼。此外，国际银价的下跌也进一步将当时采用银本位制的日本推向了愈发窘迫的境地。新政府无疑已处在破产的生死边缘。这个刚刚利用近代化国民军克服了最大政治危机的政府此刻迎来了最严重的经济危机。

1880 年（明治十三年），大久保利通的继任者——大藏卿大隈重信提出了“变更经济政策”的建议。该建议将政府迄今为止主持建设的工厂及国营事业分为了以下 3 类：一、陆、海军工厂和造币寮等；二、金银铜铁精炼厂以及铁路、电信等公共事业等；三、为促进民营业发展而建设的模范工厂。大隈建议，政府继续运营第一、二类，并将第三类中由工部省和内务省管理的 14 家工厂全部出让给民间。该提议最终得到通过。这就是所谓“国营企业出让”的第一步。第二步实施于 1883 年（明治十六年），在工部卿佐佐木高行的建议下，佐渡、生野、三池以及阿仁以外的国营矿山全部被出让给了民间。

国营企业的出让乍看是政策的重大转换，但结合此前的叙述来看，大久保和大隈自 1874 年以来就一直在努力促成这种转变。在经济濒临崩溃的背景下，二人的主张此时终于获得了大多数人的支持。铁路之所以没有被出让，部分是因为铁路国有论者、铁路事业的最高管理人井上胜的坚持。即便如此，面对建设资金枯竭的现状，井上也不得不同意让民间资本参与到日本铁路的运营中来。

表 3-3　日本开港后贸易收支明细（1859—1880 年）

年份	出口（日元）	进口（日元）	收支（日元）
1859	578,907	543,005	+35,902
1860	3,234,560	2,996,568	+237,992
1861	2,343,755	2,198,406	+145,349
1862	4,468,141	4,054,169	+413,972
1863	4,751,631	4,336,840	+384,791
1864	4,782,338	4,433,720	+348,618
1865	6,058,718	5,950,231	+135,487
1866	8,681,861	8,393,766	+288,095
1867	8,575,822	10,445,888	-1,870,066
1868	15,553,000	10,693,000	+4,860,000
1869	12,908,000	20,783,000	-7,874,000
1870	13,543,000	33,741,000	-19,198,000
1871	17,968,000	21,916,000	-3,948,000
1872	17,026,000	26,174,000	-9,148,000
1873	21,635,000	28,107,000	-6,471,000
1874	19,317,000	23,461,000	-4,144,000
1875	18,611,000	29,975,000	-11,364,000
1876	27,711,000	23,984,000	+3,746,000
1877	23,348,000	27,420,000	-4,072,000
1878	29,988,000	32,874,000	-6,866,000
1879	28,175,000	32,953,000	-4,777,000
1880	28,395,000	36,626,000	-8,231,000

（出处：Thomas C.Smith，*Political, Change and Industrial Development in Japan*，1955）

关于国营企业的出让，历史学家目前主要给出了两种解释。一种认为工部省事业是明治政府计划的第一阶段。政府之所以自上而下发展近代工业，是为了给即将建设的强大的军事和警察机构打下基础。当矿山和工厂生产设备“发展得差不多”的时候，就将其出让给与政府关系密切的政商，培育财阀，在民间构建起便于政府管理的基础性近代工业部门。第二阶段是军事及警察组织的建设。而国营企业的出让则为过渡期的“编制改替”定下了基调（山田盛太郎，1934）。日本著名马克思主义经济学家山田盛太郎提出的以上说法在日本影响深远，持续至今。如先前所述，笔者对该观点不敢苟同。总体上看，工部省事业是西欧化的事业，支撑它的是一种更加质朴的热情。而自从西欧舰队出现以来，新政府领导层就竭力在动荡的局势中更新自己对于世界和时代的认识，因此这一质朴的情感也反映了他们的世界观和时代观。也正因如此，该项事业才成功使民众燃起了对文明开化的热情。但正如此前多次强调的那样，当时的日本财政基础薄弱，政府根基不稳，无力操持规模庞大的工部省事业，只得任其被现实压垮。这一点在山田的分析中被完全忽略了。

另一种观点对上述方面的内容略有涉及。美国著名日本学家托马斯·C. 史密斯指出，民间资本力量弱小是后进国家工业化过程中的通病。因此在发展初期，先由政府出资引进外国先进技术，建设工厂；待技术已被掌握，民间资本渐趋形成之时，政府就将国营企业出让给民间。这是后进国家走向工业化的合理途径，日本的工部省事业以及国营企业的出让就是其典型案例（T. C. Smith，1955）。该观点在海外颇具权威性。第二种观点将日本的工业化与后发工业化的发展规律结合在了一起，这一点值得肯定。但笔者认为史密斯高估了明治政府的政策制定能力。更准确地说，出让的实行是受形势所迫，是走投无路的政府采取的挽救措施。此外，该说法成立的必要条件是：此后的工业发展以出让后的民营工厂为中心。然而，之后引领日本工业发展的却是纤维制造业，其中包括生丝业、棉纱纺制业以及织品业等。正如后面会讲到的那样，这些工业的发展和出让后的工厂毫无关联。此时的政府正不顾一切地想要摆脱经济危机，出让国营企业的首要目的是减少支出，缓解财政赤字，而民间资本的接手最终却意外激发了工业发展的活力。

1881年（明治十四年），政府的内部对立引发了“明治十四年政变”①，此前一直负责财务工作的大隈重信被迫下台，佐野常民继任大藏卿，一段时间后该职位由松方正义②接替，中央银行成立后，日本迎来了以信用货币制度的建立为中心，以财政紧缩政策的贯彻、贸易收支的改善、本位货币的储蓄、纸币的回收等为特征的“松方财政时期”。然而，即便物价在政府的调节下迅速回落，但紧接着来临的是严重的通货紧缩，人民苦不堪言。松方是否应该选择如此严苛的通货紧缩政策？这到底是挽救日本经济危机的善政还是导致生灵涂炭的恶政？这些问题至今尚无定论。但毋庸置疑的是，1886年以后，紧缩状态逐渐缓和，日本经济奇迹般地出现了持续增长的趋势，就好像垂死的病人突然之间变得精神百倍一般。至于为何会出现这种现象，不同的历史学家有着不同的说法。该问题关系到日本后发工业化的性质，笔者将在下一章对此进行具体论证。

---

① 日本明治时代在修订宪法、制定政治体制过程中日本君主立宪支持者与自由民主支持者不断爆发矛盾，并借此机会开除了大隈重信等人，确定向立宪制过渡的基本方针的政变。

② 日本政治家，萨摩藩出身。担任大藏卿期间通过统一纸币、建立兑换制度、设立日本银行、实施金本位制等推进了日本国家财政的发展。曾两次担任日本首相。

第四章

转型期的传统工业——原始工业革命

1876 年 2 月,《行政改革建言书》提交的 10 个月前，大久保利通便提议举办“国内劝业博览会”。这一建议历来被视为大久保“殖产兴业”政策的象征。国内劝业博览会的策划者是佐野常民，相关事宜之后归由内务省劝业寮负责。佐野曾作为肥前代表参加过巴黎世博会，之后还担任了维也纳世博会（1873 年）派遣团的代表。第一届日本国内劝业博览会于 1877 年（明治十年）8 月 21 日至 11 月 30 日在东京上野公园举行，与新政府因西南战争而陷入存亡危机的时间部分重合。此次展览会共有 16712 人贡献展品，总数多达 84353 件，参观人数累计 454168 人。在交通不便的当时，该展会可谓获得了巨大成功。这增强了政府实施转向发展民营企业的政策的信心。然而，1000 多人共拿出 8000 多件产品的事实并不能算作这一政策转变的成果。内务省劝业寮 3 年前才成立，而政策的转变也是在一番唇枪舌剑中推进的，所以在如此短的时间内不可能出现肉眼可见的成效。然而在经历维新战争的摧残、急速兴起的海外贸易的竞争和接踵而至的士族叛乱等打击后，以传统工业为中心的民营企业依然保持着活力。笔者认为，上述事实才是衡量这一活力大小的标准。

在日本经济史上，一般认为在从幕末开港到 1870 年前后的这段时间里，以手工业为主的传统工业遭遇了毁灭性打击。随着港口的开放，大批商人涌入横滨抢购生丝销往欧洲，结果造成国内生丝短缺，价格攀升，西阵①等地的纺织业遭遇了巨大打击。1861 年，美国南北战争爆发，由此造成的原棉短缺波及了全世界；在此情况下，日本棉大量出口，严重冲击了国内的棉纺织业。除此之外，如表 4-1 所示，西欧棉织品（以“生金巾”②为主）的进口量在开港后大幅增加，再加上维新时期一系列战争带来的破坏，老牌纺织工厂危在旦夕。

表 4-1　日本明治初期进出口额　（单位：千日元）

年份	出口额				进口额					
	合计	生丝	茶	水产品	合计	棉织品	棉纱	棉	毛织品	砂糖
1868	15,553	6,253 (40.2)	3,344 (21.5)	557 (3.6)	10,693	2,542 (23.8)	1,239 (11.6)	421 (3.9)	1,948 (18.2)	886 (8.3)
1872	17,026	5,205 (30.6)	4,124 (24.2)	1,141 (6.7)	26,174	4,888 (18.7)	5,335 (20.4)	85 (0.3)	7,216 (27.6)	1,690 (6.5)
1877	23,348	9,626 (41.2)	4,288 (18.4)	1,531 (6.6)	27,420	4,195 (15.3)	4,084 (14.9)	418 (1.5)	4,846 (17.7)	2,793 (10.2)
1882	37,721	16,232 (43.0)	6,858 (18.2)	2,182 (5.8)	29,446	4,219 (14.3)	6,562 (22.3)	467 (1.6)	2,631 (8.9)	4,445 (15.1)
1887	52,407	19,280 (36.8)	7,330 (14.0)	3,083 (5.9)	44,304	3,380 (7.6)	8,235 (18.6)	913 (2.1)	4,537 (10.2)	5,737 (12.9)

注：括号中内容为对应项在出口 / 进口总额中占比（%）

（出处：山口和雄,《日本经济史》经济学全集 5，筑摩书房，1976）

虽然上述情况皆是事实，但不能就此认为传统工业在这一时期遭受了毁灭性破坏。这种结论相当于忽略了传统工业面对接二连三的打击重整旗

① 西阵地区是日本京都地区历史悠久的纺织品生产区域。

② 此处“生金巾”指平织的、未漂白的细薄棉布，该词源自 15 世纪至 16 世纪日本进口的葡萄牙产品，该棉织品多用于和服内衬、桌布、围裙等。“生”是未漂白的意思。

鼓、谋求复兴的动态过程。

笔者认为，之所以会得出这种结论，是因为分析者只是从单纯的技术史观的角度来看待问题。也就是说，他们认为，出口到日本的西欧制品是近代技术的产物和近代生产力的象征，与依靠传统手工业技术制成的产品不可同日而语。所以，传统工业的生存空间必然会因西欧商品的大量涌入而备受挤压。从这个角度来看的话，表 4-1 中的进出口额就成了优质进口货排挤劣质国货、抢占国内市场的证据。上一章提到的托马斯·史密斯在书中也以富山县的棉业、赞岐的砂糖业和岛根的制铁业的衰退为例，强调进口产品对日本传统手工业造成的打击的广泛性。

然而，朴素的近代工业制品至上论忽视了以下两点：第一，传统工匠远比西欧商人更熟知日本消费者的喜好。因贴近民众文化生活，传统产品在与进口商品的竞争中具有比较优势。第二，处于危急存亡之秋的传统工匠曾将西欧的“工业制品”转化为新材料和新道具，用于开发新产品。此外，他们还将进口机械改为木制，辅助生产，引导传统工业走向发展的新道路。第一届国内劝业博览会的展品中，这种新产品和日式机械比比皆是。在此，笔者想以第四展区机械部展品——由西阵木匠荒木小平提供的木制雅卡尔织布机为切入点，对日本传统工业的转型和发展进行一番考察。

第一节　西阵纺织业的衰退、再生和发展过程

之所以选择西阵，是因为该地是织品之乡，其纺织业是传统工业的代表。平安时代以前，高端纺织技术是朝廷直属的织部司①的专利。随着时代的变迁，这种技术逐渐渗透到民间，后在应仁之乱②（1467—1477 年）时期与传入堺地区的中国明朝纺织技术结合。此次结合使得该技术越发精深

① 律令制下纺染朝廷所需染织物的部门，长官称“织部正”。

② 由室町幕府第 8 代将军足利义政的继承者人选问题引发的内乱。

化，并在织丰时代[①]（1568—1603年）至江户时代的元禄时期（1688—1703年）迎来了发展高峰。江户时代，朝廷御用的“御寮织物司六人众”诞生，西阵自此步入纺织业鼎盛时期，成为大型综合性织物生产基地。除了利用传自中国的“空引机”（西阵称“高机”）织造精致的提花织物的“高机仲间[②]八组”外，该时期还存在众多专攻各类织物的“仲间”组织。西阵的技术历史悠久，出神入化，是传统手工业的精华。

另外，西阵纺织业是在幕末前后至维新的动荡时期受挫最严重的传统工业之一。开港前，西阵纺织业就已在水野忠邦的“天保改革”[③]（1841—1843年）中遭受巨大打击。因为在水野看来，丝织品是头号奢侈品。而到了开港后，生丝的大量出口使国内原纱价格暴涨，再加上“禁门之变”[④]（1864年）引发的火灾，西阵纺织业的发展已举步维艰。明治政府迁都东京（1869年6月）前，朝廷、公卿、大名以及各神社和寺院组成了西阵高端织品的主要市场。在这种情况下，明治天皇的离开相当于斩断了由空引机织造的高级织品的命脉，而这样的织品正是西阵的象征。

明治政府迁都一事在当时遭到了京都当地居民的强烈反对，这一政治焦点最终促成了当时发展工业最为积极的地方政府的诞生。经过与会计官[⑤]的交涉，京都府申请到了15万日元借款作为“劝业基金”，再加上天皇为安抚京都民众而下发的10万日元“工业基金”（赏金），京都的工业化有了远胜于其他地区的充足资金支持（寺尾宏二，1943）。长谷信笃和槙村正直

---

① 指织田信长和丰臣秀吉的时代，即安土桃山时代（1573—1603年）。

② 日语中“仲间”多指合作伙伴，此处则指日本江户时代工商业者成立的垄断性行会。

③ 日本江户时代后期的幕府老中（直属于将军的官员，负责统领政务）水野忠邦为了恢复幕府的统治力量，颁布以“天保改革”为名的节俭令，取缔铺张华丽风俗，解散商业组织，强化军事力量。

④ 又称“蛤御门之变”“元治之变”。长州藩（尊王攘夷派）与幕府及支持朝廷和幕府联合的（公武合体派）诸藩之间因摩擦而爆发的战争。

⑤ 明治初年负责国家财政事务的部门。明治二年改为大藏省。

两代知事推出了多项激励政策，将这笔钱利用到了极致。以下是从明治二年开始的 10 年间（1869—1879 年）推行的主要政策。

明治二年：设立西阵小前引立掛（贫穷织工救济岗）和西阵物产公司。

明治三年：设立舍密局（“舍密”一词是从荷兰语音译过来的日语，意为“化学”。由于当时窑业也被归为化学工业之一，所以舍密局是掌管包括织染、陶瓷等京都基础工业的试验和研究部门）和职业介绍所。

明治四年：设立养蚕场（普及植桑、养蚕和缫丝技术）和皮革厂；举办京都博览会；邀请列奥·迪利（León Dury）[①] 开办法语学校。

明治五年：设立牧场（培育良种牛，普及绵羊）和女校；派遣佐仓常七、井上伊兵卫和吉田忠七前往法国里昂学习纺织技术、购买机械。

明治六年：设立栽培研究所（研究和普及桑、茶和药草等的栽培法）、伏水制造厂（制造机械）和制鞋厂；派遣伊达弥助和早川忠七参加奥地利维也纳世博会，学习技术。

明治七年：设立纺织厂（利用佐仓等人购买的设备教授纺织技术）。

明治八年：扩大纺织技术教授与学习的规模，倡议各产地参与其中；在舍密局内设置“染殿”；中村喜一郎（维也纳世博会技术学员）开始教授西式染色法。

明治九年：设立梅津造纸厂（使用德国机械）和集产场（展示和促销府内产品）。

① 法国医生，1861 年赴日，后任法国驻日本领事、法语教师，1877 年回国。

明治十年：设立宫津舍密试验所（舍密局分局）和麦酒酿造所；改西阵物产公司为西阵织品交易所；派遣近藤德太郎等 8 名“劝业留学生”赴里昂长期留学。

明治十一年：聘用德国人戈特弗里特·瓦格纳（Gottfried Wagener）① 入职舍密局。

令人惊讶的是，京都居然能在短时间内制定并实施多项系统性的政策，而且是抢在内务省劝业寮之前。这些政策是依据织染、陶瓷等地方工业当前所面临的问题制定的，技术的引进、教授和学习落实得也很快。最后一项中出现的瓦格纳虽然只在日本待了 3 年，但其为京都陶瓷等工艺的发展奠定了基础，之后还前往东京大学任教。

在这些措施中，和西阵直接相关的有如下几项：

（1）始于西阵物产公司的业界组织运动。

（2）派遣留学生赴里昂、维也纳留学并通过其引进国外技术。

（3）以织工厂（后来改名“织殿”）和“染殿”为中心进行技术的教授、学习和普及。

笔者接下来将通过对上述几项的依次分析，考察典型传统工业对动荡局势的反应。

1. 西阵物产公司

据《西阵史》记载（佐佐木信三郎，1932），明治二年（1869 年）十月，西阵纺织业的代表们被叫到了京都府厅。长谷信笃知事建议从劝业基金中拿出 3 万日元借款，供众人设立纺织品交易所，增强西阵发展活力。西阵物产公司由此诞生。“公司”（日语写作“会社”）一词的使用是个很有意

① 数学物理学博士，历任京都府立医学校（现京都府立医科大学）教师、东京大学教师、东京职工学校（现东京工业大学）教授。

思的现象，各地纺织业陷入困境时也会建立团结的业界组织（society）以应对危机。本书第二章中的五代友厚和涩泽荣一等人在西欧时，印象最深刻的事物之一就是公司组织。山尾庸三在工部省劝业寮成立时提出的发展方针中也有“劝诱公司，联合发展大规模工业”一句（铃木淳，2004）。同样，西阵众“肝煎”（负责人）也响应了政府的号召。

然而，他们无从得知西欧公司的组织结构。西阵物产公司便按织物品种分类，设立了“金锦”“博多”[①]“繻子”[②]等18个分公司；之后，各分公司分别选出4名“肝煎”组成72人的监督委员会，总裁和董事则由京都通商司派遣。换句话说，被新政府当作封建残余废除的“仲间”摇身一变成了18家分公司，而物产公司则充当起了负责联络的中间角色。更令人惊讶的是，公司实质上的经营者——72名“肝煎”被授予了穿着和服短褂与裙裤、佩戴长刀出入府厅的特权，不过这些人是不能拿报酬的。

虽然在现代人看来，西阵物产公司的组织结构令人瞠目结舌，但该公司的经营方针却颇为新颖。《西阵史》中载有《西阵织物产公司经营法》（只有该文使用了“西阵‘织’物产公司”这一名称）全文，这份文件是向“京都御政府”提交的公司运营方针，其主要内容大致如下：

- 公司直接采购原纱，经由各分公司发放给所属织坊（改变原有线商为主导的局面）。
- 除靛蓝染外，缫丝、精炼和染色均在公司直营工厂完成，根据纱线用量将相应经费拨给各分公司（防止中间加工业者私藏纱线）。
- 将成品集中到“绢仲买御会所”[③]，每月1日、6日招标卖出

① 即“博多织”，福冈市博多地区的一种有名的丝织品，其特点是采用大量细的经线和粗的纬线。

② 织成缎纹的织物，其特点是经线和纬线的交叉不连续，产生一定的浮纹。

③ “仲买”指中间商，“会所”即交易所，该场所指物产公司特定的销售代理点。

（厂家直销）。

针对销往其他府县以及海外的需求，则由京都府充当中间人，调查客户的喜好，再将结果告知公司。但总体上来看，西阵物产公司的运营方式是以厂家为主体的直接采购、加工和贩卖，使得中间商、线商、中间加工业者不直接参与其中。《西阵织物产公司经营法》最后写道：

如此，既可节省牙行丝坊费用，亦无掠丝之虑。商品价格低廉，买卖便利。

这种想法实属简单和乐观。西阵生产所需原料的采购需要有效的组织和大量劳动力的参与，而加工又需要设备和人力的支持。此外，物流系统的建设和管理、直销所需场地的整备的和相关人员的配备、必要的投资与维护、经营管理体制的整顿等都是需要花钱的；不仅如此，公司不收取任何手续费，垫付款也没有利息，员工也不会拿到任何报酬。公司的产品是否真的能实现廉价销售，答案可想而知。

“绢仲买御会所”的地点暂定在位于油小路一条北向街的物产公司事务所，于明治二年十一月十六日开张。然而，因店面过于狭窄，交易无法顺利进行。翌年正月，事务所搬到了今出川大宫西向街，在租用了附近几家商铺后，18 家分公司总算能够独立进行销售活动了，但因地理位置不佳，生意并不理想。为了提高销售额，公司尝试将店铺设在西条乌丸西向街，又从京都政府那里借了 8000 日元在东京开了分店，但均收效甚微，借款也只能还上 1000 日元（服部之总，1936）。《西阵史》写道：

“肝煎”们虽然没有任何酬劳，但在淡季仍然会穿着短褂、裙裤，腰佩长刀，在大阪、堺一带东奔西走，拉拢生意。尽管他们

> 已经尽了最大努力，但由于缺乏经验，再加上物价反弹、欺诈买卖、无息贷款和坏账的影响，亏空越发严重，甚至到了“肝煎”们不得不拿出自己的钱来维持公司运转的地步。西阵物产公司在成立四五年后，其经营活动几乎完全停止。

但话说回来，为什么明明没有报酬，“肝煎”们还会身着短褂、裙裤，腰佩长刀，抱着布匹穿梭在大阪和堺地区行商，甚至自己出钱来维持公司运营呢？他们的这股热情究竟来自何处？笔者认为，这是历史赋予西阵的“复原力”和明治维新相结合后的结果。西阵曾在应仁之乱和织田信长的时期被战火吞噬，后又在享保大火[①]中损失了7000多台纺织机器。即便如此，屡遭重创的西阵依然能够再度繁荣。这种复原力就是他们信念的源泉。

幕末开港以来，西阵尝试过许多摆脱困境的方法。例如让衙门发放1000石米以救助贫困的织工；为应对原纱价格的暴涨，西阵考虑从近江[②]、丹波[③]、若狭[④]、越前[⑤]一带采购蚕茧以发展本地缫丝业；此外，为防止织工因生活窘迫而抛售织品造成的价格暴跌，西阵计划设立“绢预存所”，以垫付款项的方式收购织品，等经济形势好转后再卖出。虽然这些构想最终因资金不足而未能付诸实施，但计划的推进者大多依旧踌躇满志，并带着这份初心成为西阵物产公司的“肝煎”。伊达弥助（四世[⑥]）是缫丝业计划的推动者之一，因自家也植桑养蚕，伊达便在闲暇之余自制了“羽二重”（纯白纺绸）并将其呈交给了京都府。政府于明治三年（1870年）给伊达颁发

---

① 享保九年（1724年）发生于日本大阪的大规模火灾。

② 旧国名。相当于现在的滋贺县。

③ 旧国名。相当于现今京都府中部和兵库县东北部。

④ 旧国名，又称若州。位于今福井县西部。

⑤ 旧国名，又称越州。位于今福井县东部。

⑥ 日本传统社会中，继承父辈家业武家、农家、商家等有着沿袭父辈名字的习惯（袭名），以示家族事业的连续性。

了奖章。在60岁时，伊达参加了维也纳世博会，将先进的技术引入了西阵。西阵保留了大量资金周转的相关文件。这一事实表明，资金问题是该地区在幕末时期面临的最大困难。因此，长谷知事的提议使代表们信心倍增，这一点不难想象。《西阵织物产公司经营法》是他们在幕末困境中描绘出的西阵蓝图，所以众人才会如此尽心竭力。虽然物产公司实行的生产者中心主义无果而终，但在明治五年（1872年）实施的技术学员派遣计划却取得了意想不到的成功。如前文所示，被派往里昂的是佐仓常七、井上伊兵卫和吉田忠七。

2. 派遣3名技术人员前往里昂学习纺织

一般认为，事情的起因是物产公司主管竹内作兵卫在阅读《西国立志编》时对雅卡尔织布机产生了好奇，便向京都府劝业场咨询了相关信息。京都府转而询问明治四年（1871年）十月被聘为法语教师的列奥·迪利。迪利回答，里昂丝织技术发达，雅卡尔织布机这项重大发明就诞生于那里。

《西国立志编》是中村正直的译作，翻自萨缪尔·斯迈尔斯（Samuel Smiles）的“*Self-help*”（日文也可译为《自助论》）。斯迈尔斯因研究工业革命时期的发明家而闻名，该书立足于古今伟人、发明家的传记，主张“天助自助者”，深受明治时代日本人的欢迎。书中记载了雅卡尔织布机在里昂的诞生，发明者约瑟夫·玛丽·雅卡尔（Joseph Marie Jacquard）在《西国立志编》中被称作“若瓜德”。竹内是否真的看过此书这点暂且不谈；在依靠空引机生产提花织物的西阵，如果有数人曾阅览过此书，那么雅卡尔织布机在西阵广受好评也是很自然的事。接下来笔者将通过对空引机工作原理的解说阐述雅卡尔织布机发明的意义。

西阵最初有“高机”（后文也称“空引机”）和“平机”（又称“西机”）两种织机。功能简单的“地机”无法织出提花织物，从原理上看，高机是地机与提花织布装置的结合。图4-1是西阵博物馆所藏空引机作业图。图

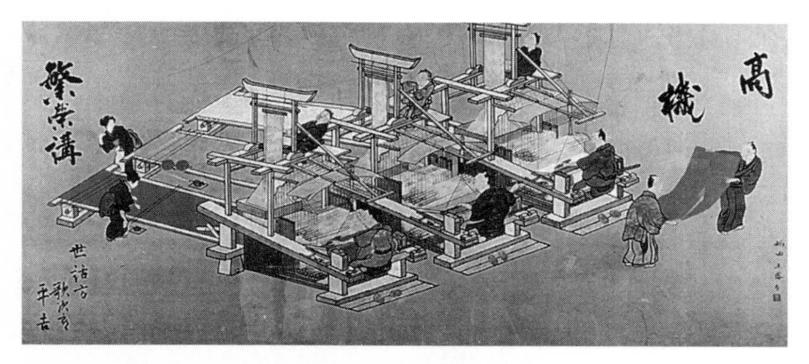

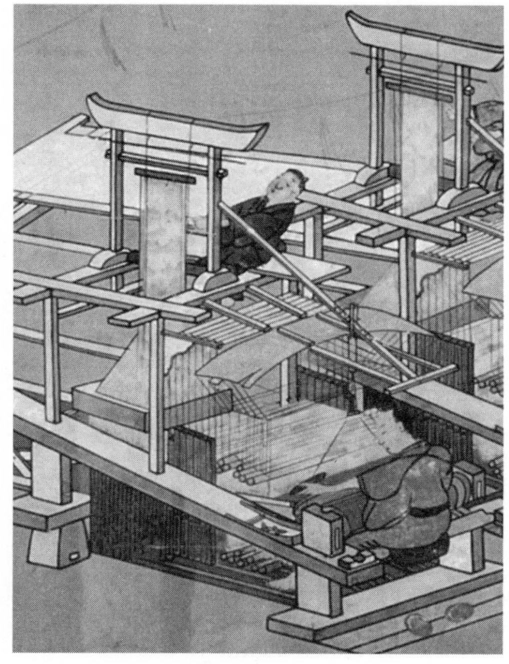

图 4-1 高机（空引机）作业图
下方为放大后的图。（西阵博物馆藏）

下方坐着的是织工，坐在 3 个“鸟居”[①] 前方的是助手，织造工作在两人的合作下进行。图中的操作台日语写作“空引”或“花楼”，读作“そらひき”（sorahiki）。各个“鸟居”下方垂挂着 200 条左右的“通丝”，远看就像和服的腰带。通丝的下方是综丝，综丝连接着经纱，助手将通丝拉起时

① 此处指图中描绘的 3 个鸟居（日本神社的附属建筑，类似于牌坊）形状的装置。

会牵动经纱上升，这样就能实现提花织物的织出。

把提花织和刺绣放在一起比较的话或许更好理解。刺绣是用连接彩线的针在织好的绣料上穿刺布线，以绣迹构成花纹；而提花织则是直接将花纹织入布料中。

平织是最基本的织法。首先要如图 4-2 所示将经纱分成上下两层，形成梭口（开口）；其次需要利用梭子将纬纱引入梭口（投梭）；再次要用分隔经线的“筘”把纬纱推向织口并将其打紧（打纬）；最后操作者要操纵两层经纱上下交替形成新的梭口，再反向投梭、打纬，如此反复进行。使经纱上下交错分开的装置称为“综框”，操作者需根据织物组织要求踩踏踏板控制综框升降，以实现经纱分层。而在进行提花织时，操作者要在织造非起花部位（即“地组织”）的同时按照开口、投梭、打纬、布线的顺序不断重复将彩线织入以形成花纹。

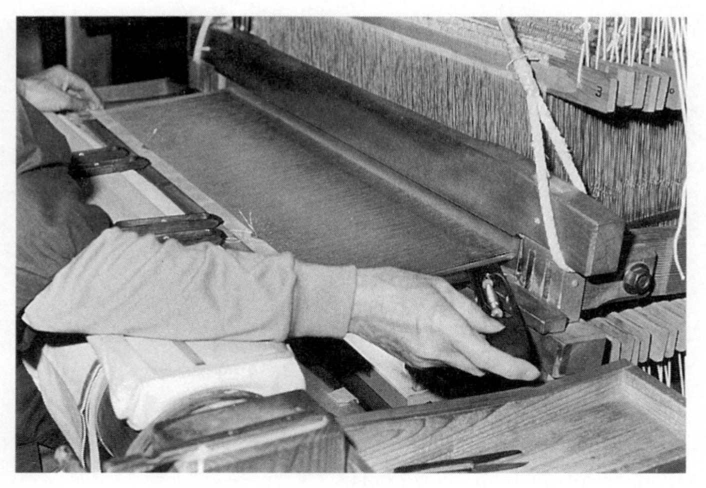

图 4-2　地组织的开口和投梭

平纹、斜纹和缎纹的地组织的织法各有不同。以最简单的平纹为例，操作者需将经纱分为两层，一部分经纱在上，相邻（两边）的经纱在下（或保持水平），如此形成开口。完成投梭和打纬后，两层经纱再上下交替，形成新的梭口。在这张照片中，虽然因织工手部遮挡而难以辨别，但下方其实是开口经纱。织工先用右手投梭，然后在另一侧用左手接住滑过经纱的梭子，再用固定在白色粗线上的筘将引入的纬纱打紧，如此往复，打纬结束后，该部分的织造就算完成。（广田义人拍摄）

这种情况下形成的是局部开口。如图 4-3 所示，只有花纹部分的经纱被固定在偏上的位置（照片中共有 4 处），开口则是借助通丝进行。又如图 4-4 所示，鸟居上垂挂着的是通丝，横向的则是梭线；织布时，助手只需在织工的示意下拉动梭线旁的通丝即可。织工先将缠有指定彩线的小梭穿过开口，然后进行打纬，待助手将经纱归回原位后，踩踏踏板完成开口、投梭、打纬、织出地组织的工作。彩线的布线方法和刺绣时采用的方法是相似的。西阵称这种织法为“挑绣”可能也是这个缘故。如此重复多次，便可织出花纹。但与刺绣不同的是，提花是由纬线搭配与之平行的长度各异的彩线构成的，且从织工的方向来看，花纹成形于织物背面。虽然

图 4-3 “挑绣”织法的开口和小梭的处理

在使用“挑绣”法时，花纹部分的经纱会被单独分离出来并向上开口。负责引入彩线的梭子因个头较小，所以称为小梭。如图所示，操作者手持小梭穿过开口并将其放置在织好的布上，然后打纬闭合开口，织入地组织。往复完成开口→投梭→打纬 3 个步骤后，位于本张照片中的 4 个开口处的布料下方的、长度与开口经纱宽度相同、方向与纬纱齐平的彩线就会被织入，构成花纹的一部分。从操作者的视角看，织物的背面在上，正面在下，所以花纹是在朝下的那一面形成的。虽然在这张照片中，开口部分的经纱看起来都是朝上的，但实际上在被称为“伏机”的装置的作用下，每隔一段距离就有一条经纱保持着未开口的状态。留出这些经纱的目的是保持织物花纹的平整，当织物被翻面的时候，它们会扫过花纹部分并被嵌入地组织中。（由于无法获取用空引机操作时的照片，所以图 4-2、图 4-3 中出现的织布机均为西阵博物馆所藏的舶来织品所用的雅卡尔手摇织布机）（广田义人拍摄）

提花没有刺绣那般细腻逼真，但由纬线构成的花纹也别有意趣。

空引机的结构相当复杂。图 4-5 是《西阵织机图鉴》首页图的缩印版本。该图鉴据说是西阵物产公司干部应维也纳世博会事务局的要求提交的，一并提交的还有《西阵织物详说》。从此事也可看出，该图所描绘的空引机在当时是顶尖的。下图中扩大的部分是织机的主要部分。

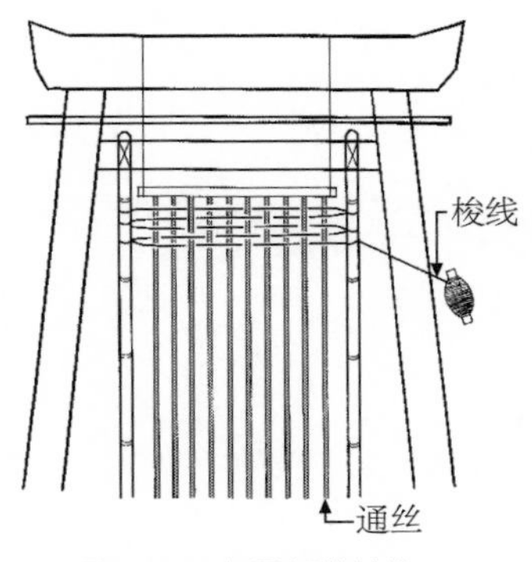

图 4-4　鸟居部分结构

放大图 A 是 9 片“伏机”和 12 片“起机”，放大图 B 展示的部分称为“弓棚”，放大图 C 描绘的则是“空引”。如上文所述，织造提花织物时，操作者需要将一部分经纱开口以供彩线穿过，而伏机就是使其中数根经纱保持原样的综框。起机是织地组织时用的综框，12 片起机的组合可以织出极为高端的地组织。弓棚的“弹簧”是用竹条做的，该装置结构精巧，能够配合踏板控制伏机上下运动。虽然无缘一睹操纵 12 片起机的装置的风采，但这幅图片足以向我们传达木制空引机结构的精妙和西阵工匠技艺的精湛。而实际上，只要将雅卡尔发明的装置安装在空引的鸟居部分，空引机就摇身一变成了雅卡尔织布机。这种变化对日后的发展意义重大。

空引机的提花织需要织工和助手默契配合，灵活踩踏伏机和起机，交互织出地组织和花纹。对这些工序的熟练程度的要求自不必说，织工还必须胸有成竹，根据将要织的花纹构思经纱的开口处、开口数量、顺序、与通丝的连接方式、与彩线的结合方式等。此外，还要确保这一道道工序能在梭子的辅助下顺利进行。事前准备的工作量很大，而且需要技巧，拥有祖传秘籍的各织坊和纹坊联合起来搞竞争曾是常态。雅卡尔织布机是一件划时代的发明。由被称为“ 提花柱（cylinder）”的带孔四棱柱和打了孔的

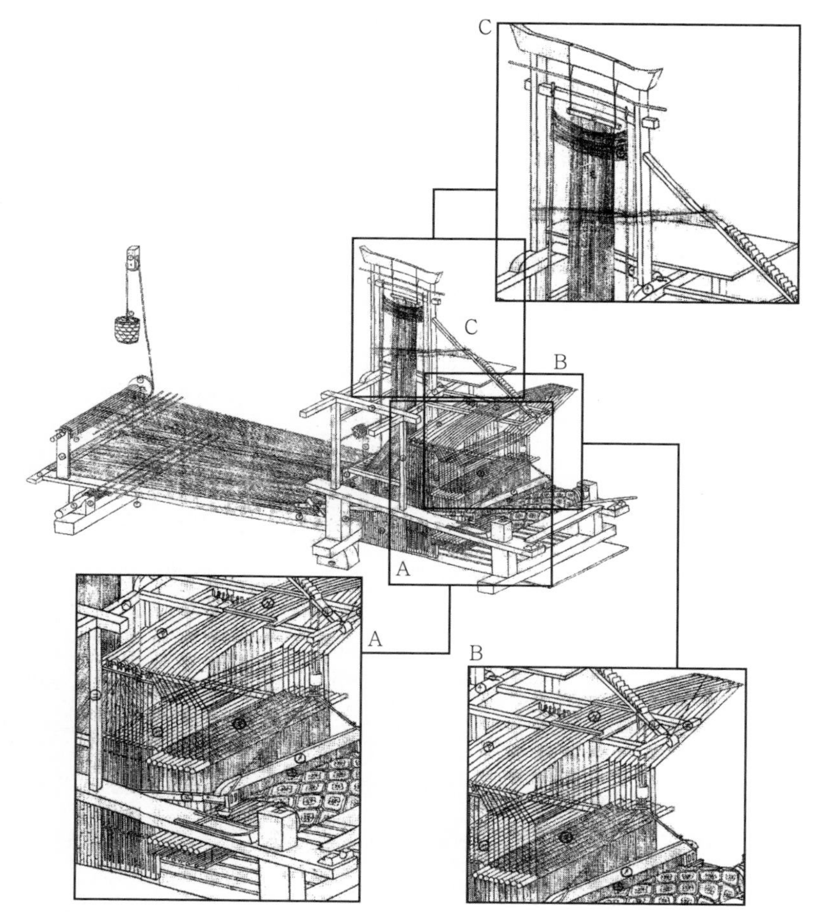

图 4-5　空引机结构

放大图 A：该图所绘的是由圆棒构成的 9 片综框就是俗称“丸综”的“伏机”。由左侧的四棱柱构成的多个综框是俗称“角综”的“起机”，负责织出地组织时的开口工作。图中共绘有 12 片起机，不过看得不是非常清楚。放大图 B：该图所绘的是控制伏机的弓棚。织工踩踏踏板使伏机下降，穿过伏机的经纱的开口随即闭合；织工停止踩踏后，弯曲的弓竹恢复原状，伏机随之上升。放大图 C：该图描绘的是空引。织工的助手坐在此处，在梭线的引导下拉动垂挂在鸟居上的通丝。（出处:《西阵—美与传统—》，西阵五百年纪念事业协商会，1969）

提花卡（英文为“punched card”，本书后文将采用当时普遍的名称“纹板”来指代这一物品）组成的装置能够使织工通过踩踏踏板控制升降的机械，实现通丝的自动筛选和垂挂。如此一来，织工一人便可完成提花织布工作，不再需要助手。远赴里昂的三人带回日本的雅卡尔织布机将会使西阵的提花织产生巨大变化。

尽管这些派遣之前的轶事容易让旁人认为三人是为了调查和购买雅卡尔织布机才去的里昂，但此点尚待商榷。公文录中收入了派遣两名西阵织工前去里昂的经费申请文件，申请递交人是工部少辅[①]山尾庸三。

> 关于赴西京[②]出差之事，吾历观西阵织坊，虽技艺无不炉火纯青，然因器械不便，布帛长短宽窄不能合意，织工终日劳顿，难以得闲，其功力未能充分施展。(《公文录》壬申[③]五、六月，工部省伺）

视察西阵使得此人对日本工业设备的落后深有体会，便提议由工部省从欧洲进口两台织机借给西阵，只需操作一下便可知西洋的先进与日本的不足，之后再将其在筑前[④]、丹后[⑤]、陆前[⑥]、越后[⑦]等自古享有盛名的工业区进行巡回展出，如此自然会促进西洋设备的普及和工业的发展。因此，山尾希望能派遣两名西阵的专业人员远渡重洋，“实地勘察并购置两套设备”，并向政府提出了4600美金的经费申请，其中1000美金用于设备购置，剩余的则作为旅费和其他花销。

该份文件中的两套西洋设备指的是两台斜织（或称“绫织”）机、两台平织机和两组操作台，这些信息在资金一栏中有所提及，但未见与雅卡尔织布机有关的信息。在《西国立志编》中，雅卡尔的发明被译为“织花细

---

① 明治二年至九年在各省设置的官职，位于大辅之下。

② 指京都。

③ 此处壬申年为1872年。

④ 日本古代的令制国（基于律令制所设的地方行政机关）之一，大致位于今福冈县西部。

⑤ 日本古代的令制国之一，大致位于今京都府北部。

⑥ 日本古代的令制国之一，大致相当于今宫城县的大部分地区和岩手县部分地区。

⑦ 日本古代的令制国之一，又称越州，大致位于今新潟县。

的机械”，“花䌷”的右边标有振假名[①]“くわちう[②]”，左边释义处写着“もやうあるきぬ[③]”。除此之外，书中没有对设备结构的任何说明。虽然可见“使用蒸汽机进行织造”这样的描述，但这些信息只能使人模糊地感觉到这台设备的精巧。山尾认为用来织花布的机械就是斜织机，而西阵方面也认为只要学会蒸汽织机的操作方式，再把它买回来就行了。如此看来，被派去的人想必很辛苦。

事后据佐仓常七回忆，起初是计划让自己的上司竹内作兵卫去的，但竹内年事已高，实在不适合执行此项任务，便开始四处寻找代替人选，奈何没有人愿意，所以只能是自己和井上伊兵卫一起去。据说人选确定后，吉田忠七也执意要去，因此派遣人员最终变成了三人。

这一时期，远渡法国耗资巨大，而人员的选派却如此轻率，不免让人觉得不自然。佐仓和井上不懂法语，既不会读写，也不会算术。对此，西阵方面可能不太放心，所以加派了吉田与二人同行。物产公司主管和各分公司代表曾联名向京都政府提出申请，称吉田忠七“勤恳务实，是西阵织工中的佼佼者”，此人自告奋勇越洋，不愿枉费其一片诚意。旅费本应由各分公司共同承担，奈何“多有不便”，因此希望政府能够暂时负担所需费用，日后再由公司还清。正因为西阵方面信任吉田，所以才千方百计让他同去。

西阵织物馆藏有吉田忠七署名的新织机专利申请文件。尽管当时尚不存在专利申请制度，但民部省规定，若有谁发明出了实用之物，仅需提出申请便可获得专卖权，因此吉田便响应了政府的号召。一并保存下来的还有吉田的出境申请等相关文件。由此便可知，吉田是个善于创造、积极向上的织工，在西阵颇具盛名。此人能够弥补其余二人的不足，使三人顺利完成任务。此项事业风险很大，而吉田的加入推动了它的成功。

---

① 在竖排版的书中，振假名是标在右边的。

② 此为旧式用法（即历史假名用法），相当于现代日语的“かちゅう”。

③ 同为历史假名用法，相当于现代日语的“もようあるきぬ”，即“有花纹的丝绸”。

明治五年（1872年）十一月，一行人带着迪利写给里昂织工朱尔·西斯雷的介绍信从神户出发了。除佐仓、井上和吉田外，还有京都开商公司的松村利三郎和清水喜兵卫同行。有关旅行途中的轶事以及众人到达马赛后因为找不到朱尔·西斯雷的住处而经历的各种波折在许多文献中都有记载，这里就不再赘述。之后，一行人在一封日期为“正月二十一日”的信中附上了一份给物产公司三名主管的报告，称“已于大日本正月十三日到达法国里昂丝绸商‘吉’斯雷阁下处”，并记录了到达后一周的见闻。该报告明显出自吉田之笔，内容丰富翔实，叙述简明清晰。西阵织工能有如此文笔，着实令人敬佩。见闻录前半部分是对在朱尔·西斯雷和路易·西斯雷兄弟带领下参观工厂的描述。工厂二层有60台织机，一层有30台，从整经、卷纬到缫丝全部由机械完成。每台织机配一名织工，从清晨6时到傍晚6时能织出3丈[①]多的平纹丝绸。通过参观，吉田等人还得知：不用高机和空引机装置也能织出6尺宽、6尺多长的提花织物。而且如果织机有蒸汽装置的话，炼纱、染色等一系列工序都能在室内完成。同当时到过欧洲的所有日本人一样，吉田一行人为蒸汽机带动的欧洲机械生产所折服。

在购置问题上，这群参观者施展了自己作为工匠的才能。询问设备价格后得知，一台“带有蒸汽装置的铁质机械”要1500美元，但这种往往是几十台一起用的，所以各种必要设施都要备齐，总价自然不菲。与之相比，“手动操作的机械”则便宜许多。平织机每台60美元，斜织机每台110美元。关于“手动操作的机械”，吉田认为其使用“弹飞”（吉田自创的词，指一种飞梭）“津卷[②]和经轴[③]”为铁质，带齿轮，比西阵的设备方便得多。“高机虽然和西阵的一样是手动的，但没有空引装置，只需一打‘总’丝（笔者疑为综丝）、一条踏板即可织出花纹”，比西阵的织机先进不少。吉田

①“尺贯法”的长度单位，日本的1丈约合3.0303米，与中国的丈长度略有不同。

② 织布机上的用来卷织好的织物的木辊。

③ 将整理好的经线缠绕、以便织造的横梁。

写道，由于“经费问题”，本次无力购买带蒸汽装置的织机，如果只购置手动织机的话倒是负担得起。此外，吉田还在报告中提出了一套技术学习方案，包括所需费用和计划等。并附言如果还是想尽量购买带有蒸汽装置的机械的话，希望尽快给予答复。

从技术史的角度来看，报告的后半部分包含两个重要的事实。其一，派遣方希望吉田等人尽量购买“带蒸汽装置的织机”。经历了明治维新后，曾经针对蒸汽军舰和大炮的攘夷运动逐渐发展成了对文明开化的追捧，而这种机械正是时代进步的象征。但当时的日本人从未见过蒸汽设备工厂。蒸汽机是一种往复式动力机械，惯性很大。蒸汽机开始运转后，动力会通过皮带轮传输到工厂悬挂的“天花板轴”（line shaft，中文或称“天轴”）上，天轴获得动力后会通过其他皮带轮将动力分配到各个机械。要使蒸汽装置足以驱动机械，则上述动力传输系统必不可少。该设备体积巨大，为与其相称，车间中需要配置大量机械，费用也自然会水涨船高。最终，“带蒸汽装置的织机”和“手动织机”的预算间出现了巨大落差。在商业中，对这种巨大差异的认识是关乎事业成败的。然而，派遣方却丝毫不具备这样的认知。经过一周的实地考察，吉田等三人意识到，西阵需要的不是带蒸汽装置的织机，而是手动织机。他们将该结论以信件方式告知了日本，还在信中分析了引进的织机种类的引进方案。其二，报告中有两处明确提到了一种似乎是雅卡尔织布机的织机。一处是“不用高机和空引装置也能织出 6 尺宽、6 尺多长的提花织物”，另一处是“高机虽然和西阵的一样是手动的，但没有空引，只需一打综丝、一条踏板即可织出花纹”。如果三人真是为了雅卡尔织布机而赴法，报告中的描述就不可能这么平淡。吉田的本意应该是说明“在手动织机中也有这样的机械”。如果三人在出发前就被嘱咐过要找到“若瓜德的织布机”，那么吉田起码会在报告中提及这个名字。因此笔者认为，三人在出发时根本不知道雅卡尔织布机的存在，这种织机进入三人的视野是在一行人到了里昂以后的事，在认识到这种手动织机的益处后，吉田等人稍稍调整了计划，决定将其引入日本。

话说回来，在明治六年（1873年）这个时间点，吉田一行人已经能够克服语言障碍，在短短一周之内完成参观工厂、选择需要引进的设备等一系列工作，并通过信件将众人的想法准确传达给日本，这种办事能力着实令人惊叹。佐仓和井上都是技艺精湛的织工，自然非常清楚西阵需要哪种织机，但二人难以用语言或文字表达自己的看法。在这种情况下，吉田的作用就很重要。看着吉田笔下思路清晰、语句通顺的文章，笔者不禁认为此人才是该项事业成功的关键。

3. 回国、技术普及——织工厂（“织殿”）和“染殿”

1873年（明治六年）12月，在学习了8个月后，佐仓和井上带着22台雅卡尔织布机（针数为100的有20台，针数为1200的有2台）和20台飞梭机（吉田信中提到的“弹飞”）以及相关部件启程回国。两人此次购买的都是日本从未接触过的设备。虽然山尾在请示信中写的是“两套西式织机”，但最终购置的设备都是西阵织工结合之前的纺织经验，深思熟虑后挑选出来的。也正因如此，技术的引进最终才会取得超出山尾预期的成功。为进一步学习染色技艺，吉田申请将自己归国的日期延长半年。该申请随后获得了批准。吉田本是发明家，这种巨大的角色转变可能一时令人有些摸不着头脑，但若是吉田在留法期间的确意识到了西式染色法的重要性，那么不得不说此人的洞察力着实敏锐。然而，此次延期最终却要了他的命。1874年，吉田乘坐的船只在伊豆附近遭遇暴风雨，吉田葬身大海，其带回的设备和资料也无一幸免。假如他能活下来的话，想必会拼尽全力去解决发生在1880年（明治十三年）前后的染色粗制滥造问题（关于该事件后文会详述）。这场悲剧造成的损失已经超越其本身。

1874年（明治七年）3月，京都御所[①]举办了第三届京都博览会，佐

① 位于京都市上京区的旧皇宫。

仓等人带回的一部分机械在这里展出。与此同时，位于舍密局南边的（战国时期至江户初期的）外贸豪商角仓了以的故居遗址上建起了模范织造厂，购入的所有设备将安置在此处。到了5月末，纹雕机也已准备就绪；6月，以佐仓、井上两人为中心，织造工作正式拉开序幕。由于进展较为顺利，从1875年1月起，新技术开始逐步推广到全国。佐仓、井上任教师，将新的织造技术教授给来自各地的织工。除佐仓等人外，前文中出现的伊达弥助在参加完1873年的维也纳世博会后，用两年时间走访了欧洲各个纺织基地，并将1200多件机械和织品样本带回了日本，其中就包括奥地利产的雅卡尔织布机。之后，伊达的雅卡尔织布机被安置在了东京内山下町劝业试验场，由其亲自向人们展示新织造技术。但无论采取哪种途径，新技术都需要10年左右才能普及。因为针数为100左右的雅卡尔织布机虽然简单易上手，但在织提花织物方面，雅卡尔织布机根本无法与西阵能工巧匠们一向引以为傲的空引机匹敌。只有在织工们用针数为400或600的雅卡尔织布机织出空引机无法织的花纹后，这种织机才得以普及。在荒木小平等西阵木匠主导的“模仿国产化”运动的助推下，日本成功规避了破费进口雅卡尔织布机的下策，实现了新技术的全国推广。

据说当时有位来自福井县的织工曾寄宿在荒木家，此人名为村野文治郎，是来纺织厂学习技术的。从村野口中得知雅卡尔织布机的存在后，荒木便对这种织机产生了浓厚的兴趣，并计划着手仿制一台类似的机械（《京都近代染织技术发达史》）。但由于这种说法尚无足够的证据支撑，所以笔者姑且将其视作传说。在此，笔者仅以已确认的事实为基础进行叙述。

第一届国内劝业博览会（1877年）展出的雅卡尔织布机来自荒木小平和三井物产公司，针数分别为100和200。此外，荒木还将一台针数为200的织机卖给了西阵名匠佐佐木清七，不过这台织机并不在此次展会的展品之列。直到昭和[①]初年，这台织机都为佐佐木家所持有，后来被捐献给

① 日本的昭和时代为1926—1989年，前一个时代为大正时代（1912—1926年）。

了西阵织物馆（图 4-6）。两台出自荒木之手的机械虽然针数不同，但结构没有太大差别，我们可以据此判断荒木是如何仿制雅卡尔织布机的。如前文所述，在使用空引机进行织布时，需要助手手动筛选、拉动通丝；与此相对，雅卡尔织布机能够借助提花柱和提花纹板自动筛选并向上拉动首丝（即通丝的上游）。以下将对这一过程进行详述。

图 4-6　荒木造的雅卡尔织布机

侧面（左图）及背面（右图）。（西阵织物馆藏）

装置的主要部件如下。①刀片盒。织工踩踏踏板时上升，松开踏板时下降。②提花柱。呈四棱柱状。一般情况下，提花柱的某一侧面紧挨着刀片盒，随着刀片盒的升降，提花柱会进行 90 度为单位旋转，一次旋转结束后，新的一侧面会紧贴刀片盒。③提花纹板。一片片连接成带状固定在提花柱上。提花柱的翻转带动纹板向前运动，辅助织机编织图案。④钩针与横针。首丝垂挂在钩针上，钩针上部与刀片相扣；横针沿水平方向移动，控制钩针连接或脱离刀片（参见图 4-7~ 图 4-9）。

提花柱是用樱木制成的正四棱柱，侧面排列着 220 个数毫米深的小孔，竖着看有 8 行，横着数有 28 列（因左右两端有突起，所以最左列和最右列只有 6 个小孔），每个小孔之间距离相等。雅卡尔织布机的针数就是这些

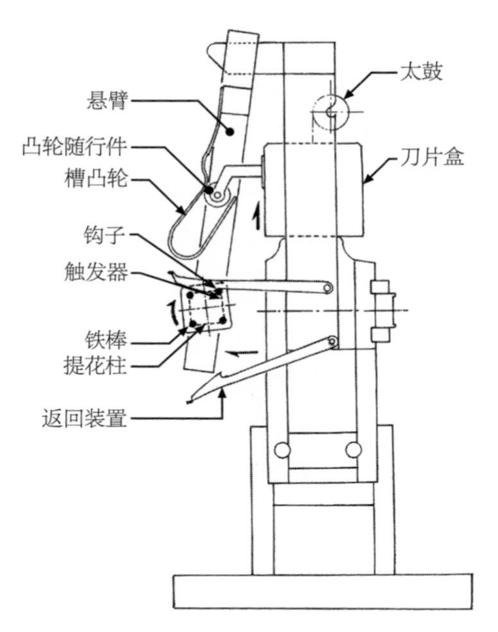

图 4-7　刀片盒的升降与提花柱的旋转

刀片盒上升后，凸轮随行件会将槽凸轮向上推，连接着槽凸轮和提花柱的悬臂随即开始摆动。此时，触发器的钩子会钩在固定在提花柱右端 4 边的铁棒上。当悬臂的倾角达到最大值时，钩子会推动提花柱进行 90 度旋转，纹板随之向前移动，待刀片盒降下后，通丝的筛选再次开始。如果出现失误，想要倒回纹板的话，就需要在刀片盒升起时拉线，如此一来触发器便会上升并脱离提花柱，同时返回装置被抬起，钩子固定在提花柱的铁棒（顺时针时在上，逆时针时在下）上，提花柱随即逆转。（广田义人作图）

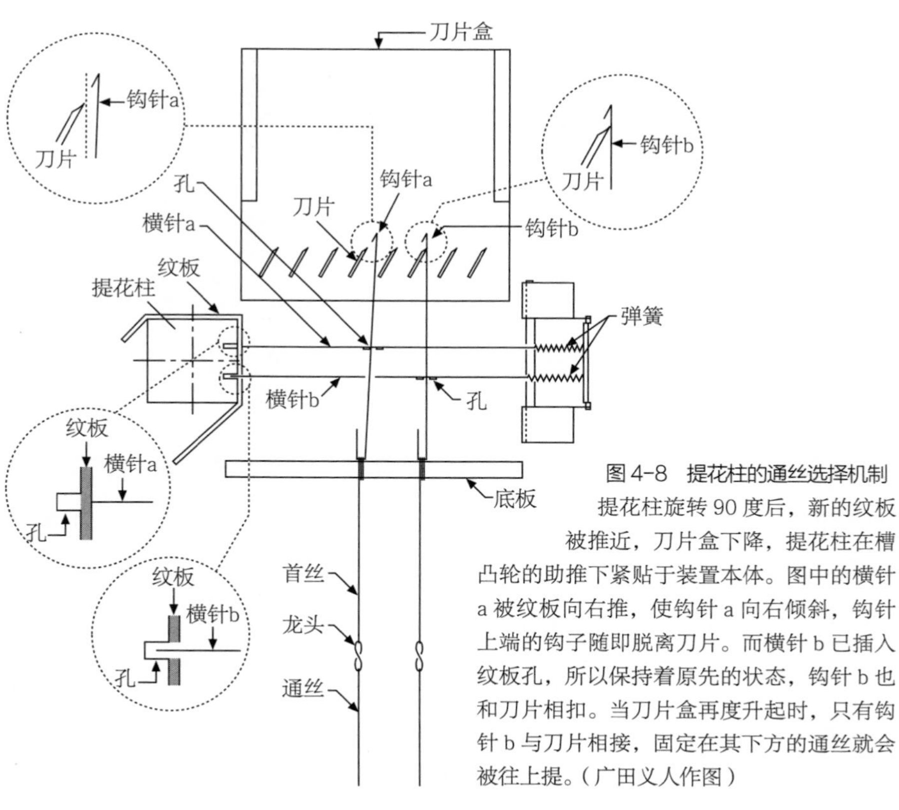

图 4-8　提花柱的通丝选择机制

提花柱旋转 90 度后，新的纹板被推近，刀片盒下降，提花柱在槽凸轮的助推下紧贴于装置本体。图中的横针 a 被纹板向右推，使钩针 a 向右倾斜，钩针上端的钩子随即脱离刀片。而横针 b 已插入纹板孔，所以保持着原先的状态，钩针 b 也和刀片相扣。当刀片盒再度升起时，只有钩针 b 与刀片相接，固定在其下方的通丝就会被往上提。（广田义人作图）

图 4-9　刀片盒俯视图（上）、提花柱与钩针平视图（下）
（广田义人拍摄）

小孔的数目。220 根横针能够通过这些小孔控制 220 根钩针和首丝，所以针数也指首丝的数量。像 200、600 这些数字只是大概的针数，用作织机的衡量指标。提花柱一个侧面的面积和纹板的大小相等，提花柱侧面左右两端的突起一旦嵌入纹板左右两端的孔中，纹板就会完全盖住提花柱侧面，除了和纹板上的孔重合的小孔以外，其余小孔都会被纹板所覆盖。这些仍然张开的小孔会负责筛选首丝，筛选过程如图 4-8 所示。

图 4-8 和图 4-9 的刀片盒上部置有 8 片平行的刀片（用来钩住钩子），每片刀片的刀刃都是斜着的。各刀片处，28 根钩针（第 4 行和第 5 行是 26

根）悬挂在钩子上，在横针的控制下分别对应着提花柱的一个小孔。提花柱翻转后紧贴刀片盒侧面，此时对应被纹板覆盖的小孔的横针会被顶在纹板上，相应的钩针随即脱离刀片。而由于对应未被纹板覆盖的小孔的横针的针头仍会保持插入孔中的状态，所以钩针不会脱离刀片。刀片盒的提花柱反面的木板上有 8×28 个小孔与提花柱上的小孔一一对应，柔软的弹簧支撑着横针的一端，如果提花柱上的小孔呈开启状态，横针的另一端就是插在孔中的；如果提花柱上的小孔被纹板盖住了，横针的另一端就会被推入木板上的小孔中，深度有数毫米，钩针随之与刀片脱离。制作刀片盒的目的就是使 220 根钩针和相同数目的横针正确运动，这项工作并不容易。

彻底解释清楚雅卡尔织布机的构造需要花费很大篇幅，所以笔者在此不再详述。仿制如此复杂的机械是件苦差事。如图 4-7 和图 4-8 所示，提花柱需要随着刀片盒的升降做 90 度翻转；此外，220 根钩针和 220 根横针需要与 220 个小孔相互对应、相互配合，以使机械顺利运转。无论荒木的技艺多么精湛，如果没有具备工程学知识的相关人士的帮助，恐怕也无计可施。虽然也有这方面的传说，但笔者的关注点并不在此处。前文的京都府织造大事年表显示，政府于明治六年（1873 年）设立了伏水制造厂。该制造所存有一份“明治十年间成功品类聚表”，表中有“提花机十组，附属器械十七组”的记录（寺尾宏二，1943）。尽管没有证据表明提花机出自荒木之手，但由此可以推断，京都的铁制品加工厂有能力制造织机的铁质部分。荒木仿造的雅卡尔织布机很快被关注着这一切的佐佐木清七买去并使用了多年，可见这台仿制品较强的耐用性。

但如前文所述，新织机并未立即得到普及。据说第一届国内劝业博览会（1877 年）上展出的荒木的雅卡尔织布机引起了来自足利[①]的木村勇三的兴趣，在与同样来自足利的博览会审查委员川岛长十郎及岩本良助商量

---

① 位于日本栃木县西南部，自中世末期以来一直是有名的丝织物产地。

后，木村等人购买了五六台这样的织机。然而，这些织机几乎从未被使用过，虽然岩本曾经尝试用这种织机发明“一种简便的风通织①法”，但最终还是放弃了（《足利织物沿革志》）。桐生地区②的森山芳平对于学习新技术抱有极大热情，但新买的一台针数为200的织机还是令他头疼不已，只得将与自己交情颇深的佐仓常七请到桐生地区，由其给予指导。直到10年后，这种新技术才开始得到推广。

飞梭机的普及和上述情况形成了鲜明对比。飞梭机被从里昂带回日本后，长谷川政七立即着手仿制，成品被取名为“弹框”（图4-10），安装在平机（西机）上面，转眼间就流行开来。雅卡尔织布机的普及之所以会耗费10年之久，部分是因为其操作难度。此外，日本传统纺织业在这一时期正为结构转变问题所困，这种背景也影响了雅卡尔织布机的推广。接下来笔者将结合西阵生产量的变化，对结构变化与雅卡尔织布机的普及的关系作一番考察。

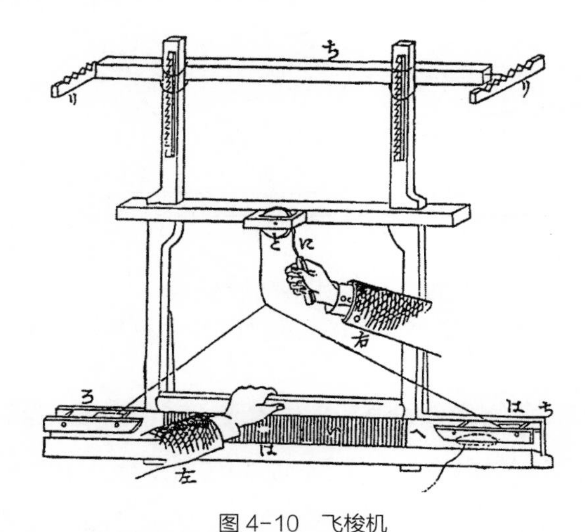

图4-10　飞梭机

（出处：田中芳男等编,《澳国③博览会参同纪要》，1897，第11章解说）

---

①“风通织”指织物表里花纹颜色相反的织物工艺，日本于江户时代末期至明治时代逐步发展了风通织的工艺。

② 位于群马县东南部，纺织业发达。

③ 此处“澳国”为奥地利。

4. 西阵生产量的推移、结构变化与雅卡尔织布机的普及

图 4-11 是“西阵织”出货额走势图。根据该图，“西阵织”出货额的变化大致可分为 4 个阶段。首先是维新后的低迷期（第一阶段）；到了 1875 年、1876 年左右，情况明显好转，出货额开始增加并在 1880 年、1881 年达到峰值（第二阶段）；之后形势急剧恶化，出货额在 1885 年跌落谷底（第三阶段）；而后情况又逐渐好转，出货额开始出现持续增长（第四阶段）。该折线图反映的既是西阵的状况，也是该时期日本织布业的情形。

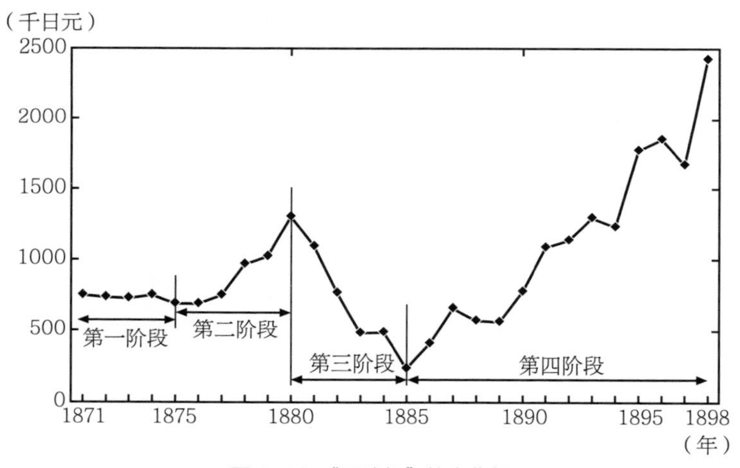

图 4-11 “西阵织”的出货额

（出处：京都府立综合资料馆，《京都府统计资料集》第 2 卷，1970）

第一阶段与西阵物产公司挣扎求生的时期重合。进入第二阶段后，通货膨胀到来。军事支出由于西南战争的影响达到顶峰，而随着米价的攀升，农村经济向好，带动了经济整体水平的提高。在此期间，以由织工厂更名而来的“织殿”和“染殿”为中心，新织造技术逐渐得到推广。在经济形势转好的背景下，为了顺势而上推动西阵发展步入正轨，京都府对西阵物产公司的 18 家分公司进行了整顿，1877 年（明治十年），由 8 家分公司组成的西阵织品交易所正式成立。

在经济繁荣时期，粗制滥造似乎不可避免。取缔粗制滥造，确保“西阵织”的口碑是织品交易所的着力点。由于进口细棉纱的光泽宛如丝绸，有人会故意将其织入纬纱中，再将成品当作纯丝织品兜售；还有别有用心者会先利用合成染料制成“仿绀染”的织物，再将其当作“蓝染织品”销售。经济复苏时期的西阵曾因这些问题而头疼不已。为了维护西阵的声誉，交易所推出了一系列严格的管理措施：织品出自谁之手必须有记录可查；所有织品应交由交易所检验；纯丝织品记为“正品”，贴红色标签；丝棉交织的记为“棉纬”，贴茶色标签；仿绀染织品贴表示“拟色”的蓝色标签。检验过后，产品方可投放市场。如果发现有未贴标签的产品在市场上流通，交易所会将销售所得全部没收。尽管如此，市场上还是会出现交织品。这种交织品与纯丝别无二致，如果没有专家的鉴定，根本无法分辨真假。由于将产品悉数送检会耗费大量的时间和精力，所以品质的鉴别只得全凭织造者的申报，交易所为打假而推出的一系列措施最终名存实亡。在这种状态下，西阵自 1881 年起步入了第三阶段，即发展低谷期。

第三阶段与大藏卿松方正义实施通货紧缩、物价随之下跌的时间大致重合，这在本书第三章略有提及。因此，致使西阵发展跌入谷底的原因或许在于政府。在短暂的繁荣中尝到甜头后，纺织业界逐渐被利益所驱使，没能遏制住假冒伪劣商品的滋长。产品口碑下滑会导致严重的后果，所以对于他们而言，低谷期的到来也算是一个反省自身的机会。在这一时期，西阵织品交易所再次改组。1885 年（明治十八年），西阵纺织业行会成立。虽说此次只是将 8 家分公司改成了 8 个部门，但我们可以从中提炼出一个事实：当初为了紧跟近代化的脚步，“仲间”解散，公司兴起；而现在，类似于“仲间”的行会却又成了纺织业的归宿。

在此期间，织殿经费节节攀升，最终被民间资本收购。新技术的全国普及受挫的时期，佐佐木清七邀请佐仓进入自己的工坊，井上也受伊达弥助（曾前往维也纳的弥助之子：弥助五世）之邀与其一同工作。就雅卡尔织布机的推广而言，这或许是件幸事。前面已经讲过，雅卡尔织布机曾在足利地区沦落到几乎无人问津的地步，可见这种织造技术不是去织殿学过以后就能马上教授给周围的人的。伊达从父亲那里学习了使用雅卡尔织布机的织法，而佐佐木既是操纵空引机的名手，又热衷于使用雅卡尔织布机。有了井上和佐仓的协助，伊达和佐佐木的工坊掌握了当时顶尖的依托雅卡尔织布机的织造术，其成品令人叹为观止。在将西阵名匠们的注意力吸引到雅卡尔织布机上的同时，伊达等人还开创了适合西阵的织布法。

另一位关键人物是近藤德太郎。他是京都府于 1877 年（明治十年）派出的 8 名赴法长期留学生之一。结束在里昂纺织学校的学习后，近藤曾在多地实习，积累经验，最后于 1883 年归国。此时，京都府已将已经民营的织殿买回，并委托近藤将其打造成纺织技校，而近藤也没有辜负这份期待。《西阵史》写道：

> 由于学员对机械尚不熟悉，近藤特意从里昂订购了“多臂织机”，并让荒木仿造了一台。有了多臂织机作为辅助，复杂的雅卡尔织布机在学员们眼里就不会那么难以理解。

此书还称，近藤的举动促进了雅卡尔织布机在西阵的推广。多臂织机有数十片综框，其由钩针、刀片和提花柱等构成的装置与雅卡尔织布机相似，此外还安装有纹板。某片综框的上升与否取决于纹板的运动，随着综框的升降，织机便可织出简单的花纹。多臂织机适合雅卡尔织布机的初学者使用，“吊综”等专业术语也早已普及。其后，雅卡尔织布机逐步得到推广。

另一点值得注意的是，雅卡尔织布机的提花核心是纹板。在这种条件下，纹板的制造就成了影响雅卡尔织布机普及的关键。纹板作为商品开始在市场上流通之后，雅卡尔织布机自然会迅速在民间普及开来。1888 年（明治二十一年），西阵首家纹板制造厂“龙月社纹工所”成立。虽然几乎找不到有关雅卡尔织布机普及情况的统计数据，但服部之总曾综合各种资料推断如下：

明治十五年（1882年）四五十台

明治十七年（1884年）五十台左右

明治十九年（1886年）约四百台（法式八十台；墺国[①]式三百台）

明治二十四年（1891年）八百台

明治二十七年（1894年）七八千台

明治二十八年（1895年）七千零八十六台（空引机七千八百台，合计一万四千八百八十六台）

（服部之总，1936）

与图4-11对照可知，第二、第三阶段是人们利用早先进口的机械以及少数技术学习先驱购回的多针数雅卡尔织布机学习新织作技术的时期。第三阶段末期的数值之所以会有所增加，是因为皇宫的建造需要用到多针数的进口雅卡尔织布机，这些织机织出的织品可作装饰用。到了第四阶段，纹板制造业起步，雅卡尔织布机得以迅速普及，其速度甚至盖过了“西阵织”产量增速。1895年，雅卡尔织布机的数量已占到织机总数的一半。

遗憾的是，现已无从得知第四阶段普及的雅卡尔织布机的针数和对应台数。但据知情人士介绍，当时主要使用的织机针数为200到400，都是参照荒木等西阵木匠的作品打造出来的和制机械，西阵还有不少生产这类织机的厂家。据说雅卡尔织布机的普及是拜皇宫建造工程所赐。为了装饰宫殿，西阵名匠利用进口多针数雅卡尔织布机进行织布，其成品绚烂华丽，光彩夺目，客观上促进了雅卡尔织布机的推广。尽管这是事实，但用来织

①“墺国”指奥地利。

装饰用织物的是针数在 600 以上的进口雅卡尔织布机，价格不菲，一般从业者根本负担不起。所以雅卡尔织布机的快速普及应是得益于价格较为低廉的针数为 200 左右的木制织机的广泛使用。

虽然这种配置的织机无法织高难度的提花织物，但工匠们还是设法在此基础上增添了多种提花款式，其中的“棒刀”技术沿用至今，已成为西阵的基本技术之一。“棒刀”要求先将雅卡尔织布机的首丝下端系成一个圈，然后将刀状板插入其中，再同时提起连接着各条首丝的经纱（图 4-12）。这种方法被广泛应用于“地组织花纹”的织造中，花纹一般比较简单，但也能丰富提花的款式。据说这种方法的诞生是受了多臂织机的启发。与其相似的还有“前机”（图 4-13）。图 4-3 已经展示过伏机的相关操作，“前机”的原理可以理解成将这套操作转移到针数较少的雅卡尔织布机上进行。因为织工是一边踩踏踏板控制雅卡尔织布机的升降，一边利用

图 4-12　棒刀及其使用方法

照片左侧是垂挂在雅卡尔织布机刀片盒下方的首丝，横向穿过首丝的细长板片就是棒刀。棒刀的升降同样受纹板所控制，但与首丝的升降分属两个系统。棒刀只会穿过一部分首丝的 S 环。S 环是用细绳结成的细长的环，首丝会随着棒刀的上升而上升，但由于 S 环较为宽松，所以即使棒刀停止运动，首丝也可以在一定范围内自由升降。因棒刀升降而织出的花纹最后可以叠加到因首丝升降而织出的花纹上。照片所拍摄的是数根棒刀上升时的情景。（广田义人拍摄）

踏板控制伏机，所以这项发明应该出现在电气时代以后。尽管时间上较晚，但其对织造技术的改善大有益处。利用习得的技术，工匠们不断尝试着增添各种提花款式。

图 4-13　雅卡尔织布机的上部与前机

左上方的是主机——雅卡尔织布机，右下方是前机。显然，纹板占据的面积很大。（广田义人拍摄）

5. 西阵的结构变化与雅卡尔织布机的作用

如前文所述，以西阵物产公司的成立为开端，西阵走上了谋求复兴的道路。在此过程中，被派遣到里昂和维也纳的织工发现了雅卡尔织布机。经过多方努力，这种织机终于在日本得到普及。那么西阵在经历第四阶段的持续增长期后迎来了怎样的改变呢？雅卡尔织布机又在其中又发挥了怎样的作用？在本章的最后部分，笔者想通过对明治末年相关数据的分析对这些问题加以评述。

表 4-2 是基于西阵纺织业行会于 1911 年（明治四十四年）发行的《西阵之栞（kān）》所载西阵织相关从业者目录制成的。显而易见，西阵是丝织品重地，主打和服腰带和和服布料。如表 4-3 所示，从产额来看，和服腰带产额占总产额的 47.2%，且大部分都是女式的。另外，丝棉交织品占比很高，其中的大部分都是女式腰带；在这方面，丝棉交织品的产额超过

了丝织品的产额。又如表 4-4 所示，绝大多数缎带都是丝棉交织品，占缎带总产额的 99.4%。就连作为西阵主打产品的提花腰带也是如此，从数量上看，丝棉交织品占多数。

表 4-2　1911 年西阵纺织业从业者类别（按织品分类）与人数

类别	产品名	从业者数
带子料	繻紾	13
	厚布	19
	锦缎	16
	唐织	6
	幽谷	5
	博多	14
	瓦斯博多	2
	高浪织	1
	缎子	15
	棉缎	2
	兵儿带	3
	夏带	8
	男带	3
	伊达窄腰带	2
	御召带	6
	合计	94*
和服料	纹御召	5
	光华御召	5
	素色御召	7
	䌷御召	3
	条纹御召	20
	平御召	5
	明石	4
	上等麻布	2
	丝纺御召	7
	棉布	5
	合计	60*
生纹	盐濑	1
	纯白纺绸	3
	罗	3
	绉绸	4
	生绫	2
	绫	2
	斜纹	2
	绘绢	4
	光绫	2
	筛绢	2
	衣料	5
	纱	3
	衿料	4
	合计	33*
其他	金襕料	8
	铁仙纹料	5
	缎子料	8
	塔夫绸	4
	肩里	6
	里衬	1
	洋伞料	11
	表具料	2
	绸巾	5
	天鹅绒	13
	木屐料	2
	袴料	3
	毛织品	2
	扁带	5
	棉花绒	3
	总合计	265

* 除去重复项后的实际数量，不同于原数据。
（出处：西阵纺织业行会,《西阵之栞》，1911）

表 4-3　1911 年西阵地区织物总产额细分中腰带产额（日元）占比

成品类别 / 材质	男式腰带	女式腰带	腰带合计	衣物类	其他	合计
丝织品	103,545	4,824,238	4,927,783	6,265,632	2,434,359	13,627,774
丝棉交织	34,186	5,558,961	5,593,147	65,145	870,049	6,528,341
棉织品	—	133,821	133,821	47,195	2,037,760	2,218,776
毛织品（交织）	—	—	—	4,920	99,705	104,625
麻织品及其他	—	—	—	—	13,864	13,864
合计	137,731	10,517,020	10,654,751	6,382,892	5,455,737	22,493,380
占比	0.6%	46.5%	47.2%	28.3%	24.6%	100%

（出处：本庄荣治郎,《西阵研究》，改造社，1930）

表 4-4　1911 年西阵地区女式腰带生产类别及其产额细分

成品类别 / 织法	丝带		丝棉交织带	
—	数量	总产额（日元）	数量	总产额（日元）
提花织	416,447	3,342,979	448,688	1,747,479
博多织	441,800	1,459,790	178,412	289,357
缎子织	2,834	21,469	1,571,114	3,522,125
其他	—	—	—	—
合计	861,081	4,824,238	2,198,214	5,558,961
平均单价	—	5 日元 60 钱	—	2 日元 53 钱

成品类别 / 织法	棉织带		合计		
—	数量	总产额（日元）	数量	价格（日元）	平均单价
提花织	57,171	90,878	922,306	5,181,336	5 日元 62 钱
博多织	102,695	40,836	722,907	1,789,983	2 日元 47 钱
缎子织	—	—	1,573,948	3,543,594	2 日元 25 钱
其他	1,329	2,107	1,329	2,107	1 日元 58 钱
合计	161,195	133,821	3,220,490	10,517,020	—
平均单价	—	0 日元 83 钱	—	—	—

（出处：本庄荣治郎,《西阵研究》，改造社，1930）

如上文所述，笔者在介绍西阵织品交易所前曾提到，在发展的第二阶段，有人会用丝棉交织品冒充纯丝织品兜售，这些假冒伪劣产品的泛滥是横亘在西阵面前的一大难题。由于进口细棉纱的光泽宛如真丝，丝棉交织品便借机逐渐在市场上占据了一席之地。将丝棉交织品谎称为纯丝织品的行为属于欺诈，但如果以交织品的名义交易的话就无所谓。这种织品酷似真丝，物美价廉，作为新产品大有市场。如表 4-5 所示，京都的西阵引领了明治时代丝棉交织品的发展。在此期间，西阵将丝棉交织品打造成了其主打产品——女式腰带的大众化版本。如表 4-6 所示，将 1911 年前后的女式腰带价格降序排列的结果为：真丝提花→绸缎→丝棉交织提花→真丝博多→丝棉交织博多→丝棉交织缎子→提花棉→博多棉。从价格上看，丝棉交织缎带排在倒数第三位，但其产量却足以同价格最高的真丝提花带相匹敌。由此可见，大众化商品热销款的地位是何等重要。

通过对这些表格的分析可知，西阵既讲究高端奢侈品的定位，又想将普罗大众攥在手心。这种发展战略看似矛盾，却在产品多样化和差异化的路线下取得了成功。西阵的成功主要归功于以下几个因素：首先是早已在西阵扎根的各色织物的存在，其次是雅卡尔织布机的普及。后者在促进提花款式多样化的同时实现了以纯丝、丝棉交织、棉为质地的产品在价格上的差异化，这种发展途径是西阵未曾走过的。西阵的发展无疑是维新后商品经济发展状况的缩影。例如，维新后出现的政府高官、华族、财阀等富裕阶层都曾是棉料和服商高岛屋的重要客户，而高岛屋又与西阵方面来往密切，同时努力将自己打造成一家面向大众的百货公司。但笔者认为，这方面的考察还是应交给更为专业的研究者，本节只对雅卡尔织布机在西阵发展中的作用加以评述。

由空引机到雅卡尔织布机的转换无疑是西阵转变中的重要一环，但笔者认为，这一过程不能简单地用“生产的机械化”或是“提高了纺织业生产率”来概括。雅卡尔织布机革新了提花工艺，极大地改善了提花织工作的分工；只有注意到这两点，才能真正理解雅卡尔织布机对西阵发展的意义。

表 4-5　日本丝棉交织品产额前三位地区及全国产额变化（1886—1913 年）

单位：千日元

年份	第 1 位	第 2 位	第 3 位	全国
1886	京都 1,249	枥木 572	埼玉 206	2,562
1887	京都 2,330	枥木 667	群马 443	4,592
1888	京都 1,821	群马 1,160	枥木 745	5,470
1889	京都 1,722	群马 1,174	爱知 634	5,746
1890	京都 2,530	群马 761	爱知 461	5,306
1891	京都 2,494	群马 1,038	岐阜 981	7,958
1892	京都 3,668	群马 1,086	岐阜 575	7,807
1893	京都 4,217	群马 1,624	爱知 844	9,248
1894	京都 2,544	爱知 1,397	群马 1,038	8,247
1895	京都 3,281	群马 2,102	爱知 2,044	10,281
1896	京都 2,164	爱知 1,841	群马 1,734	9,134
1897	爱知 2,541	京都 2,337	群马 1,960	11,725
1898	京都 6,005	群马 3,057	爱知 2,718	17,240
1899	京都 6,979	群马 6,552	爱知 3,211	23,623
1900	京都 7,430	群马 4,185	爱知 3,369	23,631
1901	京都 5,700	群马 4,153	枥木 2,230	18,056
1902	京都 5,434	群马 3,764	枥木 2,688	17,565
1903	京都 3,888	群马 3,056	枥木 2,720	14,461
1904	枥木 2,949	京都 2,352	群马 2,288	11,069
1905	京都 5,993	枥木 3,438	群马 1,840	15,372
1906	京都 6,889	枥木 3,564	群马 3,517	20,254
1907	京都 7,373	群马 6,460	枥木 3,610	24,101
1908	京都 6,791	枥木 6,202	群马 4,416	24,690
1909	京都 6,260	枥木 5,651	群马 5,037	26,233
1910	群马 6,297	枥木 5,569	爱知 5,345	28,810
1911	枥木 7,789	京都 6,790	群马 6,435	34,068
1912	枥木 7,791	京都 6,500	爱知 4,654	29,842
1913	枥木 7,797	京都 6,349	爱知 5,427	30,517

（出处：山口和雄编,《日本工业金融史研究 · 织物金融篇》，东京大学出版会，1974）

表 4-6　女式腰带平均单价

织法＼材质	年份（竖排）	丝	丝棉交织	棉
提花织物	1911 1912 1913	8 日元 03 钱 10 日元 50 钱 10 日元 92 钱	3 日元 89 钱 4 日元 60 钱 4 日元 65 钱	1 日元 59 钱 1 日元 68 钱 1 日元 72 钱
—	（平均单价）	9 日元 82 钱	4 日元 38 钱	1 日元 66 钱
博多	1911 1912 1913	3 日元 30 钱 3 日元 52 钱 3 日元 64 钱	1 日元 62 钱 2 日元 15 钱 2 日元 30 钱	0 日元 40 钱 0 日元 50 钱
—	（平均单价）	3 日元 49 钱	2 日元 02 钱	—
缎子	1911 1912 1913	7 日元 58 钱 11 日元 15 钱 7 日元 96 钱	1 日元 57 钱 2 日元 29 钱 1 日元 98 钱	4 日元 18 钱
—	（平均单价）	8 日元 90 钱	1 日元 95 钱	—
其他	1911 1912 1913	—	—	1 日元 59 钱 1 日元 22 钱 1 日元 19 钱
—	（平均单价）	—	—	1 日元 33 钱

（出处：同表 4-3）

在空引机时代，提花的织造是由专门的“纹工”与织工共同完成的。每纺一次，织机就需要回归到准备状态。纹工和织工商议决定好花纹样式后，纹工会将图案画在一种叫作“纹样图”的方格纸上。每个方格代表两条经纱与两条纬纱相交形成的四边形，织造时要先推算提起经纱、利用彩线刺绣的顺序，再用“移纹法”将梭线穿过垂挂在鸟居上的通丝，至此，准备工作就算完成。由于织法烦琐、通丝数量有限，所以操作性强的似乎只有一些组合排列式的简单纹样以及一些有固定织法的古代纹样。

雅卡尔织布机出现后，传统纹工开始消失，提花织造按照“图案→设计图→纹雕→纹编”的步骤进行。设计图大致相当于纹工的纹样图，纹板制造厂（日语汉字为“纹工所”）会以此为基础用纹雕机制作每道工序所用的纹板（纹雕），再依照的先后顺序将其串成带状（纹编）交给织工，织工无须再进行烦琐的准备工作，只要将纹板安放在雅卡尔织布机上即可开始织。这种变化为西阵的“赁机”[①]活动的兴起提供了条件。在提花样式方面，针数为 100 至 200 的雅卡尔织布机能织出的花样与空引机相差无几。但随着针数的增加以及棒刀、前机的使用，设计师有了更大的发挥空间。

女式腰带与和服衣料对时尚性的要求很高，这类商品能否收获人气，关键在于设计。在此背景下，“图案师”这一新兴职业诞生了。大多织坊都雇有专门的图案师，纹样集也颇为流行。除西阵织外，京都还有一种名为“友禅”[②]的织物，极具绘画性，所以一些日本画家也会为纹样提笔。关于西阵的复兴与美术界的关系这一主题，笔者同样认为宜交由更加专业的学者来研究。笔者在此想强调的是，引进雅卡尔织布机的意义不在于生产的省力化，而在于西阵纺织业的分工重组。这次重组推动了西阵织品的市场化，各式各样富有艺术性的织物逐渐融入了民众的生活中。

第二节　传统棉纺织业的发展与进口棉纱

如上一节所述，明治维新后，西阵开始了谋求复兴的旅程。在其初期，提花织物等丝织品陷入瓶颈，无一幸免，唯独棉织品发展势头强劲。在物产公司的 18 家分公司中，也只有棉织品公司还清了欠京都府的债（服部之总，1936）。因线索太少，个中原因不得而知，但西阵织品交易所在 1877 年（明治十年）成立时推出的织品目录姑且可供参考。表 4-7 为棉织品公司的织品目录，其中的几项信息值得注意。

---

① 农民从批发商和织布商那里租借织机、线等织布材料，在家庭内织布，按计件挣取加工费的一种劳动形式。

② 此处指通过“友禅染”工艺染色的织物。友禅染是江户时代开始兴盛并在明治时代得到技术改良的织物染色工艺。

表 4-7 西阵织品及主要用途目录

小仓织	袴料、带子料、围裙料、洋装料、和服料
真田织	绳带料、布头、花边、鞋带、木屐带、衿料、女式发饰
今春织	带子料、布头
棉当麻织	带子料、围巾、披肩、衬衫料、和服料
铂入棉当麻织	布头
洋装料	陆军夏装白、经纬洋纱、冬装绀、经洋纱、纬和縐
	海军夏装白、斜纹料、经纬洋纱、冬装、经洋纱、纬和縐
棉绉纱	带子料、衣料
棉纹提花织	布头、垫子及地毯等
棉缎子织	带子料
棉双子织	布头、垫子及地毯等
棉金壁织	西服料、布头、木屐带
棉鹑织	布头
提花小仓织	带子料、袴料
缎通小仓织	袴料
贺龙织	袴料
云毛皆织	袴料
乔兰织	药器盖、垫子及地毯等、西服料
栈留织	袴料
唐栈留织	包袱料
唐津栈留织	西服料
丝奥缟织	西服料
地奥缟织	西服料
地奥三巾织	西服料
半会织	消防服料
云齐织	同脚袋底料
兜絽棉织	布头
引织	带子料、上京六组佐竹町谷田孝次郎发明
纸布织	榻榻米边、烟草袋料
纵横纱奥缟织	和服料

该表资料基于 1877 年（明治十年）12 月西阵织品交易所调查。

（出处：本庄荣治郎，《西阵史料》，经济史研究会，1972）

首先来看军装衣料。《西阵史》中写道：

> 早在明治十年的西南战争时期，西阵就用飞梭机大大提高了用于军装制作的绀色单色小仓织[1]的生产效率。

飞梭机是纺织宽幅洋装布料的必需品，普及之初就被用来纺织大量军装衣料，棉织品部因此生意兴隆。而此时，雅卡尔织布机的推广尚处艰难时期。

目录中洋纱（进口棉纱）的出现也颇值得玩味。陆、海军的夏装一律使用洋纱，冬装则是经纱用洋纱，纬纱用日本纱。之所以如此，或许是因为当时的人们认为进口纱制成的面料触感凉爽，而日本纱织出的面料触感温暖。《西阵史》认为军装面料指的是绀色单色小仓织。实际上，小仓织是第一届国内劝业博览会展出的棉织品中使用洋纱最多的织物。洋纱使用的主要目的是产品改良，多数小仓织都是将两股洋纱捻成一股用于经纱，其成品质地结实，对于本就以耐用为卖点的小仓织而言可谓锦上添花。自 1874 年（明治七年）、1875 年左右起，南大阪兴起了一种叫作“半唐物[2]”的白棉织品，将洋纱用于经纱，日本纱用于纬纱。半唐物的发展与一种飞梭机的普及相伴，这种技术可能来自西阵棉织品部。目录中的棉双子织也是一种将洋纱用于经纱的细密条纹织物，关于这种织物本节后半部分会再详述。

由此可见，当初伴随开港进入日本的洋棉纱此时不仅影响了日本棉织品的织法，还带动了西阵棉织品的发展。在这点上，目录中的栈留织、唐栈留织、唐津栈留织、丝奥缟织、地奥缟织几项最值得深究。这些织物属于棉条纹织物，桃山时代[3]传自印度，江户中期前的西阵以及幕末前的尾

① “小仓织”是产于福冈县北九州市小仓地区的棉织品，由密集的经纱与数条纬纱交织而成，质地优良结实。

② 日本曾有将融入本地特色的舶来品称为“半唐物”的说法。

③ 丰臣家统治日本全国的时代，大致是 1590—1603 年。日本由此时开始战乱减少，社会更加稳定。

西[①]、青梅[②]、川越[③]等地都曾努力仿制。这种织物在尾西、青梅、川越等地被称为“栈留”或“唐栈”，这些地区是开港后最早开始使用进口细棉纱的区域（田村均，2004）。虽然棉织品公司的目录没有表明洋纱的具体使用情况，但笔者认为，这些织物很可能是通过利用进口细棉纱才得以在西阵重新立足的。其中原因对于理解锁国时代仍持续着的织品进口的影响以及开港后进口的织品、棉纱与传统纺织业的关系有着重要作用。因此，笔者将用部分篇幅来叙述日本仿制这些织物的尝试。

1. 锁国与岛内棉纱

三瓶孝子写道：

> 从桃山时代至德川时代，人们把来自印度东部岛屿“St.Thomas”的南蛮船所载的“缟”棉布[④]称为“圣多美岛”。（三瓶孝子，1961）

查看地图可知，“St.Thomas”并不是岛，而是一座位于印度东南部科罗曼德海岸的小城市[⑤]。据山协悌二郎所述，葡萄牙曾在16世纪至17世纪在该地区建立据点，同时把持着其周边地区生产的缟棉布和“更纱”[⑥]等的出口（山协悌二郎，2002）。但日本人却一直以为那就是座岛，并把来自他们脑海中的天竺[⑦]之岛“圣多美”的棉布称为“算（栈）留[⑧]岛”“奥

① 位于爱知县西部。

② 位于今东京都西部，曾为纺织业重地。

③ 位于埼玉县中南部。

④ 织出条纹图案的棉布被称为“缟”。

⑤ 该地名的全称为“麦拉坡的圣多美教区”（葡萄牙语：São Tomé de Meliapor），是17世纪葡萄牙人在印度半岛的定居点之一。英文全称可写作“Diocese of Saint Thomas of Mylapore”，可简写为“St. Thomas”。请将该地区区别于西非地区的圣多美岛。

⑥ 一种可印花的布料，在进口日本后被冠以该汉字俗名。

⑦ 古代东亚地区对印度地区的称呼。

⑧ 该词在日语中发音近似“圣多美”。

岛”“弁柄[①]岛”等，而“岛”字在不久后逐渐变成了“缟[②]”。

当时运来的缟棉布日语统称为“ぎがん”（gigan）。棉布料薄，条纹款式繁多。而被称为“栈留”或“奥岛”的布料则以靛蓝或绀蓝为地组织，配以用彩线或白线织成的不同颜色的细竖条纹。山协认为，如果用现代单位换算的话，织这种布料使用的纱支数[③]为40至60，属细纱；不过保存下来的实物中似乎也有100支左右的。从现存资料中可以看到，细密的彩色竖条纹排列在靛蓝的布料上，这种颜色搭配使人感受到一种独特的魅力。除了精美的条纹花样外，将两条经纱和两条纬纱平行排列后用平织法织出的“斜子”纹织物（图4-14）具有的轻盈柔软的手感也使日本人为这种织品着迷。“自宽永[④]年间起，社会各阶层皆视其为舶来珍品，爱不释手”（《尾西织物史》），而其之后也常驻在了大都市服装卖场。尽管日本在锁国

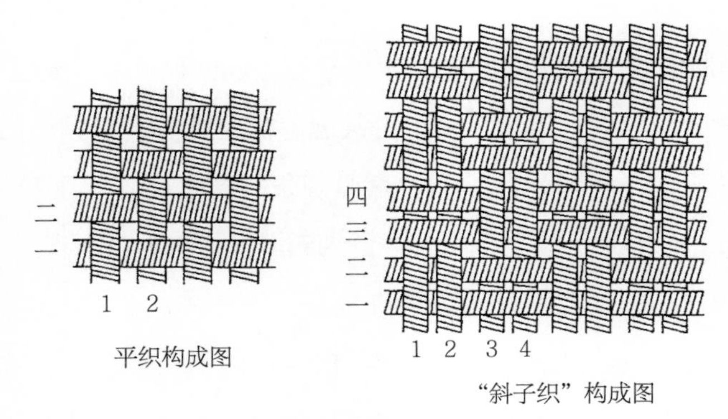

图4-14　平纹与斜纹对照图

（出处：佐贯尹、佐贯美奈子,《木绵[⑤]传承》，染织与生活社，1998）

---

① 一种土红色染料。

② “岛”和“缟”在日语中均可读作“しま”；“缟”为“条纹”之意。

③ 表示纱线粗细的单位，通常情况下棉纱重约454克、长约768米则为1支，长度若是其2倍，则为2支，支数越多，纱线越细。

④ 日本江户时代，后水尾天皇、明正天皇和后光明天皇所用年号，使用时间为1624年4月17日到1645年1月13日。

⑤ 日语中“木绵”有棉织品、棉布之意。

期间仍会通过荷兰商行进口这类纺织品，但随着时间的推移，其质量逐渐下滑，真正华美的也就只有早期进口的那些了。

被誉为江户时代百科全书的寺岛良安的《和汉三才图会》中有一项叫作“奥柳条”（圣多默①）。

> 想来，“三止女”②应是南天竺③的地名。产自该地的“奥柳条”多为厚实华美的蓝底竖条纹棉布，条纹颜色为绀色和黑褐蓝色（一种略带紫色的黑蓝色），此外还有算筹方格花纹（“算崩纹”④）。近年的舶来品稍显逊色，故对从前的舶来物倍加珍惜。日本产的布料则被称为“京奥柳条”，但不像舶来的正品。（島田勇雄等译，东洋文库版）

该书出版的正德⑤三年（1713年）左右，这种布料的质量已不及从前，尽管京都有仿品销售，但与正品相去甚远。在这种情况下，真正好的就只剩下曾经舶来的洋布了。此处的“京奥柳条”就是西阵地区产的“奥岛”布。山协通过对出岛⑥荷兰商行记录的细致考证，认为日本直到18世纪前都在进口产自爪哇岛井里汶地区的细棉纱，而西阵就是这些商品的归宿。以下是笔者的主张：日本棉纤维较短，所以制成的棉纱较粗，这种缺陷几乎不可避免。因此，计划仿制“圣多美”的日本不惜持续进口细棉纱。然而，仿制结果仍旧不尽如人意。西阵甚至还开发了“茶宇棉”（丝棉交织）、“兜罗棉”（棉里加兔毛）等织物，可见西阵为了弥补本土不产细纱造成的

① 振假名为“サントメ”，指上文的“圣多美”。

② 振假名为“さんとめ”，同指“圣多美”。

③ 古代对印度南部一带的称呼。

④ 又称“三崩纹”，以三条线的方格为花纹，呈纵横上下交叠的图案。

⑤ 江户时代中期中御门天皇使用年号，使用时间为1711年6月11日至1716年8月9日。

⑥ 长崎市南部地名。该地是江户时代唯一对欧洲开放的贸易地区。

缺憾着实费了一番功夫。表 4-7 中的“兜絽棉织”可能就是指兜罗棉。

当初，西阵为华美的中国棉织品所倾倒，决心钻研技术，使日本织品同样熠熠生辉；而那时，印度舶来的“缟”（条纹棉布）的秀美使靠着这份信念一路走来的西阵在纺织技术的改良上再度使出了浑身解数。但遗憾的是，由于日本纱的缺陷，成品终究差些火候。据《尾西织物史》记载，尾西地区的栈留仿制始于明和[①]年间（1764—1772 年）。书中还有如下记述：

> （仿品）作为尾张特产销往各地，名声大噪。文化文政时期[②]（1804—1831 年），织布时采用粗纱，筘齿数为六七百，所以其成品已不见“圣多美”的影子。虽说当时存在奖励国产的政策，但尾西仿品的盛行与此关系不大。实际上，农村地区的人们从未见过真正的进口棉布，仿品在其眼中就等于真正的“圣多美”。这种织品在当地颇为流行，到了后期，条纹图案织物也一律被称为“栈留”……成了当地织品的代名词。

换算可知，当时日本使用的棉纱纱支数大约为 10，在国产手纺纱中算是标准。而《尾西织物史》中记载的正品的纱支数为 100，可见尾西地区的仿品与正品的差距之大。由上述记录可知，日本国产纱并非仿制“圣多美”的可选材料。

随着近年复原工作的开展以及针对民间留存的织物条纹样本册的研究

---

① 江户时代中期后樱町天皇和后桃园天皇使用的年号。使用时间为 1764 年 6 月 30 日至 1772 年 12 月 10 日。

② 又称“化政期”，主要指江户幕府第 11 代将军德川家齐统治时期的后半段，时间上以文化、文政时代为主。该时期町人文化繁荣，小说、狂歌、浮世绘、西洋画、文人画等领域人才辈出，地方文化兴盛。（“文化”为江户后期光格天皇、仁孝天皇使用的年号，使用时间为 1804 年 3 月 22 日至 1818 年 5 月 26 日；“文政”为江户后期仁孝天皇使用的年号，使用时间为 1818 年 5 月 26 日至 1831 年 1 月 23 日。）

的进行，该地的“缟”（条纹棉布），特别是“栈留”的相关信息正在一点点浮出水面，其中，技术传播的形式、纺织技术的变化等都是重要的研究课题。佐贯尹与佐贯美奈子的著作《木绵传承》在上述研究成果的基础之上，从具备实际纺织经验的复原研究者的视角对笔者在前文中叙述的过程进行了重新整理。二人的这项工作对技术史研究而言意义重大。此外，名古屋女子大学研究团队对相应地区条纹样本册的研究也为我们勾勒出了当时的仿制情况。日本人曾试图用国产棉纱仿制一种斜纹织物，其正品由支数为 60 至 100 的极细纱织成，花纹为竖条纹。在此，笔者想借助上述研究成果对该举动的意义进行一番考察。

《尾西织物史》列举了 4 种明和时期至明治时代之前出现的“缟”棉布（条纹棉布），分别名为“栈留缟”“结城缟”“宽大寺缟”和“佐织缟”。其中，栈留缟沿袭了西阵的纺织技术；结城缟和宽大寺缟的技术则分别来自关东和京都菅大臣前町；只有佐织缟是尾张[①]海东郡佐织村的人们仿制结城缟而成。可见，织造业发达地区的纺织技法会传播到其他地区并在当地生根发芽。在江户时代，条纹（缟）、碎点（絣）样式棉织品产地的纺织技术都是如此成形的。

这些织品的等级有高低之分。栈留缟有 3 种等级，“栈留下等缟用粗纱制成，结实耐穿，主要用于便装和田间工作服；栈留上等缟用细纱制成，织眼精致，主要用于外出着装；栈留中等缟则居于二者之间”；宽大寺（菅大臣）缟以茶色为主色，多配以格子条纹；佐织缟同样属于极为朴素的缟棉布。宽大寺缟、佐织缟和栈留等缟均属“粗纱缟棉布，实用性强，用于便装及田间工作服等的制作”。与此相对，“结城缟多为丝棉交织品，以绀色或深绀色为地组织底色，较栈留缟而言相对朴素，条纹样式一般为三筋立、二崩、三崩、四崩、刷毛目纹等（图 4-15），使用名古屋细纱，用于高级外出着装”

① 也称“尾州”，位于今爱知县西部。

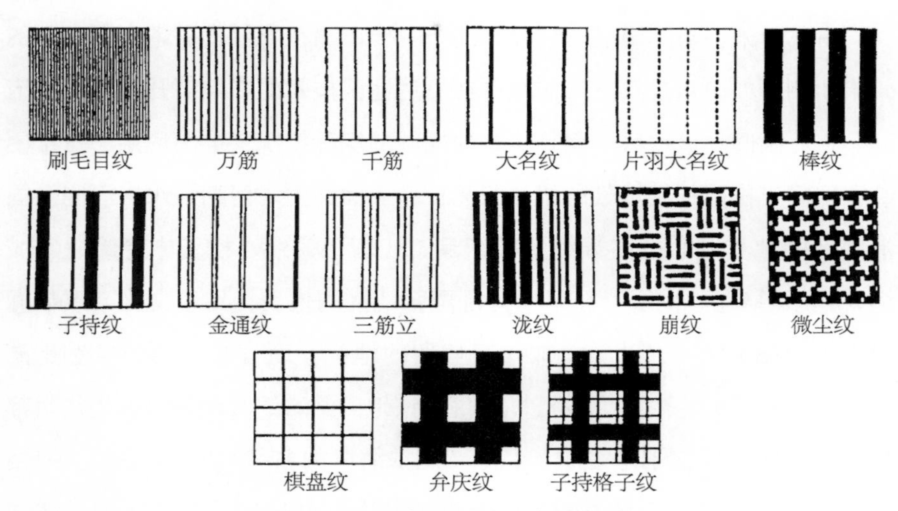

图 4-15　日本不同的花纹布及其名称

（出处：佐贯尹、佐贯美奈子,《木绵传承》，染织与生活社，1998）

（佐贯尹、佐贯美奈子，1997）。佐贯夫妇根据《尾西织物史》中记载的各织物纺织时的筘齿数，计算出了各织物纱支数及每反[①]布的重量，结果如表 4-8 所示。栈留上等缟和结城缟的致密轻盈令人印象深刻。

表 4-8　幕末时期尾西条纹棉布的纱支数、筘齿数与重量（推算）

织物种类	相应棉纱支数（采用西方计量单位）	筘齿数（推算）	1 反重量（估算）
官大臣缟	5-6	6-7 算 *	330 匁[②]左右
佐织缟	5-6	6-7 算	330 匁左右
栈留缟（下等品）	7-8	7-8 算	250-270 匁
栈留缟（中等品）	9-13	8-9 算	190-230 匁
栈留缟（上等品）	13-16	10 算	150-190 匁
结城缟	16-25	11-13 算	140-160 匁

* 引自由田村均整理的佐贯夫妇的换算值。其中“算”是筘齿的密度单位，40 筘齿为 1 算。表中的“官（菅）大臣缟”同“宽大寺缟”。

（出处：田村均,《时装的社会经济史》，日本经济评论社，2004）

① 衡量布料大小的单位。1 反布一般指制作一件成人和服所需布料的量。

② 尺贯法中表示重量的单位。“贯”的千分之一，1 匁约合 3.75 克。

由此看来，与其说这一过程等同于“栈留缟在农村丧失本来面貌”的始末，倒不如说它是缟棉布纺织业在发达地区技术的影响下开花结果的历程。在此期间，该地区一面顺应本地棉纱的实际情况，推出适用于日常便装和田间工作服的接地气的粗纱织品；另一面又力求用细纱织出面向全国消费者的独具匠心的高端缟棉布织品。栈留上等缟、栈留中等缟、结城缟就属于后者。“栈留”在早期曾是尾张地区的代表，到了文化文政年间（1804—1831 年），结城缟取代了栈留的地位。而官方力推的自然是高端缟棉布。经由美浓国[①]笠松[②]地区，该地的结城缟、栈留缟被销往京都和大坂地区市场，于是乎成了名叫“美浓缟”的名品，好评如潮。《尾西织物史》写道：“至弘化嘉永之时，年产量达六十万反。”关于古时的舶来“唐栈”[③]的触感，佐贯夫妇如此描述道：

> 布面顺滑，柔润如丝；条纹配色虽富异国情调，然绝无浮华之感。质地细密轻薄，柔韧而有弹性；唐栈用线之妙便在于此。（《木绵传承》）

这种触感使昔日的舶来唐栈闻名遐迩，并在无形中构建起了一套条纹棉织品（缟）的评价体系。但是，这样的质地是用支数为 100 左右的细纱织成的细密斜纹织品独有的。据佐贯夫妇所言，用日本细纱织出的斜纹织物手感粗糙，只是重量增加了而已。两人推测，西阵的“京栈留”之所以质地柔软，可能是因为其采用了平织法，即单根经纱与单根纬纱交织的编织方式。此外，该织物采用的是当时日本纱中最细的，又经过了精心捣练，所以质地才会细密柔软。也就是说，当时的人们在设法用尽可能细的日本

① 又称“浓州”，日本古代律令制国家。位于今岐阜县南部。

② 古时作为棉织品“美浓缟”的产地享有盛名。

③ 即圣多美条纹布，古代日本有将舶来品称作“唐物”的传统。

纱织造手感与正品相似的细密织物。如表 4-8 所示，尾西也同样如此。该地区的细棉纱“名古屋纱”可能就是工匠们努力的成果。

保存在当地民家的织物条纹样本册是栈留条纹仿制工作的重要参考资料。名古屋女子大学研究团队的研究成果中有两点令人印象深刻。其一，样本纱线粗细不均，毛羽较多，这是手纺纱的特征（图 4-16）。问题不仅在于某条纱线与其他纱线在粗细上的不一致，还在于单条纱线的各个部位在粗细上的不均匀，这会严重妨碍细密精美的竖条纹的织造。想必织工们在尝试仿制唐栈时，都盼着能够用粗细更均匀、毛羽更少的细纱作为材料。其二，样本中的纯棉织物少于掺丝棉织物。所谓“掺丝棉织物”是指“细小复杂的条纹中含丝或丝棉捻合成的纱线的条纹棉织物”（山本麻美、河村瑞枝，1998）。即使数量很少，富有光泽、粗细均匀、毛羽少的丝线依然能提高竖条纹的美感。此外，据说掺入几缕用红花染过的生丝就会使靛蓝布料美不可言（河村瑞枝、山田真由美，1993）。美浓以养蚕业、丝织业（特别是叫作“缩缅”的皱绸）闻名，而尾西则属其邻近地区。在细密条纹棉布的仿制上，尾西似乎必然会走向由栈留向掺丝棉的混织物“结城缟”过渡的道路。

图 4-16　手纺纱与机纺纱

左：手纺纱；右：机纺纱。20 号双纱（照片由佐贯尹氏提供）。图中的手纺纱明显粗细不均，而机纺纱的整齐划一令人印象深刻。这种差异会直接影响细密竖条纹的整体外观。

尾西是各织品产地中最早使用进口棉纱的地区之一。《尾西织物史》写道：

> 文久年间舶来的“唐纱”（西洋纱线）……与现有的手纺纱或名古屋纱相比，唐纱纤细精致，宛若真丝，故而用于条纹织布，称“筋唐”。随着进口量增加，唐纱被用于经纱，和纱（日本本土产纱）被用于纬纱，其成品称“和唐缟”。和唐缟因其胜于手纺缟的美观性而畅销，并推动了纺织业的发展。至庆应年间，单靠私营作坊已无法满足市场需求。

在此背景下，外加工就兴起了。该书还写道，当时使用的纱支数为 28、30、32 和 40，其中支数为 30 和 32 的使用较多。进口棉纱属于机纺纱，细而均一，毛羽少，润如丝，正符合当地的需求。庆应年间，该地流行使用这种进口棉纱织条纹花样。通过仿制“栈留”发展起来的尾西纺织业在开港后又受到了进口棉纱的影响。二者的相遇促使我们进一步思考传统元素与开港后纺织业的发展之间的关系。

2. 棉纱进口与传统棉纺织业的发展

如本章开头所述，开港使西欧毛织品和棉织品大量涌入日本，棉纱进口量也随之增加。长久以来，人们一直在讨论这一现象给传统工业带来的影响。

从前许多人都认为：西欧工业发达，技术先进，产品物美价廉；而日本技术落后，其传统手工业制品的市场在开港后自然会被西欧进口商品挤占。然而，川胜平太却直接否定了这一说法，并以一种全新的视角来看待这项问题。川胜首先整理出了一份棉织品进口额变化表。在幕末及明治前期，棉织品进口额平均占进口总额的四成左右（表 4-9）。之后，川胜将表内信息总结为 3 个阶段：第一阶段以进口棉布为主（开港—1877 年）；第二阶段以进口棉纱为主（1878—1890 年）；第三阶段以进口棉花为主（1891 年以后，表中仅列举 3 年数据）。接下来的问题就是如何解释这种变化。

表 4-9 日本棉产品进口额（1860—1893 年）

年份 \ 进口额	A：进口总额（千日元）	B：棉产品（千日元）	B/A×100（%）	棉产品明细（占进口总额比 %）			备注
				棉布	棉纱	棉花	
万延元年（1860 年）	946	499	52.8	52.8	—	—	棉布为主（第一阶段）
文久元年（1861 年）	1,494	795	53.2	46.1	4.9	2.3	
（1862 年）	3,074	724	23.6	19.4	4.2	—	
（1863 年）	3,701	586	15.8	15.8	—	—	
元治元年（1864 年）	5,554	2,471	44.5	30.9	13.6	—	
庆应元年（1865 年）	13,153	5,569	42.3	35.8	6.6	—	
（1867 年）	14,909	5,425	36.4	25.3	9.0	—	
明治元年（1868 年）	10,693	4,205	39.3	23.8	11.6	4.0	
（1869 年）	20,784	7,132	34.3	12.6	16.5	5.2	
（1870 年）	33,742	8,141	24.1	8.8	13.4	1.9	
（1871 年）	21,917	9,256	42.2	25.2	16.1	0.9	
（1872 年）	26,175	10,313	39.4	18.7	20.4	0.3	
（1873 年）	28,107	9,275	33.0	20.2	12.1	0.9	
（1874 年）	23,462	10,072	42.9	23.0	15.2	4.7	
（1875 年）	29,976	9,483	31.6	16.8	13.5	1.2	
（1876 年）	23,965	9,529	39.8	20.5	17.3	1.9	
（1877 年）	27,421	8,714	31.8	15.3	14.9	1.5	
（1878 年）	32,875	12,627	38.4	15.2	21.9	0.9	棉纱为主（第二阶段）
（1879 年）	32,953	12,123	36.8	17.7	18.8	0.3	
（1880 年）	36,627	13,402	36.6	15.1	21.0	0.5	
（1881 年）	31,191	12,513	40.1	16.2	23.3	0.6	
（1882 年）	29,447	11,261	38.3	14.3	22.3	1.6	
（1883 年）	28,445	9,213	32.4	9.8	21.7	0.9	
（1884 年）	29,673	8,215	27.7	8.4	17.4	1.9	
（1885 年）	29,357	8,893	30.3	9.8	17.7	2.8	
（1886 年）	32,168	8,925	27.7	7.2	18.4	2.2	
（1887 年）	44,304	12,559	28.4	7.6	18.6	2.0	
（1888 年）	65,453	20,577	31.4	7.2	20.8	3.4	
（1889 年）	66,104	22,931	34.7	7.1	18.9	8.6	
（1890 年）	81,729	19,482	23.8	5.9	12.1	6.6	
（1891 年）	62,927	17,211	27.4	5.4	8.9	13.0	棉花为主（第三阶段）
（1892 年）	71,326	24,246	34.0	6.5	10.0	17.3	
（1893 年）	88,257	29,231	33.1	6.4	8.3	18.3	

该表数据跨度为 1860 年（万延元年）—1893 年（明治二十六年）。幕末时期（1853—1869 年）数据仅包括横滨港进口额。

（出处：川胜平太，《明治前期内外棉布价格》，《早稻田政治经济学杂志》第 244、245 号合刊，1976）

过去认为，进口棉布作为工业产品，物美价廉，因此抢占了传统手纺纱加手织布的市场（第一阶段）。但在引入廉价的进口棉纱后，传统棉布变得比进口货便宜。因此，棉布进口减少，棉纱进口激增，甚至严重影响了贸易收支的平衡（第二阶段）。之后，日本从英国引进了一系列生产设备，近代纺织业由此起步，人们开始尝试生产国产棉纱，棉纱进口随之减少，棉花进口增加（第三阶段）。然而，川胜在参照《农商务统计表》对相关价格数值进行仔细比对后发现，在第二阶段末期，日本国产棉布的价格基本都高于进口棉布价格。因此，不是因为国产棉布便宜而减少棉布进口，而是日本人明知价格高昂却依然选择了国产棉布。至于原因为何，川胜认为应当从供求结构的角度去研究。供求结构能够决定消费者的喜好，这一因素在很大程度上是主观性的（川胜平太，1976）。

川胜解释道，虽然“金巾”（宽幅细棉布）等进口货与日本传统棉布均属棉织品，但二者本质上完全不同。这两种商品之间不存在竞争关系，就算价格偏高，日本人还是偏爱国产棉布。国产棉布用粗纱织成，厚实耐用；“金巾”等进口棉布则用细纱制成，轻薄柔软，光泽如丝，但使用寿命较短。在时人眼中，廉价的进口货适宜当丝绸的替代品，但不适合日常起居用，因此结实耐用的国产棉布仍是首选。川胜还进一步比较了两种棉织物在原棉使用上的差异。

日本棉的品种来源可追溯至中国。该种棉纤维短，韧性强，是细纱无法驾驭的。就算使用最上等的棉，能达到的纱支数最多也就 16 左右。如果想将这个数字提升到 20 至 25，则需要使用某些特殊技巧。普通民众的日常着装、田间工作服的纱支数大致为 5 到 7，最多不超过 10。如川胜所言，这种粗纱布料的特点就是厚实耐用。与此相反，英国棉纺织业是在与东印度公司的竞争中成长起来的。大约从 17 世纪起，轻薄的印度棉布经由东印度公司销往英国。在此背景下，英国本土产的棉布追求纱细、料薄，选用原料为纤维较长的埃及棉、海岛棉以及纤维长度适中的美国棉，所纺粗纱支数为 16 或 20，极细纱的支数则超过 100。虽然纱的种类很丰富，但很难纺出更粗的纱线。

也就是说，日本和英国的不同点如下：

日本棉纺织业：短纤维棉→粗纱→厚布

英国棉纺织业：长纤维棉→细纱→薄布

因此，两国棉纺织业存在本质上的不同：与日本相比，英国并不擅长厚布纺织。在表 4-9 所示的第二阶段，纱支数低于 16 的印度机纺棉纱大量涌入日本，日本棉纺织业从业者们利用此纱织成厚布，川胜认为日本在织厚布的领域在与英国棉织品的竞争中占据了上风（川胜平太，1997）。

川胜指出，应着眼于织品供求结构的主观性和东西方棉纺织业的本质区别，这一指摘是具有划时代意义的。川胜的视角能够更新我们对许多历史事实的认知。川胜基于前文所述，断定对于日本来说，仿制“栈留”可谓一项费力不讨好的工作。究其原因，依托短纤维粗纱的织造技术才是关键所在。日本要模仿的对象属细纱织的、质地轻薄的条纹棉布，既然仿制对象与现有纺织技术相矛盾，那么失败也是意料之中的事了。笔者计划的下章内容与明治初期的纺纱业有关。日本在该时期曾尝试用专纺长纤维细棉纱的机械纺短纤维棉，其过程自然不会一帆风顺。笔者之所以能理出这条思路，很大程度上是得益于川胜的上述分析。同受川胜影响的还有学者杉原薰，其对亚洲贸易发展状况的分析将在第八章中记述。

但是，富有独创性、条理清晰的观点很容易将问题片面化。川胜的论述也不例外。上述分析完全否定了之前的一般论调，过分强调厚布与薄布的“互不可替代性”，客观上挤压了竞争概念的发挥空间，同时也并未关注到不同商品之间可能具有的竞争关系，或是生产者对日本从未有过的商品可能产生的兴趣。最终，“供求结构的主观性”并未得到深入剖析，而川胜也遗漏了作为表 4-9 第一阶段作为主要进口棉纱的英国细纱在日本纺织业发展上发挥的巨大作用。内田星美曾写道，织物曾包含“布料织造与匠心设计两个技术要素”。此外，内田也率先指出：“缟棉布”（条纹棉布）在开港后迎来织造工艺与设计的提升，给纺织业带去了一系列变化，扮演着重要角色（内田星美，1993）。要想深入考察织品供求结构的主观性，除布料厚薄外，还应关注其设计。在这点上，田村均自 2000 年以来的一系列研究值得关注。田村以织物设计为中心，对幕末时期织品流行状况与传统纺织业变化的关系进行了一番考察。

田村的考察基于川胜的理论。按照川胜的说法，第一阶段大量涌入的进口棉织品在本质上与传统棉布分属不同的类别，彼此间不存在竞争关系。而田村则认为，这些进口货满足了消费者对流行商品的心理需求，并因此使传统纺织业竞争压力倍增。进口最多的棉织品是“金巾”（宽幅细棉布）、“更纱”（印花布）和“唐栈”（栈留）；如前文所述，这些织物自桃山时代起就为人所知，即便是锁国时期也在持续进口。进口最多的毛织品是“吴吕”以及一种类似意大利棉毛缎（Italian cloth）① 的棉毛交织薄织物；后者曾随着时代发展不断更新换代，后因明治初期平纹细布（muslin）② 的大量进口而逐渐淡出历史舞台。“吴吕”是一种毛织品，其名称源自荷兰语“grof grein”，音译为“吴吕服连”，简称“吴吕”（角山幸洋，1968）。锁国时期，日本通过荷兰商行进口吴吕。田村指出，幕末时期，鲜艳而有光泽的吴吕制成的和服腰带曾是丝绸缎带的强劲竞争对手。

总之，这些棉织品和毛织品在江户时代的京都、大阪以及织品市场中被视为经长崎传入的洋货，远近闻名，令人爱不释手。尽管这些织物与用于民众日常着装和工作服的厚棉布之间没有任何竞争关系，但在大城市丝织品市场因“天保改革”的禁令而备受打击的背景下，这些不在管制范围内的织物就逐渐获得了民众的青睐。人们欣赏其艳丽的色彩、如丝般的光

① 一种经线用棉线，纬线用细梳毛线的缎子织物。

② 发源于伊拉克摩苏尔地区的棉布织造工艺及织造物，17 至 18 世纪该工艺在印度、孟加拉地区得到改良，其精致程度受到欧洲市场欢迎。又名“毛斯纶”。

泽和柔软的触感，用其制成盛装、和服腰带、里衬、衬领、贴身内衣等。这些情况都详细记录在田村的研究中。第一阶段大量进口的对象其实是这些洋织品，它们极大地改变了幕末时期商品间的竞争条件。此外田村还指出，这些洋货的大量进口对繻子、缩缅（皱绸）、紬（厚绸）、太织（粗绸）等中下等丝织品以及唐栈（栈留）、结城缟等高级条纹棉织品造成了直接威胁。自第一阶段起，在酷似丝绸的英国进口细纱和鲜艳的人工染料的辅助下，丝织品产地通过实行丝棉交织压低了价格，棉织品产地也通过采取改善条纹花样、推出新产品的策略获得了新发展。其中，生产上等条纹棉织品的入间和北足立（均属埼玉县）以新品——“双子织”为中心实现了振兴。该事例与尾西的“筋唐”以及“和唐缟”的发展遥相呼应，并为我们理解进口纱推动传统棉纺织业发展的原因提供了重要线索。若读者希望更加全面地把握田村的研究，笔者推荐其近作《时装的社会经济史》。在此，笔者只以双子织与埼玉棉纺织业为重点，对进口棉纱影响一个地区传统纺织业的过程进行一番分析。

3. 双子织与埼玉县棉业的发展

在产地棉纺织业发展上造诣颇深的阿部武司将棉织品产地在幕末至明治中期的发展分为 3 种类型：自开港时就开始发展的发展型，开港后经历短暂衰退后又崛起的复苏型，因无法适应开港后的变化而衰退的衰退型。埼玉县属于典型的发展型（阿部武司，1983）。在第一节中，我们考察了位于传统纺织业金字塔顶端的西阵织的复苏。埼玉县棉业是典型的农村棉纺织业。不同于西阵，农村棉纺织业是传统纺织业的基础。对埼玉县棉业发展状况的分析有助于我们深入理解传统棉纺织业。在本书中，笔者暂以伴随着洋纱的使用而生的技术变化、分工深化及其与农村社会的关系为重点展开分析。

双子织[①]是该时期埼玉棉业发展的起点。关于其发展状况，笔者选择以

① 用“双子线”（两条线结合在一起的线）织造出的织物。

田村均的研究为参考。埼玉棉业发展的支柱有双子织、武藏絣[①]、青缟[②]、白木棉纱织品[③]、丝棉交织品等，种类繁多。在考虑双子织对其他织物的影响的同时把握其与农村社会的关联，并在此基础上描绘变化的整体情况是一件很不容易的事。万幸的是，谷本雅之已有相当可靠的研究成果。入间郡是双子织的主要产地之一，谷本在其研究中将该地条纹棉织品（缟）的发展与“批发式家庭工业”的形成结合在了一起（谷本雅之，1998）。因此，笔者将以谷本和田村的研究为主要参考资料，以使笔者笔下的社会形象更为具体。此外，现存有谷本参考的入间郡政府调查记录——《织物资料》卷一。该资料以1909年（明治四十二年）实行的针对埼玉县全域的织物调查为基础编纂而成，除各织物发展简史外，还有关于织机、染色、染料、织物组织、业界交易等的概述。由于该资料中有关历史的内容是从故老那里听来的，所以年代、事实等的先后顺序存疑，笔者在使用时会留意这点。另外，现存还有东京税务监督局的《管内织物解说》（1907年），该资料记录了明治末年该地的织物组织与价格，便于读者把握该地明治末年的发展情形。笔者首先将以二人的研究为“经”，两份史料为“纬”，对与双子织发展密切相关的条纹（缟）棉布和碎点（絣）棉布的变化作一番概览。

◆ 双子织发展史

之所以从双子织讲起，既是因为该织物靛蓝底配彩色细竖条纹的特征让人联想到栈留，又是由于其通过使用洋纱作为条纹（缟）的织作材料而获得了发展，并最终成了明治时代埼玉地区棉业的主打商品。

> 双子织起源有二：其一为县下北足立郡蕨町；其二为入间郡元加治村。皆始于文久元年洋纱舶来之时。(《织物资料》卷一。

① “絣”是一种用染色的线织碎点花纹布的工艺，此处指该工艺的一种织品。

② 青缟是用蓝染的线织成的织物或织物织好后进行蓝染后的布。

③ 用漂白了但未染色的纱线织成的织物。

以下简称《资料》)

前者被称为“冢越双子”，后者被称为“野田双子”。

一般认为，冢越双子的创始人为蕨町冢越的高桥新五郎。文久元年（1861年），高桥将进口洋纱用于经纱，始创冢越双子。新五郎起初是贩卖纱、棉的行商，文政八年（1825年）转而从事“青缟”的织造。至天保八年（1837年），新五郎已成为持有120余台织机、300多瓶靛蓝染料的织造大户，慕名求教的技术学习者甚多。到了天保十一年（1840年）前后，“弟子约一百二十五，以徒弟、徒孙名号开业者百有余，遍及数十村”(《资料》)。尽管该记述的可信程度尚属未知，但田村通过对高桥家条纹样本册的研究发现，幕末时期的样本册应该是商品试织的记录（田村均，2004）。由此可见，作为纺织大户，高桥新五郎在照顾自己的纺织工作的同时还会参照市场动向进行新产品开发。为数众多的徒弟、徒孙的织坊在收到其设计后会按要求进行纺织，成品之后会被高桥收购并销往市场。

“青缟”即以靛蓝为基调的、经纬线都用绀色棉线织成的素条纹布。其花纹近看为细密的绀色竖条纹布；远看则像绀色的素面布。该织物偏厚，在明治后期以前都是东京等地的热门商品。青缟在开港前的主产地为北埼玉郡和北足立郡，但因作为缟棉布（条纹棉布）的双子织“色泽艳丽，为时人所好”(《资料》)，蕨周边地区的业者们便开始以双子织代替青缟。在此背景下，北足立郡逐渐转变为双子织产地，而蕨地区则成了埼玉棉业的中心。即便如此，青缟的市场需求依然强烈，其生产主力由北埼玉郡继续担任。

与此相对，野田双子的发展略显曲折。

入间郡青梅缟产地元加治村筑地某、中泽某[①]等受川越町正田屋久平劝诱，以洋纱织造，此为野田双子之开端。(《资料》)

① 此处“某”为对人名的省略。

据田村考证，“正田屋久平”又名“正田屋久兵卫”（中岛久平），是居住在川越的和服衣料商。此人于嘉永三年（1850 年）在日本桥的伊势町地区开设分店，安政四年（1857 年）又进军横滨，先人一步收购进口棉纱，并在该地区活跃至明治十三年（1880 年）前后。据《资料》记载，双子织的引入致使该地业者转攻双子织，青梅缟因此衰落；此后，当地主打商品还经历了从“双子织”到“京栈留”再到“博多结城”的更新换代。但据田村考证，入间地区青梅缟的鼎盛期在开港前就已是过去时。与尾西一样，该地此时已开始纺织和唐栈（模仿栈留）和结城缟。据入间地区两家纺织厂的相关史料记载，如果采用西方计量单位的话，“和唐栈”和“结成缟”是用支数分别为 17 到 18、19 到 22 的“和纱”（日本纱）中的最细纱织成的。文久时期前后，“和唐缟”开始采用纱支数为 16 的英国纱；结城缟则在庆应时期前后开始使用纱支数为 20、22、30 的英国纱。“和唐栈”所用英国纱来自正田屋，使用英国纱来织的缟棉布的进价高出传统棉布价格约 3 成（田村均，2004）。

以田村的说法为前提，可知该地在开港后试图利用英国进口纱改善各类缟棉布的质地和花纹，提高其附加值。双子织（经纱用支数为 42 的“双纱”，纬纱用纱的支数为 30）、京栈留（经纱用纱的支数为 30，纬纱为 40）、博多结城（经纱用纱的支数为 24，纬纱为 28；花纹部分用丝线）以及引入洋纱的“和唐栈”与“结城缟”等皆如雨后春笋般出现，竞争激烈。使用了洋纱的条纹布的确卖出了高价，这似乎得益于创新型商人正田屋。《埼玉县史》记载，正田屋也是高桥新五郎的洋纱供给商。但自明治 20 年代（1887—1896 年）起，这位正田屋中岛久平就从资料上消失了。田村认为，正田屋可能在松方正义实施的通货紧缩的时期破产了（田村均，2000）。

《资料》中的一段记述或许与此有关。文中写道：

采用丝棉交织法前后，由于双子织及京栈留等棉织品的染色及组织粗劣，声誉大跌，各地从业者因而组织行会、意图改良布料染色及组织；(明治)二十三年设立入间郡纺织业行会……

自西南战争时起，由于通货膨胀，经济呈现繁荣景象。粗制滥造在此期间最为猖獗。1881年，日本进入松方正义的财政时期。政府此时实行通货紧缩，织物销售额大跌，名誉扫地，全国各织品产地苦不堪言。如果入间的双子织与京栈留也遭遇了同样的厄运，那么其发展的助推手正田屋想必也遭受了很大打击，从此隐没在历史中。但这只是推测，并没有切实的证据。不过可以肯定的是，入间地区从此以后就向着丝棉交织的方向发展了。

那么冢越双子是否也曾受粗制滥造问题所困呢？虽然目前还不确定其发展是否一帆风顺，但《管内织物解说》可以给我们提供一些线索（以下简称《解说》）。由《解说》对1906年（明治三十九年）2月相关状况的记述可知，作为双子织的衍生品——“撚[①]双子”和“瓦斯[②]双子”的主要产地，蕨地区位居埼玉棉纺织业的中心。而作为旧商品的青缟则以北埼玉郡羽生、加贺、忍地区为主要产地继续向前发展。在入间地区，京栈留被记为“京栈”“玉川织”；双子织则被记为“柾木双子”，所以这些织物并不是绝迹了，而是和其他以洋纱使用为发展手段的缟棉布（条纹棉织物）一起融入了丝棉交织品的行列。入间的丝棉交织品主要有瓦斯丝入缟[③]织、博多结城织、大岛风通织等布匹，还有交织寝具料、小仓带料、木屐带料等。主要棉织品则有所泽[④]周边出产的武藏絣和产棉区生产的白木棉纱织品。在历经50年的发展后，双子织、青缟、武藏絣、丝棉交织品、白木棉纱织品成了埼玉县棉业的主要商品。虽各自产地不同，但这些织物都推动着棉业的发展。

① “撚”字同“捻”，此处指将捻线掺入条纹织造。

② 此处“瓦斯”工艺是一种通过将棉线烧热而更有光泽的丝线加工法，丝线被称作“瓦斯纱”或“丝光棉”。

③ 日语中，棉线加入丝线的工艺叫“入缟”。

④ 位于埼玉县南部。

◆“双子缟”的设计、组织和用线

田村均认为，双子织起初名为“二子织”，后来改称“双合织”，最后才更名为“双子织”。在起步期，人们在织造时会将两股纱支数为 42 左右的英国纱平行排列，织出成品即为“二子织”。第一届国内劝业博览会举办前后，捻合的“双纱”开始被用作经纱，织造成品名为“双合织”。到了明治 20 年代（1887—1896 年），纱线支数为 42 的“双纱”成品从英国流入日本，该产品主要用作经纱，织造成品称为“双子织”。在高桥家保存的四册条纹样本册中，有一册的年代被推定为开港期至明治初年。田村在详细考察了该册收入的二子织的组织后得出结论：这些样本均为试织品，采用将两股细洋纱平行排列的方法织成，样本的组织结构中还存在多种“洋纱”与“和纱”的搭配。

这里的平行织法指的是将两股单纱穿过同一综框的织法。两股纱会随着综框的升降而升降，接下来只需在开口时将两股纬纱引入梭口即可。其成品与古时舶来的唐栈的斜纹组织相同。被田村称为“纵纬总二子织”的试织布片采用的就是这种织法，其中似有唐栈的影子。除此之外还有多种织法。比如只有条纹用纱采用两股平行纱，而地组织的经纬纱均使用单纱的织法；条纹与地组织的经纱均采用两股平行纱，只在纬纱上使用单纱的织法等。可见，这种织物的组织并非源自对唐栈的单纯模仿。人们在织作时主要采用将两股洋纱平行排列的织法。在保持较高纱支密度、突出竖条纹细密性的同时，时人还对纺织“轻薄致密，富有弹性”的织物的方法进行了多种探索。高桥家保存的条纹样本册中的二子织属“平滑轻盈的缟棉布织品，质地绵密，远胜于进口‘金巾’（宽幅细棉布）及本土的‘太织’（后来的铭仙绸[①]）等低端丝织品”（田村均，2004）。

另一个值得关注的点是颜色。“织物地组织是以靛蓝为基调的深绀色

① 铭仙绸是江户时代用染色丝平织的织物，因当时图案和手法单一而被称为“太织”（粗织），明治后期得到大力发展并被冠名“铭仙”。

（“纳户色”）。花纹细密，与地组织相映成趣。彩线达 5 种以上，其颜色有深红、正红、正蓝、浅蓝、浅茶、浅灰、正绿、深黄、正黄、粉以及奶油色等，都是传统染法无法染出的”（田村均，2004）。这些颜色带有些许光泽，田村由此推测它们是用碱性苯胺染料染制的。也就是说，布料是以日本传统的深绀色为地组织，再配以用人工染料染出艳丽色彩的纱线织出的细条纹布。《资料》称高桥家的二子织“色泽艳美”，这证实了田村的猜测。笔者之后会讲到围绕染色技术产生的一系列问题。虽然此处的苯胺染料的使用问题令人挂心，但《资料》并未给出相关信息。

庆应时期的样本册中的二子织采用将两股洋纱平行排列的织法，追求花纹的多样性；“双合织”采用的则是由两股单纱捻成的双纱。在前者迅速向后者转变的过程中，织物设计方面出现的新变化不容小觑。例如，人们会将两种彩线捻成一股，以使织物呈现独特的色调。但笔者认为，技术同样是使“二子织”发展为“双合织”的主推手。若将两股纱支数为 42 的纱平行排列，织出的布料自然会偏薄；但如果要用这种织法来织未曾用过的细纱的话，就需要极其精湛的技术。与此相对，由于两股纱捻成一股后的成品会比原纱稍短，所以纱支数为 42 的双纱就相当于纱支数为 20 的单纱。这种纱与幕末时期的“和栈留”“结城缟”等织物的用纱粗细相同，采用当地普遍使用的织造技术时会更好操作。而且，该纱的强韧程度远超日本纱，各纱粗细、长短也大致相同，便于织造。另外，如果要用纱支数为 42 的进口纱做双纱的话，直接进口该纱会更省钱。双合织的织造也可能是在这种情况下敲定的。笔者并非要将技术因素的重要性摆在织品设计之上，而是想强调是二者共同推动了二子织向双子织的转变。在新产品的成长期，这种现象是很容易出现的。

记录文久时期以来的半个世纪的相关状况的《解说》（1907 年，明治四十年）记载了诞生于高桥家的双子织在半个世纪间经历的种种变化。其间出现了 3 种织物：蕨地区周边出产的“撚双子”、青梅地区周边出产的

“柾木双子”以及两地皆产的“瓦斯双子”。其中，蕨地区周边出产的瓦斯双子在品质上较为优良。“撚双子”和“柾木双子”分别保留了“冢越双子”和“野田双子”的用线；而“瓦斯双子”则是双子织迈入新发展阶段后的产物。该阶段始于瓦斯纱的出现。随着时间的推移，人们逐渐开始使用瓦斯纱以及支数为 60 和 80 的纱。与此同时，商品层级也逐步得到完善，从高端商品到普通商品，应有尽有。瓦斯纱具有丝绸一般的光泽，制作时需要使棉纱在极快的速度下穿过瓦斯火焰，以烧除毛羽。自明治中期起，日本大量进口瓦斯纱，用于棉织品及丝棉交织品的档次提升。50 年来，双子织一直在朝着高端化的方向奋力前进，瓦斯双子可谓其努力的结晶。

根据织法的不同，瓦斯双子可以分为 5 种，即一等品至五等品。“总四”双子和“总八”双子属于一等品，其经纬纱皆采用纱支数为 80 的瓦斯纱。织造总四双子，经纱要以两股互相平行的纱为一个单位，采用“四股引入”的方法；织造总八双子时同样要使用四股引入法，但需以穿过综框的单股纱为单位。所谓“四股引入”法指的是同时将四股经纱穿入同一筘齿，进而实现细纱之间的紧密贴合的纺织法，能使织品“质地紧实，条纹鲜明，极大地提升织物的档次”。总四双子是以两股平行的经纱与两股平行的纬纱为基础织成的斜纹织物，与古时舶来的栈留相似，是时人尝试运用高级织造技术的体现。“缟四”双子属于二等品。该织物条纹用纱的支数为 80，采用四股引入法织造；素色部分所用纱的支数则为 60，采用双股引入法织造。缟四双子通过稍稍降低织品质量的方法节约原纱成本和人工费，从而将价格调低。如表 4-10 所示，商品共分为 9 个等级，成品价格随着织法与用纱质量的降低而递减。从撚双子一等品开始，瓦斯纱被廉价的普通纱代替。品质最高的瓦斯双子每反售价 1 日元 90 钱，而最低等级的撚双子四等品每反售价 76 钱，其间还有 7 种品质不同、价格不等的织物。低等的撚双子三等品、四等品相当于初期的双子织，其他则均为改良品。

表 4-10　明治末年不同双子织的组织形式与价格

商品	引入股数	纱支数	每反布的市场价（含税）
瓦斯双子一等品	4	经 2/80s 纬 2/80s	1 日元 900 钱
瓦斯双子二等品	条纹用纱 4 素色用纱 2	条纹部分经纱 2/80s 素色用纱 2/60s 纬 2/80s	1 日元 440 钱
瓦斯双子三等品	条纹用纱 4 素色用纱 2	条纹部分经纱 2/80s 素色用纱 2/60s 纬 40s	1 日元 300 钱
瓦斯双子四等品	条纹用纱 4 素色用纱 2	条纹部分经纱 2/80s 素色用纱 2/60s 纬 40s	1 日元 150 钱
瓦斯双子五等品	2	经 2/60s 纬 40s	1 日元 80 钱
撚双子一等品	条纹用纱 2 素色用纱 4	条纹部分经纱 2/80s 素色用纱 2/42s 纬 32s	1 日元 100 钱
撚双子二等品	2	经 2/42s 纬 32s	0 日元 920 钱
撚双子三等品	2	经 2/42s 纬 30s	0 日元 850 钱
撚双子四等品	2	经 2/42s 纬 28s	0 日元 760 钱

（出处：根据东京税务监督局《管内织物解说》所含 1907 年瓦斯双子、撚双子相关条目制成）

与西阵女式腰带的发展战略相同，随着市场在全国范围内的扩张，双子织推出了面向不同消费人群的产品。这些商品种类繁多，质量有别，价格各异。由这份商品层级的划分可知，当时的消费者追求鲜明的条纹，偏爱轻盈的织物，欣赏如丝的光泽，喜好柔韧的质地。消费者的这种需求必然会使生产商选用瓦斯纱和偏细的纱来织出细密的织品。越是高端品牌，其产品越容易朝着轻薄化的方向发展。

4. 驾驭西洋棉纱的技术基础、技术变化和技术普及

驾驭细的西洋棉纱需要一定的技术基础。传统棉业区使用的主要是纱支数小于 10 的粗纱，用筘齿量为 6 至 9 算（40 筘齿为 1 算）。即便这些地区欣赏细洋纱带来的美感，手头的稀筘也无法驾驭它。田村推测，如果是纱支数大于 30 的细洋纱的话，纺织时的经纱数量少说也有 1000 股以上。在这种情况下只能使用丝绸织造专用的密筘（田村均，2004）。

当然，相关技术也是必不可少的。

从这个角度出发，田村将关注点转向了幕末时期“和唐栈”“结城缟”的三大名产地的地理位置。三大产地——足利 - 佐野、入间 - 北足立、尾西，分别与桐生、八王子[①]、美浓相邻。也就是说，这些地区在仿制“栈留”、织造“结城缟”的过程中已经掌握了纱支数为 20 的洋纱的使用方法。在使用更细的纱时，从业者也会结合织丝棉交织品的经验以及原纱和产品的特性，较为灵活地借助丝绸用筘及各种密筘、稀筘进行织造。此外，由于靠近丝织品产地，“织造用筘的供给不成问题。这些筘均为竹制，加工精细”（田村均，2004）。该说法解释了这 3 个地区以及西阵棉织品部在进口细棉纱的运用上领先于其他棉织物产区的原因。

田村还强调，这些地区在幕末时期就已经有了高机，技术条件良好。西阵的高机（空引机）读作“たかはた”（takahata），而此处的高机则读作“たかばた”（takabata），专用于织造棉织品。在江户时代的农村，农民通常使用一种叫作“地机”（也称为“居坐机”）的织机织造棉布，其外观如图 4-17 所示。地机体型比高机小，便于农民在家中进行织造。图中绘有一条名为“腰”的带子，织布时要把这条带子固定在织工的腰部来调节卷布辊。织工在利用身体调整经纱张力的同时将脚伸入图中所绘的圆圈即

---

① 位于今东京都西南部。

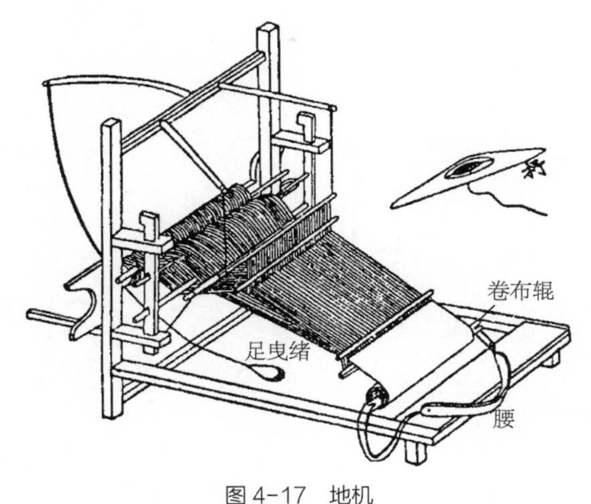

图 4-17　地机
（出处：大关增业,《机织汇编》，1830）

“足曳绪”中，操作综框，控制经纱开口并用手投梭。在此过程中，织工的腰部、脚部和手部均发挥着作用。尽管这种用身体调节经纱张力的方法便于织容易出现断经的手纺纱，但由图可知，地机上的经纱是斜着的，筘和综框也离得很远，所以经纱开口会变小。田村认为，如果在这种状态下实行打纬的话，经纱就会陷入纬纱之中，其结果就是纬纱比经纱显眼。虽然在使用较粗且毛羽较多的手纺纱去织柔软的厚棉布时最宜采用上述织法，但若用此法去织竖条纹的话，成品的花纹会变得很模糊。所以，该织法不适用于高端纵条纹织品的织造。

如图 4-18 所示，高机的筘离综框较近，经纱开口较大。不同于地机，高机既可以凸显织物的经纱，也能使织品的纬纱更加鲜明。织工只需根据织物要求选择合适的综框或对综框进行必要的调节即可。图中高机的综框称为“辘轳式综框”，两片综框经由滑轮相连。当织工踩踏踏板降下其中一片时，另一片会随即上升，穿过两片综框的经纱随之完成开口。开口的形状并非不可更改，只需调节两片综框的连接方式即可。无论需要凸显的是经纱还是纬纱，都可以通过调节开口形状的方式实现。辘轳式高机虽然是

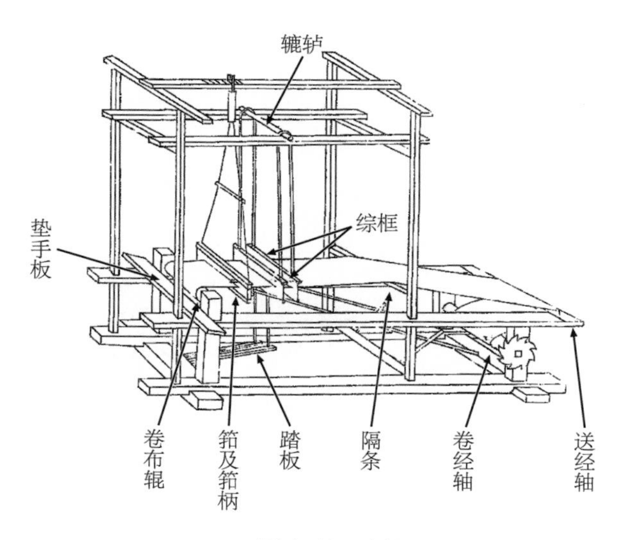

图 4-18　高机

高机综框的操作方式一般为图中的辘轳式或弓棚式。弓棚式指的是以弓形的竹子为弹簧控制单片综框升降的方式，如图 4-5 中空引机的弓棚。

（出处：东京税务监督局,《管内织物解说》，1907）

平织的专属织机，但其功能强大，可用于竖条纹、格子纹以及纵纬碎点纹的织造（田村均，2004）。

高机适合织造“缟”（条纹棉布），构造上也比地机先进；只要经纱结实，高机的生产率应该远胜于地机。佐贯夫妇在《木绵传承》的基础上，通过对现存高机实物资料的仔细研究，发现原本用于织细丝的高机在江户中期以后逐渐被应用到了棉织品和紬（厚绸）的织造上；而且，尾西的栈留和结城缟等织物也来自高机（佐贯尹、佐贯美奈子，2002）。田村也指出，像“栈留”和“结城缟”这种织物的条纹是十分细密的，要想使其看起来美观，高机是必不可少的工具。

但并不是有了织机就万事大吉了。织造前需要进行一系列准备工作，即“给绞纱上浆→理纱→卷纱→整经→卷经→续经”，而手纺纱会令这项工作麻烦许多。《木绵传承》写道，从卷纱（将纱线卷绕在线框上）阶段开始，断纱情况就会频繁出现。

上过浆的手纺纱在卷纱时很难操作，……绝不是一件轻松的事。如果像对待机纺纱一样转动经轴的话，断经就是家常便饭。……卷纱时出现断经后，有时连线头都找不到，……有时，断经在试行阶段就会频繁发生，使人束手无策。

整经也并非易事。在将经纱卷绕在经轴上之前，要借助（整）经台（图 4-19）将经纱按织物组织要求排列整齐，并将其切割成合适的尺寸，该过程即为整经。为保证纱线不在之后的操作中变得凌乱，操作者要

图 4-19　经台

古时的经台现在被保存在博物馆里。但如果经台不处于使用状态，我们就难以理解它的工作方式。因此，笔者在此借用佐贯夫妇工作室的照片进行说明。假设织物的条纹排列以 25 根彩线为一个单位，操作者就需要按照抽经顺序将 25 个线框排列固定在挂架上。首先，操作者要将抽出的经纱按顺序交叉，同时将处理好的部分置于“畔杭”上。之后，要一边将所有经纱抽出，一边将其固定在长方形经台一侧的距操作者较近的“经杭”上。其次再一边抽经一边将其固定在内侧的距操作者稍远的、另一端经杭上，如此反复进行。引文中的“ 绕行于经杭之间”指的就是这一步骤。两根相对的经杭间的距离通常为 1 丈，根据往返次数可计算出经纱的长度。由引文可知，织造的基础是使所有经纱在织机上呈现紧绷状态，而整经的目的就是为其做准备。（照片由佐贯尹先生提供）

先将挂架的线框里抽出作为经纱的材料相互交叉放置（该步骤称为“畔[①]取”“畔组”“绫取”等），然后将交叉部分固定在经台中间的“畔杭[②]”上备用。之后，操作者要将经纱理顺、整齐并抽出，边抽边将其固定在经台两侧的“经杭”上，同时根据来回次数计算出需要切割的尺寸。抽经是以几十股经纱为一个单位进行的，为了不使各组经纱的前后顺序混乱，还要时不时进行手动整理。此外，在将整理后的经纱卷绕在卷经轴上之前，操作者还需将经纱用链状编织物固定（图 4-20）。

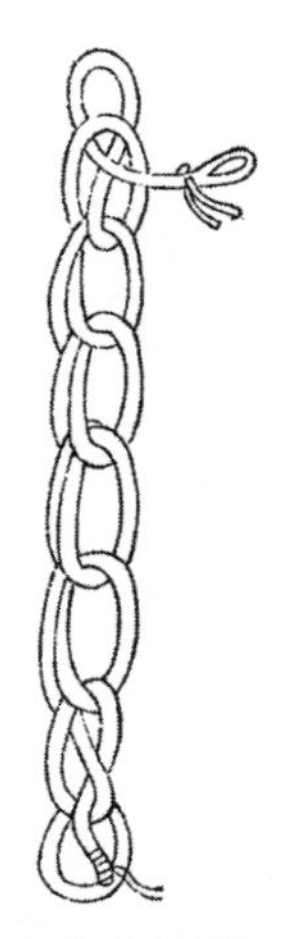

图 4-20　固定经纱的链状编织物

（出处：东京税务监督局,《管内织物解说》，1907）

据佐贯所述，整个过程中，操作者需要时刻防止断经的出现，而如果操作对象是手纺纱则更要加倍小心。一旦捻过的经纱出现松动的情况，操作者需要将其理平。此外，还要防止经纱部分部位过粗或过细。“如果按照处理机纺纱时的力道‘绕行于经杭’之间的话，会加重经纱在张力上的不均匀，加大织作难度”（佐贯尹、佐贯美奈子，1997）。

上述步骤在外行人眼里或许很难，但只要使用整齐、不断经的经纱并

① 此处使用的“畔”字指代十字交叉的形式。

② 此处使用的“杭”字指代能够固定住十字交叉的两根小木棍。

掌握边抽经边使经纱交叉的技巧，剩下的就只是机械性的工作了。但正如引文所示，由于其间夹杂着一些调整工作，所以整个过程实际上很麻烦，因而不可能只做机械性的重复。两段引文在体现卷纱和整经的费时性的同时，也使我们认识到了机纺纱的便利性。齐整而不断经的机纺纱会大幅提升卷纱和整经的效率。

整经之后要进行卷经和续经。卷经指的是将整经后的经纱卷绕在负责传送经纱的经轴上的过程，此项工作对专注度的要求高于整经。续经则是将卷绕在经轴上的经纱一根一根地接在残留在高机上的经纱上的过程。这些经纱是前一次织作余留下来的。在织的全过程中，经纱的穿综、穿筘是最麻烦的，续经能够减少这项工作的执行次数。但由于需要接续的经纱至少有 1000 根，所以续经本身是一项费时费力的工作。据佐贯夫妇记录，单人完成 1 反布的手纺纱的整经需要半天；两人完成卷经也需要半天；单人完成续经仍需要半天。假设上浆、理纱和卷纱一共需要半天，那么完成一整套准备工作就需要花两个半工作日。用高机织 1 反尾张栈留共需 3 天半，其中两天半用在准备工作上，1 天用在织作上。佐贯尹告诉笔者，由于夫妇二人的熟练程度远不及古时的织工，所以织工们的实际耗时应该更短。但无论如何，在用手纺纱进行织作时，花在准备工作上的工作日数远多于实际织布作业所用天数。

较细的手纺纱粗细不均，容易断裂。这种特性不仅使准备工作变得困难重重，也加大了织布工作的难度。织工只有在对相关技术相当熟练的情况下，才有可能通过高机将品质良好的手纺细纱织成栈留和结城缟。在位于尾西农村的纺织地带，一些女子会从少女时期起就开始练习纺织；其技术会在之后愈加娴熟，最终达到令人难以企及的高度。所以，这些地区之所以能够利用高机的优越性能将手纺纱织成可供销售的栈留和结城缟，是因为它们具有优越的条件和熟练的织工。然而，机纺纱的引入打破了这种平衡。与手纺纱相比，机纺纱不仅粗细均匀，韧性也强。这是纤维处理技术的差异所致。这一点会在下章开头叙述纺纱原理的时候细讲。尽管入间和北足立在将英国机纺纱引入条纹棉布的经纱时为的很可能是“色泽艳美”的竖条纹，而不是经纱的韧性；但这项操作却在客观上大幅减轻了准备工作和织造工作的负担。想必当时使用过此法的织工都对此深有体会。《资料》的丝棉交织条目中有一条与此相关的重要信息。据其记载，能卷绕在地机经轴上的经纱只有“一反布的量”，而高机的经轴则能卷“四反甚至是六反的量”。可见随着高机的使用，4 反左右的卷绕量成为常态，而且这个数字还在持续增长。《解说》中有一项叫作“整经长”，其中记载，瓦斯双子、撚双子是 1 机 12 或 14 反；征木双子则为 1 机 12 反。所以，明治末年的水平应该是 12 到 14 反。由此可知，经纱韧性的增强为织布前的准备工作带去了极大改变。

如后文所述，谷本雅之称，入间地区的批发式家庭工业在 1886 年（明治十九年）前后就已十分普遍。在这种模式下，织造方会先将买来的纱拿到染坊进行处理，待染纱、上浆完成后再取回家中进行卷纱和整经。之后，织造方会留下一小部分纱线以供家庭织作，而其余的都会外包给专门的织工来做。据谷本所述，织工接收纱线时以 13 反为一个单位。可见在当时的技术水平下，经轴的卷绕量一般为 12~14 反。而且，该事实可能与批发式家庭工业的形成关系紧密（谷本雅之，1998）。

在将韧性强、粗细均一的进口机纺纱引入经纱后，织造方就不必再担心卷纱时会出现断经，也不用再在整经时为纱线的粗细不均而烦恼。因此，织造方会结合自身纺织经验，将这些工序从自家承担的工作中省去。与从前相比，这些操作已然得到简化。如果几台卷纱机、一台经台以及几位工作人员都已齐备，生产率就会在几人的配合下获得大幅提升。在此背景下，随着纱线韧性的增强，纱轴的单次卷纱长度就有可能增加。整经后的经纱需要卷绕在经轴上，而经轴上的经纱则要与残留在织机上的经纱相连，如此才能进行织造。如前文所述，续经需要大约半天才能完成。假如经轴上的经纱只有 1 反布的量，那么织造 13 反需要的续经时间就是 6 天半。而如果这 13 反的续经只需半天就能完成，织工就能节省出 6 个工作日。但是，由于需要安放卷纱机和经台等相关设备，所以作坊的面积不能太小。此外，鉴于需要卷绕的经纱有 13 反布的量之多，所以线框的体型、卷纱和整经场地的面积都要足够大才行。与农家的“土间”[①]相比，这种工作更适合在织造方的家中进行。如果 1 反按 2 丈 8 尺来算的话（《解说》中撚双子的数值），13 反布所用经纱的长度就是 36 丈 4 尺，远超 100 米。在这种情况下，织造方是不可能在家中进行卷经的。虽然谷川并未写明整经后的经纱是如何交给外包织工的，但我们可以从与西阵有关的记录中寻找蛛丝马迹。外包同样是西阵纺织业的衍生产业。在西阵，有一种专门替人卷经的职业。织造方在家中完成整经后，会请专业人员将经纱卷绕在经轴上，然后再交由织工进行织造。恐怕入间也是如此。

之前已经讲过，尾西和入间之所以将洋纱作为经纱来织布，是为了使织物的条纹更加细密精美。这些产地曾经试图在便利的高机和工匠精湛的织造技术的辅助下，用日本棉能纺出的最细但极易断裂的纱来织造精美的细条纹。如今，它们又不谋而合地引进了粗细均匀、韧性较强的经纱。这一举动带来了两个结果。其一是准备工作的合理化。对于农户而言，原有家庭织造的准备工作极其耗时，而批发式家庭工业的诞生则优化了其工序流程。其二是高机的全面有效利用。由于无须再进行烦琐的事前准备，织工们得以将精力集中到织物织造上来。洋纱可操作性强，高机又具有潜在优势；织工们逐渐利用前者将后者的优越性能发挥到了最大值。双子织发展初期的多种织法以及瓦斯双子一等品中的“总四双子”和“总八双子”的织法或许都是因这一技术革新而诞生的。现已证实，随着洋纱的使用，以织造外包为主要经营模式的批发式家庭工业在明治 20 年代（1887—1896 年）

① 指日本一种室内设计。土间不铺设木板等板材，几乎与地面同高，通常作为营生活动的作业空间使用。

初以前就已在尾西占据了支配地位（盐泽君夫、近藤哲生，1985）。这一事实此前一直与批发商的揽权专断以及佃农制捆绑在一起。与该思路相比，笔者的推断则显得更加顺理成章：洋纱的利用提高了劳动生产率，由此产生了分工上的变化。尾西批发式家庭工业的发展就说明了这一点。

从开港到明治初年的这段时期，“缟”（条纹棉织品）产地的洋纱使用经验逐渐传播到了其他织物产地。笔者参照《资料》，对埼玉县最早将洋纱作为经纱的时间以及该县最早使用高机、飞梭机、踏板织机和动力织机的时间进行了整理。其结果如表 4-11 所示。由表可知，双子织产地在头两项上开始得最早。机纺纱与高机的结合起源于“缟”（条纹棉织品）的产地，之后又传到了白木棉纱织品的产地，然后是武藏絣、青缟产地。白木棉纱织品的产地起初一律使用英国纱，而后经历了“经纱用英国纱，纬纱用孟买纱”和“经纬皆用孟买纱”的转变。1890 年（明治二十三年）以后，白木棉纱织品的产地又将用纱换成了国产机器纺纱。由于该类织品产地最初使用的是英国纱，所以机纺纱作为选用对象就此固定了下来。此后随着印度纱的进口，英国纱逐渐被以粗纱为优势的印度纱取代。随着国内纺织业的起步，印度纱又让位给了国产机纺纱。

青缟和武藏絣产地的情况则与白木棉纱织品的情况略有不同。两者虽较早地将洋纱引入到织造用途的经纱中，但仍会在纬纱中使用粗纺纱。洋纱可操作性强，而由手纺粗纱制成的纬纱则保留了传统棉布的手感。青缟和武藏絣质地较厚，成品具有手纺纱的独特趣味，对于二者而言，洋纱与本土粗纺纱的搭配再好不过。此二者高机的普及也较为缓慢。在青缟产地，市场对地机织品的需求稳固，所以明治末年的地机使用率也有 3 成左右。而在武藏絣产地，尽管高机有助于织工边织布便确认经纬交织后形成的花纹是否符合预期，但这项操作的实现是以进深较浅的碎点花纹专用织机——“半高机”的普及为前提的。由表可知，半高机在明治末期已基本得到普及。

表 4-11　埼玉县棉业的技术普及

棉织品名称 技术名称	双子织	武藏絣	青缟	白木棉纱织品
经纱中的洋纱使用	始于文久元年	文久时期有用例。明治十五年后改用自东京商人处购买的英国棉纱。明治二十五年以后改用国产机纺纱	自明治十年左右起，经纱用洋纱，纬纱用粗纺纱	自明治五、六年起，经纬皆用英国纱；自明治八、九年起，经纱用英国纱，纬纱用孟买纱；明治二十年至二十三年前后，经纬皆用孟买纱；明治二十三年后改用国产机纺纱
高机的使用	始于文久以前，维新前后在全面普及	曾用地机，明治四十年改用半高机（防止经纱错综导致的不良后果）	始于明治二十年前后。明治三十年时，高机与地机各占一半。地机所织布料组织结构独特，颇具人气	自明治十年左右起，地机消失，高机盛行
飞梭机的使用	截至明治四十一年，入间地区使用最多，达99%	无记载	无记载	自明治三十年左右起逐步改用飞梭机
踏板织机、动力织机	明治四十一年设置石油发动机（5马力）和35台丰田式机台，有女工十二三人；此外还有1所织造双子织的工厂	截至明治四十年，有丰田式3台	截至明治四十年，高机占6成，其他占4成（其中地机占7成，踏板机占3成）	近年来，投梭式几乎踪影全无，飞梭机、踏板织机甚为普遍

（出处：入间郡政府,《织物资料》卷1，1909）

笔者之所以将“飞梭机的使用”和“踏板织布机、动力织布机”这两项列出，是为了考察发端于其他地区的先进技术在埼玉县的普及情况。现可知以下三点：第一，飞梭机只在白木棉纱织品的产地和条纹棉布的产地使用；第二，除白木棉纱织品的产地外，踏板织布机在其他地区应用极少；

第三，明治末年，几乎还没人使用动力织布机。青缟和武藏絣的织造技术并不落后，埼玉的棉业也并非不发达。笔者列出以上三点只是为了说明，白木棉纱织品的产地与竖条纹织物产地在飞梭机的普及方面领先于其他地区。在窄幅动力织布机的辅助下，传统纺织业于 20 世纪初进入工厂化阶段。这场浪潮始于白木棉纱织品和纯白纺绸的织造领域，其成品部分用于出口。织机的选择受织物种类和市场条件左右。埼玉棉业之所以会呈现出如表 4-12 所示的发展态势，各项技术的支持功不可没。

表 4-12　埼玉县棉业的发展

年份	棉织品产值（单位：千日元）
1886	846
1887	1,197
1888	1,301
1889	5,245
1890	1,068
1891	1,311
1892	1,444
1893	1,889
1894	2,295
1895	3,544
1896	3,381
1897	3,887
1898	3,826
1899	4,993
1900	6,167
1901	3,924
1902	3,870
1903	3,790
1904	4,125
1905	4,699
1906	5,766
1907	7,215

（续表）

年份	棉织品产值（单位：千日元）
1908	7,071
1909	7,942
1910	6,982
1911	8,399
1912	7,739

（出处：同表 4-5）

5. 从农村副业到批发式家庭工业

技术的变化、普及与条纹棉布的生产、收购和流通体制的演变密不可分。起初，日本农民会自行种植棉花，再利用自家纺车制得手纺纱，最后制成衣物以供全家使用。日本的棉纺织业就是在此基础上发展起来的。在江户时代后半期，入间地区条纹棉织物的需求量超过了当地棉产量。在此背景下，“农民采购外地纱线→织造→将成品销往市场”的模式逐渐形成。据谷本推测，这种转变可能发生在 19 世纪初。

如前文所述，入间郡在 19 世纪前半叶是青梅缟的产地。青梅缟的织造地包括入间郡西南部、集散地青梅以及连接扇町屋和川越城城下町的交通要道的周边村落。成品主要经川越地区销往江户市场（图 4-21）。该地也产武藏絣，称为“村山絣”。村山絣原产于村山[①]附近，在所泽商人的影响下，入间地区也开始纺织这种碎点花纹棉布。入间地区纺织业的运转主要由以下 4 类人群推动：在农闲时节集中生产的纺织小户（1 户 1 天最多能织 1 反或 2 反）、染坊（每座村庄都有几家），从农民手里收购条纹棉布的当地收购商、将棉纱卖给农民的纱线批发商。虽然这些中间商的生意规模不及高桥家和正田屋，但他们连接着市场与农户，是纺织业界的重要存在。

① 东京都北多摩郡西北部旧町名。位于今武藏村山市。

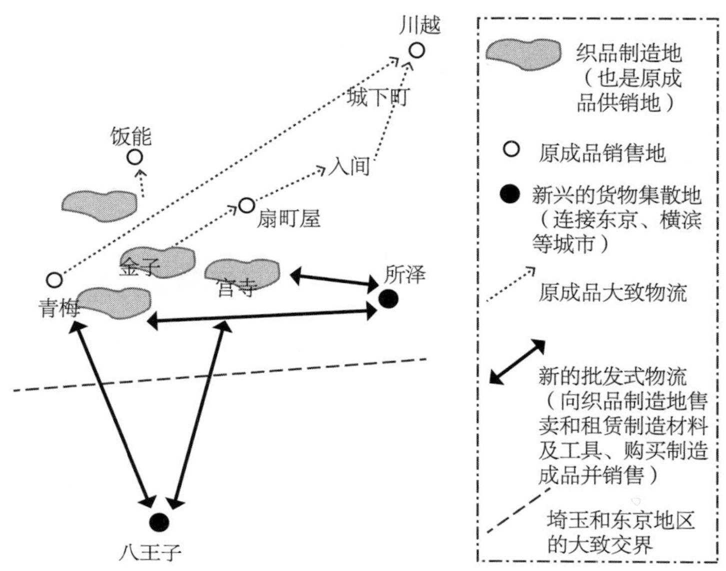

图 4-21　埼玉县入间地区及周边主要的织物产业链示意图（明治中后期）
（基于田村均,《时装的社会经济史》，2004）

入间郡内有座相对贫困的村庄名为北野村。谷本在对该村 1875 年（明治八年）的资料进行一番详细统计后，刻画出了纺织小户所在的村落社会的景象（谷本雅之，1998）。粮食占该村总产量的 40.3%（米占 8.5%，其他粮食占 31.8%）；茶叶占 12.7%；蓼蓝占 4.0%；条纹棉布占 20.5%；丝相关产品（茧、生丝、粗纱、丝棉）占 5.7%。由上文可知，每座村庄里面都有几家染坊，所以蓼蓝的种植与条纹棉布的织造是一体的。对于贫穷的村庄而言，副业生产十分重要。由以上数据可知，条纹棉布在北野村总产量中占比较大；村民可能是先从纱线商那里购买织布用纱，然后用当地产的靛蓝染色，最后再在家中织造布匹。该村条纹棉布年产量的 57.5% 产于 12 月和 1 月，可见村民们从事的是典型的农闲期副业。纺织工作主要由女性来做。除了一家年产量为 1200 反的专业织户外，其他人家均以纺织为副业，年产量为 50 反以下的占全户数的 77.8%。

此外，谷本还通过对宫寺村织造户兼牙行细渊常吉家的《市日记》的详细考察，研究了牙行在该地纺织业发展中的作用。在特定的日子里，入间川、饭能和扇町屋等地会设立集市。这些地区距离织造布匹的村庄较近，从周边村庄农户手中收购的织物会被拿到集市上来交易。细渊家就是活跃在其中的一分子。安政年间（1854—1856年），细渊家的年销量为3000反左右；到了文久、庆应年间（1861—1868年），这个数字上升到了5000~6000反；明治五年至明治六年（1872—1873年）前后的年销量为20000~30000反，是当初的10倍。从开港前后到明治初年，双子织等条纹棉织品迅速兴起，细渊家的记录便是其佐证。

开港和维新引起的需求结构变化和技术上的革新使条纹棉织品的飞速发展成为可能。这一点笔者已经在前文中讲过。此外，谷本通过追踪细渊家《市日记》中交易对象的变化，发现这一高速增长期的出现与流通渠道的巨大变化有关。安政年间，细渊家的客户主要是川越商人和宫寺村附近的商人；到了庆应年间，青梅和八王子的商人成了细渊家的主要交易对象；1873年，细渊家客户的前10位均为八王子商人。由此可见，织品的流通渠道正逐渐向八王子方向靠拢。在此背景下，细渊家内部出现了分工：家长常吉在八王子常住，负责织品销售和大额交易；宫寺村的家庭成员则负责从农户手中收购布匹。这种家族内部的分工与逐渐壮大的事业相适应。

在幕藩体制下，川越藩的川越城城下町是织品流通渠道的中心。开港和维新使这条流通渠道向着“八王子→东京→全国”的方向转变，而细渊家的记录就是这场变化的缩影。谷本也指出，在该时期出现的丁吟①、红忠②（伊藤忠）等新兴商家的推动下，全国性销售网开始形成，这一过程同样促使着流通渠道发生转变。此外田村均认为，随着农村织造业的发展，来自当地商人的棉织品击溃了江户时代以来东京棉料批发商在商品流通中占据的支配地位，促进了东京市场向全国织品集散地的转变（田村

① 以经营丁香等药材生意发家并在织物销售上取得成功的幕末豪商。

② 以经营红绢、麻布、丝绸等精良织物起家的幕末豪商。

均，2000）。在织品流通渠道转变的同时，当地中间商也开始调整自己的经营方式。例如，随着时间的推移，细渊家逐渐开始经营织造者需要的进口纱。但更重要的是中间商在角色上的转变。从前，这些商人只是单纯的中间人。他们从农民那里买来布匹，再拿到市场上去卖，以此谋生。而现在，他们会分析市场动向、预测市场需求，再请农民织造与之相符的织物。也就是说，这些中间商已经变成了根据市场需求提供相应织品的织造方。谷本以泷泽家为例，详细追述了这一变化过程。泷泽家“其间一直居住在入间郡东金子村小谷田。其经营模式为‘批发式家庭工业’，这种状况一直持续到 20 世纪 20 年代”。“批发式家庭工业”诞生的技术背景如前文所述。除此之外，谷本在仔细分析泷泽家的外包资料后指出，全国性织物市场与地方小农经济相遇后产生的固有问题是批发式家庭工业成立的经济背景（谷本雅之，1998）。

1886 年（明治十九年），泷泽家半年的产量为 338 反。此后其年产量逐年增加，1896 年时已接近 12000 反，几乎是最初的 20 倍。之后其年产量逐渐减少，到 1904 年（明治三十七年）时已跌至 5000 反以下（第一阶段）。这一变化对应着该时期日本经济形势的变化。自松方正义的财政时期结束后的 1886 年起，日本经济出现了戏剧性的持续增长。中日甲午战争后，日本转而进入了经济低谷期。日俄战争后，日本经济再度繁荣。在此期间，泷泽家的年产量突破了 20000 反。之后随着经济的衰退，该数值又逐步回落（第二阶段）。“一战”时期，日本经济突飞猛进。其间，泷泽家某年的年产量多达 30000 反（第三阶段）。如上所述，在 20 世纪 20 年代以前，泷泽家的年产量都是随着经济形势的波动而变化的。然而在进入 20 年代以后，其生产开始与经济发展脱节，产量出现持续下跌。至 30 年代中期，泷泽家已彻底放弃了织品买卖（第四阶段）。随着商品流通网络的完善和全国市场的形成，收购商的生意量开始在全国经济形势的影响下忽增忽减，而且变动剧烈。在此背景下，灵活把握市场动向，避免繁荣期的供给不足和衰退期的供给过剩就成了此类人群的生存之道。

谷本选取了 1897 年、1907 年、1918 年和 1925 年这 4 个年份，分别代表上述 4 个不同时期。通过对相应年份的织品销售商、供货商及购买的纱线种类等项目的分析，刻画了泷泽家经营状况的变化。

首先来看销售商。第一阶段的销售商主要是所泽、川越、青梅、饭能周边等地的商人，从地区分布上看较为分散；第二阶段时，销售商主要集中在所泽、川越地区；到了第三阶段，销售商全部由所泽商人组成。在商品流通渠道剧烈变化的过程中，泷泽家成了所泽所属流通路线的一部分。这与细渊家的交易对象集中在八王子地区是一个道理。泷泽家的进货种类与供货商也随之发生了巨大改变。在第一阶段，常见的条纹棉布制成的围裙料和丝棉交织的和服料（含细纱）几乎各占一半。前者来自泷泽家所在的东金子村及其周边，后者来自金子村、霞村等青梅附近的村庄（距泷泽家远）。由此可知，入间织品的生产具有浓厚的地域性。廉价的条纹棉布产于金子村周边，丝棉交织品等高级条纹棉织物产于青梅附近。从价格上看，泷泽家购买的棉纱多余丝线，后者是前者的一半。进购的棉纱大多是纱支数为 80 的进口纱。丝棉交织品和高级棉织品是泷泽家第一阶段经营的重心。在第二阶段，织品种类渐趋多样，细纱织物几乎消失无踪。销售商中少了青梅商人的身影，供货地也逐渐集中于东金子村及其周边。在此背景下，纱支数为 80 的棉纱的进货量减少了一半，低于纱支数为 30 和 32 的棉纱的总进货量。此时，面向大众的普通织品取代了以细纱织物为主体的高端织品，逐步成了泷泽家经营的主要产品。在第三阶段，丝线的购入几乎停止，纱支数为 80 的棉纱的进货量进一步减少，30 支、32 支至 60 支数的棉纱的进货量增加，产品种类的集约化随之再度出现。在泷泽家 1918 年的织物订单中，包袱料有 19164 反，占总数的 84.8%。该时期的泷泽家简直成了供应包袱料的专业户。令人印象深刻的是，泷泽家的变化似乎皆可用“集约”一词来概括。销售商集中在所泽，供货商集中在泷泽家附近的金子村；丝棉交织品消失，棉织品增多，产品多为包袱料；购入棉纱的纱支数多为 30~60。笔者不会对这些现象进行过度解读，但有一点需要强调：这些变化是泷泽家对全国市场的形成所做出的反应，是其发展战略的体现。

除以上变化外，谷本还指出，泷泽家的订单量是随季节变化的。订单发出的时间集中在 10 月到 12 月及 1 月到 4 月，该时段为农闲期，薪酬最低。5 月至 10 月为农忙期，订单量较少，工资也较高。订单量最少的时段是 5 月到 6 月，即茶叶种植和春蚕养殖最需要劳力投入的时期。在第三阶段，入间地区的批发式家庭工业一直以农民的农闲期劳动为支撑，其最佳模式就是外包。泷泽家在第四阶段后衰落的原因目前不明。但在这部分的分析中，我们只需明确一点即可：直到明治末年，批发式家庭工业始终是入间地区发展的支柱。

第三节　传统纺织业的发展与原始工业革命

有说法认为，物美价廉的西欧工业制品的涌入使得经受了开港和维新双重冲击的日本传统手工业逐渐处于劣势地位。本章在批判该观点的同时，考察了西阵、尾西以及入间地区条纹棉织物的发展史。西阵位居日本提花丝织品业的顶点，历史悠久；而尾西和入间则起步于江户时代后半期，依托农村副业发展栈留仿制。二者都是传统纺织业的缩影。尽管起点不同，发展模式各异，但两者都将西欧的机械器具和工业制品引入到传统手工业的分工当中，传统工业由此进入了新的发展阶段。

中村隆英已经指出，在始于 1886 年（明治十九年）的经济增长期中，传统工业的发展所占比重较大。在经济增长的初期，95% 的成果都来自传统工业（中村隆英，1980）。其中，传统纺织业的发展占一大部分。虽然这已是公认的事实，但在笔者看来，对其技术结构的解读仍不充分。之所以会出现这种情况，是因为人们总想用“由手工生产到机械生产的进步”来解释一切，忽视了机械工业制品对分工的影响。这些工业制品在闯入手工业分工的一方领土后，影响了整个分工链条。然而，研究该过程的方法论尚未被提出。内田星美曾在其有关条纹棉布在江户时代后期的发展的研究中提出过“技术复合”概念。在执笔本章时，笔者深受这一概念的启发。内田在考察作为大众衣料的条纹棉布的发展时，列举了几项应纳入考量的“技术复合”，分别为“窄幅织物的规格化、和服的标准化裁剪、农家的棉花栽培、依靠纺车的手工纺纱、依托地机的织造、批发商的设计、靛蓝染、蓼蓝栽培”。头两项与当时的市场情况有关，其他项则构建起了一个生产分工的大致框架。也就是说，条纹棉布的生产流程大体如下：人们先栽培棉花，再用其纺纱。纱线会被送到染坊，由其进行靛蓝染（因此需种植蓼蓝）。之后，以纺织为副业的农民会按照批发商的要求织造相应花纹的布匹。然后，批发商会将这些布料卖给和服衣料商，后者再以一定的规格将织物卖给消费者。最后的衣料裁剪和衣物制作多在购买者家庭内部完成。内田认为，研究者需将以上要素全部纳入考虑范围。在论述技术的变化时，如果要涵盖以上全部要素，工作量将会很大。但值得注意的是，这些要素只有连成一条线，形成一个完整的流程，生产才能顺利进行。要是其中一个要素在技术上发生了变化，其他要素，特别是与之相邻的要素也必须进行相应改变。这种改变最终会扩展到整个分工链条上。这是笔者从内田那里获得的启示（内田星美，1993）。

雅卡尔织布机的引入改变了西阵的分工链条，而机纺纱的进口与引入使入间地区“批发商的手纺纱供给、靛蓝染、农户的高机织造、中间商的收购”的技术复合发生了变化，在此过程中，批发式家庭工业逐步形成。笔者在论述以上内容时均受到了内田的影响。遗憾的是，由于史料太少，笔者未能对入间的“靛蓝染”作出分析。当织造技术发展时，“靛蓝染”仍旧保持原样。这种矛盾扰乱了纺织业在维新后的发展。鉴于该事实的重要性，笔者选择将视野拓展到整个纺织业，对该问题的出现过程和解决方式进行一番论述。靛蓝染是典型的传统染法。其最大特征是耗时长、重复工序多。首先要让收割的蓝草发酵，使靛蓝色素沉淀。然后要将水分除去，制成染料。整个过程需要花费一个冬天。染料之后要装入臼中捣实，成品就是蓝靛。蓝靛是靛蓝染的原料，其年供给量由前一年的蓼蓝产量决定。短期内的需求暴增会使蓝靛供不应求，价格攀升。靛蓝染的染色过程也十分复杂。由于靛蓝不溶于水，所以要先将蓝靛置于专用容器中发酵，使靛蓝还原成靛白。用靛白染成的纱线或布料经空气氧化后又会转为靛蓝色。颜色的深浅由染色次数决定，经过几次染制后，纱线或布料的颜色就会由浅变深。据《木绵传承》记载，深绀色需要染 20 次才能染成。如果相关商品的需求在短时间内暴增，生产方根本应付不过来。当时，靛蓝染的成本极高。据《桐生织物史》中卷记载，文久三年（1863 年）时出现了一种名为“十七割染法”的早期西洋染法（含密染）。该染法属于“伪绀色染”，其染色次数远少于一般的绀色染。染色时，人们会先将待染物品浸入容器中数次，待其变为浅黄色后，再用苏枋等染料染一层紫红色，最后用夜叉染料（写作“矢车”或“夜叉”，是一种以榛子为原料的黑色系染料，富含丹宁）、铁浆（又称“牙黑浆”，是一种黑色或茶色系染料，主要成分为乙酸铁）等添加一层黑褐色。最后一步的目的是使成品的颜色贴近深绀。

据田村均所说，“十七割染法”中的“割”是关东地区传统绀色染业的行话，用来计算染制 100 匁纱所需的费用。“一割”相当于“一匁银”。照此算来，“十七割染法”的意思就是染制 100 匁纱需要花费 17 匁银。据《前桥领绀屋仲间染物代金议定》（资料年代不明）记载，“粗纱，上上等绀色银一百一拾割”；“粗棉布，灰蓝银四拾四割”；“棉纱，上上等绀色银三十三割”。由此可见，绀色染，特别是上等绀色染的费用极为高昂，而十七割则属于很廉价的一种。后者价格便宜，颜色又与绀色相似，因而需求稳固。

据《足利织物沿革志》记载，维新之后，蓝靛价格飞涨。此时“有一两个奸商利用五倍子和铁浆等染制假绀色织物出售”。可见“十七割”之类的染法在此时的应用。其中的五倍子也是含有丹宁的黑色系的天然染料。资料中还写道：

> 开港后，“洋染粉”即苯胺染料流入日本，被足利染坊迅速引进，并称其为西洋染法……

由于染制费用便宜，成品色彩艳丽，进口苯胺染料一时间成了与仿绀色染齐名的流行物。然而，变色、褪色情况的频繁出现最终将苯胺染料拉下了神坛。

西阵首位使用苯胺染料的是紫染业者井筒屋忠助，时间为文久二年（1862 年）。元治元年（1864 年），桐生地区的佐羽商店进口染粉。次年，染粉在桐生、足利地区首次投入使用。珀金①利用苯胺发明合成染料——碱性紫色染料并成功将其应用到工业中的时间是 1857 年（安政四年）前后。与此相比，日本开始使用苯胺染料的时间显得早得多。并非由于日本业者进取心强，而是西洋染料的魅力太过强大。对于从业者来说，靛蓝等植物染料颜色朴素暗淡，染制工序繁杂且费用高昂；而西洋染料色彩艳丽，染制工序简单且价格低廉，很难让人不动心。但碱性苯胺染料存在两个缺点。其一是不同纤维的染色效果问题，该问题在珀金的发明阶段已经出现。丝和羊毛等动物纤维易吸色，成品色彩鲜艳；棉、麻等植物纤维则不易吸色，染色效果差。虽然人们不久后发明了以丹宁为媒染剂的利用碱性苯胺染料染制植物纤维的染色法，但其传到日本的时间尚待考证。如果没有媒染剂的话，可以先将棉布等浸入苯胺染料的水溶液中，再取出晾干。虽然通过这种方法也能得到色泽艳丽的成品，但一洗就会褪色。因为色素没有深入

① 威廉·亨利·珀金，英国化学家，合成染料的发明者。

纤维，只是染料留在了纤维之间。西南战争时期有许多士兵购买久留米絣寄回家中，但这种布料一洗就掉色，久留米絣也因此声名狼藉。此处的久留米絣可能就是用上述染法染制的。其二是染料持久度问题。尽管成品起初色彩艳丽，但其颜色会随着时间的流逝而变化、褪去，而且前后反差明显。使用天然靛蓝染料染制的丝织品越洗其色彩会越鲜明，而使用碱性苯胺染料染制的丝织品则会因洗涤和晾晒而褪色。在见识过后者最初的华美后，其褪色的样子会使人觉得受到了欺骗。由于这项缺陷，西欧不久后就逐渐不再使用碱性苯胺染料。维新后不久，该染料曾一度在足利受到追捧，但这场购买热最终也因变色和褪色问题而渐渐冷却。

自 1875 年（明治八年）起，全国纺织业进入繁荣期；另外，粗制滥造现象也屡见不鲜。各产地纺织史几乎无一例外地将该时期视为粗制滥造产品横行的时期。粗制滥造的方式各式各样，但最重要的是染色问题，主要表现为仿制绀色染与西洋染粉的误用问题。

> 明治八年，"舍密染"再度兴起。织坊私下里雇佣染色教师，以求习得染法。还有人为得到少许染粉而亲身试验。趁此机会，学徒工们看了几眼西方染色书就迫不及待地假称自己为西洋染专家或舍密染行家，游说织坊。不少织坊信以为真，请其传授染法，受骗者无数……(《足利织物沿革志》)。

《足利织物沿革志》等纺织业史总是将奸商和狡猾的学徒工视作粗制滥造问题的幕后黑手。面对激增的织物需求，只依靠传统染法是应付不来的。如果能理清这点，就会发现上述引文所折射出的纺织业者群像。在再次因为传统日式染法的局限性而与发展的浪潮失之交臂的纺织业者们看来，尝试进行舍密染却失败的原因在于自己对西洋染粉的错误使用。那是维新后不久的事。因此，现在的他们努力学习化学（舍密）理论和西洋染法，企图通过正确使用染粉来克服发展的瓶颈。但不幸的是，他们仰赖的舍密（之前引进的荷兰化学）早已过时，而合成染料则是当时最尖端的有机合成化学的产物。前代的知识是无法解答与合成染料相关的问题的。

为了学习最前沿的染色技术，日本在同一时期开始向外派遣留学生。1877 年（明治十年），京都府派出了 8 名长期劝业留学生赴法，本章第一节中出现的近藤德太郎便是其中之一。同行的还有稻畑胜太郎，此人是被派去学习染色学的。1878 年，首批来自东京大学理学部化学科的学生毕业。其中，高松丰吉作为公费留学生赴德学习工业化学，而平贺义美则在旧福冈藩主的资助下赴英学习染色。笔者之所以为第一节中提到的吉田忠七的死感到惋惜，就是因为吉田的染色研究已远超时代。当留学生们在英国、法国和德国拼命学习染色原理和构思方法时，日本纺织业的繁荣期伴随着粗制滥造的盛行于 1880 年到达了顶峰。之后，随着松方正义财政政策的实施，通货紧缩加剧，织物和舍密染的流行逐渐成了过去式。等到留学生们归国时，各织品产地已经堕入发展的低谷，饱尝名誉扫地的苦楚。1885 年（明治十八年）是纺织业发展的至暗时刻。该年，由农商务省①主持的“蚕丝织物陶漆器共进会”②在东京上野公园举办。归国留学生习得的知识最终与各产地纺织大户们的反省联系在了一起，这次共进会就是考察二者关系的绝佳时机。除了一般的展品展出、审查与表彰外，还分领域举办了技术启蒙分享会和各府县经验交流会。在分享会上，有 3 名技师就染色技术进行了演讲，分别为刚回国的平贺义美与高松丰吉，以及维新不久后出国的留学生——兼任开成学校、东京大学化学教师和织染业指导者的山冈次郎。

三人首先就展品审查发表了看法。平贺认为，天然染料虽然可靠，但

---

① 农商务省是日本掌管农林、商工业行政的中央机构，设立于 1881 年 1 月。因第一次世界大战后，商工业行政的重要性越来越强，日本政府于 1925 年将农商务省分离为农林省和商工省。

② 日本明治政府在日本各地举办的工农业产品展示会，展会主要活动为陈列产品以评定其优劣。

颜色朴素暗淡，而且种类较少。而舍密染虽然颜色鲜艳且种类繁多，但有的是将糨糊和颜料调制后用毛刷刷出来的。如果在不了解西洋染粉的情况下就盲目用其染制棉纱、棉布的话，不仅染不出应有的颜色，持久性也会跟着降低。虽然日本人勤洗衣物，但西洋人却不是如此，而且后者从来不会清洗丝织品。所以应当注意这种习惯上的差异。山冈则对展品进行了尖锐批判。他认为，虽然黑色和绯红这两种颜色本来就不太好处理，但展品中的黑染“只能用拙劣来形容”；除了“用西京红花”染制的以外，其他的绯红染也实在不敢恭维。而木棉染“为了美观而滥用染粉，实属大错特错”。此外，为了让织物有光泽，有的展品还用上了油，异味呛鼻。正因为这次共进会是各地展示自己产品的舞台，山冈的批评才更使人意识到事态的严重性。

接下来，高松丰吉从染色化学的角度进行了发言。高松将色素分为“永久性”和“非永久性”，以此来解释染料持久度的问题，帮助众人理解染粉问题的核心。大多数苯胺染料虽然色彩艳丽，但一用肥皂洗就会褪色，长时间晾晒后也会变色。也就是说，苯胺染料的色素大多是“非永久性”的。所以，用苯胺染料染制的“色泽艳丽”的丝绸一般不洗。与此相对，茜素、靛蓝和苯胺黑在遇水、肥皂、碱及酸时不会褪色，晾晒时也不会变色，属于“永久性”色素。高松的解说使平贺的提出的“持久性”问题更加简明易懂。而平贺则强调，要想防止褪色，就要正确使用“留药”（媒染剂）。此外平贺还承诺，“令各地业者头疼不已的褪色”，要利用茜素实现即便用肥皂水煮也不会褪色的绯红染。

尽管无法从讲演记录中得知平贺是只展示了绯红染的样品还是向众人做了演示，但茜素的使用实属明智之举。茜素会因媒染剂种类的不同而呈现出不同的鲜艳颜色。茜素的应用不仅有利于使人们认识到平贺口中的“留药”的重要性，还有助于进口商品替代品的生产。日本当时进口了大量绯红宽幅细棉布和绯红棉纱，皆为茜素染料染制。在掌握相关染法后，日本就无须再大量进口相关产品了。高松在讲演中也着重强调了茜素的重要性，其实验室染制的样品成了整场共进会的焦点。在业界面临技术难题之时，能够胜任技术指导和建言献策的工程师的高松等人的出现就好似一场及时雨。众讲演者均指出，当务之急是掌握基础知识和染色化学，包括各染料的性质、日本与西欧服饰文化的差异、不同纤维对染色的不同反应、精炼、着色、媒染剂、染料持久度等。在此基础上，还必须强化练习，提高技术水平。因此，平贺建议开办“染业练习所之类的学校”；高松提议创立“染业公司或染物试验所”；山冈建议设立学校，教授作为染法基础的化学、物理学、器械学等。

如前文所述，会上还举办了业界经验交流会。阅读会议记录后可知，除染色问题外，粗制滥造问题还有多种表现。有人会故意将布料剪得比规定尺寸短，还有人会刻意将纬纱打松以节省纱线。此外还存在职业伦理问题。有的业者会投机倒把，把其他产地颁发的质量合格证转贴到劣质品上。繁荣期时还会出现挖墙脚的现象，其对象主要为织工。即便同行之间可以通过立规矩来防止这些现象的发生，但一旦经济形势好转，这些规矩就会不攻自破。产地内的条条框框一旦多起来，就会有越来越多的人退出。除此之外，劣质商品也会通过相邻府县被销售出去，而背黑锅的则永远是原产地。面对层出不穷的问题，行业组织既不能强制将业者纳入管理，也无法处罚违反规定的人，几乎是束手无策。

其间，足利的木村勇三和桐生的森山芳平等人讲述了他们在各自所在地区尝试建立行会的经验，并提出，各产地自发成立的行会应发展成一种受政府法规保护的、拥有管制权和一定处罚权的全国性联合会。该提议引起了很大反响，成为这场交流会的高潮。在交流会结束时，织物交流会会员代表联名向政府提交了《织物营业者行会组织建言书》，希望政府出台行会相关法规。众人在织物分享会和织物交流会上的举动说明，传统纺织业已经摸索出了一条适宜的发展道路。在遭受了开港和维新的双重冲击后，传统纺织业虽发展活力巨大，却始终与混乱相随。在其发展的低谷期，业者们就混乱的原因达成了共识，并计划通过组建行会来确保产品的品质和口碑，同时学习和普及新技术，以维系自身发展。共进会结束后，作为全国联络组织的大日本织物协会成立。在其支持下，各地的行会活动也逐渐兴盛起来。其中尤其引人注目的是行会主办的染色讲习会的开设以及染织讲习所、染织试验所等的设立。留学归来的技师和其弟子在其中扮演了重要角色。许多讲习所和试验所最终都发展成了工业学校（桥野知子，2000）。服部之总曾如此形容这段时期：

> 明治十四年至明治十九年既是币制改革期，也是经济萧条期。这是染织业界的受难期，也是助其走出阴霾的试炼期。就像试管内的物质沸腾、震荡时会产生化学反应一般，“维新期”的旧事物和新事物在此时融合，染织业的面貌从此焕然一新。（服部之总，1936）

新时代的起点是农商务省主办的蚕丝织物陶漆器共进会，这不禁令人感慨。本章内容始自第一届国内博览会，该会象征着大久保利通重视民营业的政策转变。那时，民营业极度混乱，通过本章所述织物发展史便可见其一斑。如前文所述，笔者并不认为国内博览会的成功是这一政策转变的结果，但推动其走向成功的民营业的活力的确激励了政策转变的主导者们。在农商务省设立（1881 年）前后，国内劝业博览会的小型版本——重点产品共进会也在紧锣密鼓地筹办之中。这是政府出台的一项劝业政策。然而，民营业却在同一时期坠入了发展低谷，苦于混乱带来的打击。而蚕丝织物陶漆器共进会则扮演了催化剂的角色，促进日本走入新的发展时代。此时，维新以来的劝业政策才首次与民营业精准结合。

在走出萧条的阴霾后，纺织业迎来了持续增长期。如中村隆英所述，纺织业的发展象征着制丝业、陶器业、漆器业等整个传统工业的振兴。其特征是将作为素材的工业制品引入传统手工业的分工；或是将西欧的机械发明导入传统工序并使二者适配。这基本上可以称为手工业发展的新阶段。服部之总将此类发展称为工业革命的“原始阶段”或“原始工业革命”。之所以称为“原始的”，是因为工业革命一般被认为是以机械大工业为依托的革命，而此次革命则是以手工业为依托的。但即便如此，其地位也能与工业革命相匹敌。笔者认为，传统手工业的新发展是被称为“日本的工业革命”的明治工业化的支柱之一。因此，笔者在本章和作为本章总结的本节的标题中都使用了“原始工业革命”一词。这种说法很容易让人产生疑问，怀疑是否还存在另一种“非原始的”工业革命。下一章的内容将围绕在纺织业的“技术复合”中“织造”的上游“纺纱”展开，该问题就暂且留到下一章来解答。

第五章

机械纺纱工业的兴起

笔者在上一章中讲述了传统织造业的发展。日本传统织造业是在江户时代成熟的“和服的服饰文化”的基础上发展起来的。它的发展是对来自西方的冲击做出的有力反应，并且在传统手工业技术体系中引进了西欧制工业素材和器械。可以说，传统织造业取得了卓越的发展。然而，其发展的必然结果就是进口棉纱的急剧增加，这使得国家经济陷入危机，并引发与之形成鲜明对比的工业（即机械纺纱工业）发展。机械纺纱工业的发展促使纺纱业者购买了一整套西欧的纺纱机器，并开始尝试将以日本棉为原料生产的细纱销售给日本国内织造业者。虽然机械纺纱工业起步非常早，但在机械生产中对于日本环境的适应尚未做好准备，还遭遇了西式纺纱机和日本棉的不配套问题，因此机械纺纱工业的发展陷入了意料之外的困难中。从第一次开始尝试到第一位成功者的出现，再到成为以后的从业者的榜样，机械纺纱工业的发展经历了长达 16 年的岁月。机械纺纱工业之后的发展非常显著，到 20 世纪 20 年代为止，它已经成为日本经济的主力产业。本章我们主要关注纺纱业者是如何克服这 16 年的苦心和困难的。

在进入本章主题之前，有必要说明一下当时在西欧发展的纺纱机械是什么样的，它与迄今为止的日本棉纱的制作方法有何不同。如下以庆应三年（1867 年）五月投产的日本最早的机械纺织工厂鹿儿岛纺织厂的机械为例。第二章提及的五代友厚到了英国伦敦，让萨摩藩的留学生们安定下来之后，1865 年秋天，他和家老新纳刑部一起带着翻译到曼彻斯特北郊的奥尔德姆拜访了普拉特兄弟公司（Platt Brothers）。普拉特兄弟公司是著名的纺织机械制造商，如本章所示，它后来成为日本纺织业的精纺机[①]的大供应商。在五代友厚的“英国密航建议书”[②]中，写着进口纺织机械在鹿儿岛兴业的构想。萨摩藩接受了这一方案，并把交涉权委托给了五代和新纳。经过几次谈判后，双方于 1866 年 2 月签订了购买如表 5-1 所示的一套工厂设备的合同，并附带有关建设和操作的技术指导。

按照表 5-1 中排列的机械的顺序，“麻针机”是用于机器维护的，可以忽略，之后按照工序整理的话，应该是“开棉→打棉→梳棉→练条（捻条）→始纺→间纺→练纺（捻纺）→精纺”。最初的开棉工序是在开棉机上将购买时为了运输而被压缩成硬块的棉花展开的工序。打棉工序是用打棉机制作更细的松散的棉团（薄而宽的带状的棉层），梳棉工序则是用梳棉机一边梳理一边将纤维一根根地分离，同时沿长度方向排列，除去短纤维和缠绕不融解的纤维块，制成粗梳条（粗绳状纤维束）。练条工序是重叠数根这样的粗疏条，通过练条机拉伸，将其重复数次，制成粗细均匀、纤维平行度好的梳条。该粗梳条按照始纺机、间纺机、练纺机的顺序，阶段性地变细，制作粗纱。这三个阶段通常统称为粗纱工序。从粗纱工序开始，需要一边轻轻地加捻一边拉伸棉花。随着粗疏条变细，拉伸后有可能断裂。此时，稍微加一点捻的话就会不断伸长。很好地保持这种捻度和拉伸（牵伸）

① “精纺”工艺相较于日本传统的纺纱工艺最显著的区别是能将“卷”和“捻”两道工序趋于同步。19 世纪 60 年代以来，精纺机进入日本市场。

② 具体历史背景详见本书第二章。

的平衡是纺纱技术的核心。练纺工序结束后完成的粗纱是编织物用毛线程度的粗细，柔软且纤维整齐的纤维束。精纺机的工作是一边将粗纱牵伸成8~12倍的长度，一边加捻成纱线进行卷绕。

表 5-1　鹿儿岛纺织厂设备一览表

<table>
<tr><td colspan="2">发动机（蒸汽机）</td><td>1台</td></tr>
<tr><td colspan="2">开棉机</td><td>1台</td></tr>
<tr><td colspan="2">打棉机</td><td>1台</td></tr>
<tr><td colspan="2">麻针机</td><td>1台</td></tr>
<tr><td colspan="2">梳棉机</td><td>10台</td></tr>
<tr><td colspan="2">练条机</td><td>1台</td></tr>
<tr><td colspan="2">始纺机</td><td>1台</td></tr>
<tr><td colspan="2">间纺机</td><td>2台</td></tr>
<tr><td colspan="2">练纺机</td><td>4台</td></tr>
<tr><td rowspan="3">精纺机</td><td>翼锭精纺机（308纱锭）</td><td>6台</td></tr>
<tr><td>走锭纺纱机（600纱锭）</td><td>3台</td></tr>
<tr><td>合计</td><td>3648纱锭</td></tr>
<tr><td rowspan="5">动力织布机</td><td>48英寸宽6丁梭</td><td>10台</td></tr>
<tr><td>45英寸宽4丁梭</td><td>50台</td></tr>
<tr><td>45英寸宽2丁梭</td><td>20台</td></tr>
<tr><td>45英寸宽1丁梭</td><td>20台</td></tr>
<tr><td>合计</td><td>100台</td></tr>
</table>

（出处：绢川太一,《本邦棉纱纺织史》，第1卷）

在制作这种粗纱之前，将棉花展开得细腻松散的方法、纤维的整理方法、分阶段的纤维束的拉伸方法，是日本传统手工纺纱的制作方法和西洋机械纺纱的最大差异。传统手工纺纱的时候，通过手工轧棉将纤维和棉花的种子分离，用打棉弓的弦的振动解开轧棉后的纤维，以篠竹为芯进行缠绕，并抽芯制成棉筒（称为“篠卷”），然后从棉筒中直接抽出棉花条，同时用手动纺车纺线。制作卷在篠竹上的纤维束的时候，因为要将棉花条重复拉伸，所以在拉伸的时候要保证纤维束在长度上对齐。然而，当时的西欧技术从梳棉到练条，纤维的对齐方法非常仔细，但日本传统的粗纺工序中完全没有慎重的阶段性拉伸。西洋纺纱是非常细腻地纺出长纤维棉，而日本的手工纺纱几乎是用从棉中突然拉伸短纤维棉进行加捻的方法纺成的。这就是上一章中提到的问题的原因，即传统棉纱中的粗纱容易断，而进口纺纱中的细纱抗拉性强，这就导致两者的品质相差巨大。

之后，精纺机自动将粗纱纺成纱线。鹿儿岛纺织厂购入了用于经纱的翼锭精纺机和用于纬纱的走锭纺纱机两种。这两种纺纱机正好代表了英国精纺机发展的两个系列。如前所述，精纺作业通过拉伸粗纱操作（牵伸）、加捻操作、卷绕纱线操作完成，但进行这 3 次操作的机构的差异分为两个系列和两个系列内的纺纱机的差异。

一个系列是从理查德·阿克莱特（Richard Arkwright）发明的水力纺纱机开始，经过翼锭精纺机，到在美国开发的环锭精纺机。水力纺纱机和翼锭精纺机使用如图 5-1 所示的辊①式牵伸机拉伸粗纱后，通过带锭子的纺锤的旋转对纱线进行加捻，同时将纱线卷绕到与纺锤同轴且比锭子慢一点旋转的“筒管”（bobbin）上。水力纺纱机和翼锭精纺机之间的差异取决于延迟线轴旋转的机械的差异。而环锭精纺机通过高速旋转的纺锤，在环上比纺锤慢的移动器（图 5-2）一边对纱线进行加捻一边卷绕。两个图都说明了一根纺锤的构造，但实际的精纺机是所谓的多轴机，它将数百根的纺锤集中到一台机器上（图 5-3）。纱线的流动从上到下是连续的，在内部构造上也是合理的装置。

与此相对，第二个系列则是以詹姆斯·哈格里夫斯（James Hargreaves）发明的手摇精纺机“珍妮”为出发点的。“珍妮”精纺机是多轴纺纱机。

---

① 辊，在纺织术语中又译“罗拉”“滚轴”“滚轮”“滚筒”，源自英文“roller”，为纺纱机上用来夹住纤维细丝，并将细丝牵引、拉伸至纺线设备的装置。

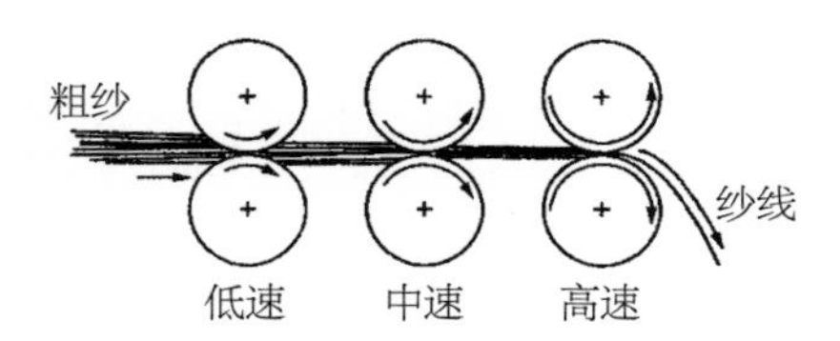

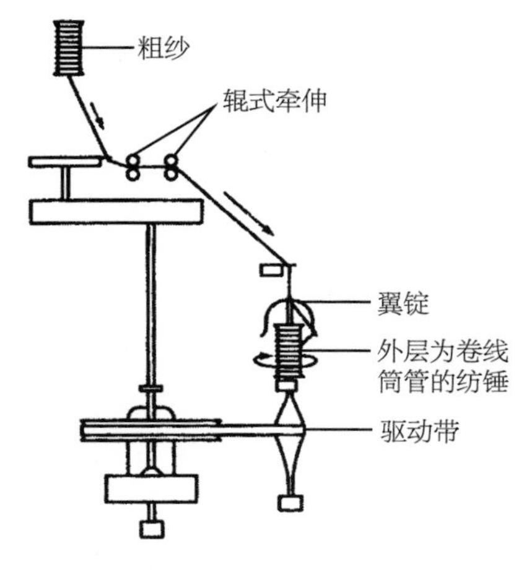

图 5-1　水力纺纱机和翼锭精纺机的纺纱构造（左：辊式牵伸，右：纺纱流程）

左：将沿箭头方向上下旋转的两个滚轮按照旋转速度阶段性地变快的方式排列，使粗纱咬入，粗纱输出的时候就会在各滚轮之间被牵伸变细，这是最常用的纺纱机。为了简化方便，在图中将全部滚轮路径描绘成相同，但实际上，上下、前后的滚轮路径的组合是一种技术。右：粗纱→辊式牵伸→用带梭心的纺锤加捻→利用纺锤和筒管的旋转速度偏差进行卷绕，纱线从上向下流畅地连续流动。不过，在该方式中，需要对纱线施加极强的张力，所以适合低、中支数的纱线，而高支数的细纱不能纺出。

（出处：产业技术纪念馆，《“制造”与“研究和创造”》，第 7 卷，1997）

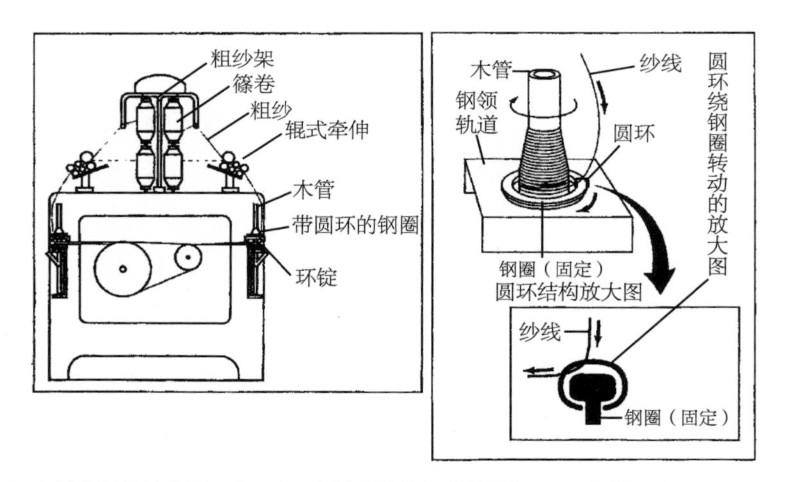

图 5-2　环锭精纺机的纺纱构造（左：环锭精纺机的主要部分，右：加捻部）

左：纺纱的流程从上到下为“粗纱→辊式牵伸→加捻→卷绕”。环锭精纺机与水力纺纱机、翼锭精纺机的不同之处在于，最终的加捻和卷绕基本上通过纺锤的旋转和圆环在钢圈上的运动而完成。右：被牵伸后的纱线通过圆环以锭子旋转的方式加捻，但此时必须要拉拽圆环，使其在钢圈钢领轨道上旋转。从圆环截面图，可以看到环锭精纺机在作业的时候会拉着纱线，同时把纱线卷绕在与锭子一起旋转的木管上。该构造可以使锭子的旋转速度加快，容易提高纺纱的生产效率。

（出处：产业技术纪念馆，《“制造”与“研究和创造”》，第 9 卷，1997）

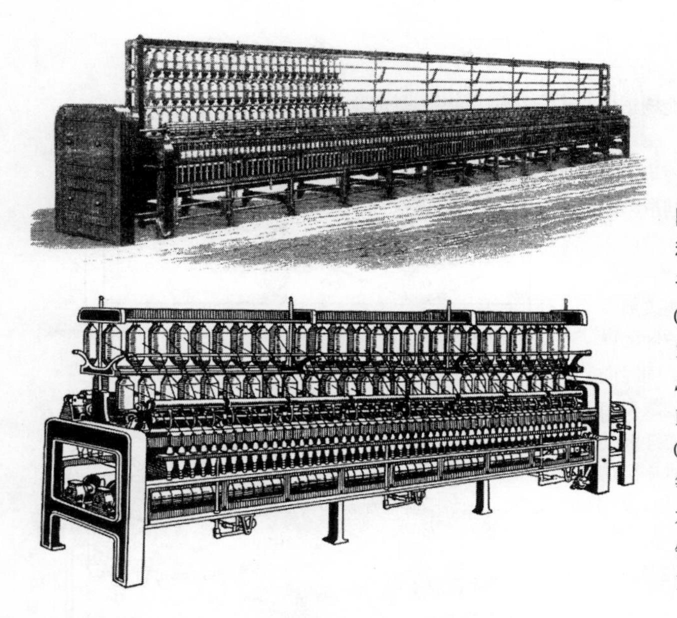

图 5-3　翼锭精纺机（上）和环锭精纺机（下）（均属于 19 世纪 80 年代后期）
（上图出处：Evan Leigh，*The Science of Modern Cotton Spinning*，vol. 2，Palmer & Howe，1875）
（下图出处：Charles Singer 等编，高木纯一译编，《技术的历史》第 10 卷，《钢铁的时代》下，筑摩书房，1979）

当对纱线施加张力时，捻合不均的情况就会被修正，从而使纱线变得一致。珍妮纺纱机就是采用一边对用于纺锤牵伸的粗纱进行加捻一边拉伸的方法。如图 5-4 所示，纱线从纺纱机下侧的粗纱架上排成一列的粗纱木管流出，经由纱线夹流至纺纱机前端的纺锤的顶部。在靠近纺锤的地方放置纱线夹，纺纱工人用一只手转动手柄，以此旋转纺锤，手动把纱线夹拉到自己跟前，这样粗纱会被一点一点地抽出，同时在纱线夹和纺锤之间进行的牵伸，使粗纱变成整齐的纱线。纺纱工人拉完纱线夹后，停止机器，使纱线绕到纺锤的顶部，然后一边使纱线夹前进，一边通过调节张力杆将纺成的纱线卷绕在纺锤的下部。这样，通过反复的后退、前进完成纺纱。这种方式是直接拉粗纱的，所以某种程度上细纱容易中途断开，不能完成纺纱工作。

为了克服这一缺点，塞缪尔·克朗普顿（Samuel Crompton）引入了“辊式牵伸”（draft roller）装置，纺锤可以一边后退一边加捻，使纺锤牵伸中的张力达到最小限度，将制成的纱线在纺锤前进的同时向下部卷绕，

图 5-4 珍妮精纺机
（上图：珍妮精纺机的纺纱构造，下图：作为多轴机械的珍妮精纺机的整体图）
上图：纱线夹的作用与纺纱工人用手指夹住粗纱时在手指之间滑动的作用相同。用手柄转动右上角的大纺轮时，小圆筒的滚轴旋转，通过皮带同时旋转纺锤。将纱线夹放在纺锤的旁边，将纱线挂在纺锤的前端，转动手柄使纺锤旋转，同时向右方拉动纱线夹。粗纱从纱线夹中一点一点地抽出，在到达纺锤前的牵伸下变细并加捻。在纱线夹到达右端时停止，然后张力杆（faller）会落到垂直于纺锭的角度，张力杆控制的纱线会绕到纺锤的尖端，纺纱工一边将纺出的纱线卷绕在纺锤的下部，一边使纱线夹回到最初的位置。不断重复这一作业。
（出处：Harold Catling，***The Spinning Mule***，The Lancashire Library，1986）

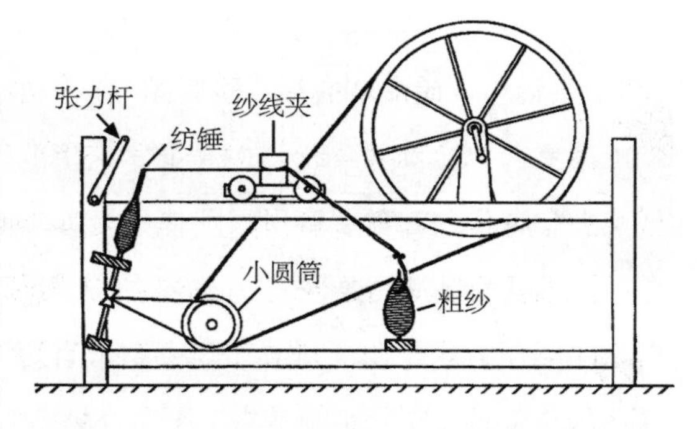

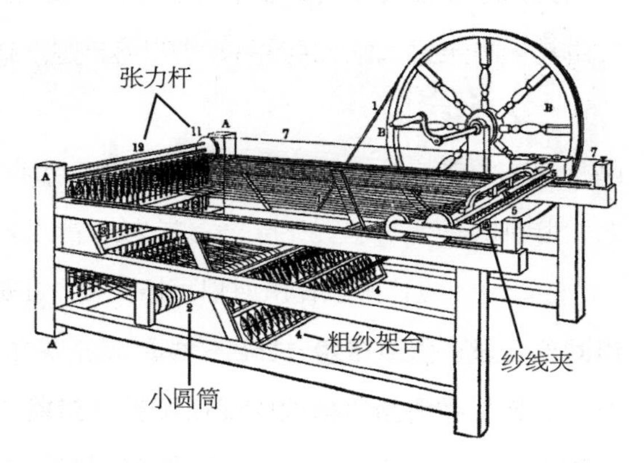

下图：基于上图一个纺锤的纺纱构造，而实际的珍妮精纺机如图所示是多轴机械，其中它的许多纺锤通过滚轴旋转。该图显示了与上图的对应。
（出处：Andrew Ure，***The Cotton Manufacture of Great Britain***，Vol.1，London，1836）

这样可以连续地纺出非常细的纱线，这就是走锭纺纱机（图 5-5）。走锭精纺机的英文“Mule”是骡子的意思，骡子是母马和公驴的产物。换言之，走锭纺纱机是在综合了水力纺纱机和珍妮纺纱机优点的基础上被发明的，如同骡子兼具马和驴的优点，因此被称为“骡机”。

克朗普顿发明的走锭纺纱机，在英国棉业史上具有划时代的意义，它可以廉价地大量生产能与印度产的平纹细布（muslin）的纱相抗衡的、支数达到 100 细纱。走锭纺纱机在使纺锤后退的同时，可以纺出一定长度的纱线，但此时需要切换机械的运转，使纺锤前进，同时，将纺出的纱线按图 5-6 所示的步骤，绕成类似纱管（cop）的形状。为了把

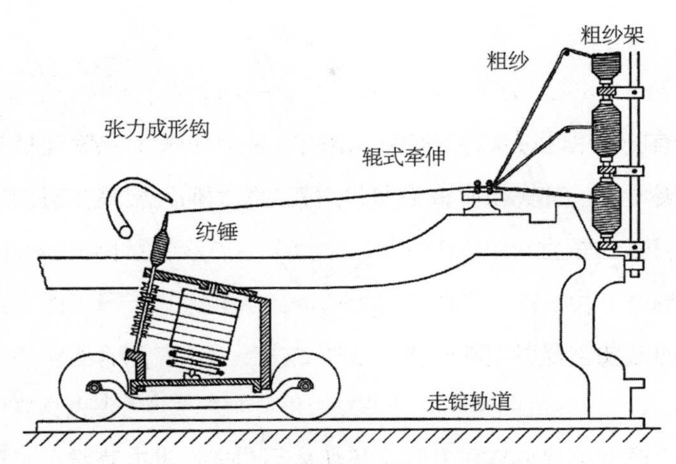

图 5-5　克朗普顿的走锭纺纱机元件图

粗纱筒架作为支架支撑着多个粗纱木管旋转。图中描绘的是 3 股粗纱，其中只有 1 股与图中的纺锤相连，另外 2 股则通过相同的辊式牵伸分别与其他纺锤相连。为了匹配粗纱从辊式牵伸装置中送出的速度，纺锤以稍快的速度在轨道上向左方移动进行加捻（以纺出的纱线不会断裂的程度少量加捻）。当移动到轨道末端后停止，然后使纺锤高速旋转，直到达到规定的捻度为止。用这种方法施加在纱线上的张力远小于珍妮精纺机和翼锭精纺机，因此可以纺出细纱。之后，用张力成形钩作为折纱器将纱线从纺锤的前端取下，一边卷绕纺锤下部纺成的纱线，一边在轨道上向右方移动以回到最初的位置。纺锤是 1 根棒，被卷绕的纱线如图下部所示鼓起，这个部分类似锥子的形状，成功地将纱线卷绕成这种形状，是走锭纺纱工人重要的熟练的技能（图 5-6）。另外，在图中，张力成形钩仅表示位置，其操作构造则省去了。

（出处：同图 5-4）

纺出的纱线直接放入梭中作为纬纱使用，这种“管纱成型”步骤是必需的。不过，要完成这一作业需要高熟练度，这也是走锭纺纱机的难点。而理查德·罗伯茨（Richard Roberts）的自动走锭纺纱机（图 5-7）可以使机械自动完成这一作业，这一发明使走锭纺纱机成为无须假借特别的熟练工的手就可以在工厂使用的机械。之所以会有这一系列的发展，是因为英国棉业必须纺出非常细的棉纱，以对抗东印度公司销入欧洲的质地轻薄的印花布（calico）[①] 和更薄的平纹细布。而满足这一需求的则

① 发源于印度喀拉拉邦尤利尤特地区的棉布织造工艺，质地粗于平纹细布，细于帆布，由于其适合印染的性质，16 世纪以后开始在欧洲流行。这种印花布与本书第四章提到的日本早期进口的“更纱”为同一类布，但此处的印花布织造工艺得到了极大改良，因而“calico”这一叫法开始逐渐在日本流行。

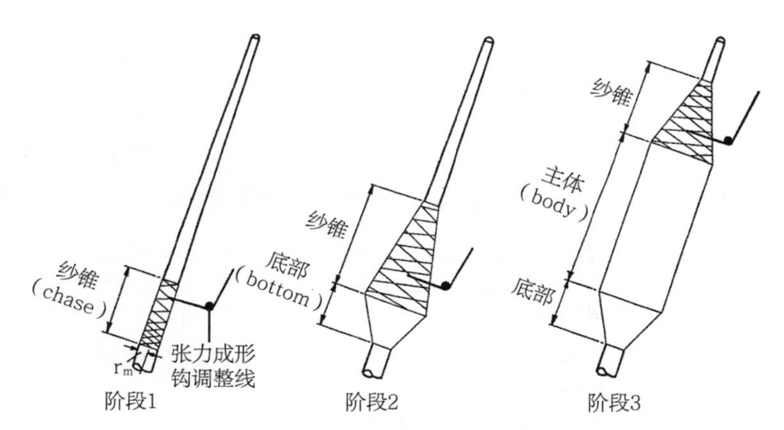

图 5-6　纱管的形成顺序

当走锭纺纱工人使旋转的纺锤向右移动的同时，使引导纱线的张力成形钩调整线在纱锥的范围内上下往复，由于纺锤是倾斜的，纱线以如图所示的形状被卷绕。通过如阶段 1 所示的方式那样使下方更加紧密，这样纱锥的部分会逐渐形成锥形。一边卷绕，一边一点点地提高纱锥部分的最下限，这样就形成了像阶段 2 一样的形状。在阶段 3 中，在不改变圆锥底部直径的情况下，将纱线重叠在纱锥下的部分上，形成具有长体的纱管（cop）的形状。在任何阶段，只将纱线缠绕在纱锥部分的表面是最关键的，因此，当纱线第一次在梭中旋转时，需保证纱线不在绕纱的情况下从边缘解开出来。

（出处：同图 5-5）

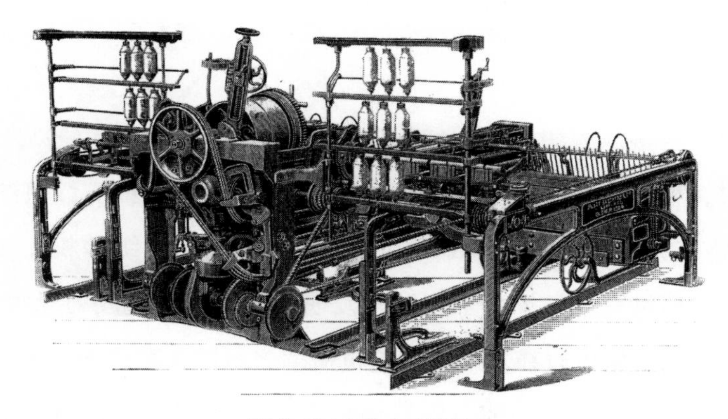

图 5-7　自动走锭精纺机

图为纺锤后退到尽头时的情形。约 20 根并列的棒就是纺锤。左右对称，左侧也有相同数量的纺锤。纺纱的时候纺锤会前进后退，自动走锭精纺机并不是像图 5-3 的翼锭精纺机和环锭精纺机那样紧凑的装置，在其工厂面积变大、生产率提高方面有所限制，但是自动走锭精纺机不仅可以纺出细纱，还可以纺出手感好的纱线，是英国兰开夏郡的主力纺纱机。

（出处：Platt Brothers & Co. Limited，*Particulars and Calculations relating to Cotton Ginning*，*Opening*，*Carding*，*Combing*，*Preparing*，*Spinning and Weaving Machinery*，1904）

是走锭精纺机。如此，水力纺纱机就会消失一段时间。但是，当使用动力织布机时，需要强有力的经纱，当时采用的纺纱技术，是在纺中支以下的纱时使用翼锭精纺机（从 19 世纪 70 年代开始使用环锭），这样可以通过加捻操作纺出整齐的纱线。而需要纬纱的时候则使用自动走锭纺纱机，这样不需要加捻操作就可以纺出手感好的纱线。从表 5-1 可以看出，普拉特兄弟公司虽是一家小型公司，但却设计并交付了当时英国的完全标准的纺纱织布兼营工厂。但是，根据笔者最近确认的事实，当时邮寄来的纺纱机器上附有普拉特兄弟公司正在开发的印度棉用的辊式牵伸装置（萨摩产品制造研究会，2004）。这件事初看似恶作剧一般，但读到后面，你会了解其中缘由。

第一节　第一次技术转移

1. 从“始祖三纺织”到“2000 锭纺织”

鹿儿岛纺织厂的设备于庆应三年一月二十六日（1867 年 3 月 2 日）到达鹿儿岛，在普拉特兄弟公司所派遣的 7 名技术人员的指导下安装成功，并从 5 月份开始作业。在庆应三年十月大政奉还、翌年一月戊辰战争[①]爆发的背景下，日本最早的西式纺织工厂开始了生产作业。普拉特兄弟公司的技术人员在来日本之前就非常害怕日本处于动乱之中。虽然各自签订了 2 年或 3 年的合同，但他们却以当前形势为借口，所有人员工作了一年的时间就回国了（绢川太一，第 1 卷）。他们的回国行为被认为是导致了之后鹿儿岛纺织不景气的直接诱因。尽管如此，萨摩藩从庆应三年开始准备在堺市

① 1868 年（戊辰年）开始的明治政府军与德川庆喜旧幕府军之间长达 16 个多月的内战。始于 1868 年 1 月 27 日的鸟羽、伏见之战，经上野的彰义队、会津之战等，至 1869 年 6 月 27 日明治政府军攻下旧幕府军最后的据点五棱郭（今北海道函馆），以明治政府军大获全胜标志着戊辰战争的结束。

建造第二家纺织厂。

由于萨摩藩对第一年度纺织的良好业绩很在意，加之他们对把鹿儿岛纺织厂设立在远离市场的偏僻地区一事有了深刻的反省，所以他们计划在位于大阪附近的、作为当时日本国内最大的棉花栽培地带的堺市增设这个纺织厂。绢川太一对这个说法提出质疑，并指出从更早以前就有这个计划，为此，绢川太一引用了实业家石河正龙向萨摩藩提交的建议书。文久三年十一月（1863 年 12 月），当时石河正龙在萨摩藩大阪藏屋敷[①]调查大阪－大和地区的国产会所的设立情况，并提交了建议书，该建议书对文久三年的棉布市场情况进行了如下分析，引起了人们的关注。

> 当时丝绸价格已然高昂，且各（令制）国棉布的需求成倍增加，致使价格暴涨，甚至产出亦成倍增加。然而，产出仍得不到满足。（绢川太一，第 1 卷）

也就是说，丝绸价格的上涨导致了需求转移到棉织物上。随着棉布需求量的逐年增加，产量也逐年增加。但即便如此，产量仍无法跟上需求量。虽然上一章中开港前后棉织物业现状完全支持的分析让人很感兴趣，但是，在大阪－大和地区对萨摩藩国产会所设立情况调查的石河，将产量逐年增长但供应仍赶不上需求的状况视为一个商机，提议设立萨摩藩经营的西式纺织厂，这一点更加令人感兴趣。

石河将供给不足的原因归咎于手工纺纱的低效生产，毕竟“一个纺纱工人手工纺出的纱线 1 天只不过 40 匁[②]，而 1 台织布机 1 天织出的布有 2

---

① 即官方仓库群。日本江户时代，各藩为贩卖年贡米和土特产等而开设在江户（今东京）、大坂、大津等地的仓库兼交易所，萨摩藩的藏屋敷主要集中在大坂。

② 日本尺贯法（日本传统的度量衡制，长度单位为尺，质量单位为贯）的重量单位，1 贯的千分之一，约等于 3.75 克。

反[①]多”。因此，如果按照一个织布工人操作1台织布机生产的量需要8个纺纱工人来计算的话，纺纱能力不足可能成为纺织业发展的瓶颈。之后，石河说明了欧美机械纺纱的盛况，并建议“向在长崎的荷兰商人订购1天纺100斤纱的纺纱机械”。具体分析为：机械价格在1500两[②]左右，到货需要8到10个月，用这种机械纺成的纱线，在琉球织成条纹棉布，在大阪售卖，根据所获得利益可以迅速收回成本。

虽然在刚开港后的经济急速变动中，棉织物业迎来一时的繁荣，但到下一阶段，手工纺纱的低效生产一定会成为纺织业发展的瓶颈，这一点可以预测。而设想把萨摩藩经营的生意建立在引进机械纺织的基础上的人，可以说非常有先见之明。这或许也应该是萨摩藩的先见之明。之前笔者指出，五代的建议书中写有建设纺织厂的构想，这个构想和石河的构想之间有着明显的相似之处。这一认识在当时正逐渐成为萨摩藩公认的东西，因此应该可以认为萨摩藩的一贯计划是最初的纺织厂设立在鹿儿岛，下一个纺织厂设立在大阪附近。堺市纺织厂从位于曼彻斯特近郊的索尔福德的希金斯公司进口了一套以2000锭的走锭精纺机为主轴的蒸汽机动力的设备机械，由在鹿儿岛纺织厂受过普拉特兄弟公司技术人员训练的石河负责组装，工厂设在堺市的戎岛，从明治三年十二月二十四日（1871年2月13日）开始了连续运转工作（绢川太一，第1卷）。

鹿儿岛和堺市的两个纺织厂都是在萨摩藩这个大藩的财力支持下设立的，而完全由民间商人计划、操作的是鹿岛纺织厂。创始人鹿岛万平在幕末江户的日本桥一带经营棉布及缫棉批发店，后来与三井家（江户时代的富商，三井财团的创始家族）也有关系。他在开港的时候与日本

① 日本的布匹长度单位，一般用日本鲸尺（江户时代主要用于量布料长度的尺子，因用鲸鱼须制作而得名，1尺约等于37.88厘米）量长约2丈7尺，宽约9寸（1寸约为1尺的十分之一），通常1反可做1套和服。

② 日本江户时代的货币单位，金币1两为4分（1分约为1寸的十分之一，1尺的百分之一），银币1两约50~80匁。

棉的出口有关，对他来说，能想到以进口纺织机器和设立纺织厂也不足为奇。他借用了在幕末铸炮运动时期幕府建设反射炉的泷野川器械场的遗址，为了用水车驱动相关机械，幕府曾从小金井地区分岔开玉川上水道，而鹿岛万平利用泷野川的丰富水量，依靠水车动力运转了一家拥有576锭纺纱设备的小规模的纺织厂，厂里的每个角落都充满了商人般的经济考量。纺织厂的精纺机是4台144锭的初期的环锭精纺机，由希金斯公司制造。从明治六年（1874年）开始就有作业记录。这家纺织厂是早期的纺织厂中唯一盈利的，之所以盈利，除了有着与其他不懂生意的经营形成鲜明对比的精明经商之外，雇用的美国技师在对日本纺织不太了解的情况下，通过研究设法将纺纱机与日本棉相适应，也是非常重要的原因（玉川宽治，1995）。

鹿儿岛纺织厂、堺市纺织厂和鹿岛纺织厂这3家纺织厂被称为"始祖三纺织"。它们与1883年（明治十六年）开业的大阪纺织厂开启的"纺织业的大发展"没有太大关系，被认为是"孤绝的存在"。但是，笔者认为不应该这样看，毕竟从这"三纺织"到接下来的"2000锭纺织"是一系列具有技术连续性的操作。幕末的铸炮、造舰运动的失败，成了日本以工业化问题为目标的认识过程的关键，而且这一开创性的（反之说稍微太早了）西式纺纱成套设备的作业尝试，成为如何纺出短纤维棉问题的关键，这便是日本纺织业自立的前提条件，从"始祖三纺织"到"2000锭纺织"的意义所在。关于这个认识过程，之后笔者会通过设备和机械作业给广大读者做一个说明，现在就进入下一环节吧。

开港后，逐年增长的棉纱进口，无非是反映了如前一章所述的不断发展的棉织物业和丝棉交织织物业旺盛的纺纱需求。但事实上，这是在以维新期为界的生丝出口低迷导致外汇不足的情况下，对贸易赤字累积的反应。以内务省劝业寮为中心，为了减少纺纱的进口，计划在国内棉花种植业盛行的地带设立机械纺织工厂。计划的第一阶段是按照劝业寮政策的惯例建设示范工厂。在 1876 年（明治九年）的年度预算中列入了 2 处，但因“西南战争”而延期。示范工厂的计划实施者 1878 年从英国进口了 2 台以 2000 锭的走锭精纺机为主轴的成套设备，并在爱知和广岛分别开始设厂。爱知纺织厂于 1881 年 12 月作为官营模范工厂开业。而广岛纺织厂在建设途中根据“官营工厂出让”的方针，成了民营的纺织厂。计划的第二阶段是政府从英国进口 10 套相同型号的纺纱设备，之后到有实力的棉花种植地带招募有志者，在 10 年不收利息的有利条件下，出让给这些有志者，让其经营纺织工厂。1882 年到 1885 年，前后有 9 家纺织工厂以这样的方式开业。除此之外，对于打算开办纺织工厂的有志者，还进行了暂时垫付机械费等各种形式的资金贷款，以这样的资金援助而开业的纺织工厂有 6 家，其中以 1880 年开业的兵库县立姬路纺织厂为首（高村直助，1971）。

就这样，从 1880 年到 1885 年的 6 年间，有 1 家官营模范工厂、1 家县立工厂和 15 家民间纺织厂在内务省劝业寮与接管了政府劝业政策的农商务省的支持下开业。这些纺织厂的机械，除涩谷纺织厂并设了 448 锭的翼锭精纺机、广岛纺织厂是 3000 锭走锭纺纱机之外，全部都是希金斯公司制造的 2000 锭走锭精纺机。因此，按照惯例，人们习惯把它们统称为“2000 锭纺织”。表 5-2 大致总结了包含没有开业的佐贺物产在内的 18 家“2000 锭纺织”的经营情况。通过此表可以看出，有一些纺织厂在艰难地生存、成长，但大多数纺织厂一看就知道其经营状况有多么惨淡。

表 5-2　受“2000 锭纺织”政策支持的纺织厂经营情况一览表

纺织厂名称	所在地	开业年份	开业月份	开业时锭数	开业后的概略 a）截止到 1884 年（大阪纺织厂开业的第 2 年） b）1884 年以后
姬路纺织	兵库	1880 年		M2000（德国产）	a）兵库县营。财政赤字累积、停业 1 年 b）1887 年以后改为民营。普拉特兄弟公司生产的 R3000 锭等增锭后，业绩平稳顺利，1899 年因火灾解散
涩谷纺织	大阪	同上	3 月	M2000 希金斯 S448	a）涩谷庄三郎经营。业绩不好 b）1885 年改名为堂岛纺织，由松本重太郎经营。1887 年开始分阶段增加资金，增设了环锭，1893 年超过了 R10000 锭，但多数用来支付利息，业绩不好，与日本纺织厂合并后，于 1905 年因交易银行破产而破产
冈山纺织	冈山	1881 年	7 月	M2000 希金斯	a）依靠士族授产、藩主援助、政府贷款的方式，弥补了经营不景气的问题 b）1888 年环锭 4824 锭增设、1887 年年末因为走锭工厂火灾导致政府贷款金额损毁。幸运的是，之后的业绩顺利。1907 年→钟纺
爱知纺织	爱知	1881 年	12 月	同上	a）平均赤字。受水量不足的困扰 b）1886 年出让给篠田直方。虽然暂且有盈利，但因 1896 年的火灾而解散
玉岛纺织	冈山	1882 年	1 月	同上	a）第一年度赤字，之后好转、发展顺利。1884 年增设 M2000 锭 b）不断增资，增加环锭，卖掉走锭，成为一家 R20000 锭的大工厂，业绩发展势头良好。但由于应对扩张的缴纳金准备金过少，1899 年破产，之后被公开拍卖
桑原纺织	大阪	同上	2 月	同上	a）由于花费了高额的建设费，第一年经济赤字。自 1883 年采用深夜劳动[①] 以后，虽然财政困难，却逐渐趋于稳定 b）1889 年第一次对外自称桑原纺织。中日甲午战争的时候业绩好转，1896 年设备更新为 R4000 锭。1900 年因工厂全部烧毁而解散

① 即深夜班。按照日本《劳动基准法》规定，大体上指晚上 10 点到次日凌晨 5 点之间进行的劳动。雇主需要支付额外的工资，原则上禁止让女性、未成年人从事此类劳动。

（续表）

纺织厂名称	所在地	开业年份	开业月份	开业时锭数	开业后的概略 a）截止到1884年（大阪纺织厂开业的第2年） b）1884年以后
市川纺织	山梨	同上	3月	同上	a）由栗原正信经营，业绩不好 b）1886年破产，之后由渡边信经营。1893年和1894年卖掉了M2000锭，引进了R2720锭，并增设了蒸汽机，之后作业趋于稳定。然而，由于借款过多导致经营困难。该厂持续经营至1914年，并于当年被卖掉
三重纺织	三重	同上	6月	同上	a）最初2年经济稍微赤字，第3年开始盈利，但仍然不能还清机械费 b）1886年改组为有限公司，1888年开始了新工厂，新工厂引进M7000锭和R3000锭。之后工厂发展顺利。1914年与大阪纺织合并→东洋纺织
下村纺织	冈山	同上	10月	同上	a）初期的营业因原棉不足导致业绩不好 b）自1886年开始好转，开始增设环锭，同时卖掉了走锭。1897年成为R4564锭的工厂。虽然业绩顺畅，但因为相关交易银行破产，于1903年破产，并被公开拍卖
广岛纺织	广岛	1883年	7月	M3000希金斯	a）士族授产，由广岛县建设的M3000锭的工厂。再加上官营新工厂的出让，1884年成为M5000锭的工厂 b）技术不熟练、水力不足等原因导致业绩不好。士族授产贷出金放弃了20多万日元，再加上蒸汽机和新设R3000锭，广岛纺织逐渐趋于稳定。然而，要维持超过5000人的士族股东的生活，对于广岛纺织来说是不可能的，最终于1902年解散
丰井纺织	奈良	同上	12月	M2000希金斯	a）虽然由于水车输出不足出过故障，但丰井纺织自开业之初就盈利 b）1886年并设蒸汽机，业绩发展良好。然而，由于经营者前川家的其他事业失败，导致丰井纺织破产，于1899年停业

（续表）

纺织厂名称	所在地	开业年份	开业月份	开业时锭数	开业后的概略 a）截止到 1884 年（大阪纺织厂开业的第 2 年） b）1884 年以后
宫城纺织	宫城	1884 年	4 月	同上	a）宫城纺织把堺市纺织出让给肥后孙左卫门的 M2000 锭作为设备。机械费、建设费不到 5 万日元，而股份缴纳金则不到 27000 日元，公司大约有 23000 日元的负债，宫城纺织在开业之初就有这样的不安定因素 b）虽然当初损失不断，但之后采用水力发电（白天用于工厂动力、晚上用于近邻电灯照明）的方式，宫城纺织逐渐趋于安定。以后依靠电力发展
岛田纺织	静冈	同上	6 月	同上	a）属于铃木久一郎的个人事业。因为水路、水车厂工程困难而推迟开业，建设费也花费巨大，极其艰难 b）自 1887 年整个纺织业市场开始繁荣，岛田纺织的业绩也趁势好转，机械费也全部还清，并于 1890 年增设 R1704 锭。而且，1894 年还克服了因火灾而带来的困难，之后的发展非常顺利
远州二俣纺织	静冈	同上	11 月	同上	a）因水路开凿进展不畅、机械火灾等原因导致无法开业 b）1885 年、1886 年经济赤字，从 1886 年 7 月开始采用两班倒模式而趋于安定，但业绩依旧不好。1893 年因水路破损、水车厂倒塌而解散
长崎纺织	长崎	同上	12 月	同上	a）以贸易商山口驹之助为中心的股份组织 b）因当初业绩很好，于 1886 年改组为资本金 15 万日元的合资公司，并扩大工厂，增设 R1608 锭，也安装了电灯。不过因股份缴纳金过少导致负债压力增大，1890 年因经济不景气而破产
野泽纺织	栃木	1885 年	1 月	同上	a）水路开凿进展不畅，致使无法开业 b）开业第一年就盈利。1887 年改组为下野纺织、引进赤羽工作分局制 M2000 锭。1894 年工厂遭遇火灾，尽管如此，R5000 锭新工厂顺利开业。1911 年→三重纺织

（续表）

纺织厂名称	所在地	开业年份	开业月份	开业时锭数	开业后的概略 a）截止到1884年（大阪纺织厂开业的第2年） b）1884年以后
名古屋纺织	爱知	同上	4月	同上	a）从1880年开始计划，但纠结于用水力还是火力，最后选择了火力，是2000锭纺织最后一家开业的纺织厂 b）业绩从一开始就很好，并逐渐扩大规模，依次为1888年M4000锭、1893年R10032锭、1897年R20400锭、1899年R30384锭。名古屋纺织克服了中途的经营混乱取得了很好的发展。1905年与尾张纺织一起→三重纺织
佐贺物产	佐贺	—	—	—	佐贺物产作为士族授产事业，虽确保政府垫付纺织机器，但仍因为体制不完备而未能开业。纺织机器于1884年卖给了玉岛纺织（参照玉岛纺织相关内容）

M：走锭、S：翼锭、R：环锭[①]
箭头表示顺利成长后被大型纺织厂收购或对等合并的情况。
（出处：参照　绢川太一，第2、3卷以及高村直助，《2000锭纺织的复苏》；高村直助，《明治经济的再发现》，塙书房，1995　制作而成）

2. 设备与操作上的问题

拥有纺织技术经验的技术史家玉川宽治，不仅调查了国内现存的资料，还调查了普拉特兄弟公司“面向外国的机械订单及出货簿”，探讨了这些纺织厂的设备的详细情况和操作的技术问题。他的分析带着有经验的技术人员所独有的说服力，所以笔者打算一边介绍玉川的一部分说明，一边加入一些笔者自己的意见，同时，探讨一下初期的纺织厂的作业内容。如表5-1所示，鹿儿岛纺织是包含100台动力织布机的纺织一贯制[②]工厂。

① 三个英文字母缩写分别来自走锭纺机（Mule）、翼锭纺机（Throstle）和环锭纺机（Ring）的日语近似发音的罗马拼写首字母。

② “一贯制生产”指仅由一家公司完成商品生产的体制。

它用走锭精纺机生产纬纱，用翼锭精纺机生产经纱，之后把这些纱线用动力织布机织成棉织物。在日本一段时期的纤维产业史研究中，纺织一贯制工厂被视为技术高度发展阶段的指标。实际上，从 19 世纪 60 年代开始，英国的纺纱和织布开始走向分离，但纺织一贯制工厂的运转对于没有工业经验的不发达国家来说无疑是困难的。虽然进出口这样的工厂设备是个问题，但无论是作为出口方的普拉特方面，还是作为接受方的萨摩藩方面，都没有像今天这样在两国间技术转移时把两国间技术水平的落差看作是左右转移成功的支配性因素的问题意识。

鹿儿岛纺织厂把翼锭精纺机、走锭精纺机这两个系列的纺纱机械和 100 台动力织布机结合起来，用大型蒸汽机进行运转该厂在采用天花板轴（line shaft）的顺畅的动力传递方面存在很大的问题，要维持其运转，对于萨摩藩来说也是非常困难的，即使萨摩藩自集成馆（工业区）建设以来就已经积累了西式的先进技术，对此笔者之前也曾进行过论述（中冈哲郎、石井正、内田星美，1986）。此外，玉川还指出，原棉问题也已经成为机械运转的障碍。

> 翼锭精纺机在作业时需要很大的纺出张力，用翼锭精纺机纺短纤维的日本棉或中国棉时，经常出现断丝的情况，操作上非常困难。而纬纱专用走锭精纺机由于其绕纱的纱管又细又短，导致需要落纱[①]的次数多，其生产量比经纱专用走锭精纺机低。（玉川宽治，2001）

如图 5-1 所示翼锭纺纱机原理，用绕在纺锤上的筒管周围高速旋转的锭子对纱线进行捻合。筒管也向与锭子相同的方向以稍慢的速度旋转，有了这样的速度差，纱线才被筒管卷绕了起来，毕竟此时纱线受到了很强的

① 将细纱绕到筒管上定型并去除杂质的加工工作。

张力。捻度越强，纱线的拉伸越强，但纤维越长，其拉伸越快，所以短纤维棉在加捻变强之前就会断裂。虽然翼锭精纺机是生产具有极强捻度和张力的经纱的标准装置，但完全不适合用短纤维棉制作经纱。

经纱的拉伸强度对于织布机的运转效率至关重要，这也是上一章讨论的关键，但动力织机的运转需要比手织机时更强的经纱。如果不能得到这种强度的经纱，就很难熟练使用动力织机。对于织造设备和翼锭精纺机“在开业后不久就被闲置，结果，用效率低的纬纱专用走锭精纺机生产来卖丝，并支撑着整个经营”这一情况，玉川认为“这是鹿儿岛纺织厂初期经营不景气的最大的技术原因”。纬纱专用走锭精纺机旨在将纱管制成一个细而短的形状，以便将卷绕的纱管直接放在梭子中用于纬纱。在纺织一贯制工厂中，通常把同一工厂内纺成的纱线直接在织布工序中作为纬纱使用，并把从纺锤中抽出的纱线立即放入梭子中，挂在织布机上，因此生产效率不断提高。但是，棉布织造厂不运转，只生产和售卖纱线，而且还是一旦将少量的纱线卷绕成纱管的形状就停止精纺机，将纱管从纺锤上抽出，那么纬纱专用走锭精纺机进行“落纱”的时候，机械停止次数就会增多。与长时间不停地纺纱且形成厚厚的长长的纱管的经纱专用走锭精纺机相比，纺纬纱的纺机的总停止时间越长，纱线的生产率就低得多。玉川说，这是鹿儿岛纺织经营不景气的原因。

鹿儿岛纺织的机械，在适当的技术操作下，只要使用比日本棉稍长纤维的棉花进行作业，就可以用翼锭精纺机生产捻度强的结实的经纱，用纬纱专用走锭精纺机有效地生产出可以马上装入梭子的纱线。将这些设备投入 100 台动力织布机生产大量的棉纱。考虑到集成馆（工业区）建设以来萨摩的西式技术的传统，这也许是可能的。毕竟，在当时进口细棉布的爆炸式销售的情况下，该产品应该很畅销。当时的英国纺纱技术，由众多的经验法则所支撑，而这些经验法则是经过长期观察实践发现的。其中最重要的经验法则，是从棉花纤维长度中找出由棉花纺成的纱线的最佳支数和每英寸的最佳捻数。调查使用的棉花的纤维长度，找出纺纱的支数和最佳捻数，将纺纱机进行相应调整，这是作业的第一原则。在鹿岛万平的鹿岛纺织厂中，并非纺纱专家的美国技术人员斯泰文斯，通过对与翼锭精纺机同系统的环锭精纺机进行反复的试验，并不断摸索，探究经验法则，最终找到了非常适合的纺“三州棉[①]”的条件，对此玉川从工头高城伊三郎的谈话记录中进行了确认（玉川宽治，1995）。考虑到这一点，只要有条件选择的话，日本最早的纺织一贯制工厂有可能成为日本最早获得商业成功的机械制大工厂。

但是技术顾问们仅待了一年的时间，就逃离日本回国了。日本棉用翼锭精纺机不能纺成纱线，没有结实的经纱，动力织布机就不能运转，工厂生产能力的三分之二自然也被闲置了。不过，从残留的打棉到粗纱的前纺纱工序与纬纱专用走锭精纺机连接起来，勉强成功地纺出了粗纱。幸运的是，走锭精纺机是一种致力于减少纺纱张力的纺机。鹿儿岛纺织厂打算通过把走锭精纺机纺出的纱当成绞纱售卖来支撑经营。此外，原本纬纱专用的精纺机上，鹿儿岛纺织厂为了能让纱收入梭子而将卷绕很小的多个纱管解开并把纱线连接起来，作为捆包绞纱出售。这种使用方法导致机械的作业效率非常低。据玉川分析，这是鹿儿岛纺织厂经营不景气的最大原因。作为第二纺织厂的堺市纺织厂的机械“通常有三道工序的捻条变成了两道工序，而粗纱工序则省略了间纺机，用于极粗纱”，其中，精纺机是 2000 锭的经纱专用走锭精纺机，发动机则是蒸汽机。相对于精纺机，堺市纺织厂的纺织机械中梳棉机和粗纱机的生产能力明显减少，属于生产不平衡的缺陷设备。堺市纺织厂是以参与鹿儿岛纺织厂作业的石河正龙为技术负责人而建设的，堺市纺织厂之所以采用这种有缺陷的纺织机械，恰恰说明了他在鹿儿岛纺织厂学到的纺织技术知识极其匮乏（玉川宽治，2001）。

① 以日本古代“令制国”行政区划下对三个州级地区的统称来命名的日本国产棉花及棉纱。

诚然如此，虽然用翼锭精纺机不能纺出极强的经纱，但鹿儿岛纺织厂以勉强用走锭纺纱机纺出粗纱的实绩和用效率低的纬纱专用走锭精纺机售卖绞纱的辛苦经验为基础，以制造粗纱、卖出绞纱为目标，订购了用于纺出粗纱的经纱专用走锭精纺机，从这一点来看，可以说鹿儿岛纺织厂的作业经验得到了有效利用。梳棉机和粗纱机的生产能力明显低，参考鹿儿岛纺织的纬纱专用走锭精纺机设备，订购比其生产性更高的经纱用走锭精纺机设备时，并没有注意到前纺工序的设备生产能力也要相应地提高。毫无疑问，技术顾问全部离开，完全依靠自己的力量，一边摸索一边操作第一台机器，并且要构想到下一道工序，这样的过程是多么困难。

堺市纺织厂在开业后似乎困难重重，以至于石河曾说出“考虑过剖腹”这样的话。但在开业的第二年即明治四年（1871 年）发生了废藩置县[①]的政治变革，萨摩藩以此为契机，于明治五年（1872 年）五月让大藏省劝农寮征购。石河正龙就这样平调至劝农寮任职，成为劝农寮模范工厂堺县[②]制丝厂的负责人。开业的第 3 年，增设梳棉机、粗纱机，以保持生产平衡。增设后的纺织机械设备成为以官营爱知纺织厂为首的 2000 锭纺织厂的纺织机械的模型。增设前后纱的生产量的推移变化为 1873 年度 32745 斤[③]、1874 年度 31617 斤、1875 年度 50948 斤、1876 年度 52236 斤，增设后平均一周的一锭纱量为 0.066 磅。如果纺出纱线为 12 支，则是鹿儿岛纺织厂创设之际普拉特兄弟公司提出的约生产能力的 1/3，生产效率极低（玉宽川治，1995）。

从以上记述中可以看出，堺市纺织厂在成为官营模范工厂之后，设备的平衡也得到了改善。虽不能说是划时代的，但也可以看出其操作技术有

① 1871 年 7 月，日本政府为实现中央集权而进行的改革，施行郡县制度，废除日本全国的藩后设立府县，由此确立了中央集权的统一国家，最初为 3 府 302 县，同年末改为 3 府 72 县。

② 堺县是日本 1868 年设立的县，1881 年并入大阪府后被废除。

③ 日本尺贯法（日本传统的度量衡制，长度单位为尺，质量单位为贯）的重量单位，通常 1 斤约等于 600 克。

一定程度的进步。特别是生产量逐年增加，1876 年度的生产率以普拉特兄弟公司向鹿儿岛纺织厂的提示为基准，达到 5 成以上。玉川也引用了 1878 年 1 月内务卿大久保利通对官营纺织厂建设的建议，其中写道：

> 正如在泉州堺市纺织厂建设使用的纺纱机，经过数年的试验，近年逐渐达成目的，以此为开端，国民第一次知道了其益处。

上述文字表明在这种程度的业绩中，政府认为，在模范工厂的西式机械纺织业的试验取得了成功，这也得到了社会的认可。堺市纺织厂已经有了向民间出让的“有志自奋”的势头，但一时需要巨额资金的西式工厂建设和为此购买机械的成本对民间来说都很困难，所以希望采用由官方建厂并将之出让给有志者的方式。但如果把官营工厂建设在一处，根据产地的棉质不同、纱线的粗细程度、需求的方便与否等，无法找到比较“实际的捷径”，因此，政府将官营工厂的建设定在两处，并购买 2 组和堺市工厂一样的纺纱机。

可以确认两个重要的事项。其一，以官营堺市纺织厂的经验为基础，政府建立官营工厂，积累了一定程度的生产实绩后，反复向民间出让，培养民间产业。这一构想诞生于 19 世纪 70 年代中期，于 1878 年开始实行。其二，这一时期的棉质不同、纱线粗细的问题意识也出现在政府文书中。如前所述，从建设这两处官营纺织厂开始的运动，在应对 1880 年最严重的经济危机中，发展为普及“2000 锭纺织”运动，堺市纺织厂可以说是“2000 锭纺织”运动的出发点。在与从鹿儿岛纺织厂开始的用中、长纤维棉用的纺纱机去纺短纤维棉的矛盾的斗争中，以堺市纺织厂为媒介，2000 锭纺织的经验得以承袭，这一时期政府相关人士也知道了棉质日本产纱线的粗细是个问题。这就是笔者追溯的从“始祖三纺织”到“2000 锭纺织”一系列运动。官营爱知纺织厂的机械也与增设后的堺市纺织厂基本相同，玉川指出：

> 由于希金斯公司生产的纺纱机是用于长纤维的美国棉的牵伸装置，所以对短纤维的国产棉和中国棉进行纺纱是非常困难的。以石河为首的当时的官员对纺纱机缺乏实务性知识，造成了在纺纱机选择上的失败，成为2000锭纺织厂经营困难的最大原因之一。（玉川宽治，1995）

不仅纺纱机选择失败，而且政府也不向爱知纺织厂的派遣外国技术人员安装机械，在石河正龙的指导下，只能让鹿儿岛和堺市有经验的人员进行安装。石河成为模范纺织爱知纺织厂的设计官之后，在各地的“2000锭纺织”的水路设计和机械安装指导方面表现活跃，但完全没有外国技术人员。这与同为官营模范工厂的富冈制丝厂、新町废纱纺纱厂①、千住制绒厂、下总牧羊场的情况大不相同。玉川写道：“政府的这种方针给2000锭纺织厂的事业整体带来了无法估量的困难。”（玉川宽治，2001）

的确，到现在为止的模范工厂大多是在很多外国技术人员的指导下建造的，比如千住制绒厂开业时有8人、新町纺纱厂有3人，而爱知纺织厂和2000锭纺织厂则完全没有外国技术人员指导。对此，玉川指出，纺纱机的适当安装是纺纱工序稳定运转的关键，因此，在安装指导上不招来熟练的外国技术人员，而委托给石河的做法是错误的。

然而，读者可能会想起第三章提到的大久保利通的《行政改革建言书》中的“支付外国人”这一条款。把1875年（明治八年）3月允许设立的新町废纱纺纱厂和1878年（明治十一年）4月获得机械购入许可的爱知纺织厂两者分开，无疑是排除外国技术人员的努力的结果。从爱知纺织厂开始，

① 又叫“废纺纱厂”，用纺织下脚料或混入低级原料纺成纱的纺纱厂。

大久保利通死后，在松方正义和品川弥二郎的主导下开始了“2000 锭纺织”普及运动的尝试，这一运动的根本在于排除外国技术人员，在日本技术人员的主导下，如何让西式技术在日本扎根。“2000 锭纺织”运动的责任者是为集成馆事业而被录用的兰学学者，比较可悲的是，所谓的兰学学者除了即将 60 岁的石河正龙以外并无他人，而石河正龙也只是通过自学和在鹿儿岛纺织厂、堺市纺织厂的经验中积累了纺织业的知识。除了排除外国技术人员以外，“2000 锭纺织”运动的另一个特点是利用水力。利用水车（涡轮）作为发动机的有 12 个工厂，使用蒸汽机的有 6 个工厂，这些数字显示了利用水力的比重。随着岩仓使节团、维也纳世界博览会使节团、政府派遣留学生等对欧美工厂选址的了解，他们认识到原动力并非只是蒸汽机，而是水力和蒸汽的并用。与此同时，在水资源丰富的日本应该更多地利用水力的呼声也越来越高涨。2000 锭纺织厂的选址方针是，首先选择棉质丰富、容易获得水力的地方；其次，水力不好的地方要使用蒸汽机。这两个尝试忽视了未解决的技术问题，无疑导致了表 5-2 所示的“2000 锭纺织”的惨淡。但是，笔者并非将这些作为当时官员无知的结果来指摘，而是认为，从本书第三章到第四章论述的历史背景，工部省主导的西式技术导入路线是以内务省劝业寮为立足点，由大久保主导修正的，其流程必然有其困难，但其结果是失败的，这一点有必要让大家看到。

高村直助对“2000 锭纺织”带来的经济、政治困难进行了周密的分析。首先，必须指出，政府的培育政策随着 1881 年（明治十四年）紧缩财政的转变而逐渐消极化。同年 4 月农商务省成立后，纺织事业统辖部局从内务省劝农局移至农商务省工务局，工务局长于同年 8 月向各府县发出“该工厂竣工后的保护，尔后有可能由府县厅负责”的通知（高村直助，1971）。工厂建设还没结束，政府就将财政负担强加于府县，甚至连派遣官员、技术人员的费用都“由府县或者设立者承担”，国家不再承担。高村指出，既定的机械出让金无利息、10 年按年还款的条件，乍一看非常宽容，但从当时的地方创业者的条件来看，却是非常严格的。按年还款是从交付机械的当年开始算起的。如果用股票筹集资金，就相当于从设立之年开始，即使当年未开业，也要保证每年有 10% 的股息。在按年还款金额完成之前，机械不得卖给他人或抵押。这意味着“关闭了以机械为抵押的融资之路”。由不熟悉资本家经营实际情况的官员所制定的政策主观上看是“丰厚补助”，而客观上则是束缚了作为地方企业家的资本家的经营。

一般来说，“2000 锭纺织”事业在工厂建设和水力利用的水路建设方面会花费意想不到的费用。作为最典型的例子，笔者想稍微详细地介绍一下远州二俣纺织厂的情况。该纺织厂计划利用天龙川丰富的水量获得 36 马力的动力。纺织厂北侧有一座城山，天龙川沿着城山北壁流淌，把长 5 尺、宽 6 尺的隧道挖 100 米左右，将天龙川的水引向工厂，转动水力涡轮后，在绕城山往南流的天龙川下游排水，水在流下的时候就会产生落差，要确保水力涡轮的落差有 8 尺。石河正龙计算，用水流落差获得 36 马力所需的水量是“1 秒 57.025 立方尺”，大约是 1.54 立方米 / 秒的水流。但是，把这么多水流引流到纺织厂，这样的水路工程建设是非常辛苦的。首先，城山的隧道工程是大工程。其次，由于工厂周围的土地的表面比天龙川的水面高很多，所以隧道的出口比天龙川低，为了确保必要的水量，需要下挖地面至离地表最深 18 尺，建造通往工厂的水路。深挖下去的话，下层的土会非常松软，由于上层的土比较重，这样下层的土会被上层的土挤压出来，溢向好不容易才挖掘好的水路。为了阻止这种溢出，有必要用木板覆盖水路的侧壁，通过“立桩、搭衡木”的方式按压土层。虽然这条水路从隧道出口开挖到纺织厂约有 450 米，但这个坑道和衡木会阻碍水流，因此，最终将侧壁倾斜 60 度，做成上宽截面的水路。为此，纺织厂在水路的两侧各购买了 9 尺的土地。由于水车的排水沟位置过低，无法向工厂南侧的天龙川支流排水，需要用隧道穿过河底向下游的天龙川排水（绢川太一，第 3 卷）。结果，远州二俣纺织厂在水路建设费上花费了 14174 日元，而纺织机械的费用是20200多日元，水路建设的花费相当于其2/3的金额。与工厂的买地费2068日元相比，也可以看出水路建设的花费太过离谱。

祸不单行的是，放置安装前的机械的仓库在1882年（明治十五年）3月发生了火灾，有七八成的机械受到损害，在修理和新制造上花费了3年的时间和额外的费用。机械费用的按年还款以火灾为理由，在1886年5月之前被允许延期还款，然而，到1886年开业为止的支出总额却达到了45066日元。虽然公司的35000日元资本金已经全额支付完毕，但因为支出的费用远超资本金，不得不从银行和有志者那里借了12900日元，并支付了建设费，剩余的费用打算用于资金周转。由于剩余的费用很少，导致纺织厂从开业初期就因周转资金不足而饱受困扰。关于开业当年的1885年（明治十八年）前半期的实绩，1886年度的营业报告显示：

> 由于男女工人不熟练、水路器械尚未完全配置好，导致纱线质量不精良、生产量也少之又少。再加上目前社会上还有很多人不能理解纺纱线的真正意义，致使需求纱线的区域面受限，而且受到上年度经济不景气的影响，销路几乎停滞。然而，即使生产量少，但每天生产的棉纱也会堆积在仓库里，导致自然营业资本的不足，暂时陷入极其困难的境地……

最终，在东京地区廉价出售了2000贯①以上的棉纱，克服了急需，但前半期出现了2000日元以上的赤字。从1887年左右开始盈利，但生产率低，1893年（明治二十六年）水路受损，水车场倒塌，公司解散，纺织厂被出售给资本金15000日元的合资公司远州纺织。

以远州二俣纺织有限公司为典型案例，参考高村的分析，由笔者描述

① 日本尺贯法（日本传统的度量衡制，长度单位为尺，质量单位为贯）的重量单位，1贯约等于3.75千克。

一下 2000 锭纺织厂的营业活动的一般情况。首先，如前所述，当开始实际建设工厂时，意想不到的事情层出不穷，建设费比当初估计的高出很多。对此，高村在《棉纱集谈会记事》中引用道："每 2000 锭的机械费用与建筑费用合计为平均 52400 日元"，但机械费用即使是按年还款，光是建设费用就平均需要 3 万日元，在当时地方的资本筹措力方面，无论是个人经营，还是公司经营、士族结社，3 万日元左右都是资金筹措的极限，即使建了工厂，资金也被用光了，这就是在经营资本不足或不稳定的状态下创业的结果。但是，这次创业正值松方正义的通货紧缩时期纺织品市场低迷，纱线需求呈收缩的态势。在这种情况下，由于"男女工人不熟练、水路器械尚未完全配置好"，不得不出售"纱线质量不精良"的产品。初次使用机械的男女工人，在没有充分的技术指导的条件下，不得不用美国棉用的希金斯公司制造的走锭精纺机解决将短纤维的日本棉纺成可以商品化的纱线的难题，并在最糟的通货紧缩时期的市场，将纺好的纱线向不信任国产纱线的需求者销售，在过少的营业资本下勉强支持其经营。这就是所谓的"2000 锭纺织"。

这样简单整理一下，就会发现作为核心问题浮现出来的是从鹿儿岛纺织厂到"2000 锭纺织"，其发展在国际上的孤立性。1866 年，鹿儿岛纺织厂从普拉特兄弟公司引进了可以看作是 19 世纪 50 年代英国兰开夏的标准技术的纺织设备，然而，当时只是引进了机械，相关的纺织技术几乎没有从引进地传入。而在引进的机械中只有一部分运行和使用过，以此为基础，才有了日本纺纱独自的发展。虽然有从希金斯公司购买过机械，但并没有接受过任何的技术指导。从那以后，政府的"脱离外国技术人员依存"的方针也就成了一种灾难，在完全没有国际技术交流的情况下，在日本国内只依靠不断地摸索尝试来维持发展。

与"2000 锭纺织"同时进行、由民间计划的大阪纺织厂，成为日本纺织业发展的先行者。大阪纺织厂于 1882 年从同一家普拉特兄弟公司引进了设备和技术，其技术转移取得了极大的成功，与 16 年前的第一次技术转移形成了鲜明的对比。迄今为止，围绕其成功的原因，有很多的争论。然而，许多争论都集中在日方的准备、技术指导的优良、设备的规模等方面，却没有把注意力放在第一次技术转移和第二次技术转移之间的 16 年中究竟发生了什么。在这一点上，玉川宽治指出，作为大阪纺织工务经理的山边丈夫从普拉特兄弟公司购买的走锭精纺机，用于比日本棉稍微长一点的纤维；但对于与美国棉相比是短纤维棉的印度棉用机械，走锭精纺机尤其合适。在第一次技术转移以后，日本机械纺织业在国际孤立无援的情况下苦战技术课题，而在第二次技术转移中，他们着眼于这一点，研发拯救日本机械纺织业的新技术，这是极具卓见的。

的确，把目光投向第二次技术转移的技术内容，思考如何解决日本早期机械纺织业的技术课题是很重要的。为此，我们需要了解在第一次技术转移后的 16 年间英国兰开夏取得了怎样的技术进步。接下来我们暂时先把目光转向印度棉用的走锭精纺机的诞生吧。

3. 南北战争与美国棉荒——印度棉用纺纱机的开发

正如本章开头所述，高支细纱使用长纤维的埃及棉、海岛棉，中、低支纱线使用中纤维的美国棉，不断发展起来的英国兰开夏棉业第一次正式面对短纤维棉的纺纱问题，是在 1861 年爆发的美国南北战争的影响下，美国棉入手困难，出现世界性“原棉饥荒”的时候。前章也提到了当时日本棉的出口情况，虽然兰开夏曾尝试使用日本棉，但未纺成纱线，因此被立即放弃使用（川胜平太，1977）。这一事实表明，“2000 锭纺织”面临的技术课题，即使是兰开夏棉业都难以解决。

兰开夏棉业正式开始尝试印度棉也是在这个时候。美国棉是典型的中纤维棉，日本棉是极端的短纤维棉，而印度棉的纤维长度正好在美国棉和日本棉的中间位置。根据之后要介绍的荒川新一郎的调查，美国棉的平均纤维长度为 1.02~1.04 英寸，印度棉（“Surat”和“Madras”两个品种）

的平均纤维长度为0.92~0.93英寸，而日本棉的上等品为0.75英寸、中等品为0.625英寸、下等品为0.40英寸。虽说不知道“2000锭纺织”的艰辛，但此时通过正式开始印度棉的纺纱，兰开夏棉业正式摆脱以前用惯了的长、中纤维棉，一步一步地获得了纺出更接近日本棉的短纤维棉的经验，笔者认为这对以后的日本的技术转移具有很大的意义。

（注）荒川在文中使用“Syuratto”指代“Surat”（即苏拉特）。“Surat”是位于孟买北部的棉花装运港，从这里发出的所有棉花都叫“Surat”。在日本，之前有“Syuraato”“Syuratto”“Suuratto”等不同的叫法，现在似乎已经固定下来了，但之后引用的当时的文献全部都是“Syuratto”，所以就这样直接引用了。在接下来要介绍的有关道格拉斯·法尼的印度棉纺技术开发的相关记述中，“Surat”与印度棉几乎意义相同，因此可以认为当时在兰开夏使用的印度棉主要是“Surat”品种。

针对上述情况，笔者想参考在棉业史中广为评价的道格拉斯·法尼（Douglas Farnie）的《英国棉花工业与世界市场：1815—1896》（*The English Cotton Industry and the World Market, 1815—1896*）一书。全球性的“原棉饥荒”不是南北战争爆发的直接结果，而是战争一旦爆发则会导致原棉短缺，其结果必然会招致供应短缺前的投机囤积。一方面，美国原棉出口封锁前一年（1860年），由于棉花收成空前好，导致棉花价格下降，市场开始大量储备，工厂有足够的原棉库存。然而，由于战争逼近，美国原棉的最大买家贸易额下降了67%，对各大棉源进行的投机囤积结果导致棉花价格上涨，纺织业者在原料价格上涨和销路不景气之间陷入困境。另一方面，从印度进口的原棉在这一年中有所增加，结果到1861年年底，原棉总库存为17周的分量，为1854年以来的最高水平，但库存的一半是兰开夏棉业所讨厌的印度棉（苏拉特品种）。而且，在17周分量的原棉库存中，工厂库存只有2周的分量，另外15周分量的库存则是在港口的仓库里由投机商人管理。

在这种情况下，非常依赖美国棉的兰开夏奥尔德姆周边的纺织业者和纺织机械业者，决定纺他们所讨厌的印度棉，开始进行正式的技术开发。

法尼写道：“印度棉之所以被兰开夏所讨厌，是因为脏的印度棉中有很多夹杂物，而且印度棉纤维短、弱、粗、色质不好，比不上最适合他们的且需求多的中支（40~60支）纬纱的美国棉。”

关于印度棉的脏，在日本有比较有趣的证词。1889年（明治二十二年），大阪纺织厂决定开始采用印度棉的试验，为此从印度引进了试验用棉。

> 不久棉花就到了，但是棉桶、叶子和垃圾粘在一起，像被粘压在一起的漆纸一样，很脏、很可怕。看到这样的棉花，以山边先生为首的大阪纺织厂工务科的工人们都惊呆了，他们心想：“这种棉花到底能不能用？”（《玉木永久氏谈话》）

谈话人玉木永久彼时正担任副经理川邨利兵卫的随行人员参加大日本棉纱纺制同业联合会考察印度棉业的访问活动。这时，总公司发来电报说要买印度棉作为试验用，川邨命令玉木把筹集的棉花带回日本。川邨和玉木都已经看到了印度棉的脏，也知道一台叫作“Willow Machine”的打棉机械对处理脏的印度棉很有帮助，所以回国后的玉木在印度棉到达之前说服了公司，通过三井物产向英国订货。玉木和川邨都不是技术人员，而是专门经营的人。正是他们抛开技术人员，在得到总公司的允许后订购了用于解决问题的机械，因此当他们看到在脏棉花前面的技术人员们目瞪口呆的样子时，多少有些优越感。事实上，当“Willow Machine”打棉机到达后，问题很容易就解决了，从而进一步确认印度棉比日本棉、中国棉要好用。玉木所称的“Willow Machine”是指“Oldham Willow”（奥尔德姆打棉机）。在对夹杂物很多的脏棉花进行开棉时，为了除去杂质而使用。奥尔德姆打棉机自古以来就被使用，是一款简单粗暴的机械（图5-8）。玉木的谈话不仅让我们知道了印度棉有多脏，还让我们知道了奥尔德姆有用于开棉的机械，这种机械可以作为日本开棉技术的出发点。

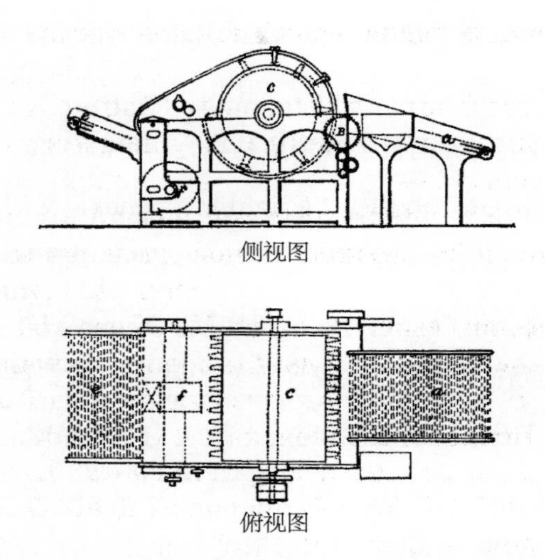

图 5-8　奥尔德姆打棉机（上：侧视图，下：俯视图）

（出处：Marsden 著，宫川顺藏译《棉纱纺织全书》，1894。此书是以山边丈夫让宫川顺藏翻译的 Richard Marsden，***Cotton Spinning：its development，principles，and practice***，G.Bell and Sons，1886. 为基础整理的，曾在《纺织月报》上连载。）

英国兰开夏的印度棉纺技术开发工作主要集中在两个方向。第一个方向，找到最适合纺出短纤维棉的辊式牵伸装置。最佳辊直径和辊间距取决于纤维长度。如果用适合中、长纤维棉的最佳辊式牵伸装置牵伸短纤维棉，在由第 1 段的辊对送出的纤维束中，就会出现不能很好地被第 2 段的辊对所牵引的短纤维，这会妨碍第 1 段和第 2 段之间的积压作业。辊式牵伸装置不仅用于精纺机，也用于练条以后的所有牵伸，其影响巨大。因此兰开夏技术开发者们为找到适合印度棉纤维长度的最佳辊式牵伸而开始全力技术开发。对此，法尼说道："最终，之前在印度棉上只能纺出 24 支的翼锭精纺机，到 1862 年已经可以纺出 50 支。"这也是玉川所说山边丈夫在选择纺纱机时选择了印度棉用走锭精纺机的原因所在。印度棉的纤维比日本棉长，虽说走锭精纺机不是最适合的纺纱机，但肯定是比美国棉用的希金斯公司的走锭纺纱机更适合日本棉的纺纱机。

开发努力的第二个方向，是为了改善印度棉脏、夹杂物多、含有弱纤维的缺陷，努力进行技术开发。他们在从开棉开始的准备工序中，就很好地把棉花理开，有效地去除杂质和夹杂物，去除短纤维和弱纤维，使纤维整齐。法尼说，他们为此而投入的资金和努力，足以创造一个全新的产业。

1861年发明的克赖顿开棉机（Crighton Opener，又叫“垂直开棉机”）便是其成果之一。奥尔德姆打棉机是一款相当粗暴的机械，它靠表面大量的尖刺圆筒，绕水平轴高速旋转，刮起棉块。而克赖顿开棉机则以某种装置为基础，该装置在围绕垂直轴高速旋转的圆盘四周安装打棉棒，从而打碎硬的棉块（图5-9）。旋转圆盘越往上越大（即打棉棒的速度越大），它可以重叠7层，并置于强大的上升气流中。不进入气流的棉块会继续被打到下面，气流中的棉块则会上浮，依次被上面圆盘的打棉棒细细地打碎。整个装置被有细缝的帘子状的壁所包围，气流在高速旋转圆盘的作用下卷起剧烈的旋涡而上升，所以棉中的沙和夹杂物在离心力的作用下通过壁的细缝向外分离。只有轻的棉花随气流上升，用图中左上方的旋转式过滤器

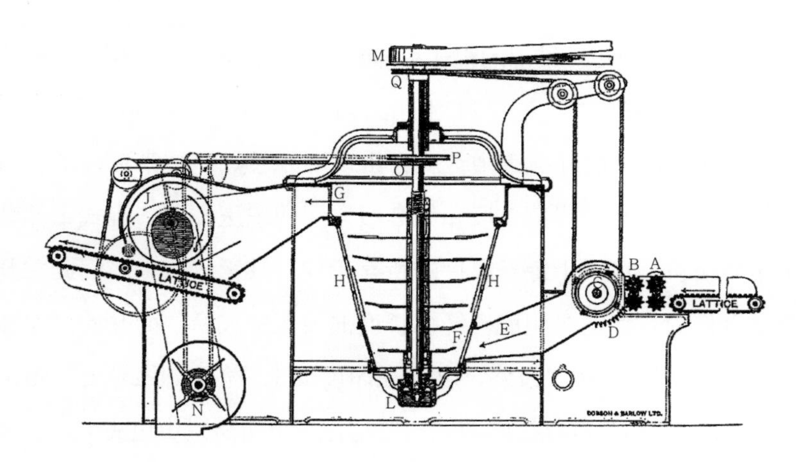

图5-9　克赖顿开棉机

A和B：棉送入口的滚轴；C：安装了打棉棒的旋转圆筒；D：除尘壁；E：棉的进入通道；F：安装了打棉棒的旋转圆盘；G：棉出口；H：除尘壁；（无I）J：吸气箱；K：棉花落下经过的滚轴；L：旋转轴承；M：驱动滑轮；N：吹尘风扇；O：驱动棉送出口的绳滑轮组合；P：驱动吹尘风扇的绳滑轮组合；Q：驱动装置C的绳滑轮组合。箭头表示了棉加工的整体流程方向。

（出处：Dobson & Barlow，Limited，*Machinery Calculations-Speeds*，*Productions*，*etc.*，1897）

过滤后被吸进吸气孔，但残留的细小杂质与空气一起排出，只有松散的棉纤维在过滤器表面呈层状残留，这些棉纤维在传送带上被刮落并运送到打棉工序。大阪纺织厂第一期设备中也有这样的装置。继克赖顿开棉机之后，1862 年天平杆调节装置清棉机（Piano feed）也得以发明。天平杆调节装置在明治时代的日本被称为“天秤式加减器”，如图 5-10 的使用例所示，将天平杆的一端像钢琴的键盘一样横向排列，使其位于与输送辊下面接触的位置，将纺锤悬挂在另一端，通过机械检测装置，各键盘检测通过辊的旋转而输送的棉层的厚度，然后将每个棉层的厚度进行综合，以反馈其平均厚度，控制辊的旋转，减少单位时间内输送的棉层厚度的变动。看了 1903 年（明治三十六年）刊行的尼崎纺织厂技师长广濑茂一所著的《近世纺织术》一书，就会了解从混棉、开棉到打棉工序的重要地方，都使用了天秤式加减器。可以看出，天秤式加减器是技术努力的产物，它可以使

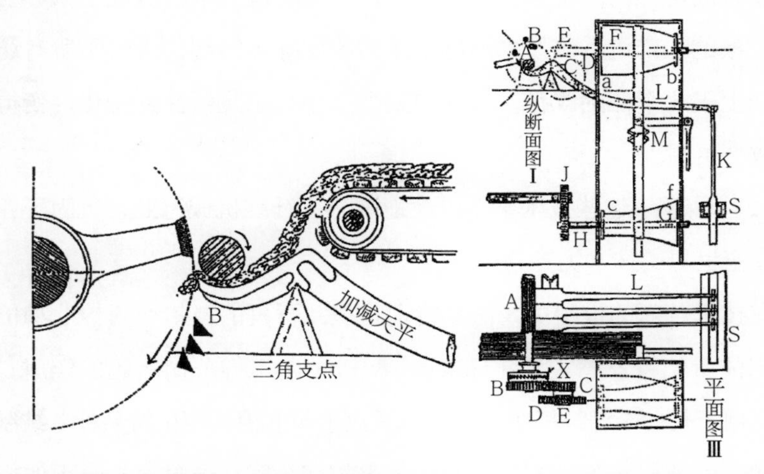

图 5-10　天秤式加减器（天平杆调节装置）（左：使用例，右：厚度检测平均化装置）

左：左半部分为带打棉棒的旋转圆筒，打棉时向箭头所指方向传送。右半部分为天平杆调节装置，即天秤式加减器。在与图中写有加减天平的装置的前端相连的地方，可以检测夹在 B 部分和传送辊之间的棉层的厚度。右：仅用这个图不足以说明机理，但从纵断面图可以清楚地知道左边的加减天平的前端是怎样的，从平面图可以看出，这个装置为什么会与钢琴的形象联系在一起。

（出处：广濑茂一，《近世纺织术》，丸善，1903）

通过的棉量均匀、使工序流程连续，且使所有的流程都统一。

克赖顿开棉机可以通过将带打棉棒的圆盘的高速旋转开棉、通过气流上浮、通过运转气流的漩涡除尘、通过过滤器过滤，把这些工序组合在一起，以工艺产业装置的形式实现除尘和开棉的自动化，再加上天平杆调节装置可以均匀输送棉量，如此，整个混打棉的工序就近乎一个自动化的流程。想要纺印度棉（苏拉特品种）这一棘手棉所付出的技术努力，就这样完全改变了开棉后的准备工序。一边将松棉作业和除去异物的作业组合起来，仔细地反复操作，一边将棉松解成一根根的纤维，制成纯化的薄层棉（又叫“wrap”），将其放在打棉机上除去残留的异物，用梳棉机将纤维平行对齐，再通过梳理除去过短的纤维和纤维粒（无论如何都无法解开的纤维结）。这样非常细致的作业，用专用机械按照工序顺序依次进行。如此，从最终层开始纺出均匀且纤维长度一致的棉纱，纤维全部平行排列，成为在长度方向延伸的纤维束。也就是说，在纺纱过程中机械成了最容易纺成的粗疏条的生产线。该技术超越了单纯的印度棉纺制，适用于所有纺纱机械，加上辊式牵伸的改良，纺纱的整个工序有了飞跃性的变化，变得更稳定、效率更高。

法尼写道：“这些技术革新极大地刺激了纤维机械行业，巩固了兰开夏棉业在全世界的技术优势。”

在技术革新的过程中，法尼特别重视兰开夏的奥尔德姆棉业和位于奥尔德姆的希伯特 & 普拉特（Hibbert & Platt）工程公司所起的作用。带头解决将用于长、中纤维棉纺制的机械适应于印度棉（苏拉特品种）纺制的技术课题、引领技术革新的是希伯特 & 普拉特公司。通过率先采用他们制造的印度棉用纺纱机，下决心纺印度棉纱，将美国棉饥荒变成发展飞跃的契机。由此，奥尔德姆棉业开创了巨大纺纱企业发展的新阶段。玉川宽治的研究表明，希伯特 & 普拉特公司是由埃利亚・希伯特（Elijah Hibbert）和亨利・普拉特（Henry Platt）两位机械工程师共同于 1822 年设立的纤维机械公司。之后，亨利的儿子约瑟夫和约翰加入其中，亨利于1842年去世，埃利亚于1854年去世，之后公司改名为“普拉特兄弟公司”（玉川宽治，2004）。在19世纪60年代引领技术革新的正是普拉特兄弟公司。

此外，此前全面使用美国棉、纺出粗纱的奥尔德姆的纺纱业者，将作为原料持有的大量美国棉库存转为投机，获得巨额利润，利用1860年至1863年机械价格下降的机会，建设了新工厂。该工厂安装了普拉特兄弟公司生产的印度棉用纺纱机。

> 当得知印度棉（苏拉特品种）可用于纺出比之前所认为的纱线支数高得多的纱线时，他们大幅削减了粗纱的生产，并将粗纱生产委托给了罗森代尔（Rossendale）的纺纱厂……他们新的大工厂比兰开夏任何一家工厂都拥有更长的走锭纺纱机和更多的纺锤，为1874年到1875年开辟先河的有限公司形式的工厂热潮提供了模式。（Farnie，1979）

1862年在奥尔德姆建成的“Sun Mill”是拥有6万锭精纺机的巨大工厂。19世纪70年代，英国掀起了以公开股份成立纺织公司的热潮，其典型就是奥尔德姆的巨大工厂。当机械的运转还依旧需要高度熟练的经验时，这种热潮是不可能出现的。在19世纪70年代初，由于奥尔德姆的转变，在从低支到60支左右的范围内，自动走锭精纺机几乎不需要由熟练工进行补充作业，从而使其成为一种轻松的设备。另外，巨大的走锭纺纱工厂成为19世纪70年代以后英国棉业发展的标准设备，这一点对于理解所考察的日本的技术转移极为重要，希望大家牢记。奥尔德姆此后作为兰开夏最大的纱线产地，引领着兰开夏棉业的发展。与此同时，普拉特兄弟公司将1859年的3500名工人数在1871年翻倍至7000人，成为全英国工程行业中规模最大的公司。与大阪纺织厂以后的日本近代纺织业的成长息息相关的普拉特兄弟公司，就是拥有这样历史的公司。

然而，对于与走锭精纺机形成对抗关系的环锭精纺机，普拉特兄弟公司（后文将部分简写作“普拉特”）却是英国相对落后的制造商，为了便于大家理解后续的开展，在这里必须提到这一点。在19世纪上半叶从美国引进了当时并未在英国得到认可的环锭精纺机，又从美国购买了作为新技术的拉贝斯纺锤（Rabbeth spindle）专利等，并于19世纪70年代将该技术在英国普及的则是同为兰开夏的霍华德 & 巴罗公司（Howard & Bullough）。无独有偶，普拉特也紧随其后开发成功，到1888年其生产量已然超过了霍华德 & 巴罗公司。但如表5-3所示，环锭精纺机1880年在英国国内市场几乎没有销售。对于兰开夏的纺织业者来说，支撑19世纪70年代大发展的只有走锭纺纱机精纺机，他们向普拉特求购的也是走锭纺纱机。如表5-3所示，普拉特成功地将环锭精纺机转向了出口。试着用表5-3中的数据计算一下就会发现，从1880年到1890年的11年间，生产了1915060锭的环锭精纺机，其中出口了84.8%，国内只卖出了15.2%。形成鲜明对比的是，在同一时期，普拉特生产了远远超过环锭的走锭纺纱机，而且总有一半以上是在国内销售的。普拉特也出口了大量的走锭纺纱机，但制表人法尼指出，走锭纺纱机出口欧洲，环锭纺纱机出口亚洲，它们之间存在着明显的差异。从表中数据可以看出，环锭出口呈逐年增长的态势，到19世纪90年代后半期则呈现出超越走锭纺纱机出口的势头。值得注意的是，以上数据表明环锭出口到亚洲市场在19世纪90年代对普拉特而言异常重要。

说实在的，在笔者了解法尼的工作之前，笔者一直在思考：“普拉特兄弟公司会不会按照英国当时的惯例把美国棉用的翼锭和走锭纺纱机出口给鹿儿岛纺织厂呢？”然而，正如我们所看到的，当五代他们在1865年访问位于遥远的奥尔德姆的普拉特兄弟公司时，普拉特兄弟公司正在顺利地解决纺纱机问题，以用于生产印度棉（苏拉特品种）这种短纤维棉。因此，他们自然而然会把该成果纳入1867年向同处亚洲的萨摩藩交付的机械中。2003年11月，玉川宽治在兰开夏的普拉特的产品书籍（Production Books）中发现了鹿儿岛纺纱的机械记录，翼锭的辊式牵伸是印度棉用的，虽然没有走锭的辊式牵伸的记录，但可以确信的是，从拉伸（一次的纺出长度）来看，肯定是印度棉用的（萨摩产品制造研究会，2004）。果然，普拉特兄弟公司认为日本棉是与印度棉相近的短纤维棉，所以运输来了当时最合适的纺纱机。

表5-3　普拉特兄弟公司走锭、环锭机销售量对比（1880—1900年）

年份	走锭机销售锭数			环锭机销售锭数			总销售锭数
	英国国内	出口	合计	英国国内	出口	合计	
1880	728,604	310,214	1,038,818	—	34,258	34,258	1,073,076
1881	439,162	324,222	736,384	5,256	78,876	84,132	847,516
1882	507,838	372,552	880,390	3,204	132,402	135,606	1,015,996
1883	878,934	336,738	1,215,672	10,084	65,768	75,852	1,291,524
1884	535,560	200,018	735,578	35,108	72,924	108,032	843,610
1885	640,964	291,830	932,794	38,172	72,538	110,710	1,043,504
1886	339,730	229,288	569,018	23,954	129,254	153,208	722,226
1887	365,166	338,992	704,158	28,044	150,554	178,598	882,756
1888	259,976	392,372	652,348	33,808	282,348	316,156	968,504
1889	294,086	531,642	825,728	72,052	314,068	386,120	1,211,848
1890	710,490	349,514	1,060,004	42,312	290,076	332,388	1,392,392
1891	382,036	317,954	699,990	50,592	159,024	209,616	909,606
1892	725,386	232,710	958,096	21,412	268,872	290,284	1,248,380
1893	336,656	357,004	693,660	4,296	330,188	334,484	1,028,144
1894	220,216	457,188	677,404	2,784	376,424	379,208	1,056,612

（续表）

年份	走锭机销售锭数			环锭机销售锭数			总销售锭数
	英国国内	出口	合计	英国国内	出口	合计	
1895	207,992	372,956	580,948	15,556	435,836	451,392	1,032,340
1896	127,140	428,880	556,020	15,924	511,696	527,620	1,083,640
1897	184,460	240,796	425,256	8,516	419,928	428,444	853,700
1898	383,660	319,566	703,226	9,860	494,220	504,080	1,207,306
1899	624,488	311,428	935,916	71,988	275,476	347,464	1,283,380
1900	510,314	295,558	805,872	9,608	274,844	284,452	1,090,324

（出处：Douglas Farnie, Platt Bros. & Co. Ltd. of Oldham, Machine-Makers to Lancashire and to the World : An Index of Production of Cotton Spinning Spindles, 1880—1914, ***Business History***, Vol.23 No.1, 1981）

如此，技术顾问们早早回国的问题就会显露出来。如果他们按照当初的合同在鹿儿岛逗留 2~3 年的话，就必然会遇到比印度棉（苏拉特品种）更短纤维的日本棉的纺纱上的诸多问题，或许技术顾问们会和他们的母国联络，在鹿儿岛纺织厂解决了最适合纺日本棉的纺纱机问题。但是，现实中他们却因为害怕幕末的政局而早早回国了。考虑到幕末的动乱，而且萨摩藩是内战一方的主力，也不能责怪他们不负责任。萨摩藩为什么向希金斯公司订购堺市纺织厂的纺织机器也是个问题。如果向普拉特兄弟公司订购的话，虽然按照目前状况，他们也无法使用翼锭精纺机和动力织布机，但在普拉特兄弟公司适当的技术指导下，不仅纺纱机可以最优化，而且学会使用动力织布机的技术。可是，为什么纺纱机会从希金斯公司订购了呢？大概是因为与普拉特的联系在他们的技术人员回国后就断了，萨摩藩自己无法恢复联系，就委托身边的外国商人，恰好外国商人从希金斯公司采购了 2000 锭的走锭精纺机，于是就把它们安装在堺市纺织厂了吧。鹿岛纺织厂的环锭也是希金斯公司制造的，这也暗示着这种趋势。此外，堺市纺织厂成为模范工厂的

“2000锭纺织”的纺纱机也全部是由希金斯公司采购的美国棉用纺纱机。

就这样，在技术顾问回国之后，或许能够接触到以普拉特为主导者而正在开发的短纤维棉纺纱的技术秘诀，然而，所有的机会都失去了。在第一次技术转移的潮流中，日本纺织业背负着用美国棉用纺纱机纺日本棉的矛盾的苦闷宿命。但是，从那以后的15年，在第二次技术转移即将开始的时候，兰开夏棉业开发了纺印度棉（苏拉特品种）所必需的机械，而且作为极其稳定的（可转移的）技术而大获成功。值得关注的是，印度棉比日本棉的纤维长，但比美国棉的纤维短。不仅是印度棉用精纺机的采用，如果通过技术开发而大获成功的技术整体，能够通过从大阪纺织厂开始的第二次技术转移进入日本，这一点是非常重要的。这会给日本纺织业带来了怎样的变化呢，对于这个问题，我们就在大阪纺织厂的形成过程中进行反复研究吧。

第二节　第二次技术转移与大阪纺织厂

1. 大阪纺织厂的设立

领导大阪纺织厂设立的涩泽荣一经常说：“计划设立该公司是在1879年（明治十二年），这与政府的‘2000锭纺织’政策的形成是在同一个时间。对于棉制品进口的增大和累积贸易赤字危机的状况，作为民间财界的领导人，我必须要采取一些对策，但除了危机感，我完全不知道该怎么做。”对此，40年后，他这样说道：

当时的棉纱的情况并不像今天这样清晰，在欧洲，动力的构造不同，听说有通过蒸汽使之运转的方法，因此我有了在日本也采用这种构造的想法，不过，对于如何做才好，我们都不知道其详细方法。……当时并没有研究过棉纱是在哪里生产的，棉纱的种类是怎样的，首先看到的只是棉纱，至于其原料如何，并没有人知道。（涩泽荣一，《本国纺织业的回顾》，大正十年九月）

虽然涩泽对棉纱和纺织一无所知，由于其作为财界人士的责任感，遂决定进军纺织业。不过，涩泽与其他人不同的是，他非常清楚在这种情况下作为经营者应该按照怎样的程序推进经营。一方面，他与大仓喜八郎、藤田传三郎、松本重太郎等财界人士商谈纺织工厂建设的构想；另一方面，他从棉纱商柿沼谷藏、萨摩治兵卫、杉村甚兵卫和小室信夫等在棉纱方面多多少少懂外国事情的人那里积极获取知识，进行学习。在收集这些信息方面，他着手创立的第一银行和东京海上保险等组织，在汇集人才上发挥了很大作用。

与政府主导的纺织业无关，涩泽利用当时多少与国外有关联并开始发展的民间经济网络，了解海外技术的发展现状，这对涩泽来说是幸运的。在英国，纺纱工厂都是 5 万锭、10 万锭的规模，考虑到日本贫穷的国情，也需要 1 万锭以上的工厂，为此所需的资本是为了没有实现的铁路出让计划（参照第三章）而收集的华族资本，他们利用转用于其他事业后剩余的金额，再加上公募的资本进行筹措。此外，还必须要加入棉纱商人，使用的动力要考虑水力，为了使用原棉，还必须要对原棉进行调查。以上这些构想的轮廓迅速确定，这一点非常棒。推进这一事业的中心人物必须是精通纺织技术且懂英语的日本人，这也是其中的重要内容。涩泽也认真考虑过必须要从对外国技术人员的依赖中摆脱出来。

涩泽说，山边丈夫之所以成为候选人，是在涩泽手下从事东京海上保险工作的津田束推荐的，因为山边是明治有名的启蒙思想家西周①所创办的

① 又名“西周助”，兼具汉学与兰学功底的教育家。“哲学”这一汉字词，便是他最早从英文中翻译过来的。

私塾里的优秀人才。山边原本是津和野藩的藩士[①]，自年轻时始，其才能在藩内就受到人们的关注。明治维新后受藩命[②]选中，前往东京学习西洋学，废藩后暂时返乡，接受金禄公债[③]的支付后移居东京，进入西周的私塾进一步钻研。津田在那里与山边成为好朋友。据说山边刚刚新婚还没过三天，津田就去山边家拜访，俩人互相讨论。山边的妻子定子说，山边一直愤慨于日本手工纺织棉业的贫穷，所以津田也知道这一点，这或许就是津田向涩泽推荐山边的原因吧。当时山边是旧藩主养嗣子[④]亀井兹明的英语教师。兹明于1877年8月赴伦敦留学时山边是同行人员，与涩泽取得联系时，山边正在伦敦大学学习保险相关的知识。涩泽接受了津田的推荐，立刻行动起来，去拜访山边的生父清水格亮，讲述纺织业的计划，并确认山边能否成为该计划的中心人物。同时，涩泽给三井物产伦敦分店的老朋友笹濑元明写信，委托他与山边谈判。在1879年（明治十二年）4月29日至6月4日的山边日记中，有与父亲格亮和津田关于“涩泽委托的谈判”的书信往来的记载，在6月19日的日记中还有关于“来自日本涩泽的特别书信”的记载，所以这个时期山边收到了父亲和津田的试探性书信，再加上与笹濑的接触，山边回信答应接受。6月19日，山边收到了涩泽寄出的正式委托书，并于1879年中期，决定成为新事业的中心人物。

然而，山边虽愤慨于日本棉业的技术落后，但却没有纺织实务的经验。他确实会英语，却不能说他精通纺织技术，但却比涩泽要好，毕竟涩泽只知道“在欧洲，动力的构造不同，听说有通过蒸汽使之运转的方法”。即使如此，但要成功引导大阪纺织厂这个比“2000锭纺织”还要大规模的工厂

① 大名或藩主的家臣。

② 藩主或藩的命令。

③ 日本明治政府在废除华族、士族的俸禄制前，作为其俸禄的替代品而支付的代金券，于1876年公布发行条例，支付对象达31.3万人，总额高达1.7亿余日元。与“秩禄公债”不同。

④ 日本旧民法中具有户主继承人身份的养子。

完成作业，对于完全没有实务经验的山边来说，短期内是否真的能够成功，大家都对此抱有强烈的质疑态度。可以说，涩泽选择山边作为中心人物，给人一种非常大胆且想要赌一把的感觉。

接受涩泽的提议后，山边立即放弃经济学专业，转到国王学院开始学习机械工学，对此，山边一直在强调。即使这是事实，其效果如何也会让人有疑问。6月19日，山边决定从事纺织业。8月2日，他离开伦敦去了曼彻斯特，因此，即使7月在国王学院听了课，也难以让人相信仅仅一个月的机械工学的学习会对之后的他具有重大意义。于是，山边决定在兰开夏的纺织工厂里支付礼金，作为学徒进行见习。涩泽接受了他的决定，并立即汇出了相当于150英镑礼金的1500日元，可见，在涩泽看来，山边的这一决定多么重要。山边在兰开夏北部的棉业小镇布莱克本的布里格斯工厂工作，对他而言，所学到的知识和经验非常重要，毕竟他回到日本后要成为经营者。

当然，山边从1879年9月到次年4月在布里格斯工厂工作，那么他究竟获得了多少技术知识呢？事实上，正如笔者在第一节第3部分所讲述的那样，从美国南北战争时期的西欧对“原棉饥荒”的技术应对开始出现了一系列技术的变化，我们要重视这些技术变化的结果，这就与先前的疑问联系在了一起。如打棉机的例子所示，营业领域的人通过视察和经验者的建议所订购的机械，能够简单地解决技术人员茫然不知所措的难题，正因如此，山边才能在极短的实习掌握必要的知识。笔者想说，如果15年前，五代他们第一次去奥尔德姆的时候，山边就在兰开夏见习的话，或许日本纺纱就不会是这样曲折的情况了。此处不是贬低山边，而是想说他在兰开夏工作的短期内的确学到了19世纪80年代在日本经营纺织业的人需要知道的事情。笔者想在本节的第2部分讨论山边从兰开夏带来的技术和工厂组织是如何支撑大阪纺织的成功的。山边决定在兰开夏工作，涩泽立即批准并汇款，笔者认为这是冒险经营者招募过程中用任何事物都很难换来的幸运决定。

1880年（明治十三年）7月12日，山边回国，并马上访问涩泽，着手制定工厂的具体计划。在涩泽的工作方针中，使用的动力是反映当时风潮的水力，因此比起决定工厂选址，更有必要先确定水力源。从1880年年末到1881年年中，他们陆续对矢作川、木曾川、宇治川、纪之川、吉野川等比较有价值且显眼的河流做了考察。结果发现从这些河流获得经济上所需的140~150马力是不可能的。在1881年10月的股东会议上，他们决定将水力动力转为蒸汽动力。很幸运的是，由于对水力的放弃，工厂选址的制约得到了缓和。由于“大阪是自江户时代就有棉花、棉制品的中心市场，在工人招募方面也很容易”，所以，最终他们借用了位于西成郡三轩家村的上之町的木津川沿岸的官有地4800多坪①，于1882年3月28日获得大阪府的许可(《百年史・东洋纺织》)。选择靠近大阪湾的沿河地带建厂，是大阪纺织厂成功的重要原因。

在制订工厂计划的同时，1881年（明治十四年）5月，大川英太郎、冈村胜正、佐佐木丰吉、门田显敏4人被选为技术进修生。他们将山边在英国购买并翻译的《纺织书》手稿各自抄写，并带在身边。最初在爱知纺织厂，9月到桑原纺织厂，1882年7月开始在玉岛纺织厂，就这样，他们到当时开工的2000锭纺织厂轮番学习，亲身参与实践纺织厂的机械修缮组装作业，并与从《纺织书》学到的知识进行对照，进行实习、研究，当他们于1882年11月回到三轩家的工厂时，他们似乎非常自信“已经成为日本一流纺织技师”（冈村胜正谈话）。

根据山边的选定，印度棉用的走锭精纺机（700锭 ×15台）从普拉特兄弟公司订购，锅炉和蒸汽机向哈格里夫斯公司订购，这些均于1882年通过三井物产订购成功。工厂建设从1882年6月开始，所订购机械从12月到次年4月全部到达。虽然机械已经到达，但进行安装指导的普拉特兄弟

---

① 日本度量衡的面积单位。用于丈量土地、宅地等的面积，1坪约等于3.306平方米。

公司技师尼尔德（Nield）却迟迟没有到达。从 11 月开始就一直待命的冈村，虽然想自己组装，但如果“只靠我们这些临阵磨枪的技师，无论如何都会感到不安”，这样反而无法完成组装，这与“一流技师”的自负形成了鲜明的对比。1883 年 1 月，尼尔德终于到达，在他严格的指导下，以冈村胜正等 4 人为主进行安装。不仅是安装问题，在作业后的耗材维修、细节调整等方面，仅凭《纺织书》的知识和短期的实习经验是不够的，山边和 4 位“技师”在遇到问题时，大多都会得到尼尔德的建议和指示，这似乎是他们对尼尔德技术力量的过高评价。不过，大阪纺织厂的作业之所以很顺利，离不开尼尔德的机械安装和维护指导的功劳，他的功劳的确很大。

1883 年 3 月召开了设立大会，大会决定藤田传三郎任董事长，松本重太郎、熊谷辰太郎任董事，涩泽荣一任顾问，藤本文策、矢岛作郎等任理事，相关的章程也得到批准。至此，大阪纺织厂正式设立。工厂于 7 月竣工，部分机械也开始运转，以逐渐增加纺锤数量的方式开始作业。作业的纺锤数量在 12 月达到 7000 锭，1884 年 4 月，全部的纺锤都可以作业。实现全部纺锤作业后，《百年史 · 东洋纺织》中这样写道：

> 6 月 15 日迎接来宾 180 余名，并举行了工厂的开业仪式。3 层红砖楼的近代工厂的壮观让大阪人颇为震惊。

表 5-4　大阪纺织厂初期的收益状况

<table>
<tr><th rowspan="2">决算期（半年）</th><th colspan="3">棉纱销售总额</th><th rowspan="2">当期纯利润（日元）</th><th rowspan="2">准备金（日元）</th><th rowspan="2">使用总资本利润率年率（%）</th><th rowspan="2">缴纳资本金利润率年率（%）</th><th rowspan="2">红利率年率（%）</th></tr>
<tr><th>数量（贯）</th><th>金额（日元）</th><th>价格（日元/捆）①</th></tr>
<tr><td>1883（明治十六年）下</td><td>17,647</td><td>36,360</td><td>98.9</td><td>11,191</td><td>2,000</td><td>5.7</td><td>8.4</td><td>6.0</td></tr>
<tr><td>1884（明治十七年）上</td><td>53,498</td><td>101,649</td><td>91.2</td><td>43,138</td><td>13,300</td><td>19.2</td><td>30.8</td><td>18.0</td></tr>
</table>

（续表）

决算期（半年）	棉纱销售总额			当期纯利润（日元）	准备金（日元）	使用总资本利润率年率（%）	缴纳资本金利润率年率（%）	红利率年率（%）
	数量（贯）	金额（日元）	价格（日元/梱）①					
下	89,898	163,351	87.2	43,480	13,743	15.7	25.9	18.0
1885（明治十八年）上	53,716	116,893	104.5	16,969	2,700	5.3	6.6	10.0
下	101,780	190,129	89.7	24,437	5,000	6.6	8.7	12.0
1886（明治十九年）上	96,200	170,664	85.2	33,298	5,257	9.3	11.1	8.5
下	188,776	317,782	80.8	86,841	26,600	21.4	28.9	16.0
1887（明治二十年）上	273,445	437,996	76.9	144,903	45,800	33.4	47.8	26.0
下	278,929	588,817	101.3	200,845	61,600	36.5	60.8	34.0
1888（明治二十一年）上	270,258	600,941	106.7	210,366	123,000	35.6	56.1	36.0
下	328,957	662,335	96.6	166,414	55,000	21.7	31.7	30.0
1889（明治二十二年）上	387,026	710,678	88.8	141,839	47,500	16.6	24.9	27.0
下	383,868	712,416	89.8	175,530	55,000	16.4	29.3	20.0

注：准备金 = 本期准备金

缴纳资本金的利润率 = 本期纯利润 ×2/ 缴纳资本金

红利率 = 红利 ×2/ 全额已缴纳股份资本

（出处:《百年史・东洋纺织》上，1986）

就这样，在日本罕见的采用股份制度的纺织大企业开业了。在股东构成方面，华族持有的股份为 38%，如前所述，这是返还的东京 - 横滨间铁路出让的铁路组合向政府缴纳的上缴金的一部分。这笔钱被涩泽使用的恰到好处，他自信地推进了这一事业，大阪纺织厂也的确受到了世人的承认，但华族们并不是积极的事业主。虽然公司经营状况良好，但他们对后来增

① “梱”是日本棉纱出口时的常用单位，与“bale”这一英语词汇挂钩，1 梱大致是 400 磅。

加资本几乎没有任何反应。关于华族以外的股东，高村直助指出："值得注意的是，第一，作为 50 股以上的大股东，益田孝、大仓喜八郎、松本重太郎、藤田传三郎等政商性质很强的有力实业家位列其中。"这说明大阪纺织厂以涩泽为中心，且在与新政府有关联的资深财界的有力实业家们的主导下成立的公司。然而，"第二值得注意的"是大阪股东的范围比较广，人数占全体的 60%，股份数占 31%（东京除去涩泽为 17%）。高村指出："虽然大阪是江户时代日本的经济中心，但在经历了幕末维新变动的明治前期，大阪却极其'守旧'且对进军新工业领域极其消极。然而，如此广泛的集结之所以成功，是因为涩泽的有力的说服、华族的大幅出资、政商实业家的参与，它们以相辅相成的方式唤醒了大阪商人沉睡的活力。"

占比 60% 的大阪股东是支撑大阪纺织厂未来的阶层。但是，在国际标准为 5 万锭、10 万锭规模的时代，以 1 万锭规模出发的大阪纺织厂，要想在国际竞争中生存下去，不仅要以这个规模取得成功，还背负着不断地增加资本、扩大生产规模的宿命。高村分析说：

> 关键在于刚从沉睡中醒来的大阪商人的出资，但是能让他们接二连三增加资本的只有高额红利，其红利需要超过当时相当高的日本的利率标准。（高村直助，1971）

重要的是，大阪纺织厂的运营不仅要成功，而且必须从一开始就要实现高额红利。事实上，大阪纺织厂在营业的 1883 年下半年，其红利率就达到了 6%，1884 年上半年为 18%、下半年也是 18%，如表 5-4 所示，顺利实现了高额红利。经过多次增加资本，1886 年 6 月的纺锤数量达到了 11320 锭，1889 年 12 月达到 61320 锭，规模不断扩大。它的成功与"2000 锭纺织"形成鲜明的对比。接下来让我们从技术角度来考察它的成功是如何实现的吧。

2. 大阪纺织厂成功的技术原因

迄今为止，关于大阪纺织厂成功的技术原因可以说有很多，其中主要原因列举如下：

* 超过 1 万锭的大规模经营的股份公司。

* 山边采用普拉特兄弟公司的印度棉用走锭纺纱机。

* 尼尔德优秀的技术指导。

* 山边在兰开夏的实习和 4 名纺织学生实习所学到的周全的技术储备。

* 放弃水力，采用蒸汽机动力。

* 选址位于大阪。

* 采用昼夜两班制。

所有这些都是事实。笔者在大约 20 年前也承认了它们的重要性，但向设备进口比重较大的不发达国家进行技术转移确实存在困难。其中之一就是，为了设备的顺利运转，首先需要确认与设备运转有关联的、可以作业的最低限度的机械工业的存在。基于此观点，笔者认为选址大阪是非常正确的选择。而且，与“2000 锭纺织”相比，笔者认为山边和 4 名纺织学生的作用非常重要。但是当时，笔者认为“2000 锭纺织”的辛苦主要是在机械工业不发达的农业国操作纺纱机的辛苦，并没有将其看成是想用长、中纤维棉用纺纱机纺短纤维棉的辛苦。另外，笔者对兰开夏棉业的印度棉纺纱技术开发及其以后的发展，也没有在本章第三节中进行论述。因此对于在鹿儿岛纺织厂进行第一次技术转移时艰苦斗争的问题，从大阪纺织厂开始的兰开夏的第二次技术转移是如何带来新的观点，又是如何解决问题，为什么能够引导划时代的发展，对此，笔者还没有真正给出有说服力地解释。

在这一点上，笔者想关注的是接替回国的山边、于 1880 年（明治十三年）到英国留学的荒川新一郎的观察和报告。荒川是前长州藩士，在藩立海军私塾修习英语、数学、三角法[①]后，进入工部大学学习机械工学。1879年毕业，并于当年被选为山边的接替人选，于1880年“为了学习纺织技术”到英国留学。荒川先后在“曼彻斯特工艺学校纺织科、格拉斯哥专门校纺织品科学习，并按学制进入实习工厂，包括利兹地区的8家公司、曼彻斯特地区的4家公司”等共25家公司参观、实习（绢川太一，第2卷）。他于1883年回国，当年正是大阪纺织厂机械组装安装的年份，于是，他很快就成为农商务省的公事人员。荒川在以教育和工厂实习相结合而闻名的工部大学接受了比山边学习时间长得多的机械工学的基础教育后，以同样的方式学习了3年的英国纺织业技术知识。荒川在英国留学时期所写的观察报告是十分珍贵的，因为通过它可以确认当时日本棉业技术方面他到底从英国学到了什么。

荒川新一郎最系统地讲述了他在留学中学到的东西，是在第四章中也提到的1885年（明治十八年）成立的“蚕丝织物陶漆器共进会”。共进会中，第二区第二类棉纱部门也和织物部门一样，举行“讲话会”和“集谈会”。在6月11日举行的讲话会上，荒川发表了题为《本邦纺织业者作业要诀》的演讲。在同一部门从13日到15日举行的“棉纱集谈会”上，在14日展会结束的时候，他也进行了演讲，这次演讲主要面向在日本的车间辛苦工作的从业者们，是对11日讲话会的演讲的总结，并在其基础上添加了实践性的补充内容。接下来笔者以讲话会的演讲为中心进行介绍，特别是关于工厂作业的部分，加入集谈会的演讲，以分析的形式进行讨论。演讲的主要部分是对共进会上展出的包括大阪纺织厂在内的15家机械纺织厂的纱线和卧云纱线（图5-11说明）的审查印象的讲述，荒川表示，虽说其中有不合规格的粗制品，但对于不懂“纺织正则”的人们来说，不得不说这是意外的上成品。

---

① 即三角学。数学的一个分支，以三角形的边和角的关系为基础，研究三角函数、几何学图形量的关系和在测量等方面的应用。

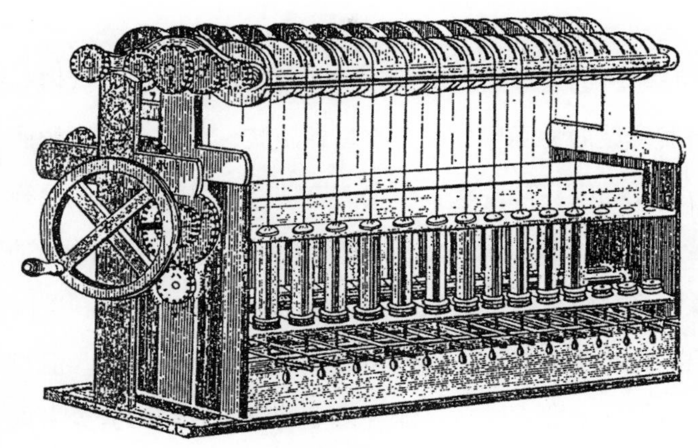

图 5-11　嘎啦纺纱机

在明治十年第 1 届日本国内劝业博览会上展出的卧云辰致发明的纺纱机械，原理上与手工纺纱相同，但它将多个相当于纺锤的棉筒同时旋转，是飞跃性地提高生产率的独创发明。由于其棉筒会发出“嘎啦嘎啦”的声音而被称为“嘎啦纺纱机”。当时的日本木匠都会简单制作，再加上没有专利的发明保护，在博览会之后嘎啦纺纱机就被广泛地模仿，引起了一股热潮。共进会召开的时候是嘎啦纺纱机的全盛期。荒川所称的“卧云纱线”，在棉纱集谈会上所称的“嘎啦纱线”，都是用图 5-11 的机械纺成的。因为纱线很弱，所以多用于纬纱。

（出处:《明治十年日本国内劝业博览会展品解说　第四区　机械》）

而且，他还指出了包括大阪纺织厂在内，它们的纱线与英国的纱线相比有明显差别。所谓的“纺织正则”究竟是什么？对此，笔者想介绍一下荒川新一郎见到的英国棉业的现状，同时解释一下关于“纺织正则”的问题。接下来，笔者按“棉絮（棉纤维的性质）”“工厂组织”“作业优劣”三个主题进行论述，并按照“棉絮与纺织”“工厂组织与机械作业”的两部分进行介绍。

◆ 棉絮与纺织

首先，荒川新一郎清楚地指出了用于机械纺纱的可用棉絮和不可用棉絮的性质。

在全部用于纺纱机械的棉絮中，其纤维长且柔软，保持天然的弹力，不会丧失固有的黏着力，长短无差别，刚柔不混杂，此棉质为良品；而纤维短、棉质发硬、弹力和黏着力都很弱，且长短不一，刚柔混杂，此棉质为差品。

其次，荒川自己通过显微镜观察到的观察记录。用显微镜观察一根棉花纤维，会发现截面为圆形的长纤维呈螺旋状。即使从两端拉成笔直的直线状，松开后立马恢复螺旋状。棉花的这种性质是我们把多根纤维一边拉伸一边捻合在一起，最后紧紧地缠绕在一起并形成一根纱线的根据所在。荒川用显微镜观察每根纤维的例子，解释了为什么埃及棉和美国棉最适合纺纱，但织出的布触感很凉；为什么日本棉最不适合纺纱，但织出的布却是温暖的。虽然这是非常浅显易懂且重要的纺织入门，但更为重要的则是接下来的内容。

其棉质不同时，器械的制作也必然不同；器械制作不同，其纺出的纱线也必然不同。

配合棉花选择机械、选择配合机械制作的纱线是纺织的根本。但当时日本人不知道世界上有多少种棉花，认为只有日本棉才是棉花，空想着纺出原棉和机械都做不到的纱线。为此白白地“浪费脑力”的人，大有人在。这也是从堺市纺织到“2000 锭纺织”的艰苦斗争的核心，虽然表现有些过于严格，但的确可以做出解释。在此基础上，笔者想通过分析荒川所制的 4 个表谈一谈从事纺织业的人们必须知道的关于棉的性质与纱线种类之间的关系。

第一个表是可纺纱线的支数及最适合纺出它的棉花纤维长度的对照表。将原表中的分数表示换成小数点表示，作为表 5-5 列出。从 10 支（0.72 英寸）到 350 支（1.50 英寸）都在该表中详细地显示出来。如果试着找出和日本棉有关系的最初值，就会发现第 10 支（0.72 英寸）、第 12 支（0.75 英寸）、第 16 支（0.81 英寸）、第 20 支（0.84 英寸）。第二个表是全世界棉花种类及其纤维长度的表。迄今为止，使用的埃及棉和日本棉的纤维长度从该表中可以找到。由于该表有点大，笔者并没有全部直接采录。取而代之的是，以荒川亲自用显微镜观察的几个棉花样品做成的第三个表为基

表 5-5　棉花的纤维长度及最佳纺出支数

棉纤维长度（英寸）	最佳纺出支数（支）
0.72	10~11
0.75	12~13
0.78	14~15
0.81	16~18
0.84*	20~22
0.875	24~28
0.91	30~32
0.94	34~38
0.97	40~48
1.00	50~55
1.04	60~65
1.06	70~75
1.09	80~95
1.125	100~110
1.16	120~130
1.19	140~150
1.22	160~170
1.25	180~190
1.28	200~210
1.31	220~230
1.34	240~250
1.375	260~270
1.41	280~290
1.44	300~310
1.47	320~340
1.50	350

* 若将荒川原表的分析表示设为小数点表示，则这里为 0.90，明显为异常值。因此，采用了前栏 0.81 和后栏 0.875 的中间值 0.84。

（出处:《蚕丝织物陶漆器共进会审查报告〈第二区第二类棉纱〉》，1885）

础，再加上第二个表中的亚洲棉、日本棉等的纤维长度，具体如表 5-6 所示。对照表 5-5 和表 5-6，我们可以看到，在用某种棉花作为原料时，最好清楚它可以纺出哪个支数的纱线。日本棉中的上等品的纤维长度为 0.75 英寸，所以比较合适 12 支。当然，12 支这个值是其最容易纺出的纱线的标准，因为该支数前后的纱线也可以纺出，所以大阪纺织厂使用最上等的“阪上棉”，主要生产 10~16 支，这几乎就是荒川所说的最合适的选择。

表 5-6　世界棉花种类和纤维长度

产地	棉花的种类及等级	纤维的平均长度（英寸）
北美洲大陆	新奥尔良棉、陆地棉	1.02
美洲海岛（大西洋沿岸）	“最长纤维”棉	1.60
南美洲	巴西棉	1.17
埃及	埃及长绒棉	1.41
印度	本国品种	0.90
同上	美国品种 *	1.08
同上	海岛品种 *	1.50
同上	苏拉特棉、马特拉斯棉	0.92~0.93
亚洲东部	暹罗品种、安南品种	0.875
同上	日本和中国品种　上等	0.75
同上	同　　　　　　　中等	0.625
同上	同　　　　　　　下等	0.40

* 在印度栽培的美国棉、海岛棉[①]。表记按照原文。（出处：与表 5-5 相同）

经过这样的考察，最后第 4 个表显示的是“与各国产棉的资质相适合的棉纱号（此处应为支数，笔者注）”。这个表涉及的内容多种多样，甚至出现了笔者无法说明的棉花种类，所以笔者并未采录。唯一需要指出

① 原产于美国南、北卡罗来纳州和佐治亚州沿岸海岛的一种优质棉，其纤维细长，有丝绸般光泽的高级品。

的是，“最好的海岛棉”从 120 支以上开始，“士麦那棉[①]、非洲棉、波斯棉[②]”，是从 10~16 支，日本棉则完全没有登场。在表的最后写的是“日本 - 中国棉、暹罗[③]棉、安南[④]棉”等一起作为“最下等棉纱”。日本棉与这些棉一起形成了可以总称为“东亚棉”的棉花种类，最适合该棉花种类的纱线是作为“最下等棉纱”的极粗纱线。可以看出，在西欧发达的近代棉业的原棉产出 - 纺织地理中，形成了可以称之为“边疆”的地区。但日本棉纺就是历经“2000 锭纺织”的艰辛到大阪纺织厂的成功的一系列过程，在这样的历史地理条件下发展起来的。笔者想写的是，在这个地区最早成功的机械纺织厂就是“大阪纺织”。但据说在中国的洋务运动[⑤]中，左宗棠早在 1880 年就建立了兰州纺织厂。值得注意的是，中国兰州和日本大阪先后在 19 世纪 80 年代初开始的机械纺织，是西方“近代棉业的地理边疆”的兴起，其意义重大。还有一点值得注意的是，荒川并没有说中国和日本棉是差的棉花。相反，他反复强调的是，因为日本棉的这种性质，所以纺出最适合这种性质的纱线是很重要的，勉强制造与进口纱线一样美丽的细纱是“白白耗费脑力”的行为。这一点在棉纱集谈会上也得到了贯彻，与大阪纺织的门田显敏联手，荒川主张要贯彻粗纱纺制技艺。在这一领域，日本棉的这一性质也作为优点而出现。以用走锭纺纱机纺日本棉时无论如何都会出现的纤维结和“西洋棉纱染色差”为例，在将纱线做成织物时，纤维结可以减少摩擦对布料的消耗，使其更耐用，同时使其穿着的感觉更暖和。另外，日本棉纱与西洋棉纱相比，具有蓝染更好的优

---

① 又称“士每拿”“斯米纳”等，古地名，今土耳其境内。

② 今伊朗地区一带。

③ 今泰国一带。

④ 今越南一带。

⑤ 又称自强运动或自救运动，是 19 世纪 60 年代到 90 年代中国晚清汉官以“自强”“求富”为口号所推行的近代化运动，以李鸿章、曾国藩、左宗棠等人为代表，主张引进西方的军事装备、机械工业、科学技术等以挽救清朝统治。

点，同时，通过贯彻最适合日本棉的粗纱，可以对抗西洋棉纱。

对棉纤维长度、纱线支数和机械的关系的认识，应该说是纺织技术的基础，但作为日本人来说，只有在兰开夏实习过才能正确地学习纺织技术，这是第二次技术转移带来的最重要的信息。作为纺织品原材料的棉花可以通过机械纺成纱线，对这一过程的思考，以及第一次技术转移中的反复试验，虽然从经验上知道这是个问题，但是却不知道该如何解决。第二次技术转移很好地厘清了这些关系并给予了合理的解决，由此，日本的机械纺织业才有了发展的立足点。当然，作为兰开夏第一批留学生的山边，即使没有荒川那么系统的知识，也确实带回了与荒川同等程度的对纺织技术认识。

◆ 工厂组织与机械作业

综上所述，在明确了纺织技术的基础问题之后，荒川开始解决工厂组织和机械作业的问题。在此笔者想综合介绍一下荒川在讲话会和集谈会上的演讲。

在开头，荒川提出了“生产得失”与“经济利害”的对照问题。他指出，所谓创办一个事业，不单单是生产出东西即可，而是通过卖出它来提高利润。因此，工厂的计划和组织是在综合了“如何生产出能卖出的产品”的观点和“如何在经济上有利”的观点的基础上成立的。他也指出，迄今为止日本的做法只偏向于前者。与鹿儿岛纺织厂成立以来的努力形成对比，荒川在兰开夏的工厂学习的现代工厂组织，既是生产优质纱线的体制，也是原封不动地生产出最为经济化的纱线的体制。

在技术远低于兰开夏的日本，如何才能实现这样的工厂组织，荒川首先从阐明人们的技术自卑开始。

西洋机械之所以不能很好地使用，是因为自己不了解“机械原理”，这是聚集在棉纱集谈会的成员们的固有观念。棉纱集谈会的第一天，全体出席者报告了自己纺出的纱线及其销售情况，市川纺织的栗原正信发言说：

从市川纺织厂创业至今，大约2周年的营业都非常困难，充满了不愉快，没有1天愉快安乐的日子。怎么说呢……第一是机械运用上的困难，第二是产品销售上的困难。

正如栗原的发言所体现的，机械驾驭的辛苦、生产出能卖出的产品的辛苦，在一直不断地被谈论着（《棉纱集谈会记事》）。以此为契机，当天的后半部分的会议，出现了不了解纺织原理、不了解机械构造、想要模范工厂和巡回教师、希望有教授技术学理的学校等意见。受此影响，荒川在第二天的演讲中恳切地耐心地说明了纺织机械虽然非常精巧，但其操作并不像大家想象的那么困难，反而非常容易。他说道：

我最初在曼彻斯特学习机械和实习，虽说在工部大学学习了7年，也很难理解纺织机械。但是，一旦一点一点地了解了机械构造，就明白了正因为如此精巧地制造了机械，人们利用这台机械生产纱线的工作就变得非常轻松。事实上，昨天诸位说对机械一无所知，但是你们不是都在用机械生产纱线吗？

荒川认为，即使不容易理解纺纱机械，纺纱技术也很容易掌握。对此，他提出了掌握技术的目标：

诸位，纺制棉纱的要领有两点：其一要知道机械的情况并活用它，其二是检查棉絮的好坏并利用它，绝对没有什么其他奇法。

不过，在提出以上两点时，他同时也提到了一个前提，即“要熟悉机械性理，不要弄错装置的准绳”(《棉纱集谈会记事》)，这个前提断然不能忽略。如果机械严格按照发挥其功能所需的安装标准进行安装和调整，那么剩下的就是这两点了。荒川的逻辑告诉我们，他不是通过强调操作的简易性来阐明人们的技术自卑，而是基于对一系列专用机械的制造技术达到所谓的“标准化阶段”时工厂组织的变化的准确观察。

也就是说，荒川所实习的兰开夏，经过笔者在第三节中叙述的技术变化，大型自动走锭精纺机在中低支领域已经不需要熟练工的补充，成为标准化的工厂用设备。在这一阶段，制造机械系统并将其完全运转，其作用在于将机械系统转移到工程公司，而制造工厂的作业则由精通技术的少数人的指挥和所谓的半熟练工的分工组成。熟悉机械原理及其构造，确保其按照设计自动运转，并将其运转系统转移给工程公司的员工。从这个角度也能理解尼尔德“装置的准绳”般的指导在大阪纺织厂所起的作用。荒川反复表示，在自己工作的兰开夏及其周边的工厂里认识的工人中，没有一个人知道机械的构造及其运转原理，也没有一个人能够对其进行说明。在工厂中知道并能够进行说明的只有“一年 3000 至 4000 日元”工资的管理者即工厂长一个人。在工厂的工作组织中以工厂长为领导，还有车间主任、工人等阶层，只要各个阶层都能很好地发挥作用，就能生产出好的纱线。但是，荒川认为，为了能很好地发挥作用，工厂长（管理者）、车间主任的资质很重要。

欧洲的纺纱业者……聘请工厂长、车间主任不辞高薪，必得有为人才而罢休，是真正懂得做生意的人。……工厂长制定机械的标准，提出制造的公则，统括全局；车间主任按照工厂长的指挥分担任务，而工人听从车间主任的命令，专任一技之责。从开始选棉到捆纱制作结束，几乎都由工厂长指挥。因此，只要制造的条例统一，人各司其职，生产的纱线必定精良划一，固不足怪

也。(《讲话会记录》)

读了这篇文章，感觉像是解释了大阪纺织厂的山边丈夫和大川英太郎等 4 人所自称的“一流技师”的作用。当然，山边是工厂长，大川等 4 人是车间主任。英国兰开夏的工厂长的普遍形象是，他们从 10 岁左右开始作为徒弟在机械工厂学习，积累了 10 年左右的经验后，转到纺织工厂，再积累 10 年以上的经验。在此期间，利用工作的闲暇，还会掌握数学和机械学的入门知识，而此时他们已是 30 岁甚至 40 岁以上的人，在机械和纺纱两方面都有着丰富的经验。荒川新一郎强调，本国的数学和机械学从来都薄弱。与这一经历相比，无论是山边，还是大川等 4 人，不管他们如何依靠《纺织书》进行集中学习和实习，在经验的多少上总会让人感到绝对的不足。但即便如此，大阪纺织厂的机械依然在顺利地运转着。这可能是由于他们能够依靠尼尔德来解决机械的微妙问题，同时，正如玉川宽治所指出的那样，大阪纺织厂的机械是印度棉用的，适用于纺织短纤维棉，即使在开发后的 20 年里，它也是“标准化”的机械。

荒川新一郎所称的“纺织技术之则”或“纺织正则”，是指工程公司的技师正确设定这些符合生产条件的机械后，由工厂长、车间主任、工人等工厂组织，以非常经济化的方式生产出优质纱线，或者应该称作是程序和诀窍。首先他非常重视“纺纱表”。尽管机械做了一切，但机械的设定必须根据使用的棉花和纺出的支数而改变。看了第一节第 3 部分中广濑的《近世纺织术》及其之后的纺织教科书，纺纱技术就像是为了设定各单位工序的机械而进行的计算集聚。例如，练条的工序是将梳棉工序中的几根梳棉条合在一起拉伸，根据合在一起的根数，决定总牵伸量，并据此决定各牵伸辊的间隔和牵伸量，为了调整辊的旋转速度，需要找出更换齿轮的齿数，并对每个都进行计算。计算式的大部分是按照简单的比例计算，所以不是多么难的工作。但是，因为每次作业的时候都需要计算，导致时间来不及，所以事先制作针对各种情况的计算表，参照此表进行机械设定比较好。

荒川说，欧洲工厂有根据多年计算的积累和经验修正其数值的打棉表、梳棉表、粗纺表、精纺表、捻度表、速度表等，结合使用的棉种和生产纱线的支数、用途，可以知道机械的设定值和该工序中纤维束和粗纱应该满足的特性值。虽然工人看不到这个表，但是车间主任持有自己岗位上的所有的必需的表，表中不足的地方由自己计算，据此可以告知工人如何设定机械的动作、在作业的时候要注意什么等。这就是荒川所说的"纺纱表"。车间主任使用自己负责的工序的纺纱表，进行必要的计算，给予作业者适当的指示，进行统率。车间主任的另一项重要工作是不时地对产品样品进行试验。通过将试验值与纺纱表对照，可以知道机械是否顺利地制造出好的产品，是否有什么不好的地方，这就像好的医生用器械诊断病人体内的病灶一样，荒川说"百发百中，一次都没有弄错"。通过产品检查来管理生产过程，这在今天的工厂中作为常识的方法在当时却被作为新方法引进。他还说："通过积累这样的试验值和作业结果的对照，不断将纺纱表修改得更为正确，是工厂长（管理者）的重要工作。"

另外，他强调的是机器保养的重要性。

> 我国的纺织者对待机械非常不热情，应该恭敬对待。如果所有的机械运转都顺畅，要经常注意润滑油的注入方法、金属是否发热、灰尘的清扫等，对缺损部分迅速进行修理，以上这些都非常重要。(《棉纱集谈会记事》)

荒川在讲话会上也热情地说道："这样做，机械可以平稳运转、耐用、产品质量稳定，工厂的收益也会提高。我以前也曾指出，'2000锭纺纱'的作业造成机械损坏多、损耗快，但机械维护的思想是摸索时代纺织业最欠缺的东西之一。”集谈会的演讲以如下的内容宣告结束。

> 再说一遍，从机械学的原理来看，全部学术的奥义，将来要向诸位的子弟学习，目前的救治之策主要是弄清楚纺织要则、机械处理、日常车间考察、按照西洋的方式制作纺纱表。可以好好学习这四点。(《棉纱集谈会记事》)

以上这四点也是纺织业第二次技术转移的潮流给日本带来的新认识。4 个纺织学生抄写了山边从英国带回并翻译的《纺织书》，并且通过在桑原纺织厂及其他地方实习时学到的知识与《纺织书》进行对照，看看《纺织书》上写了什么，却发现几乎从来没有写过这些新的知识，但是有玉川宽治收藏的《纺织机浑志》“天卷”“地卷”两册手抄本。写有“写于明治二十三年第五月”的这本抄本，光是这个时期和这种技术书通过笔写传播的情况就很让人感兴趣。但从该抄本的序言可以看出，笔写的原本好像是山边的《纺织书》。如果只介绍一下目录，大家就会发现车轴齿轮滑轮 1 分钟速度的算法，从与开棉器相关的算法开始，以下是打棉机、梳棉机、练条器、始纺机、关（间）纺机、练纺机的算法，然后结束了“天卷”。而“地卷”则是自动精纺机的算法、翼锭精纺机的算法，还有梳棉机、练条机、始间练三纺一体机，连同精纺机等操作上的诸表算法、计算纱线粗细的算法、经纬纱线捻度算法等。这些算法的确是以后纺纱计算法的先驱内容，与荒川所说的“弄清楚纺织要则、机械处理……按照西洋的方式制作纺纱表”的内容完全一致。荒川强调的大部分要点都是山边和 4 名技术人员在大阪纺织中所执行的。不过，荒川的讲话始终是讲话。大阪纺织厂的功绩是将其讲话内容与日本的劳动力相结合，以现实的工厂形式完成生产，从而实现高收益率。荒川的讲话指出像大阪纺织厂那样的模式在日本也能成功。

用股票筹集足够的资本，进口普拉特兄弟公司 10000 锭规模的印度棉用（短纤维棉用）纺纱机，在普拉特的技术人员的指导下进行安装。工厂长（在日本被称为“工务经理”）主要委派会英语且精通纺织技术的日本人担任（涩泽重视英语，可以轻而易举地到兰开夏吸收新技术），产品使用日本棉，以 10~16 支为主力，劳动者采用非熟练工为好，在采用现场技术人才时，要特别注意其资质和能力，熟悉纺纱计算法、采用昼夜两班制，等等，在明治中期的日本，大阪纺织厂的成功给人们留下了深刻的印象，可以说是在纺织业非常成功的商业模式。其中昼夜两班制并没有出现在荒川的演讲中。但这是实现高收益率的致胜关键。在先前引用的“冈村胜正谈话”中，当被问及“大阪纺织厂开始夜间作业的动机”时，冈村回答“最大的动机无论如何都是出于对股东们的考虑”。公司的资本金已定，股票的募集、缴费也结束了将近 3 年，终于开始投产了。股东们积攒了很多不满，所以从第一次开始就不得不提高利润，之前日本纺纱的生产额是英国每锭产量的一半，如果采取昼夜两班制的话，每锭的产量就会上升，利润自然就容易出现。

采用昼夜两班制的话，即使生产额翻了一番，劳动力的需求也不足 2 倍（相当一部分间接部门不需要晚上上班），还有工资的夜间补贴等额外的费用，单单增加 1 锭的产量，并不能说明就会有利润。实际上，通过夜间运行设备，生产设备的利用率翻了一番，大大减少了资本成本，提高了利润率。但是，考虑到产量和英国一样的话，才会有利润，所以决定实行夜间作业。结果，在资本稀少、劳动力富足的典型落后国家的条件下，日本却不是选择大幅提高资本利用率，取而代之的是投入大量劳动力的“合理选择”。高收益率的致胜关键是夜间作业。对此，冈村总结道:“总之，如果日本的纺织业没有实行夜间作业，绝不会有今天的兴盛。”虽然女性的深夜劳动后来遭受国际社会的批判，但是冈村认为，这一阶段如果不采用昼夜两班制，大阪纺织厂就不会成功。笔者对此也深有同感。

第三节　大阪纺织厂以后的纺纱发展

1. 机械纺织工业的爆发式发展

继大阪纺织厂成功之后，紧跟其后的是曾是“2000 锭纺织”一员的三重纺织。在涩泽荣一的援助下，用股票筹措资本，1886 年（明治十九年）11 月成立三重纺织公司，由造币局的技师斋藤恒三担任技术长，在四日市建设工厂，1888 年以 10440 锭（后来追加 3832 锭）开始营业，该做法完全以大阪纺织厂为原型。以此为开端，相继出现了钟渊纺织厂（1887 年）、摄津纺织厂（1889 年）、尼崎纺织厂（1889 年）等 10000 锭规模的众多新入股“株式会社”。虽然政府在 1880 年的经济危机中放弃政府主导姿态，转而把制造业交给民间资本，但眼睁睁地看着大阪纺织厂的惊人成功案例，遂决定开始投资纺织业。

对于政府投资纺织业的增长有以下几点值得注意。第一个要点是，不仅是新加入者，还有之前就苦苦挣扎的“2000 锭纺织”，如之前表 5-2 所示，过半数的企业使业绩好转，以上面提到的三重纺织厂为龙头，涩谷（堂岛）纺织厂（10864 锭）、玉岛纺织厂（11000 锭）、名古屋纺织厂（9000 锭）、广岛纺织厂（7000 锭）等，出现了一批大幅扩大设备规模的企业。高村直助分析了“2000 锭纺织”的复苏现象，明确了使用中国棉时原料价格下降、昼夜两班制的实施、引进新设备提高生产率等的贡献。特别是引进了新设备的企业，会迅速提高生产率，这表明适合短纤维棉的、容易使用的纺纱机和对应的工厂组织的作用之大（高村直助，1995）。值得关注的第二个要点是，在包括“2000 锭纺织”的复苏在内的这种依赖于进口纺织设备的大发展的背景下，在当时正在发展的传统纺织业中，有寻求“以日本棉为原料的纺制纱线”的机遇。从 1884—1889 年棉纱价格的推移来看，高村指出，大阪纺织厂的纱线价格无论是进口三类纱线（24~16支），还是进口印度纱线，都一直处于领先水平。尽管如此，大阪纺织厂的纱线还是卖光了。甚至卖得比当前竞争对手的西洋纱线还贵，这说明它在品质方面必然有比西洋纱线更好的地方。比起白木棉纱布织造地区，大阪纺织厂创业时的纱线更受条纹（缟）、碎点花纹（絣）等织前染纱棉布织造地区的欢迎。

> 销售额最多的是东京，其次是尾州、大阪、越后。而东京的销售业务兼有附近各地的织场及奥州地区，是将来最受期待的销路。像尾州那样多用细纱作经纱。

这是第一次业绩考核报表中的内容。除了作为纺织厂所在地的大阪，在第四章分析了利用进口纱线带动初期发展的地方的埼玉、西东京、尾西等以条纹、碎花纹等为中心的织前染纱织物地区。包括这些地区在内的织前染纱棉地区的西洋纱线的接受方法中似乎有应该考虑的问题。

在《棉纱集谈会记事》中，对于纺织业者如何使用纱线、要求用什么样的纱线，现在来说，关于用户质量要求的讨论正盛。通过讨论浮现出的问题是，在这一时期，白木棉布织造地迎来“半唐物”[①]的全盛期，经纱是印度纱线，纬纱是嘎啦纺机纺出的纱线或手工纺出的纱线。国产纱线与任何纱线相比都没有价格竞争力，是既定的事实。对此，大阪纺织厂的门田显敏承认了这一事实，但国产细纱适用于“久留米絣”“爱知绀絣”为代表的碎点花纹布及其他条纹织物。“唐纱”[②]（西洋纱线）虽然价格便宜，但

> 染色不好，其染料相差三四成。现在和纱比唐纱贵145日元

① 本书第四章中提及的织物，半唐物也是一半为舶来品，一半为本土品合成的产品的一个俗称。

② 机械纺织的棉纱的日语旧称。

（相对于48贯），如果控制了染料一方的话，就会弃用唐纱，转而使用日本纱的织布业者就逐渐增加。

对此，有人指出，在织前染纱织物地区，西洋纱线的染色特性差，反而弥补了价格竞争中的劣势。

在后半段的讨论中，宫城纺织厂的菅克复断定“东奥①地区全都喜欢（日本国产②）纱线，讨厌西洋纱线”。虽然认为该理由或许会“产生误解”，但菅克复同时又列举了纺织业者对使用西洋纱线的织物的评价，即“保存不好、容易着火、蓝染不易上色又会很快褪色、接触皮肤冰凉、浸在水中变弱变细”等，得益于国产纱线没有上述情况的业界的评价，幸运的是，我们工厂的“不完美”产品也值得信任。市川纺织厂的栗原正信也证实了菅克复的发言，他说：

在山梨地区，因为西洋纱线染色不好，不能永久保存，所以纺出的纱线全部被认为是不好的，虽然刚开始很辛苦，但随着越来越理解国产纺纱并非如此，由此，机械商家的信用也提高了。

如第四章所示，随着松方正义的通货紧缩政策与纺织行业的收缩，这一时期的消费者对之前繁荣期的粗制滥造问题的不满，连同业界信用下降而反弹，纺织业者开始对西洋纱线的利用、人工染料的利用进行反省。在这一潮流中，染色不好也全部被认为是西洋纱线的性质所致，但从众多的议论来看，国产纱线即“2000锭纺纱”的蓝染费却格外便宜。这个问题在荒川的讲话中也被提及，荒川列举了7项可以想到的理由，但不太有说服

① 日本“令制国”行政区划下，对陆奥国（奥州）东边地区的称谓，大致位于现在青森县地区。

② 笔者注。

力，倒不如说，用不适合的走锭精纺机勉强纺短纤维日本棉的“2000锭纺织”的粗纱，比紧密整齐地纺出的西洋纱线更容易含有蓝染的染液。总之，曾经用进口纱线主导该地纺织业发展的条纹碎花纹棉布的织造地区，开始对西洋纱线的染色特性抱有疑问，他们期待日本棉纺制的纱线，这成为帮助初期大阪纺织厂的强大力量。

但是，这一时期没有持续太久。“蚕丝织物陶漆器共进会”的成立成为染色技术发展的转折点。这一点，笔者已经在第四章进行了论述。一旦推动染色技术发展，那由西洋纱线的“染色不好”所带来的相对优势就会消失。国内纺织业如果不通过提高生产技术获得与进口纱线同等以上的价格竞争力，就不可能有持续发展。

2. 生产技术——混纺技术与环锭精纺机的转换

在这一点上，作为大阪纺织厂成立后日本纺织业的技术进步，至今为止很多人关注的一是日本独特的混纺技术的发展，二是工厂设备从走锭精纺机向环锭精纺机的转换从早期就彻底地实现了。不过，关于混纺问题，虽然被强调为日本纺织业成功的要因，但笔者却没能看到具体说明它是多么优秀的技术的资料。例如，之前引用的冈村胜正的关于昼夜两班制的谈话如下：

> 在我们工厂开始夜间作业的同时，通过之前研究的优秀的混纺技术只在日本内地各地的优质棉及中国棉上取得了成功，而且使用的纺纱机是英国第一等新式机械。随着夜间作业的推进，很快就能够生产出英国每锭制额的两倍的纱线。（冈村胜正谈话）

冈村的谈话无疑说明了从大阪纺织厂在设立初期开始的生产，就使用了日本棉和中国棉的混棉，但是没有找到相关的资料说明使用的是日本的哪种棉，它和中国棉究竟以怎样的比例混合，以及如何生产出优质的棉花。

冈村谈话中“使用的纺纱机是英国第一等新式机械”这一部分显然是错误的，他们采用的是成熟的、标准化的印度棉用机械，这很适合日本的技术阶段和日本棉的使用，但当时的日本人肯定认为，这与旧式的“2000 锭纺织”不同，是因为使用了“英国第一等新式机械”，所以才会成功。“优秀的混纺技术”也有可能是同样的情况。

根据本章第一节第 3 部分中参照的广濑茂一的《近世纺织术》，混纺的重点是将纤维长度大致相等、价格不同的棉相混合，将各自优点相吻合的棉进行廉价制作，例如将新奥尔良棉（美国棉）和苏拉特棉（印度棉）混合，据说这样的原料价格比新奥尔良棉便宜得多，也不会增加工钱，而且几乎可以纺成与奥尔良纱线强度相媲美的纱线。这是一个令人信服的例子。但是，纤维等长是很重要的，即使混合纤维长度不同的棉花，在梳棉的工序中短的纤维也会全部被排除，所以只是白白地生产废棉。之后对于印度棉纺纱的准备工序是将纤维一一分离，彻底排除异物后再次收集，使纤维平行排列，最后除去短纤维，制成纤维平行度好的梳条，因此，这非常适合混棉作业。但另一方面，如果将纤维长度不同的棉花混合则是浪费。

> 熟练掌握混纺的人，巧妙地进行选择混合时，可以取得惊人的好结果，在技术上没有任何故障，在经济上获得巨大的利益。与此相反，如果放任无经验、技术不成熟的人相配合，他们只会为目前混合的棉花的廉价而昏眩。他们不考虑技术上的问题，结果却大大地招致了技术上的障碍，这不仅增加了散棉废纱线的量，而且产品也变得劣等了……。（广濑茂一，1903）

大阪纺织厂在 1885 年（明治十八年）以日本棉价格上涨、进口中国棉为契机，以后每年都增加中国棉的使用量。其理由主要是中国棉的价格比日本棉便宜 3/4 左右（高村直助，1971）。他们收到的中国棉虽然和日本棉是同一种类，但夹杂物多，所以纺纱厂更倾向于将其与“日本内地的优质棉”混纺。另外，由于中国棉和日本棉属于同一种类，纤维的性质和长度都没有差别，于是乎研究中日棉花的混纺在当时混纺技术刚刚起步的大背景下是最划算的。冈村的谈话应该从这个角度来解读。对于以即使比同台竞争的英国纱线和印度纱线贵也能销售的优越条件起步的国产纺纱业来说，之后随着国际、国内竞争的激化，作为不降低品质而降低原棉价格的混纺技术，成为企业经营的关键之一，结果各个公司将混纺的配置保密，因此，只剩下“细节不明”的“优秀的混纺”技术了。

如果是环锭精纺机的话，还可以再深入研究一下。繁荣的大阪纺织厂于 1884 年 6 月增资一倍，并追加增资 4 万日元，资本金为 60 万日元。1886 年 6 月启动了第二工厂，其设备包括走锭纺纱机 16800 锭、环锭纺纱机和环锭精纺机 4020 锭。正如第一节第 3 部分所述，普拉特兄弟公司从 1880 年开始销售自制环锭精纺机，但在兰开夏完全销售不出去，反而在向亚洲出口方面找到了出路。从时期上看，普拉特建议采用环锭精纺机，但山边先在小规模工厂进行测试，之后决定采用与否。继大阪纺织厂之后，三重纺织厂的斋藤恒三也于 1886 年 11 月开始，将原定当初从普拉特购买走锭 1 万锭的纺纱机的计划进行变更，购买了走锭机器 7000 锭、环锭机器 3440 锭。从这个时候开始，堂岛（涩谷）纺织、冈山纺织、下村纺织、长崎纺织、玉岛纺织等纺织厂“一齐订购同类型的环锭精纺机和其他纺纱机，对原有的希金斯公司的走锭精纺机进行替换和增设”，玉川宽治推测大概是因为普拉特兄弟公司方面积极推销的缘故（玉川宽治，1995）。回顾表 5-3，从 1885 年到 1890 年，普拉特兄弟公司的环锭纺纱机出口量逐年增长至约 4 倍。普拉特兄弟公司付出了相当大的出口努力是毫无疑问的，笔者也支持玉川的推测。

大阪纺织厂还决定于 1887 年 2 月建设 3 万锭规模的第三工厂，并增资一倍至 120 万日元，1889 年 12 月竣工的第三工厂全部设有环锭精纺机 3

万锭。这无疑是因为在第二工厂设置的环锭的业绩好，所以判断环锭机器比走锭机器更适合在日本作业。这一年，日本国内的环锭机器的数量超过了走锭机器，甚至出现了许多纺织厂加速新设环锭设备的潮流，到 1897 年（明治三十年），日本的环锭数量超过了 100 万锭。另外，新设的走锭机器除用于纺毛线或高支棉纱，将不再用于其他方面。至此，日本纺织业的主力设备就变成了环锭精纺机。可以认为，这种从走锭精纺机向环锭精纺机的转换，是决定之后到 19 世纪 20 年代为止的日本棉纱纺织业大发展的技术选择，对此，日本纺织业围绕其意义进行了多次讨论。

清川雪彦以代表走锭精纺机向环锭精纺机转换开始前的 1884 年（明治十七年）、代表开始后的 1890 年、转换成为大势的 1893 年 3 个时点，对各个时点的只有走锭机器的工厂、只有环锭机器的工厂、并设走锭机器和环锭机器的工厂的生产结构，以及使用月营业日数、日均作业时间、平均纺出支数、每天每锭棉纱的产量、女工比率、动力、男女工间工资差距这 7 个变量进行多变量分析，以确认生产结构是否能够检测出有意义的差异（清川雪彦，1985）。简单易懂地整理清川的结果就会发现：受从大阪纺织第一工厂开始的一系列技术转移的影响：① 包括“2000 锭纺织”在内，走锭纺纱工厂的生产结构得到了焕然一新的改善；② 在同一时期采用环锭的工厂，无论是只设置环锭还是并设环锭机器和走锭机器，在每锭棉纱的产量、平均纺出支数等方面，都比只有走锭机器的工厂表现得更好；③ 这种关系在 1893 年也没有变化，也就是说，采用环锭机器的工厂在这期间取得了最好的生产业绩。清川还表示，“选择环锭精纺机的本质在于，它是体现了新技术革新的性能更高的新锐机，从技术角度出发，即在日本的市场条件下，作为凌驾于走锭精纺机之上的新技术被采纳”，并对两种精纺机的劳动生产率、资本生产率、劳动集约度进行了探讨，选择环锭比选择走锭机器更具有一至三成的劳动密集度，而且由于设备的生产率高，结果显示劳动生产率和资本生产率都比走锭机器高。因此，清川得出结论：采用环锭机器是极为“经济合理的选择”。

清川的统计分析，特别是最后的部分，在这一时期的日本，环锭纺纱作业比走锭纺纱作业劳动密集度更高，而且由于设备的生产率高，所以劳动生产率和资本生产率都高。该分析是基于事实的实证分析，笔者认为，这一点非常宝贵。但是，清川随后驳回了三井物产和普拉特兄弟公司的共同推销推动了这一转换的解释，山边丈夫，以及斋藤恒三（三重纺织）、菊池恭三（平野 - 尼崎纺织）、谷口直贞（农商务省、钟渊纺织的工厂设计）等各公司的指导性技术人员亲自前往英国，主动采用环锭机器，业界普遍认为这一合理的技术选择是“日方主导”，并对此给予了高度评价。然而，清川认为这过度地评价了这一时期的日本技术人员，有点难以接受。清川所称的山边丈夫、斋藤恒三、菊池恭三、谷口直贞等技术人员，他们全权负责各公司的机械设备的购买并主动选择环锭机器，那么，他们在当时拥有怎样的能力呢？他们是优秀的机械工程师。日本纺织企业学习英国兰开夏的工厂长制度，建立了将技术全权委托给工务经理或技师长的制度，并给了他们该有的地位。但是，正如本章第二节第 2 部分中与英国工厂长的比较所示，他们在这一阶段的弱点是其纺织实务经验的绝对性不足。

斋藤于 1882 年从工部大学机械系毕业后，进入造币局，作为机械技师工作，在大阪纺织厂的蒸汽机安装方面发挥了作用。因此，在三重纺织厂成为有限公司的时候，他以在英国进行纺织实习的约定进入了公司。其 1886 年的英国派遣也是在“视察英国纺织各工厂”和“进入奥尔德姆纺织工厂进行实地研究”的同时，为了从普拉特购买机械而出国的（绢川太一，1936）。菊池也是同样从工部大学机械系毕业后，立志从事造船业，中途放弃后，作为辞职的斋藤的接班人进入造币局，在任职 5 个月后，他于 1888 年 7 月进入新设立的平野纺织厂，10 月进行实地研修，为了购买纺织机器被派遣到英国。他晚上去曼彻斯特技术学校，白天在普拉特介绍的纺织工厂，一边学习“往女工口袋里投入若干硬币”[①]的技巧，一边选定机械种类（绢川太一，第 4 卷）。2 人的共同点是，他们按照大阪纺织厂的模式，想要建设 1 万锭规模的工厂。首先，作为相当于工厂长的技术人员，他们招聘了工部大学机械系的毕业生，但是他们都有作为机械技术人员的经验，却完全没有从事纺织业的经验。委托这样的人选择掌握新工厂成败的纺织机器是大冒险，但除此之外并没有其他出路，这也是不发达工业国家的实际情况。因此，首先，选定者要在工厂体验实际业务，同时尽可能多地参观其他工厂，听取许多有实际工作经验的人的意见，进行选择是最安全的。而且，在这种情况下，能够安排实习的工厂和考查地的只有通过三井物产介绍的普拉特。

关于斋藤恒三，绢川太一曾写道：“最初三重纺织厂命令斋藤先生把第一工厂的纺纱机全部换成走锭机器。结果，他视察后看到了环锭机器的巨大优势，在斟酌后选择购买了走锭机器和 3000 余锭环锭机器”（绢川太一，第 2 卷），并留下了一篇文章，记录自己对当时的技术人员的“主体性”判断能力之高留下了深刻的印象。但是，最近发现的从伊藤传七寄给斋藤的九封书信（东洋纺社史资料室所藏）中，却明确了完全不同的事实。斋藤出发后不久，大阪纺织第二工厂的环锭机器的试行成绩非常良好，涩泽荣一亲眼看见了该作业，并接受了山边丈夫的详细说明，在确信环锭机器的优越性的基础上，三重纺织厂的董事会决定，减少 4 台预定订购的走锭机器，在空置的地方放入 10 台环锭机器，而这些操作全部都没有经过斋藤就决定了。这些书信的大部分，都是为了向斋藤传达这一事实，寻求确认，并商讨订货。值得关注的是，伊藤发来电报说：“如果你基于所有的目的来考虑纺纱机械之内‘环锭’是最好的话，公司就得只买‘环锭’。”斋藤回电说：“我不考虑，‘环锭’最好”，之后就确定购买 10 台环锭机器。

---

① 此处意思是“改善女工的经济状况”。

伊藤把最初的决定告诉斋藤之后，如果“环锭”是最好的机械，走锭是过时的机械的话，创立委员会决定此时全部选用“环锭”。伊藤询问了斋藤对此的意见，斋藤回答认为“环锭”还不是最好的，所以确定将“环锭”和“走锭”并设（阿部武司、村上义幸、井上真里子，2006）。在山边、斋藤、菊池、谷口这 4 人中，谷口直贞是唯一一个对纺织业有深厚知识储备、自信主动地选定纺织机器的人。他在开成学校就读期间，作为文部省留学生被派遣到格拉斯哥大学，修完机械工学毕业，回国后担任农商务省三等技师，并受东京棉商社的委托，负责钟渊纺织厂的纺织机器的选定和工厂设计。然而，他自信地选择的塞缪尔·布鲁克斯（Samuel Brooks）公司的 3 万锭环锭精纺机，尽管事先宣称能有 12000~13000 锭，但最终却没能超过 6000 锭，而且纱线的质量也差，致使钟渊纺织厂早期的营业成绩惨淡（绢川太一，第 4 卷）。比起谷口的主观选择，在小工厂测试环锭并确认其优越性的基础上采用环锭的山边和斋藤的慎重，却获得了更好的评价。

要评价他们的主动性，斋藤也好，菊池也罢，首先要做的是急于在普拉特介绍的工厂实习。和菊池一样，斋藤也在普拉特介绍的工厂里，并支付了 50 英镑的谢礼，实习了 3 个月。正如第二节所示，山边也是交了学费在工厂实习的。像荒川新一郎在演讲中所讲的那样，当时的纺织工厂在中低支纱线领域，与机械相关的技术大幅委托给像普拉特这样的工程企业，工厂则由工厂长和车间主任指挥着半熟练工进行作业，而他们指挥的重要工具就是纺纱计算。对于精通机械工学的他们来说，为了一边学习纺纱计算，一边学习将其运用到工厂的操作指挥上的要点，工厂实习是最合适的方式。但是，如果没有使用过的机械，其优劣就另当别论了。荒川说，即使在工部大学积累了 7 年经验，他也很难理解纺纱机械，这并非谦虚。正如斋藤发来的电报上写的“我不考虑，‘环锭’最好”，这也是不理解纺纱机械的一个例证。这只有在对纺纱机的使用有相当的经验的基础上才能够进行判断，对于初学者来说，要尽可能多地把信任的机械制造商的建议向有经验者征求其意见，但如果仍感到不安，就通过测试作业决定是否采用，这是很安全的选择。

在这样的工厂实习和调查活动中，商社的作用也是不容忽视的。之前提到与脏的印度棉相关的打棉机一事，是在以川邨利兵卫为中心的大日本棉纱纺制同业联合会（简称“纺联”）的印度棉调查团访问印度时发生的事情。该调查团由孟买的塔塔公司全力支持。把塔塔公司介绍给川邨的是香港的日森洋行。塔塔公司在安排日方到印度众多纺织厂的实地参观、调查听取，甚至在大阪纺织厂的原棉购买方面，都非常热情地给予关照。塔塔公司也告知他们说：“打棉机对于脏的印度棉的开棉是必不可少的。”纺联的报告非常出色，但同时也告诉大家，商社网络的合作对获取技术信息有多么重要。塔塔公司的热情不仅仅是善意，因为提供和获取准确的技术信息是机械使用者及其交易中介的共同利益，他们这样做可以确保长期交易的稳定。

不仅是纺织业，从这一时期开始，通过从外国进口设备、引进技术等方式，开始出现了各种各样的工业。在这些工业中，技术人员购买设备的方式也依赖于顾问和调查。本书第七章，正好论述的是从这一时期开始发展的造船业的情况，在该章中也能看到很多技术人员到海外去的身影。对于造船业来说，虽然网络在海运业的船舶购买方面发挥的重要作用稍有不同，但在解决新兴工业技术人员缺乏经验方面的作用却是一样的。在纺织业方面，笔者认为三井物产作为介绍咨询对象的代理人的作用，以及作为帮助企业共同利益的调查活动的机构的纺联的存在非常突出。清川认为，从走锭精纺机到环锭精纺机的转换，给日本的机械纺纱工业带来了一场技术革新。但是，必须强调的是，这一技术革新与作为世界棉业边缘的极短纤维棉地区和笔者所强调的东亚棉业的特性密切相关。

自鹿儿岛纺织厂设立以来，在以走锭机器为主要设备的机械纺纱的努力下，日本的机械纺织工业利用走锭机器的纺纱张力小，发展了对短纤维棉进行强捻来纺出极粗纱线的技术。在棉纱讲话会上，荒川的数据显示，在同一支纱线的比较中，国产纱线的捻度比进口纱线强三成。由于这种性质的纱线的生产会与走锭精纺机的生产特性相冲突，所以设置面积小且制作强捻的粗纱这一优点就是环锭机器的优势所在，在大阪纺织厂的比较试验中，肯定是作为无可争议的鲜明结果而出现的。不过，笔者有必要对环锭的优势作一个补充。玉川指出，环锭对于纤维长度在 0.75 英寸以下的棉花，即使是 16 支以下的粗纱，也具有不能稳定纺出的特性（玉川宽治，1997）。从先前荒川的调查数据来看，日本棉的高级品是 0.75 英寸，所以勉强达到了界限。但是，为了稳定地纺出更高支数的纱线，为了充分发挥环锭的生产率，希望使用长一点的纤维棉。从这一点来看，在荒川的测量中，苏拉特品种印度棉的纤维长度为 0.92~0.93 英寸，采用的是普拉特的印度用环锭，所以很早就开始关注印度棉的使用是理所当然的。

1889 年（明治二十二年）印度考察团派遣时期，大阪纺织厂和三重纺织厂相继进口了印度棉样品，并开始进行印度棉的使用测试，从时期来看，也暗示了环锭机器的正式使用。从此时起，日本对印度棉的进口急剧增加，到 1896 年已经超过中国棉成为进口第一。随着开始生产更高支数的纱线，比印度棉有稍长纤维的美国棉的进口也随之增加，到 19 世纪 90 年代末，日本纺织业使用的棉花有 60% 为印度棉、30% 为美国棉、中国棉为 10% 以下、日本棉几乎为零（高村直助，1971）。为配合这种原料框架下的纺纱作用，纺纱厂使环锭精纺机高速运转，对由此出现的零碎纱线多发的情况，采用“人海战术”（多配置机台工、接线工）对应（玉川宽治，1997）。再加上昼夜两班制，很快就完成从低支数到中支数的具有较强的价格竞争力的生产体制的转换。这一结果导致日本棉从纺织业原料中消失，从日本农业中消失。

由大阪纺织厂为起点，日本国内纺织业如雨后春笋，各大企业开始出现和壮大，1898 年有 77 家，其中 27 家达到 1 万锭以上，取得了巨大的发展。之后，随着经济的反复上升、下降，纺织业界一边整理、重组，一边强化集中，最终形成了所谓的“六大纺织体制”。1914 年（大正三年）的数值显示，作为六大纺织第一位的东洋纺织厂（同年由大阪纺织厂和三重纺织厂合并形成）是 15 个工厂、约 44 万锭，第二位的钟渊纺织厂是 16 个工厂、约 43 万锭，都是巨型企业。

3. 发展的两个派别——传统工业与移植工业

在本章所讲的纺织业，将整套在西方发展的机械制大工业的生产设备全部进口，以“公司制”的方式使用日本固有的原材料，尝试通过日本人的手工劳作作业，经过为掌握技术而出现的一定的混乱期，通过与西欧同类型的企业竞争，以赶超西欧的速度实现了工业发展。它代表了迄今为止以“移植工业”之名与“企业崛起”相结合的工业发展的派别。

上一章中讲道，在江户时代发达的手工业分支系统中，由于西方的工业产品——器械和材料——的引进，在小规模家庭工业和批发商的巨大影响下，产生了传统织布业发展的新阶段。而“移植工业”与传统纺织业的情况形成了鲜明的对比。由于这种对比，许多研究者把与工业革命时期西欧的发展相似的移植工业的派别视为“日本工业革命”的主流，把与西欧的工业革命以前相似的家庭工业和批发商的作用显著的传统工业的派别视为“日本工业革命”中的落后性或封建制的残存物。然而，这两个截然不同的派别，都是不折不扣的工业发展，一方的发展所产生的矛盾引发另一方的需要，而另一方的弱势则由一方的发展来补充。这样的关系促使两个派别整体形成了一个“日本的后发工业化”。织布业和染布业的生产流程中，上游纺纱业生产的纱线经过下游染织业的分工成为纺织品这一商品，即上游是移植工业，下游是传统工业。由此，两者构成了一个工业。从这一点看，两个派别成为一个整体的过程非常顺利。借用内田星美的“技术复合”概念，稍微以直观的方式整理其相互关系，来结束本章。

支撑江户时代棉业的是“中国种棉花栽培、农民的手工纺纱和织造、蓼蓝的栽培和染色、批发商的设计”这一复合技术。在锁国的条件下，这一复合技术在国内就完成了，但在栽培中国种棉花这一点上，值得注意的是，它形成了东亚棉业的一角。此时，通过开放港口，英国纺出的纱线得以进口，由此日本棉业开始了一系列的变化。细纱类的英国棉业和粗纱类的东亚棉业似乎没有接触点，但从进口的 42~16 支的纱线，在纵条纹棉布和丝棉交织领域却有着恰到好处的需求，领先的就是传统纺织业的发展。利用进口纱线的新商品的市场投入所带来的发展，以“半唐物”的形式扩散到白木棉纱织品产地的时候，增加的棉纱进口会压迫贸易收支，成为经济危机的一个因素。为了避免危机，将采取以普及“2000 锭纺织”为中心的国内机械纺织业培育政策。这是基于“中国种棉花栽培、西欧制机械纺织”的复合技术确立纺织业的一次尝试，但遇到了发展为长、中纤维棉用的纺纱机来纺短纤维棉的矛盾。这一矛盾体现在“2000 锭纺织”的艰苦奋斗，大阪纺织厂通过山边选择了普拉特兄弟公司的印度用走锭精纺机，部分解决了不合格问题，之后是环锭精纺机的转换和印度棉的使用，最终解决了这一矛盾。

大阪纺织厂的成功，很大程度上得益于领先的传统织造业。如果国内没有纺纱线的需求，纺织业就无法成立。通过进口纱线发展起来的传统棉织业和丝棉交织业，形成了广泛的纱线的需求，这便是日本纺织业成立的前提条件。但是，这种需求要通过英国纱线和印度纱线得以满足，大阪纺织厂的纱线相比印度纱线、英国纱线双方都没有价格竞争力。以织前染纱织物地区为中心，对日本产纺织的线抱有的强烈期待，至少对大阪纺织厂营业后数年的业绩有很大帮助。如果理由如本节第 1 部分中笔者推测的那样，那么大阪纺织厂也算是对领先的几个“2000 锭纺织”的产品的蓝染特性有所助益。

日本试图通过进口生产机械确保移植工业的成立，但并不是只要进口机械就可以。它们只有在工厂中稳定、经济地作业，才能成为工业发展的力量。出口方兰开夏郡的工厂努力开发印度棉纺纱技术，高度完善了日本的纺纱设备，如荒川新一郎所说，只要将机械设置好“标准无误”，只要按照工厂长和车间主任的“纺织正则”的指挥进行操作，再加上对机械的充分维护，就可以顺利进行作业。而在进口方的日本，总算是聚齐了工厂长和车间主任的人才，在弥补其经验不足的体制上也下了不少功夫。环锭精纺机的采用，以及原棉向印度棉的转换，可以说让稳定、经济的作业又前进了一步。

从“复合技术”的角度来看，这就完成了“进口棉花、进口机械纺纱、织物织造”这一新的复合技术，其结果导致棉花栽培从日本国内的农业生产中消失。最后的织物手工织造部分，在大阪纺织厂成立时，完全是传统的织物技术。纺纱属于移植工业，手工织造属于传统工业。不久，在织造上出现了进口动力织布机的工厂。其中一例就是山边丈夫设立的“大阪织布公司”。1889 年（明治二十二年），以进口动力织布机为中心，333 台织布机开始了作业。但由于营业不景气，在第二年即 1890 年的经济危机时，公司因巨大的损失而解散。对于其营业不景气的理由，绢川太一分析道：

> 为了织出多种类的织物，传统棉花批发出身的董事们，因为擅自订购了多样的花纹，致使工序变得复杂，工序切换的困难加大，根本无法与手工织业者进行较量。（绢川太一，第 6 卷）

不过，这一经验引起人们对“机械化经济”的考察。初期的机械制工厂多兴起于铁、水泥、生丝、棉纱等材料领域。即使是织物，白木棉纱织布、纯白纺绸等没有太多图案、需要在上面进一步加工的、具有素材性质的织布才比较适合机械制工厂。机械制工厂的建设需要大量的资本，要回收资本，必须大量销售其生产的产品。由于初期机械技术的制约，单一的产品更容易机械化。加工素材，完成最终成品，手工业细分的经济领域就会很广泛。大阪织布公司拥有染色设备，织布机也具备了织细条纹布和花纹织物的技术，明确想要在手工业有利的织前染纱织物领域机械工厂化，但如第四章所示，在批发制家庭工业下，推行传统的工业革命，织布公司根本无法与织前染纱织物地区相对抗。吸取了这个教训，纺纱公司兼营动力织布机工厂，以军队制服用和出口用等订货单位大的单一的产品为中心不断成长，而订货单位小但由于流行而变动也大的、面向国内消费市场的织物则由手工业的传统纺织业承担，这种技术的分栖共存的方式在织造部门长期持续着。

就这样，以代替棉纱的进口为目的而开始的日本近代纺纱业的建设，虽然用国产棉纱代替进口棉纱达到了预期的目的，但却诞生了原料进口和机械进口比重极高的“复合技术”的棉业。该复合技术的棉业需要“进口棉花、进口纺纱机械、进口动力织布机工厂，和传统纺织业的分栖共存”。可以说，棉业整体的进口诱发性反而提高了。不过，从 1890 年前后开始的棉纱出口，到 1899 年超过了生产量的四成，起到缓和对原料、设备进口的依赖作用。出口对象是以中国为首的东亚其他国家和地区，这与第二节提到的包括日本在内的东亚地区是短纤维棉栽培地带这一历史地理条件有着很深的关系。东亚棉业共享“短纤维棉栽培、手工纺纱、手工织布机织造”的复合技术。结果，那些国家和地区接受日本制粗手工纺制纱线，其在经纱上的使用与在日本时的作用相同，带动了农村纺织业的发展。对于只能纺出粗纱的日本的初期纺织业来说，通过出口粗纱取得了发展，通过发展又进一步扩大了进口，而且进口的市场就是紧邻，这是非常有利的条件。虽然这个事实具有更大的含义，但要讨论这一点，请翻到第八章“亚洲贸易的发展”的部分。

最后，笔者想谈谈传统纺织业内的技术发展，以此结束这一章。在传统纺织业中，飞梭的引进、脚踏织布机的发明、小幅动力织布机的发明等一系列技术的变化随着生产率的大幅提高而顺利进行，与 20 世纪 10 年代的出口需求相结合，在白木棉纱织布、纯白纺绸织造地区出现了传统纺织业最初的动力织布机工厂化的浪潮。这一技术的变化，使具有素材性质且组织单一的白木棉纱织布、纯白纺绸逐渐领先，使工厂化与出口相结合，这与先前的机械化的经济考察是一致的。另外，这些发明帮助日本纺织业产出强有力的经纱。特别是动力织布机的机械化需要更强有力的经纱，这也表明了西欧的经验。织造“金巾”的高辻奈良造与丰田佐吉关系密切，也是丰田动力织布机开发的后援者，他回顾说:“佐吉不断要求‘更强有力的纺织纱线’”(《高辻奈良造氏谈话》)。这样，从传统工业的内部诞生的小幅木铁混合动力织布机，不久就发展为铁制宽幅动力织布机，之后便取代了作为移植工业的纺织兼营织布工厂的进口动力织布机。如第八章所述，这一过程对日本机械工业的发展起着重要的作用。至此，移植工业和传统工业相互支撑，形成了一个整体的发展。

第六章

从工部省釜石钢铁厂到釜石田中钢铁厂

在第三章结尾，笔者批评了关于明治政府“自上而下的工业化”的两种意见，即山田盛太郎的意见和 T. 史密斯的意见，并明确表示对此不予支持。在第四章和第五章中，笔者论述了两个具有鲜明对比的“自下而上”的极具活力的发展，并发现上述两种意见的共同点是，日本的传统工业在西欧的近代生产力面前是无能为力的。结果，如笔者所写，上述两种意见都忽略了两个重要事实：传统工业的发展是在手工业细分领域中吸收工业产品而开始的；传统工业的支撑形式在催生大工业的移植上虽有重大意义，但无法说明支撑 1886 年（明治十九年）以后发展的活力。这样看来，上述两种意见都通过政府的“自上而下的工业化”和“官方出让”向民间的转移，来掩盖传统工业在日本经济发展中的作用。其结果导致了对“自上而下的工业化”作用的过度重视。

“自上而下的工业化”并不是完全没有用。作为模范工厂的“富冈制丝厂”、京都府的“织殿”“染殿”，作为模仿式的技术转移中心发挥了重要作用。毫无疑问，这些活跃地模仿西欧技术的民众的能量，是由工部省事业所带来的文明示范效果所激发的。必须强调的是，中央政府和地方政府的直接或间接政策努力对农民和小企业家的活动给予了帮助。然而，通过政府自身进口西欧的机械，建造近代化的工厂，使其以稳定且或多或少盈利的方式，即作为维系工业根深蒂固地运转的尝试，在遇到各种障碍后，却几乎没有成功。富冈制丝厂在技术转移方面的作用另当别论，但营业上也是亏损的。堺市纺织厂等也以作业率50%左右的状态出售给民间。长崎造船分局（旧长崎钢铁厂）等虽然投入了经费，但除了一艘大型木造轮船，几乎没有建造一艘像样的船。这些工厂并不是在“达到基本形态”时被出让给民间的，而是几乎以放弃的形式出让给民间。

笔者之所以特别想强调这一点，是因为“自上而下的工业化”高估了政府对官方出让的作用，低估了当时从西欧转移技术时遇到的无数语言困难，甚至忽略了这些困难所蕴含的教训。日本的工业化不仅是中央政府的事业，还是包括民间、府县等力量在内，从维新到1887年（明治二十年）左右，以西欧的设备进口为基础，进行着各种各样的工厂建设的尝试。包括第五章中看到的“2000锭纺织”在内，大部分都未能成功，以惨淡的失败告终。可见，突然间将完全依靠大机械的大型工业移植到只有农业和手工业的前资本主义的社会经济制度下运作，这般尝试是多么鲁莽。不过，这些工厂所遇到的作业上的困难，以及出现的传统社会基础与近代工业要求之间的矛盾和纠葛，正是与当今发展中国家的技术转移的尝试相冲突的矛盾和纠葛所重合的，可以说，明治时代的日本经验也最具有当今之意义。

对于明治10年代（1877—1886年）上半叶在经济危机顶峰中受挫的技术转移，即在工部省事业中仅次于铁路和电信，且占巨大比重、有着可观影响力的工部省釜石钢铁厂，笔者想在本章中进行介绍。这家钢铁厂在1880年（明治十三年）9月10日开始进行钢铁作业，经过两次试验作业后，在 1882 年 9 月处于基本无法继续作业的状态。当时，正值松方正义就任大藏卿后开始采取彻底紧缩财政的第 11 个月。这是为了取消官方出让、废除工部省而进行政策转换的最后一次确认。而且，从这个钢铁厂的计划到失败的整个过程，是工部省事业中记录得最好的事情之一，在一百多年之后的现在，我们仍然能够清楚地知道它为什么失败了。一边摸索着前行，一边思考以工部省事业为代表的“自上而下的工业化”到底是什么，它又给日本留下了什么。

（注）在《工部省沿革报告》中，该钢铁厂以“釜石矿山”或“釜石矿山分局”之名记载，没有使用“钢铁厂”（日语写作“製铁所”）之名。“中小坂”钢铁厂也是如此。这是因为，从幕末至报告形成之时，“製铁所”一直是指以钢铁为原料加工钢铁制品的工厂，并没有像如今这样精炼矿石制造钢铁的工厂的意义。但是“中小坂矿山分局”和“釜石矿山分局”都是指如今所说的钢铁厂。而且，就像中小坂，人们如今都称之为“中小坂钢铁厂”，釜石的情况也不拘泥于“矿山分局”的名称，称为“工部省釜石钢铁厂”也可以。笔者特别想在这一章里强调“工部省”。

第一节　工部省釜石钢铁厂（釜石矿山分局）

1. 聚焦钢铁时代

1874 年（明治七年），工部省决定将岩手县釜石的大桥铁山（图 6-1）作为官方挖掘场所。这里的大桥铁山，就是本书第二章中讲到的大岛高任建造了日本第一座高炉的大桥铁山。水户藩的反射炉事业受挫后，这座铁山并没有关闭，反而有了扩大的倾向。长期以来，日本传统的风箱炼铁的方法，是以砂铁为原料进行效率极差的冶炼，而对于这个地方来说，大岛高任所建的用矿石制造钢铁的高炉则是一种技术革新。高炉的数量一点点增加，如表 6-1 所示，幕末时期与南部藩的“钱座”（铁钱铸造场）有关联的 10 座高炉在 5 个矿山运行。明治政府以此为着眼点，将釜石培育成钢铁业的据点是很自然的，而且幕府方面的南部领地也成了政府直辖地。

图 6-1　幕末的大桥铁山

（出处：森嘉兵卫、板桥源，《近代钢铁工业的成立》，富士钢铁公司釜石钢铁厂，1957）

表 6-1　幕末时期釜石高炉一览表

高炉所在地	座数	开业年份	出钢铁量（年）	钱座开设年份	劳动人数	牛马数	经营形态（明治维新前）
大桥	3	安政四年	约 17 万至 18 万贯（656 吨）	明治元年九月	约 800 人（明治元年到二年）	牛 100 头 马 40 头	经理经营（贯洞濑左卫门、中野作右卫门） 藩直营 - 经理经营（高须清次郎）
桥野	3	安政五年	约 25 万贯（936 吨）	明治元年九月	约 1000 人（同上）	牛 150 头 马 80 头	藩直营 - 经理经营（小野权右卫门）
佐比内	2	万延元年	约 10 万贯（375 吨）	明治元年	约 250 人（明治二年）	牛 183 头	经理经营（岩城忠平 - 远野村忠平 - 岩城屋理平 - 小野权右卫门）
栗林	1	庆应三年	约 10 万贯（375 吨）	庆应三年五月	604 人（同上）	—	经理经营（砂子田源六）
砂子渡	1	庆应元年	不明	明治元年八月	不明	—	经理经营（贯洞濑左卫门、松冈清藏）

（出处：大桥周治，《幕末明治制铁论》，1991。不过，此表的原表为森、板桥二人所撰的《近代钢铁工业的成立》所收，大桥周治在此基础上加以若干修正。）

但是，剩下的高炉群，在以“钢铁时代”为目标的政府眼中，是难以挽救的旧式时代的落后物体的代表。这一点从《工部省沿革报告》中关于这些高炉群的如下内容也能搞明白。

> 明治初期，大家都废除了这一事业。之后，盛冈的商人外川又兵卫、高须清次郎等人向官员请愿，复兴其业，沿袭旧套，熔铸生铁。

工部省的价值观在“沿袭旧套”的表述中鲜明地体现了出来。然而与工部省高扬的干劲相吻合的是更近代化、更宏伟的“钢铁一贯制工厂”。

图 6-2 是该钢铁厂的高炉图，表 6-2 是该钢铁厂的设备一览表。通过图 6-2 和表 6-2 可以知道该钢铁厂是多么的庞大。高炉的炉床很小，呈现非常细长的形态，这是到 1870 年左右的西欧大型高炉的惯例。底部直径 4 英尺 6 英寸、高约 60 英尺的尺寸和日产 25 吨的能力在当时被认为是西

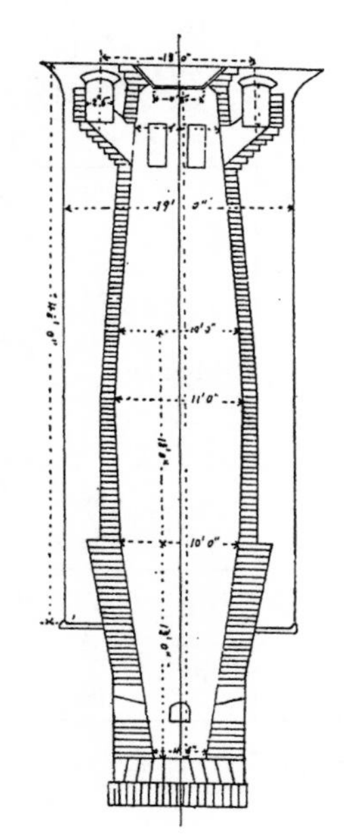

图 6-2　工部省高炉断面图
（出处：三枝博音、饭田贤一,《日本近代炼铁技术发展史》，东洋经济新报社，1957）

表 6-2　工部省钢铁厂设备一览表

部门	设备	设备情况
制铁	高炉 2 座	日产 25 吨 铁皮式苏格兰型
—	热风机 3 台 鼓风机 1 台 锅炉 3 台	惠特韦尔式 直立单筒式 单炉筒型
炼铁	炼铁炉 12 台 再热器 7 台	—
轧制和锻造	轧制机 5 台 蒸汽锤 2 台 锻铁机 1 台 切断机 3 台 起重机 3 台 锯机 1 台 锅炉 7 台	—
配套设施	栈桥 铁路	工厂 - 小川制炭厂和栈桥之间 工厂 - 大桥铁山之间 总延长 15 英里 机车 3 辆
大桥铁山	焙烤炉 2 台	—
小川制炭厂	—	—

欧发达国家的标准。据说大岛型高炉高 2 丈（20 尺），1 尺和 1 英尺几乎相同，所以西欧大型高炉是大岛型高炉的 3 倍高。另外，从高炉的炉顶回收作为还原反应产物的一氧化碳气体，并将其作为热风炉的燃料使用，用蒸汽机驱动的鼓风机将高温的空气吹入高炉内的方式，是决定性地区分该高炉技术与大岛型高炉的一个要点。大岛型高炉是用水车动力的木制方型风箱输送不加热的冷空气，热效率低，木炭原单位（生产一个单位生铁所需的木炭量）大，炉内温度低，所以很难将熔化的生铁在热铁水的状态下持续维持，最多只能连续作业四五天。工部省高炉代表了工业革命时期与使用焦炭的炼铁法一起发展并达到成熟阶段的技术，而大岛型高炉则代表了工业革命前使用木炭的炼铁法时代的技术。

当时，全球炼铁技术开始向新时代转变。其一是从1860年左右开始的转炉和平炉的登场所带来的炼钢法的革新，世界进入了碳含量得到正确控制、被分成各种性质的钢铁大量生产的时代。另一种技术始于19世纪80年代的美国，将高炉的炉床扩大，实现大容量化。通过这两种方法的组合，日本开始走向将大容量高炉的“生铁冶炼工序—转炉或平炉的炼钢工序—使用各种轧制机的轧制工序”结合起来的钢铁一贯制工厂的发展之路。

与这种时代最尖端的技术动向相比，工部省的高炉是小型炉床，其可锻铸铁制造设备是炼铁炉，而且在进入新时代的节点上，引进了上个时代最高完成度的钢铁厂，这表明两者之间是有关联的。在工部省钢铁厂的被称为“搅炼炉”的可锻铸铁制造设备中，只能使用含碳量接近零的、叫做“锻铁”（熟铁）的柔软的可锻铸铁，这种技术随着转炉和平炉的炼钢法的出现，一举成为过去。不过，在钢铁厂动工的1875年（明治八年），转炉法和平炉法的技术还正在完善中，至少还没有达到能够向东方的前工业化国家转移的成熟度。笔者认为，从近代技术转移的常识来看，在充分成熟并确立了操作法的前期进行技术转移是恰当的。虽然是锻铁，但是这个钢铁厂是将“生铁冶炼—可锻铸铁制造—轧制”的流程在同一工厂内结合的近代化钢铁一贯制工厂。

位于大桥地区的旧高炉被拆除，该地区转而专注于矿石开采。新工厂建在径直靠近海岸的铃子地区，并在大桥和铃子中间向北进入山谷的小川村建造了制炭厂。在大桥开采的铁矿石和在小川烧制的木炭分别通过铁路被送到钢铁厂，铁矿石通过木炭燃烧产生的热量，在大高炉里变成生铁，而且那生铁的一部分在炼铁工厂变成可锻铸铁，之后轧制成铁板和型材，最终产品再次通过铁路送到栈桥，然后乘船送到需求地。铁路包括站内部分，总长24.1千米；水路方面有木造蒸汽船“小菅丸”（净吨位数970吨、公称175马力，实际上1496总吨、642马力）作为钢铁厂专用的搬运船，由工部省长崎造船局订购（《工部省沿革报告》）。为这家钢铁厂投入的兴业费（设备投资）总额为 237 万日元。除了铁路和电信，这是工部省事业中最大的投资金额。由此，确实可以看出明治政府想构建“钢铁世界”的干劲。

2. 作业——期待与现实

工部省钢铁厂的开工时间是 1880 年（明治十三年），而在前一年的 1879 年 11 月 8 日，工部大学送出了第 1 届毕业生 26 名。这些日本最早的工学士们为了交换知识和谋求和睦，成立了工学会，并迅速发展为包含其他工学相关人员的学会。其学会志《工学丛志》从 1881 年 11 月开始发行。日本工学会的创建和工部省釜石钢铁厂的起步几乎是同时的。这并非巧合。来自遥远的格拉斯哥的亨利・戴尔（Henry Dyer）等 9 名“英国雇佣教师”到达了工部省工学寮，并制定了学科和各种规则，进行了入学考试。1873 年 8 月 22 日，甲科生（官费入寮生）、乙科生（走读生）各 20 名学生获得入学许可。工部省矿山寮下设釜石支厅，“开凿之业”始于 1874 年 5 月 21 日。可以说是工部省事业核心的这两个事业几乎同时起步，釜石钢铁厂的建设正在进行中，恰好在这期间日本最早的工学士们接受了 6 年的教育。

初期的《工学丛志》几乎每期都刊登关于釜石钢铁厂的报道，而釜石钢铁厂就是由这些年轻的工学士们建设的。所以，初期的《工学丛志》几乎每期都刊登关于釜石钢铁厂的报道，可以说是理所当然的。这说明刚起步的日本近代工学对这家钢铁厂的期待有多大，然而钢铁厂的事业最终以大失败告终，不由得引起大家的感慨。但得益于此，我们才能够更深入地、技术上更准确地了解钢铁厂的运营状况和出现的问题。

1880 年 9 月 10 日，第一高炉点火投产。虽然 1878 年完成了两座高炉，但之后的配套设备工程推迟，终于在只完成了一座高炉的配套设备之后马上开始作业。1880 年 9 月 13 日，钢铁厂尝试了第一次生产生铁，获得了 3 吨多的铁水。之后，迅速达到每天 7 吨，并逐渐提高能力，作为第一次整体作业，平均日产 15.4 吨。虽然是公称能力的六成，但作为第一次正式作业来说，还是非常出色的。然而，随着生产作业的推进，木炭生产能力的不足变得愈发明显。对此，时任工作人员的杉山辑吉在《工学丛志》上曾有过如下记载：

> 在不进行精矿实验之前，预计一座矿炉所需的煤炭大概为 5000 贯目[①]。但根据前年的经验，大概消耗 12000 贯目。（杉山辑吉，第 9 卷）

这里记载的是关于 1 天的消耗量，“前年的经验”是指第一次作业。在贮藏木炭转眼间减少的 12 月 9 日，小川制炭厂发生火灾，造成煤舍等 15 栋房被烧毁的事态。木炭见底，12 月 15 日的第一次作业被迫在第 97 天中止。

第一次作业除了木炭的制造能力不足以外没有其他问题。根据存留的资料计算高炉的木炭消耗量的话，1 天是 5732 贯，虽然看起来和预算不太一样，但是整座钢铁厂的矿石、石灰石焙烧，还有烧锅炉和其他各种各样的活动都需要消耗燃料，对此，杉山解释说，没有计算该部分。有些人可能会觉得大抵是糟蹋那些木炭了，但实际情况恐怕是从一开始木炭就不足。因为薪炭不够，所以开始作业还需要等待。总之，《工学丛志》上的记载印证了木炭不足的论断，这与一直坚持到可以继续点火开工的地步的论点相对立，虽然在某种程度上做好了制炭能力不足的觉悟，但还是想早点操作这个大高炉。结果，和预想的一样，由于木炭不足不得不中止。但是，通过充分的操作试验，还是加深了日本人也能做的自信吧。在笔者看来，似乎不能把第一次作业评价为失败。

① “贯”是日本旧钱币单位，也是一个质量单位，1 贯约合 3.75 千克。该单位也写作“贯目”。明治时代则是 10 钱为 1 贯。

在那之后的一年里，钢铁厂在充分运转现有的制炭设备以增加木炭的储存，以及增强木炭的制造能力上花费了很多精力。为确保作为木炭原料的树木而购买了山林，将此前为 2800 町步[①]的钢铁厂的山林扩展到了 4000 町步，并增设了烧煤窑，增加了相应的烧煤工。《工部省沿革报告》中写道：

> 虽说广泛招集烧煤工，让其移居，永服其业，但附近的县已经招募完，只好到摄、河、泉、纪等各州进行招募。

也就是说，钢铁厂已经把范围扩大至大阪和歌山。高野山附近的山地是有名的烧煤地，所以工部省应该已经盯上那一带了吧，可以说他们计划了国家规模的烧煤工大移动。尽管如此，考虑到木炭不足的情况，他们还决定使用焦炭，并决定追加建设 48 座蜂巢式炼焦炉。准备就绪后，1882 年（明治十五年）2 月 28 日，第二次作业开始了。此时，究竟准备得有多好，是衡量过去这段时间的努力究竟能取得多少成果的重要指标：煤炭储量从 69 万贯到 100 万贯；炼焦炉完成 12 座；对高岛煤炭和三池煤炭进行了测试；决定开始储存用相对更好的三池煤炭烧制的焦炭。那么，极为重要的木炭的制造能力如何呢？杉山详细探讨了釜石的木炭制造方法，并推测为了每天生产 12000 贯的木炭，包括伐木、运输、烧炭等全部在内，需要 2000 人的劳动力（杉山辑吉，第 9 卷）。杉山的推测包括 12000 贯的必要量在内，应该会稍微夸大。不过，在第二次作业初期视察釜石的桑原政的记录中，小川制炭厂的总人员有 426 人，其中有烧煤工 68 名（桑原政，第 11 卷），桑原因为烧煤工太少而感到不安。国家规模的烧煤工移居计划或许没有实现吧。

煤炭储量也证明了这种不安。由于停工 1 年以上且在持续烧炭，即使

---

① 日本度量衡制的面积单位。1 町步约合 9920 平方米。

采用100万贯的上限数值，1天也只能烧2500贯左右。那么，能力增强的证据在哪里？桑原写的“所谓木炭是指使用土灶烧的东西”也暗示了能力不足。这种方法是杉山预想的“岚烧法”[①]产量的2倍。在杉山看来，岚烧法可以生产理想的硬质木炭，但采用釜石木炭制造法会生产出易碎的炭——也就是通过牺牲品质增加产量。产能增强虽然没有取得惊人的成功，但依靠这种降低质量来增加产量的方法，以及依靠100万贯的煤炭储量，而且在紧急情况下还打算使用焦炭，总之，可以看出他们急于恢复作业的样子。不过，从政府的财政上来看，应该是已经到此为止了。眼下日本正处于经济危机的顶峰时刻，大藏卿松方正义也开始了财政紧缩政策。钢铁厂在任何地方都要节省资金，而新建炼焦炉的确是一项令人费解的投资。即便不能随心所欲地增强产能，如果不赶紧开始作业的话，在官方出让[②]的大背景中，钢铁厂也有可能被吞没。

可以说，这种开工的方式，决定了第二次作业的命运。起初一切顺利。3月10日，因日出铁量达到32吨左右而让大家对此次作业赞赏不已。但是土灶烧炭的品质差逐渐成为问题。因为这些炭硬度不够且非常柔软，如果到达炉底的话，就会被自身重量压碎。因此，高炉通风不足，难以将炉底附近的温度保持得较高，不仅不能制造优质的生铁，而且从一开始就表现出了在炉底形成不能完全熔化的铁块的倾向。而且，制炭能力不足很快变得明显，煤炭储量也随之减少。于是，他们试着按照当初的计划使用焦炭。这是决定性的错误尝试。因为是事先没有慎重地研究使用条件的正式作业，所以出现这样的结果也是理所当然的。

使用焦炭的同时，出铁量降低，在炉内发生矿渣凝固，随即

① “岚烧法”是一种木炭的精练过程，每30分钟打开一次窑口进气，让已成黑炭状态的木头继续缓慢燃烧，这一过程一般持续24小时。

② 明治维新时期，政府将许多亏损的官营矿厂出让给民间。本书第三章有提及。

形成一个大块，最终堵塞了铁水流出的浇口。

《工部省沿革报告》中写道：

虽然主管的外国雇员说他有数年从事熔矿的经历，但像这样的变化还是史无前例的。

从该记述推测，使用的焦炭可能比土灶烧的木炭更缺乏硬度。使用粗劣木炭会导致送风不足，无论如何炉床温度都有下降的倾向。虽然在作业的时候下了很多工夫，但因为加入了比木炭更脆弱的焦炭，所以炉床温度进一步下降，之前就出现的凝固物的形成的倾向就会一举扩大。就这样，9月12日高炉停火。第二次作业于196天后，即在生产出4313吨生铁后，第一号高炉宣布进入无法使用的状态。

工部省派遣矿山权[①]少技长伊藤弥次郎调查原因。伊藤在调查后表示，矿山的埋藏量很少，只有13万吨，木炭山也仅有4000町步，作业两年就没有了。原本在这样的地方选址是不行的，所以只有暂时废除这里。受此意见影响，工部省决定于12月18日废山。第二年即1883年（明治十六年）2月16日这里成为废山。伟大的事业就这样草草落幕了。

3. 技术必须与周边社会的经济相连接

由于这场落幕太过匆忙，一时间竟成为各种争论的焦点。即使一座高炉不行，还有一座完全没有使用过的高炉。大炼铁工厂在试生产中只生产了411千克的炼铁，几乎放弃了未使用的轧制锻造设备。贫穷的农业国家，在极端艰难的财政状况下，投入237万日元的巨额资金建造的钢铁厂如此

① 此处“权”指权官，临时代行某一官职的岗位。

轻易地被放弃，难免给国民留下一种不负责任的印象。伊藤的调查又不尽如人意。埋藏量的推定只涉及了大桥铁山开采中的前山、新山两处，不仅忽略了附近的矿床，而且仅估计了矿山露头下的数米有矿床。后来调查釜石的野吕景义经过精密调研，仅大桥矿区的埋藏量就为 2840 万吨，年产 5 万吨，可维持 560 年。因此，伊藤的调查也免不了被指责是不负责任的。不过为了伊藤的名誉，笔者还想补充一句，笔者认为他的报告书中除埋藏量估计以外的部分还是相当妥当的（中冈哲郎，2006）。

但是，笔者认为这座废山本身就代表了时势。由于官方出让，时代的大势已经迈向了财政缩小的方向。如果没有发生第二次作业不成功的情况，也许可以防止废山。然而，从第一次和第二次的作业数据来看，即使能够继续作业，该钢铁厂的营业也会产生巨大的赤字。这个时期的政府不可能做到这一点。我们甚至可以认为，第二次作业的失败是政府对继续这种事业的最后一次确认。事实上，作出废山决定的工部省在 3 年后，即 1885 年（明治十八年）被废除，从而结束了其 15 年的短暂活动。实际上，工部省钢铁厂的关闭可谓自然而然。为什么注定要关闭呢？在此，我们不得不一探究竟。

关于钢铁厂的直接作业的问题，正如刚才所说的那样，从一开始到结束都是围绕着木炭的供给不足而推进的。原本是配合焦炭炼铁体系发展的高炉，转而用木炭进行作业，于是，问题就开始出现了。焦炭炼铁法的发展，本来就与作为木炭原料的森林枯竭的问题有关。16、17 世纪英国的钢铁业，虽然通过水车动力的冷风送风和木炭高炉的组合，作为森林和河边的工业不断发展，但结果却作为破坏森林的工业而受到社会的批判。早有人尝试用煤炭代替木炭，但煤炭中含有的硫黄成分会使铁变脆，这是无法突破的瓶颈。为实现炼铁，他们开始“干馏煤炭”，通过加热散去硫黄成分形成焦炭，并除去残留的硫黄成分。为此，在以蒸汽机为动力的热风送风下燃烧焦炭，获得高炉床温度，这就是焦炭高炉。在此期间，高炉进一步大型化，生产能力也大幅增加。如果用木炭烧高炉的话，木炭的消耗速度就会变得巨大，这是理所当然的。于是，问题就表现为对高炉作业的木炭供给不足，其实这应该表现为高炉的木炭消耗量惊人，如果2座高炉一边顺利接受木炭供给一边继续作业的话，釜石周边的山林一定会被破坏殆尽。多亏工部省的高炉事业过早失败，釜石周边的山林才得以免遭破坏。

在技术选择时，决定使用木炭作为还原剂的理由是，在釜石周边的自然经济中存在丰富的木炭，而且比焦炭便宜。废山12年后，野吕景义再次着手于操作高炉的课题，当时按照野吕的计算木炭仍然比较便宜。不过，木炭的价格在该地区之所以便宜，是因为满足该地区传统发展的经济的供求，这一点不要忘记。釜石周边的山地是日本传统的两个炼铁地带之一。为了满足传统的风箱炼铁对铁山的需要，人们在釜石周边的山地建立了以极其便宜的价格供给木炭的体系。表6-3中对照了传统铁山的规模和推测的木炭消耗量（表上半部分）以及工部省钢铁厂的木炭消耗量（表下半部分）。

表6-3　大桥矿山等传统矿山与工部省高炉的木炭消耗量对比

名称	高炉座数	年间产出生铁量	劳动人员数	推定年间木炭消费量
大桥矿山	3座	656吨	约800人	1,312吨
桥野矿山	3座	936吨	约1,000人	1,872吨
佐比内矿山	3座	375吨	约250人	751吨
工部省高炉	高炉座数	作业日数	木炭消费量	年300日作业换算
第1次作业	1座	97日	2,085吨	6,448吨
第2次作业	1座	11日	392吨	10,691吨

注：大桥、桥野、佐比内矿山的年出铁量是表6-1中以吨表示的数值。推测1年的木炭消费平均每吨生铁约消耗2吨木炭。工部省高炉的情况是，第1次作业是全部作业时间，第2次作业是将作业开始后11天的木炭消耗换算为300天。

（出处：野吕景义、香村小录,《釜石铁山调查报告》，农商务省矿山局，1893）

从表6-3中数据可以看出，工部省钢铁厂的木炭需求是多么巨大。该钢铁厂拥有与传统经济分离的独有的制炭工厂。由专门的采伐工不断砍伐广阔的公有林的斜面，树木就这样从斜面掉进山谷，在山溪上每隔一定距离筑起堰并蓄木，然后使之依次落下并送往下游。而且，在几个山谷汇合地的小川村建造了700多个灶，在那里住着从日本东半部分移居过来的烧炭夫，他们会在此烧木炭，这是一个巨大的工厂制手工制炭业。以堰为首的各种土木工程费、烧煤工的移居经费、居住用设备费等，但凡遵循传统的自然经济就不需要考虑的成本经费，在当时像浇热水一样被源源不断地投入。被砍伐的山林原本不是制炭用的，所以针对很多巨树，为了把它们做成正好适合制炭的细度，甚至采用爆破把它们裂开。结果，木炭的成本不但不便宜，反而非常昂贵。

野吕将十几年后这个地方的木炭价格记录为每10贯目15钱。如果把第一次作业的木炭成本以每10贯目进行换算的话则是31钱。野吕还表示，

> 政府在釜石开始进行炼铁业后，劳动工资和各物价突然暴涨……木炭一吨约上涨到13多日元……（野吕景义，1915）

如果把13多日元以每10贯目进行换算的话则是48钱。刚才的数值31钱是第一次作业的，所以48钱是第二次作业的还是全部作业的平均数呢？即使考虑到这一时期全社会也处于通货膨胀的顶点，48钱的数值也是颇为惊人的。这反映在产品原价上，1882年（明治十五年）6月，釜石生铁的销售价格平均每吨31日元20钱，但同期外国进口生铁的平均价格为27日元50钱。这种价格竞争力的缺乏也是政府放弃钢铁厂的主要原因。

与工部省钢铁厂的失败相比，经常被议论的则是买下这个钢铁厂旧址并开始作业的釜石田中钢铁厂。幕末时期，田中长兵卫以“铁屋”的屋号，在江户麻布的饭仓经营五金商店，因其经常出入摩屋敷[①]，维新后成了“官

① 萨摩藩的公馆。

省御用商人”，并借由陆、海军关系的维系及物品、钱财的缴纳等方面实现迅速成长。在工部省钢铁厂废山和出让时，长兵卫与“铁屋”横须贺支店经理横山久太郎一起拜访釜石，原本打算买下留在钢铁厂的木炭和钢铁，并将其运往东京转卖，但考虑到运费比预想的要多，转卖后也会出现大赤字。此时，横山建议放弃将木炭运往东京，改为建造两座小高炉，使用残留的木炭和旧址上残留的矿石进行作业，制造生铁出售。由于横山的热情，他的建议被采纳，在经历煞费苦心的 48 次失败后，钢铁厂于 1886 年（明治十九年）10 月 16 日成功冶炼了“宛如舶来生铁的品质”的生铁（《与钢铁共存百年》，1986）。

以这一成功为基础，田中长兵卫决定投身钢铁业，并于 1887 年 2 月向大藏卿松方正义提交了《官山及诸器械御出让愿望书》。该愿望书作为陈述冶炼成功的经过和长兵卫的高炉炼铁业经营的构想的文书，至今为止被反复引用到技术史书中。尤其是接下来末尾的一节，作为讲述工部省钢铁厂的失败和田中的构想的对比而有名。

> 釜石之地为山间辟地，薪炭搬运极为不便，故庞大的高炉虽设一处，但因薪炭缺乏之困难，遂逐渐选定便利之地分设几处高炉，即得薪炭之便利，矿业永久之目的。今次着手新设第三、第四高炉，并将其定位于大桥矿山山麓旧烧釜遗址，从大桥山新开采矿石……

可以看出，田中准确地描述了“庞大的高炉”与木炭供应失衡。冶铁作业经济成功的要点在于木炭的低价格，只要高炉的木炭消耗量与周边山林经济能够合理供给的木炭保持平衡，就可以维系冶铁经济，但如果供给能力不足，那就会使木炭的价格上升，并威胁到事业的核算。作为商人的长兵卫正确地认识到了这种关系，制定了将小规模的高炉分散在木炭供给地的方针。

最初的2座试验高炉是在工部省钢铁厂的旧址铃子上建造的。接下来的2座正如愿望书上所写的那样，曾经是大岛高任在最初建造高炉的大桥地区建造的。1892年（明治二十五年），铃子现有3座，大桥有2座，之后随着生产量增加，桥野村栗桥地区增设了稍大型的高炉。至此，分散开发的方针被很好地贯彻了下来。首先从工部省钢铁厂的旧址铃子出发，随着生产的增加，接下来是大桥，其次是桥野村，以及曾经在大岛型高炉经营炼铁事业的地方，这样的分散选址引起了人们的兴趣。所使用的高炉是在大岛型高炉的基础上附有热风炉，达到日产4吨左右，可以连续作业，因此木炭消耗和矿石消耗都应该比过去的大岛型高炉大，但笔者认为它们并没有极端的差别。因此，考虑到与周边的木炭和矿石供应能力的平衡，以及水力利用的便利，选址自然而然地稳定在原高炉钢铁厂所在的地方。

原本这个地方的山村经济，与江户时代日本屈指可数的风箱炼铁地带密切相关。无论是这个地方，还是中国地方[①]的山地，风箱炼铁的发展都伴随着来自砂铁精炼过程的排水造成的河流污染、大量木炭需求的森林砍伐等与周边山村的社会纷争不断发展。一方面，铁山在山间地区需要大量的货物运输，因此需要饲养大量的牛马，这就创造了养马、养牛、烧炭、锻冶、铸造等工作机会。这种矛盾和优点的相生相克，从秋分到春分，在中国山地产生了一种社会惯例，即以约30年为单位的山林砍伐周期，再加上南部地区周边农业的弱势被畜牧业和钢铁加工业所补充，形成了特殊的山村经济结构（武井博明，1972；森嘉兵卫，1983）。通过克服与周边经济的矛盾而建立的稳定相互依存的关系，被称为“个人的社会经济链”（中冈哲郎、石井正、内田星美，1986）。如果使用“个人的社会经济链”这一说法，便可阐明一个事实，即从幕末时期到明治初年，这个地区的高炉经

---

① “中国地方”是日本本州岛西部的区域，由5个县组成，区别于“中华人民共和国”这一概念。

营将大岛型高炉的作业很好地与风箱时代的社会经济链联系起来。而且釜石田中钢铁厂（下文简称“田中钢铁厂”）的经营，也根据分散开发的方针，这可以很好地与当地原有的社会经济链相结合，从而实现顺利地成长。那么，这一结合是会一直持续下去，还是会随着田中钢铁厂的发展出现无法结合的时候呢，这是本章下一节的主题。现在，笔者想从这一社会经济链的角度，讨论关于工部省钢铁厂的遗留问题。工部省钢铁厂的做法背离了工业革命后的英国社会经济链，对于日本这样的远东前工业化的农业国，将新锐设备强行应用到了交通极其不便的山村经济中。因此，它没有很好地与围绕它的一切联系起来。问题不仅是木炭，作为另一种原料的矿石也是如此。

桑原政对大桥矿山的搬运作业感到不安，遂做了报告。据称，新山采矿场开采的矿石被手推车搬运 100 多米，之后被扔进 32 度倾斜的木制水槽中，落下 200 米左右。从坠落的地方到烧矿炉之间约 4 千米，其间的搬运是放在牛背上或者用手推车搬运。而且，桑原视察的时候，木制滑梯坏了，只能绕过山路，用牛背或手推车运到下面，所以一天只能运五六吨。桑原感慨地说，1 天的高炉作业要消耗近 40 吨炭，明明冬天下雪，有 3 个月都无法工作。从烧矿厂到高炉都是用火车，而从采矿场到烧矿厂，只能采用山村经济中固有的牛背和人力的手推车（桑原政，第 11 卷）。什么事都这样。不过，政府再也没有钱能够将采矿和运输也近代化到与铁路很好地相连接。因此，该钢铁厂的规模也没有与政府财政的规模很好地联系起来。

但是，从生产流程来看，比从矿山到钢铁厂的畸形产业更大的问题是从钢铁厂到下游产业。在下游区域，应该与钢铁厂相联系的工业，即以钢铁为原料的工业还没有成长起来。因此，工部省在建设钢铁厂的同时，开始尝试培育使用钢铁的工业，特别是制造机械的工业。例如，同时期工部省赤羽工作分局，作为日本最初的纺纱机制作单位，进行了非常有名的走锭精纺机的试制。这次试制是以使用工部省钢铁厂的生铁作为原材料为前提的。然而，负责制作的技师安永义章曾记录道：

> 生铁太硬，难以加工，耗时过长，工时繁重，最终向上司反复请愿，得到使用进口生铁的许可才完成。把工部省钢铁厂的生铁作为机械制造的原材料，连政府工厂都做不到。（安永义章，1888）

大阪炮兵工厂被认为是当时以钢铁为原料加工经验最丰富的政府工厂，当然该工厂也尝试将工部省的釜石生铁作为“军器原材料”使用。对此，工厂技师山田健曾有过如下记录：

> 其质硬如本国之锅铁……不能施予锉凿镟造之工程。

既不能锉，又不能凿，还不能用于机床切削。这与安永义章的记录完全一致。在制作上，虽然可以使用不需要大重量机械的机床加工的零部件，但从价格上看，100 磅的釜石生铁需要 2 日元 30 钱，而使用进口生铁的话只需 1 日元左右，但“最终停止使用”（山田健，《釜石生铁精炼概要》）。生铁按照其在铸造时的性质有白口铁和灰口铁的区别。能够进行机械制作所需的切削加工的是灰口铁。二人的记录表明，工部省釜石生铁是白口铁。工部省钢铁厂甚至没有确立与机械工业顺利结合的炼铁技术。

工部省还同时向长崎造船局（幕府长崎钢铁厂的后身）提交了钢船制造的技术转移计划。作为幕末时期以来的技术转移努力的结果，长崎造船局拥有在木制船体上搭载蒸汽机的汽船制造技术。实际上这个造船厂是将工部省钢铁厂使用的木制蒸汽船“小菅丸”建造气派而成的（讽刺的是其完成时间也是在废山后不久）。然而，当时世界上许多造船业正在转向大型钢船。因此，将这项技术转移到长崎造船局，将那里作为日本钢船制造的据点，并计划在那里消费釜石制钢板、钢材。作为对长崎造船局 1880 年（明治十三年）的报道，《工部省沿革报告》中记录道：

于11月27日聘用英国人琅威理（William Lang）[①]作为钢铁舰制造师长，开创该业。

回想1880年9月10日，那一天是第一号高炉点火的日子，从那里产出的生铁，预定11月左右在炼铁炉中经过精炼、轧制后变成钢材。琅威理到达并开始工作的时机说明了炼钢、造船两个计划是同时进行的，同时又保持着有机的联系。然而，在因事业失败关闭铁山期间，工部省钢铁厂只生产了价值907磅（411千克）的“半炼铁”。所谓“半”是指没有轧制成钢材。对此，野吕景义后来写道：

由于工人的熟练程度低，钢材质量很差。

就这样，琅威理因为没有钢材到达，所以无法进行钢船制造的技术指导，只好指导木制蒸汽船，在虚度了3年光阴后便回国了。除此之外，也有计划将炼铁制成轨道用于计划中的敦贺—长滨段铁路，但最后也不了了之了。

因此，工部省钢铁厂的失败不仅使近代炼铁业在日本的落地时间推迟了十几年，而且也失去了本应由此带来的、今天所称的“后方关联效应”[②]。可以说，由于当时的钢船技术转移失败，钢船技术在日本的落地几乎晚了10年。然而，这种说法正在逆转。无论是机械制造技术，还是钢船建造技术，在这样的阶段，即使工部省钢铁厂能够顺利开工，我们也应该询问该产品是否有销路。虽然已经指出了该钢铁厂的产品没有价格竞争力，但即使有价格竞争力，1880年左右的日本工业也几乎没有能力来不断消费该钢铁厂的产品。而且，这个时期世界市场的动向正在经历从钢铁厂的主

① 英国皇家海军军官，曾担任清朝北洋水师提督。

② “后方关联效应”指的是新出现的产业诱发中间材料的需求，从而促进中间材料供给产业的现象。

力产业由炼铁向炼钢转变。从各个方面来看，该钢铁厂，在明治 10 年代（1877—1886 年）的日本，注定要倒闭。这也是工部省事业的命运，该事业是无视当时西欧社会的标准技术社会经济链的移植尝试。

第二节　釜石田中钢铁厂的技术是“合理技术”吗?

工部省钢铁厂的命运，从由水车和木制风箱进行冷风送风的大岛型高炉的复归重新开始，在和与周边社会经济保持联系的同时又有阶段性成长的田中钢铁厂的发展路径进行比较时，读者会想起开发经济学[①]中经常提及的关于“合理技术”的讨论吧。事实上，将田中钢铁厂作为合理技术的模范，有很多议论，笔者本人在十多年前首次讨论社会经济链的重要性时，对田中钢铁厂进行了相当的“合理技术”方面的评价。但是那个时候，笔者没有看到山田健关于炮兵工厂的资料的评价。后面提到的两个详细介绍田中钢铁厂操作状况的资料在当年也没有利用。之后发现的事实，让笔者想到了另一个问题，那就是，如果考虑到技术与周边的传统社会经济的联系并加以适应的话，产品的质量也会接近传统技术的产品质量。以风箱炉为主要设备的传统炼铁技术的生铁是白口铁。从赤羽工作分局和大阪炮兵工厂的试制来看，白口铁不适合作为机械切削用材料。只要想把炼铁业作为向机械工业供给原材料的产业来培育，生产灰口铁是最低的必要条件。实际上，田中钢铁厂初期的苦战无疑与这一问题有关。在本节中，笔者想要探讨这一问题，但为了准备回答这一问题，首先，让我们简单了解一下白口铁和灰口铁是什么吧。

1. 白口铁和灰口铁的问题

白口铁是在以生铁为铸件时，铁中的碳作为渗碳体（Fe_3C）的微结晶

① 又叫“发展经济学”，经济学的分支之一，主要研究贫困落后的农业国家或发展中国家如何实现工业化，亦关注健康、教育、医疗、环境等生活因素。

析出的生铁，这使铁变得非常硬且难以加工。灰口铁在制成铸件时，铁中的碳作为石墨的微结晶析出，这可以在切削加工时作为一种“润滑剂”，因此它是可用于机械加工的铁。两者之差也取决于铸造时的冷却速度（越急速冷却越容易形成白口铁），但基本上 C（碳）+Si（硅）的成分越多越容易石墨化，C（碳）2.0%~4.5%、Si（硅）1.0%~3.0% 是现在的铸件手册中作为容易得到灰口铁的范围而记载的数值。据说碳和硅在精炼时的炉床温度越高，越容易被铁吸收。炉床是指高炉底部的积液部分，在此积存的铁水温度高，意味着在上部进行的还原反应在高温下进行。使用低高度的小炉的传统风箱炼铁，由于平均炉床温度低，所以铁中碳、硅的吸收弱，生铁中的碳、硅成分低。这意味着风箱炼的生铁很容易变成白口铁。但是，已经与碳化合的铁——渗碳体较多的白口铁很难生锈（被氧化），是最适合做锅釜的材料。另外，日本传统炼铁用“大锻冶炉”[①] 进行加热脱碳，作为另一种用途，即刀具用的钢，碳和硅少的白口铁是非常好的（朝冈康二，1986）。只要是江户时代以来作为传统铁制品的制造原材料使用，炉床温度低时的技术就是“合理技术”。

确认了这一事实，那么，要采用冷风吹入，炉床温度低的大岛型高炉产品是不是也容易变成白口铁？对此，对釜石周边的炼铁业历史造诣很深的技术史学者冈田广吉这样写道：“釜石铁矿山地区的高炉生铁是白口铁”（冈田广吉，1996）。幕末时期，使用大岛型高炉的炼铁业自然地向包括仙台藩领地在内的南部地区扩展。明治初年，能够确认到有 12 座高炉的存在，这不仅是因为像刚才所看到的那样，与这个地方的社会经济链很好地结合，而且，作为社会经济链的一个要素，传统铁制品制造业所需的白口铁的供应比风箱炼铁更便宜。朝冈康二也写道：“使用大岛型高炉铁的仙台藩的铸铁钱，是精密的白口铁，作为铁匠的原材料备受喜爱。”因为白口铁

① 日本战国时代至明治时代之前，铁匠的炼铁工艺被称为“大锻冶”，而刀具的制作则称为“小锻冶”。此处“大锻冶炉”即为大型炼铁炉。

的碳、硅含量少，所以用锻冶炉脱碳，容易制成刃具用钢，即使把铁钱作为刃具的原材料使用，也能收回本钱。

然而与此相对比来看，从幕末到明治初期，机械制作技术开始普及，在市场出现机械用铸件需求的时期，传统风箱炼铁业者和南部及仙台的高炉企业，肯定遇到了无法切削加工其产品铸件的问题。冈田在 1873 年（明治六年）桥野高炉停业相关的文件中，发现了因为产品不是“和西洋一样”的生铁所以卖不出去的文章，从而推测该生铁还不是灰口铁，不能投入机械制作。这样看的话，即使横山久太郎回到大岛型高炉的炼铁重新出炉时，也会出现所生产的生铁不是白口铁的问题吧。

正如上一节所见，横山久太郎在铃子建造了 2 座大岛型高炉，开始高炉作业，在经历了 1 年零 4 个月共 48 次失败后，首次成功出铁。如果只是出铁的话，就有点不解了。毕竟大岛型高炉在该地区有长期作业的经验，即使从明治初年开始有约 10 年的空白，该地区依然也有很多有经验者，作业和出铁应该很轻松。横山在初期作业失败后，马上请中小坂钢铁厂的经验者秋元光爱着手改造第一号炉并安装热风炉。炉床温度的上升是获得灰口铁的绝对条件，所以一定是为了达到这个目的而进行的改造。中小坂钢铁厂的炼铁炉是由英国采矿工程师艾拉斯穆斯·加瓦（Erasmus Gower）设计的带有热风炉的高炉，在 1882 年（明治十五年）停止作业之前，是生产优良灰口铁的钢铁厂。冈田也写道：

> 虽然 48 次的失败大概是“四苦八苦”[①] 的谐音，但田中钢铁厂所痛苦的是“以生产灰口铁为目的而设定的高炉作业是我的作业假说[②]”。（冈田广吉，来源同前）

① 该词语来自佛教用语，指生老病死四苦之外，再加上爱别离苦、怨憎会苦、求不得苦和五阴盛苦四苦在内的八苦，即人的一切痛苦。此处借用该词来表达田中钢铁厂历经千辛万苦才获得成功的不易。

② 又叫“工作假说”，假定一项工作能够成功，来作为进一步研究的基础。

对此，笔者深有同感。现在看来，站在这一作业假说的角度，田中长兵卫在愿望书中所写的“成功炼制出宛如舶来生铁品质的生铁”，并不是单纯的品质好的意思，而是要得到和舶来生铁一模一样的灰口铁的意思。

安装热风炉的一号炉的完成时间定于1885年12月，之后苦战了10个月。据说用改造的高炉作业也得不到满意的生铁，秋元逃跑一样地离开了。通过安装热风炉，他无法解决新的技术课题。之后又经历了“四苦八苦”，终于在10月16日成功了。但新技术课题是如何解决的，至今的文献中并没有记载。

成功后，田中长兵卫接受旧工部省釜石矿山分局管辖的矿山及钢铁厂设备的出让，于1887年7月，设立了釜石田中钢铁厂。釜石田中钢铁厂将“胡麻特别一号生铁”运往大阪炮兵工厂。所谓的“胡麻生铁”是田中钢铁厂内部对灰口铁的别称。因此，设立后的田中钢铁厂能够生产出灰口铁，将其中精选出来的东西运到工厂是没错的。但是，工厂方面对此的评价十分不容乐观，对此，我们可以看一下工厂技师山田健的介绍，他写道：

> 由矿山分局制造的产品几乎都类似，质地坚硬且糙，如果不重新铸造，是无法使用的。（山田健，《釜石生铁精炼概要》）

上文说的便是作为灰口铁出货，却有像白口铁一样的加工性。“糙”字在日语里虽是一个不常见的字，但根据《汉和辞典》[①]，该字是粗制的意思。不仅坚硬难以切削加工，而且组织是粗颗粒的，如果不再精炼的话，无论如何是不能使用的。作为铸造海岸炮炮弹的原材料，当初工厂对釜石生铁寄予了期待，但不得已开始进行再精炼的实验。这也不亚于横山的高炉作业，“四苦八苦”地进行着。担任指挥的是山田健大尉，1889年（明治二十二年）左右终于成功铸造海岸炮弹并进行试射测试后，没想到，与工

① 汉和辞典是用日语（和语）解说汉字词的辞典。

厂使用的意大利产的格雷戈里尼生铁一样，显示出了“非常优质”的成绩。

（注）笔者曾经指出，这种再精炼是“为了制造可切削的生铁”（中冈哲郎、三宅宏司，1988）。对此，美马善文和美马佑造先生指出这是错误的，其获得生铁的目的是为了制造“只将弹头部白口生铁化”的所谓的“激冷”炮弹①（美马善文、美马佑造，1993）。这个论证是令人信服的，对此，笔者想修正一下，再精炼的目的的确正如两位先生所说。不过即使修正，要探讨的问题还是田中钢铁厂作为灰口铁运出的生铁是坚硬粗糙的原因。

这一事实被山田盛太郎的《日本资本主义分析》作为“为超过军事工厂技术的世界水平而奋进”的目标的第二项，让很多人对“釜石生铁的优质性”印象深刻，但铸造在炮弹上的生铁并不是直接使用田中钢铁厂生产的生铁，而是工厂再次精炼的“釜石再制生铁”，这一点需要注意。釜石再制生铁作为之后工厂的主要炮弹材料，出厂后能确保极大的销路，这对田中钢铁厂的发展具有重大意义。但工厂并没有将釜石田中钢铁厂粗炼的生铁作为机械工业的原材料，只是作为制作釜石再制生铁的原料。工厂对釜石田中生铁品质的评价，到 1893 年为止一直被评价为“粗劣”。田中钢铁厂自身能够制造釜石再制生铁是在创业第 14 年的 1900 年（明治三十三年）。创业时期的田中钢铁厂还没有能够供应机械工业的钢铁技术。以本节的问题意识来说，钢铁厂虽然已经很好地确立了与周边的传统社会经济的联系，但与日本正在形成的近代机械工业无论如何都处于无法很好地联系的状态。虽然是灰口铁，但与以白口铁为主的工部省生铁相似，其质地坚硬、粗糙，让人不可思议，这到底与田中钢铁厂怎样的操作状况相对应呢？这个问题的答案，是回答什么是“合理技术”这个问题的关键。以前，关于这一时期的田中钢铁厂，几乎没有详细的操作状况的资料。但幸运的是，我们可以使用最近发现的两个资料。

一个是保存于东京大学工学部金属工学系的当时学生的实习报告。在

① 此处“激冷”炮弹指 19 世纪 60 年代由英国人威廉·帕利瑟研制的尖头穿甲炮弹，用“激冷”的方式在铸造中硬化弹头用的铸铁，使其能够有效击穿铁甲船。

东京大学理学部采矿冶金学科的课程中，学生以最终学年的暑假为中心，在矿山、精炼所实习数月，实习结果作为英文报告提交。之后，1881 年（明治十四年），该要求被变更为采用报告和计划设计的形式，东京大学与工部大学校[①]合并成为帝国大学后，也几乎以同样的形式被帝国大学工科大学[②]采矿冶金学科继承（叶贺七三男，1988）。1889 年从德国留学回国并担任采矿冶金学科教授的野吕景义，与田中钢铁厂有很大的关系，这在后面是可以看出来的。不过，也正因为如此，田中钢铁厂对采矿冶金学科的学生来说是绝佳的实习场所，到 1900 年为止，提交并保存了 9 份田中钢铁厂的实习报告。其中，中村恭作在 1892 年提交的实习报告中详细记录了从创业开始整整 5 年的田中钢铁厂的作业情况，非常珍贵。

另一个是冈田广吉发现的大岛善太郎写的《已故釜石矿山田中钢铁厂所长横山久太郎先生功绩录》。到 1880 年为止，大岛善太郎在青之木（桥野）高炉钢铁厂工作过（不过他与大岛高任没有关系），1888 年在其 35 岁时，他作为杂务员进入田中钢铁厂，不久就得到了对其工作努力的认可，1889 年 3 月他作为采矿负责人兼冶炼员，1891 年 5 月作为制造部长而出人头地。约 20 年来，他一直是钢铁厂的主力之一。这份资料是横山久太郎在 1922 年（大正十一年）去世后为了表彰其功绩而写的铅笔手稿，但对钢铁厂现场的记述很多，特别是初期作业的珍贵记录（冈田广吉，1993，1994）。

接下来，根据大岛善太郎和中村恭作的证言，让我们去看一下田中钢铁厂初期作业的现场情况。

2. 釜石田中钢铁厂的初期作业

大岛善太郎在进入钢铁厂后，对设备的印象如下：

---

① 工部大学校，前身为日本工部省 1871 年创立的工学寮，于 1877 年改称大学校。1886 年与东京大学合并为帝国大学。如今工部大学校沿袭为东京大学工学部。

② 关于“帝国大学工科大学”的成立，详见本书第八章。

试验暖炉（热风炉）的构造矮小。一同使用的铁管，是内径5寸[①]左右、长4尺5寸左右的设备，总计9根。虽然引通气体的燃量的热风相当大，但像木制风箱一样是粗漏的处理。风的漏出量被确认为不少。另外，水车的旋转迟缓过度。其原因是，从挂口的落水管的间隙漏水，实施防备是当务之急。因暖炉管道铸造粗制，造成豆粒孔洞或铸损龟裂等连接处维修不完整，均有漏风。

由于暖炉的周围是粗制的，所以龟裂的部分全部因风的流通而放弃。

虽然措辞有些奇怪，但这是当时没有受过系统教育的工人，为了希望他人知道他们用铅笔所写的回忆录是什么样的，就照抄了。因为从挂水槽漏水量大，所以不能达到规定的动力，导致水车的旋转极度缓慢，虽然用漏风极大的风箱拼命地送风，但是前面的热风炉到处都漏风，也只能就这样继续运转着。

这是创业第二年的热风送风系统的状况，从那之后过了4年，即1892年，中村恭作用自己进阶中的技术人员之眼观察到这种状况没有得到很好的改善。

首先是水车。中村进行实习时，如表6-4所示，田中钢铁厂在工部省钢铁厂旧址的铃子工厂上有3座高炉，在大岛高任建造高炉的土地上的大桥工厂上有2座高炉。正如表上所示，水车虽说是木制的，但却是大型的水车。问题是水量。在作为山地的大桥地区，将3条小溪的水集中到一处来建造水库，用木制的水槽运送约900英尺至水车处。但由于水库建设不善，漏水严重，漏水量比水槽输送的水量多。这造成了季节性水量的巨大变化。由于落差大，水量多时能获得10马力，水量少时马力不足。作为平地的铃

① 日本尺贯法（日本传统的度量衡制，长度单位为尺，质量单位为贯）的长度单位，1寸约等于3.03厘米。

子地区，在靠近河口的甲子川筑起堰，虽然获得了比大桥多5倍至10倍的水量，但由于无法消除巨大的落差，在枯水期也同样无法获得充足的动力。

表6-4　釜石田中钢铁厂高炉

高炉名			一号	三号		四号	五号		六号	
所在地			铃子工厂	大桥工厂		铃子工厂	大桥工厂		铃子工厂	
建设年月			1885年5月	1887年10月		1888年6月	1890年10月		1891年12月	
炉高（米）			8.5	9.8		9.8	11.4		9.8	
最大内径（米）			1.9	2.2		2.4	2.5		1.9	
炉内容积（立方米）			11.3	18.0		21.4	25.6		14.5	
日产量（吨）			不详	4左右		4左右	5左右		4左右	
附属送风机（组）			一	二		一	二		二	
风箱的尺寸（米）	长		1.30	1.47	1.02	1.47	0.79	1.32	1.33	0.79
	宽		0.65	0.77	0.66	0.83	0.55	0.79	0.76	0.61
	高		0.67	2.01	0.70	0.88	0.67	0.80	0.79	0.61
活塞转动行程（米）			0.67	0.89	0.71	0.91	0.45	0.45	0.85	0.55
1分钟往复的次数			未详	20左右	20左右	20左右	55左右	20左右	18左右	不详
原动力类型			水力、蒸汽并用	水力	水力	蒸汽	蒸汽	水力	水力	蒸汽
水车	尺寸（米）	直径	—	4.85	4.40	—	—	5.15	5.45	—
		轮宽	—	0.91	0.91	—	—	0.91	12.1	—
	水位差（米）		—	7.27	3.03	—	—	5.30	3.64	—
锅炉公称马力			8	—	—	23	10	—	—	27
附属热风炉（台）			2	2		2	2		2	
热风炉的尺寸（米）	长		5.45	5.45		9.09	9.09		6.06	
	宽		3.03	3.03		3.03	3.03		3.03	
	高		1.91	1.91		1.91	1.91		1.91	
送风管*	长（米）		1.27	1.27		1.52	1.52		1.27	
	数量（根）		27	27		48	48		27	

*送风管直径为7英寸（约17.8厘米）。

（出处：野吕景义、香村小录，《釜石铁山调查报告》，1893）

除了因水量波动导致水车功率不稳定的问题，其实还有更重要的问题。根据冈田广吉在大岛记录中的注记，作为山地的大桥地区，冬季的水路从12月到翌年3月会冻结，因此大桥高炉停止作业。大岛善太郎成为精炼工的1889年，因为高炉直到12月末都没有停止作业，所以他得到了3日元的奖金。从1890年到1891年，由于整个冬季高炉没有停止作业，全体董事被授予了20日元的奖金。那么，严冬期间的作业是如何进行的呢？

> 水槽就像棉花一样，几乎每晚都有二三时间会结冰，工人除了睡觉以外没有闲暇。毕竟要浸入冰水中往返，直到在水槽上没有足够的乘水差支撑为止。对于昼夜兼行的除冰者来说，这是惨不忍睹的困难。该期间通常点起篝火，去除冰衣，防止水车的回转道堵塞。

这样的工作状况真是难以言表。首先，为了防止水路冻结导致水车无法转动，需要彻夜潜入水路去除冰。在北国[①]山地的高炉和矿山作业中，结冰和积雪等现象给我们带来了超出想象的难题。其次，关于漏风，中村也进行了与大岛相同的观察，估计整体有40%的漏风，但也涉及大岛观察时所没有的水车的动力损失。他反复写道："水车的制造不好，得不到足够的动力"，但却没有明确说明哪里不好。然而，他对用水车送风的装置的说明却引起了人们的注意。水车根据水量，每分钟转5~10转，通过齿轮的啮合增速到10~20转后，用曲柄将旋转运动变为往复运动，使横置舱的活塞往复。原理上是可能的，如果是铁制构造的话，可以毫不费力地实现，而且在山背后的风箱炼铁地带，在这个时期有这种水车送风系统运行的记录也是事实。不过，向比风箱炉大得多的高炉送风，果真能用木制构造制作高效运转的系统吗？如果可能的话，木制动力传输系统肯定有巨大的动力损失。笔者很在意以下的记述。

---

① 此处"北国"大概率为日本本州岛北部的诸多令制国及北海道的统称。

> 但是，由于制作方法极差，这些水车的动力损失巨大，效率极低。结果，在水量少时不能得到足够的送风量。在极端的情况下，几乎无法送风，这是我实习时发生的事情。（中村恭作报告，原文为英语，笔者译）

“几乎不能向高炉送风”是致命的事态。动力损失在热风炉中也是一个大问题。相对于冷风送风的大岛型高炉，热风炉是田中钢铁厂高炉的最大改良点，该设计是从外边用火焰加热炉内做成的内径 7 英寸的铁管通道，同时通过向其内部送风，形成 300 摄氏度的热风送入高炉内。大岛善太郎将铃子一号高炉的热风炉的铁管描述为“长 4 尺 5 寸左右的 9 根，大桥三号炉的铁管为长 4 尺 2 寸 2 分的 20 根，大桥五号炉的铁管为长 5 尺 1 寸 4 分的 27 根。每根管都用弯管连接，形成一个弯曲的气流通道”（见图 6-3）。也就是说，每次新设热风炉时，管道的全长都会变长。表 6-4 中，铃子一号炉 27 根、大桥三号炉 27 根、大桥五号炉 48 根（比大岛善太郎的数值更长）。在此期间，我们发现，不断加长加热空气的流动通道，提高热风温度是改善热风炉所做的努力。

不过，在工科大学学生的 9 份报告中，探讨了 7 个热风炉。高松亨用现代的工厂工学的方法，对这些热风炉进行了研究。他认为，延长流动通道可以增加加热空气的面积，提高温度，但由于管内流动阻力造成的动力损失增大，所以如果鼓风机的功率一定，则送风量减少，就会对高炉作业有害。他指出，每次延长管长时，如果不使用更大的动力来确保一定或以上的送风量，就不能进行改良。如前所述，受季节影响的水量变动、动力传递系统的动力损失、漏风造成的损失等因素影响的送风系统，工厂在为慢性动力不足而烦恼的时候，向进一步增加动力损失的方向进行了热风炉的改造。除非送风动力有划时代的增强，否则这种改造不会改善，反而让困难进一步恶化（高松亨，1990）。由于有热风炉，田中钢铁厂成为比大岛

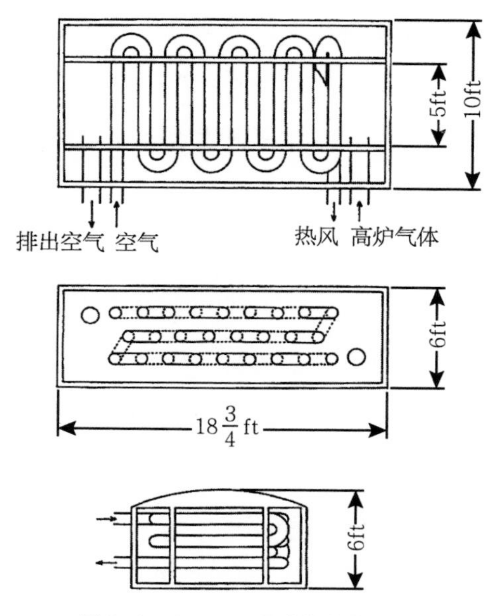

图 6-3　1、3、6 号高炉的热风炉
根据中村报告制作而成。尺寸单位 ft（英尺）遵循原文。
（出处：高松亨，《釜石田中钢铁厂木炭高炉的铁管热风炉》，《技术与文明》6 卷 1 号，1990）

型高炉高一级的系统。然而，这个延长管长和增强动力需求的故事告诉我们，为了达到某个目的，即使改变系统的一部分，而不改变其他相关部分，目的也很难达到。但钢铁厂的工人对此却难以理解。说明这一点的另一个例子就是炉顶气体的问题。

炉顶气体的问题也和热风炉一样，是系统操作的问题。将含有大量一氧化碳（CO）的高炉炉顶气体导入热风炉，加热燃烧送风是该热风送风系统的要点。在高炉的高热中，氧化铁矿石中被木炭的碳夺走氧气，一氧化碳作为产生铁的还原反应的产物产生（矿石为磁铁矿的话，化学式就为 $Fe_3O_4+4C=3Fe+4CO\uparrow$）。因此，如果炉内不积极进行还原反应，炉顶气体的一氧化碳成分就会减少，热风炉的燃烧会变得不活跃，热风温度下降。结果，还原反应会更加不活跃，从而进入恶性循环。为了避免这种情况，向炉子输送足够的热风，使还原反应活跃进行的同时，配合其进行，不断投入新的矿石、石灰石和木炭的操作是很重要的。为此，在钢铁厂，经常将矿石、石灰石和木炭的混合物投入到原料投入口，并严格地向工人提出使表面平整的要求。但是，大岛善太郎写道："在夜间，维持这种状态是极其困难的。" 工人睡着了，等到注意的时候，才发现原料混合物的表面已经下降到投入口以下 1 米左右。完全不会产生一氧化碳气体，而且热风炉经常出现冷却的情况。当然，此时炉内的还原反应也没有进行。慌慌张张地将原料投入到投入口后不久，一氧化碳气体就会充满，热风炉开始进行再加热，但是因为是对冷却的铁管进行急速加热，所以由于热膨胀，管子往往会出现龟裂，需要停止修理。

3. 在传统技术与炉床温度上升的中间

综上，通过大岛善太郎和中村恭作的现场描写而浮现出来的事实是，横山久太郎自 1885 年（明治十八年）5 月建设铃子一号炉以来，到 1892 年和 1893 年左右的田中钢铁厂的作业，几乎是作为对大岛型高炉的唯一改良而引进的热风炉，由木制大型水车和木制横放式送风装置与传统型劳动者进行作业。之所以进行连续的煞费苦心的作业，是因为想要实现炉床温度的上升。热风炉的引进，是明确意识到炉床温度上升和灰口铁的关系而进行的行为，虽然寿命短，也不清楚这是否只是模仿了生产与进口生铁抗衡的优良生铁的中小坂钢铁厂的设备，不过，作为改善的方向却是正确的。然而，这样的作业会使包含如图 6-4 所示的部分封闭系统在内的高炉系统变得复杂。被邀请作为中小坂经验者的秋元光爱能够做到的，只有制作与中小坂相同形状的热风炉，才能够应对插入的东西在系统中引起的所有变化，但这超出了他的能力。最低限度需要的是，在热风炉的曲折的管道中，增加与空气通过时的流动阻力相同量的送风动力。如果不这样做，用与大岛型高炉同等程度的水车和风箱，将热风炉放置在高炉之间的话，送入炉内的空气量与大岛的高炉相比会大幅减少，燃烧本身也会变得不活跃，还原

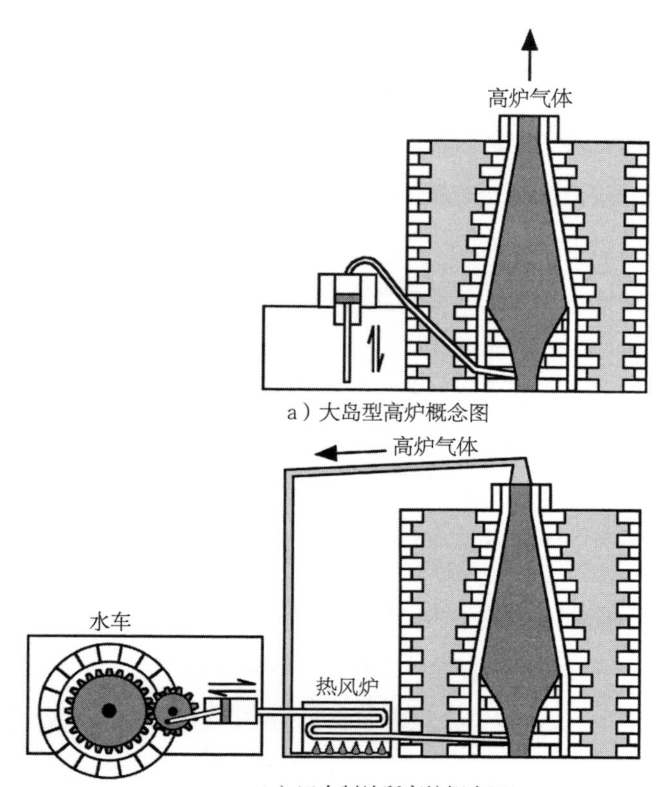

a）大岛型高炉概念图

b）田中制铁所高炉概念图

图 6-4　大岛型高炉与釜石田中钢铁厂高炉的差异

大岛型高炉是参考大桥周治《幕末明治制铁论》第 282 页的桥野 2 号高炉剖面图和乌尔里希·胡格宁原著的风箱方式作图。风箱是通过水车的旋转使活塞向上下方向往复的方式，但由于其详细情况不明，因此无法描绘水车的部分。田中钢铁厂高炉以中村恭作报告的大桥三号高炉的记述和表 6-4 为参考，其高炉形状与大岛型相同而作图。为了把高炉气体送到热风炉，应该需要鼓风机，但由于没有关于其型号和动力的资料，所以在概念图中予以省略。1）用风箱直接向高炉送风，通过又长又大的加热管道吹入高炉；2）回收排放到系统外侧的高炉气体，用于热风的加热，系统变得封闭。这两点是田中制铁所的高炉与大岛型高炉的最大差异。

反应也不能充分进行。因此，一氧化碳气体的产生也不充分，送风温度也不会上升。无怪乎秋元会近乎连夜逃跑了，这的确能让人联想到这种情况。

中小坂钢铁厂的热风炉，用蒸汽机运转 36 马力的鼓风机进行送风（大桥周治，1991）。鼓风机当然是进口的铁制的。中小坂钢铁厂的高炉公称日产 15 吨，所以比大桥三号炉大。不过，用如此大马力运转的没有漏风的鼓风机，通过热风炉后也以足够的压力，将大量的热风吹入高炉，稳定地维持高炉床温度，生产了炮兵工评价为“其品质良好，是完全的灰口铁，适合铸造用”的生铁。以此为标准，即使在中村恭作所观察的时期，田中钢铁厂也远远不及。

那么，1886 年 10 月 16 日的第一次成功到底怎么可能实现的呢？这可能是因为蒸汽机被用作辅助动力的缘故吧。根据野吕景义和香村小录的《釜石铁山调查报告》中的表 6-4，铃子一号炉有蒸汽机。虽然功率不详，但锅炉公称马力为 8 马力。虽然没有关于水车的记载，但是建造的时候是有水车运转的，所以改造成带有热风炉的时候，或者即使这样也不行，在秋元逃跑后，大抵是作为水车的辅助动力设置了小型蒸汽机吧。这会增加送风量，好不容易达到了最低的炉床温度，因此可以被认为是成功的原因。在可称为钢铁厂正史的《与钢铁共存百年》中也写道：“这次成功恐怕是与水车的动力源并用的带有蒸汽发动机的鼓风机，经过暖风炉将热风送入炉内的缘故吧。”

然而，当时人们似乎不认为蒸汽机的使用是成功的原因。在有名的创业传说中，站在指挥作业的高桥亦助的梦枕上的山神，从工部省钢铁厂留下的烧成的矿石中，挑出优质矿石拿在手上，说这叫作“恶块石”，然后指着因为不优质而被丢弃的矿石山，说使用“恶块石”就会成功。梦枕虽然是虚构的故事，但更换矿石被认为是成功的原因。这从大岛善太郎的记录中也能窥知一二，他写道：“我们去大桥工厂赴任时，被称为‘恶块石’的铁矿都作为废物丢弃或扔进河里”，由此可知，这是事实。但是，大岛认为这种矿石是可以使用的，得到横山久太郎的同意后，一使用便取得了好成绩，于是他从河底回收了大量的“恶块石”，为增加出铁量做出了贡献。也就是说，矿石的更换并不是成功的真正原因。然而，这个神话表明，在试运行期间人们主要关注的是矿石类型和烧焦程度，而不是送风动力，并告诉我们，在创业之初，人们还没有意识到热风炉管道中的流动阻力和送风动力之间的关系。

釜石田中钢铁厂正式成立的1887年（明治二十年）10月，在山地的大桥地区，以水车动力建设了比大桥一号炉更大型的大桥三号高炉，第二年1月水车动力冷风送风的铃子二号高炉成为废炉，蒸汽机动力（23马力）热风送风的铃子四号高炉于6月建设。这暗示了创业时横山久太郎认为的，在平地上很难取得足够的水位差（落差）的铃子，由于水车送风有限，所以使用蒸汽机。但是在山地容易取得大水位差的大桥地区，水车则比较经济。正如我们所看到的那样，这牵涉到了隆冬的作业问题、漏水引起的水量不足的问题，以及巨大的动力损失的问题。

然而单靠水车作业，首先是无法避免缺水期的动力严重不足。再加上慢性的漏风、动力损失、工人的疏忽、热风炉铁管的破损、送风系统的修理必要等情况，导致高炉屡次停工。于是，工厂内部在拼命尝试各种各样的小改良。比如，各高炉中各设置2台热风炉，也各设置2台风箱，防止因修理而停止送风、停止高炉；将风箱的木制阀改成大象皮制，以消除破损；改良铁管的铸造法以延长寿命；改善接头部分的填充法，以减少漏风；改善夜间的劳动纪律，等等。这样，虽然炉内凝固的次数逐渐减少，但炉床温度与长期稳定相差甚远，有时升高有时降低，一旦状态恶化就不得不停止。毫无疑问，本节最关心的，是虽然是灰口铁但却像白口铁一样硬且组织粗糙的不可思议的生铁，这与高炉的作业状况是相对应的。1天出铁4、5次，从炉前面的提取口流出，出来的热铁水通过地面上挖的沟，导入与其垂直排列的用河砂做成的细长的铸模（生子型①），作为所谓的“生子型铸件”而出厂。此时，流动性好的是一号生铁，不经常流动的是二号生铁，最不好的是三号生铁。出铁的流动性是出铁时的熔池（炉床）的温度越高越好，所以流动越好灰口铁越多就是事实。但需要注意的是，这并不一定反映整个精炼过程的炉内温度的变动。在极端的情况下，由于不小心，炉内温度极速下降，还原反应快要停止的炉，通过之后的努力恢复了良好的送风。炉床温

① 形容铁水径直流入模型的工艺。

度也充分恢复的时候，也会迎来出铁的情况。这种生铁虽然热铁水的流动性好，但从品质上来说，可能含有受低温时影响的生铁。

炮兵工厂的加藤泰久于1892年（明治二十五年）4月调查了田中钢铁厂，对此，他曾这样写道：

> 这个时期制出的生铁中，中劣等的二号生铁量多，而优等的一号生铁量少。（加藤泰久，1892）

这意味着，按照检查方法，出铁时，大部分的热铁水没有很好地流动，也就是说，作业是在平均较低的炉床温度下进行的。而且，在初期的工厂中对田中生铁的评价中，有几处让人觉得这可能是灰口铁中混入了还原不充分的成分。

如何消除这种变动多的不稳定作业，实现能够一贯稳定地维持高炉床温度的作业是最终的问题。中村恭作写道：

> 从这一点来看，1890年10月建造的大桥五号高炉并用了水车动力与10马力的蒸汽机，1891年12月的铃子六号高炉并用了大致相同程度的水车系统与27马力的蒸汽机，这都是作为暗示横山的认识的变化而引起注意。用于送风的蒸汽动力的作用是辅助，为了弥补河流干枯期和严寒期水车的动力不足，蒸汽机和锅炉被使用。即使使用蒸汽机，它通常也很小，与水车成组使用。只有蒸汽机启动一组鼓风机进行送风的四号炉是唯一的例外。但是，现在矿山主对蒸汽动力的重要性深信不疑，每个高炉都安装了一台蒸汽机。

高松亨根据中村恭作的报告和表6-4的数值，计算了各炉的必要动力和实际供给的动力，结果显示除了蒸汽机送风的铃子四号高炉和最新的铃子六号高炉，其余高炉即使是精炼这个阶段，也以所需动力以下或完全的动力供给进行作业（高松亨，1990）。在动力损失如此多的系统中，拥有额外的（预备的）能力是稳定作业最重要的条件。在这一点上，1891 年 12 月建设的六号高炉，果断缩短了热风炉的空气流动通道。如图 6-5 所示，将在上下方向上连接了 7 根横卧铁管的流动通道 5 组并列连接，传热面积保持不变，在采用划时代地减少管内流动阻力的“立式横卧铁管”方式的同时，设置 27 马力的蒸汽机，具有被认为稍微过剩的预备动力，笔者认为这大概已经理解了送风系统的问题。玉城孝次在中村恭作实习 3 年后的 1895 年进行实习，他观察后发现，除了在水力相对丰富的大桥二号炉中持续并用水车和蒸汽机，其他的炉子全部由蒸汽机单独驱动。结合两人的观察，可以看出横山从初期的作业中注意到了水车的极限，开始着手通过水车和蒸汽机的并用来稳定动力，通过其作业实绩，向以蒸汽机为主动力的

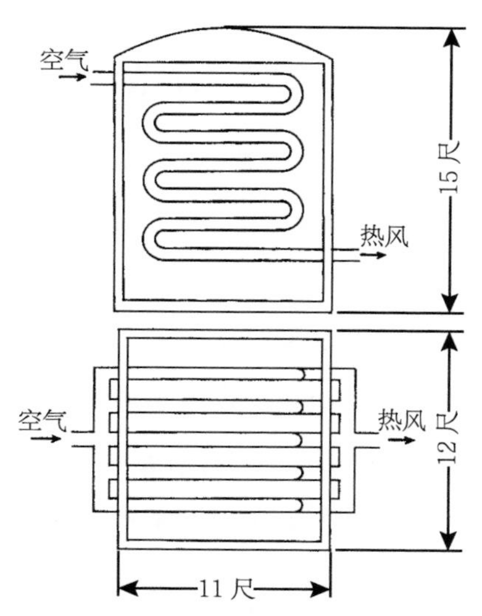

图 6-5　立式横卧铁管热风炉（铃子六号炉 /1894）的概念图
根据茑藏治的报告制作而成。因为茑藏治使用的是尺，所以单位采用的是尺。
（出处：高松亨，《釜石田中钢铁厂木炭高炉的铁管热风炉》，《技术与文明》6 卷 1 号，1990）

方向发展。同样，在 1894 年进行实习的茑藏治的报告中，用石川岛造船厂制造的铁制鼓风机代替了木制横放式送风装置，从而解决了漏风问题。当然，与此同时，木制齿轮的变速机构和木制曲柄机构也应该消失了。传动系统的动力损耗和设备故障修理导致的停止时间也必然有划时代的减少。

4. 野吕景义与香村小录的作用

从 1892 年（明治二十五年）到 1894 年，是野吕景义[①]开始与田中钢铁厂有关联的时期。1892 年，田中长兵卫读了《日本矿业会志》上刊登的《釜石矿山近况及其改造方案》后，十分感动，遂委托野吕担任顾问。接受委托的野吕，在 1893 年就任顾问的同时，推荐了他在采矿冶金学科的第一弟子香村小录作为技师长。香村同年 9 月辞去农商务省的职务，来到田中钢铁厂就任。上述的变化，或许是野吕和香村对田中钢铁厂的最初影响。后来，野吕对这一时期的工作进行了如下回顾。

> 当时觉得最不利的是木制鼓风机和横卧铁管热风炉两者，木制鼓风机不仅漏风多，时常需要修理，因此停风频繁而损害炉内的状况。而横卧铁管不耐高热，釜石矿石在炼制上需要较高热度，导致横卧铁管破损严重，需 50~60 天更换一次。这两个缺点逐渐改善，鼓风机改为铁制，热风炉改为直立铁管，不仅大大减少了破损程度，而且耐高温，在操作上取得了很大的进步，特别是在木炭的消耗量上产生了显著差异。（野吕景义，1915）

到目前为止看到的热风送风系统问题的要点被简洁准确地指出，这在他的指导下，给人一种被解决的印象。在笔者读到中村恭作和大岛善太郎的

① 日本冶铁专家，是日本历史上较早被授予工学博士的人（1891 年）。

记录之前，以这篇文章为基础，认为从那时开始的快速改善是他们所深入的“近代工学”的功绩。至少热风炉的铁管的破损、修理的问题，是通过把横卧式的铁管全部改为直立式来解决的。但是，根据学生们的 7 个报告，高松亨对所有高炉的热风炉的变化进行了跟踪。如图 6-6 所示，直到 1900 年为止，导入直立铁管热风炉的只有铃子六号炉，而且是短时间存在，除此以外热风炉的改善方向，野吕没有提及。采用将截面为椭圆形的铁管以长轴为垂直方向，排列为纵型横卧铁管方式的“威斯特法伦炉”。通过采用该炉，实现了热风温度 300~400℃，而且这些铁管是内制的，这些改良也支持了钢铁厂的铸造技术的进步。由于改良的进程最终到达野吕所写的“炼瓦[①]热风炉”（蓄热式热风炉），笔者对于他没有写到过的试行还在反复积累中。

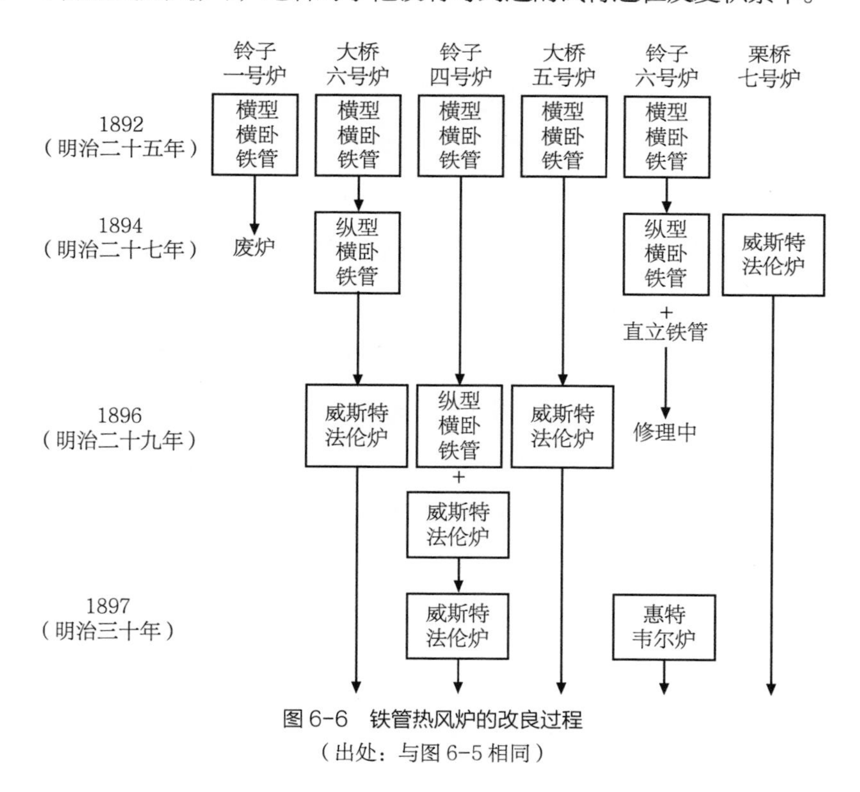

图 6-6　铁管热风炉的改良过程
（出处：与图 6-5 相同）

① 炼瓦即泥土烧制的砖，在高炉中作为炉子的衬里，实现炉内的高温。

田中钢铁厂的技术，随着野吕和香村的加入开始有了明显提高，这是事实。但是，笔者反省自己一直只高估了他们的贡献。在近乎外行的横山久太郎的带领下，工厂通过本书至此描绘的奋斗不断积累和改善，正如横山推进的蒸汽机动力的导入所示，大致探索了解决问题的方向。另外，必须注意的是，由于铁制鼓风机是石川岛造船厂制造的，所以国内机械制造商正在成长。关于蒸汽机的使用，应该认为周边机械工业已经在釜石这样的偏僻地区发展，蒸汽机非常方便，而且经济上可以承担。

从那时起，田中钢铁厂内部的经验性技术积累与成长于外部的幼年期机械工业知识体系逐渐联系起来。在它们的支撑下，野吕和香村等早期技术人员所掌握的“近代工学”的素养，使按照技术合理性综合观察钢铁厂的现场成为可能，可以说，它们的关系值得关注。野吕最重要的贡献是，比起各个设备的改良，他准确地预测了钢铁厂的“近代”发展开始走上正轨时与此前一直很好地联系在一起的周边传统自然经济之间发生的矛盾，并提出了防患于未然的技术对策。这就是《釜石矿山近况及其改造方案》中记载的令田中长兵卫感动的改造方案。改造方案表明，将北海道的煤炭运输到釜石制成焦炭时的成本为每吨 5 日元 70~80 钱，而釜石的木炭价格为每吨 4 日元左右，该方案就是从强调釜石木炭的廉价性开始的。虽然现在采用木炭炼铁非常有利，但如果继续扩大炼铁事业的话，木炭供应的极限将很快到来。周边的群山似乎有丰富的木材资源，但随着炼铁事业的扩大，需要到离钢铁厂越来越远的山上寻找木炭。要跨越险峻的群山，导致运输里程、运输人员增加，不仅是木炭的运输费，连制造费也会上涨，威胁木炭炼铁的核算的时期必然到来，随之而来的便是木炭缺乏的时期（野吕景义，1892）。

表 6-5 是 1892 年（明治二十五年）上半期，即野吕构想改造方案时期的田中钢铁厂的人员表。在 1200 余名员工中，操作钢铁厂的主角高炉进行作业的有 50 人，而烧炭和搬运的员工则有 900 人。与其说是炼铁业，不如说是木炭制造和搬运业。田中钢铁厂的作业，分散在险峻的山地，用传

统的方法劳动密集型地烧炭，再把这些炭放在牛背上，运送到山间的无名小道上，这些都需要庞大的劳动支撑着。如果炼铁量继续增加，不久制炭/运输人员和山间运输距离的增大就会达到极限，木炭的价格将开始急速上涨。野吕建议，在木炭价格上涨之前，应该从现在开始考虑使用焦炭。焦炭虽然比木炭贵，但使用大型高炉的话，整体的炼铁成本降低，具有将焦炭制造的副产物气体作为钢铁厂内燃料使用的优点。由于火力很强，可以保持炉床温度高，再投入大量的石灰石，以提高炉渣的碱度，同时可以很好地除去硫黄成分，所以有利于釜石矿这样硫含量多的矿石的冶炼。而且，不需要重新建设大型高炉，工部省的大高炉还保留着各种附属品完备的状态，再稍微加以改造，就可以进行焦炭炼铁。

表 6-5　1892 年（明治二十五年）上半期，田中钢铁厂人员表

干部职员	事务岗	30	矿山	矿工	60
工厂	高炉	50	—	运矿夫	100
—	锅炉	6	—	矿山人数小计	160
—	运转	6	木炭制造	烧炭工	700
—	锻冶	12	—	搬运工	200
—	轧制	7	—	木炭制造人数小计	900
—	铸物	5	焙烧	焙烧男工	18
—	炼瓦制造	3	—	碎矿女工	30
—	木工	9	—	烧矿人数小计	48
—	杂役工	25	—	—	—
—	工厂人数小计	123	—	总计	1261

（出处:《与钢铁共存百年》，新日本制铁釜石钢铁厂，1986）

作为技术人员，野吕最具有野心的是工部省大高炉的焦炭作业。但是，这并不是说要完全废弃木炭炼铁，木炭在当时比焦炭便宜，木炭生铁的价格一般比焦炭生铁贵，军器制造时也有需求，所以应该再增加一点设备，继续制造硫黄成分少的矿石组合木炭的燃料配置来炼生铁。也就是说，野吕提出了将使用工部省高炉的“焦炭生铁制造”和发展了以往田中钢铁厂的设备和技术的“木炭生铁制造”作为两大支柱的经营方案。田中长兵卫全面接受这两大支柱的经营方案，遂聘请野吕为顾问。因此，野吕与香村小录一起，开始着手准备工部省大高炉作业。在这个准备过程中，野吕作为技术人员的力量毫无遗憾地发挥了出来。在开始作业之前，在新建炼焦炉的同时，改造高炉的炉形，将热风炉和锅炉的烟囱共用的部分分离，使高炉气体充分供给热风炉。工部省的设备在矿石的焙烧上不充分，因此为了焙烧，又新设了高效率的西里西亚式焙烧炉。一切都基于野吕的设计和计划，而改造和作业则由香村指挥。1894 年（明治二十七年）11 月，工厂在改造完工的同时，开始使用木炭进行作业，在经过无数次混乱之后，得以顺利开工。1895 年 8 月炼焦炉完工后，改用焦炭作业。作为焦炭原料，由于野吕认为要使用北海道的煤炭，所以最终选择了夕张[①]的粉煤。夕张粉煤制焦炭虽然很脆弱，但结果还是非常好的（饭田贤一，1979）。这个大高炉作业的成功，正值中日甲午战争时期，军用铁需求高涨，田中钢铁厂的产量在 1894 年为每座高炉 12735 吨，1895 年为 12982 吨，自创业以来首次推升到年产 1 万吨。结果，日本高炉的钢铁产量，在 1894 年首次超过了维新以后继续进行的风箱炼铁的产量。从这个意义上讲，这一年是日本近代炼铁技术史上值得纪念的一年。

野吕景义继续对工部省遗留的其他的炼铁炉和轧制厂进行试验性作业，该工厂只生产了 902 磅（409 千克）的半炼铁。但是，这个时候炼铁时代已经结束。可锻铁材质开始使用钢，所以对于野吕来说，这是考虑到当时正在进行的以炼钢为中心的新钢铁厂的计划，以学习可锻铁及其轧制的经验为目的的。另外，香村小录成功在釜石制造了炮兵工制造用的“釜石再制生铁”，还成功制造了炼铁成分调整中不可或缺的合金铁，所谓合金铁，

---

① 即夕张市。位于日本北海道中部、夕张山地以西、石狩煤田以南，作为煤矿都市而发展起来，人口曾一度超过 10 万，封矿后锐减。

即镜铁、锰铁、硅铁、硅镜铁等。田中钢铁厂的技术终于达到了能够区分产品质量的地步。不仅是只能作为铸件的生铁，还达到了可以轧制成铁板和铁轨的可锻铁（炼铁）也能制造的地步。这样，因无法运转而在 1882 年被废弃的工部省钢铁厂的设备，重新回到了田中钢铁厂。田中钢铁厂是由大岛高任的高炉所开始，该钢铁厂在 12 年后恢复了大高炉，之后被赋予了炼铁炉、轧制厂及其相应的作用，可以说废弃的工部省钢铁厂以田中钢铁厂之名又复活了。工部省有意的技术转移，是通过田中钢铁厂的技术努力与野吕、香村的“近代工学”的结合而达成的。

幕藩时代曾是南部藩领地的这个山地地区，以南部铁之名而闻名，与中国地方的山地并称日本两大风箱炼铁地带。风箱炼铁的原料是砂铁和木炭，但除了砂铁以外，还有岩铁（铁矿石），这是区分这个地区和中国地方山地的条件。也就是说，除了风箱炼铁的历史培育出来的、廉价地供给适合炼铁的木炭的生产体制，还有丰富的未利用的铁矿石。大岛高任的日本第一座高炉在这里建造，在维新时期，包括邻接的仙台藩领地在内，发展成了 12 座大岛型高炉作业的炼铁地带。工部省尝试在此地使用木炭来运转大型高炉，都与这个条件不无关系。

田中钢铁厂成功的首要原因，无疑是回归水车送风的大岛型高炉，在与周边山村经济相连的木炭生产能够供应的范围内进行生产，从而回避工部省的大高炉的失败。其制造成本的低廉，与木炭生产中原有体系的维持、采用水车动力、传统型木制风箱送风等带来的设备费及其他各种经费的减轻密切相关。从合理技术论的角度，它们被评为积极的因素。但是，与传统社会经济的联系越完美，产品质量就越类似传统风箱生铁的白口铁，越不能成为可机械加工的灰口铁。因而其次，为了制造可机械加工的生铁，需要提高炉床温度。在那种状态下为实现稳定作业而拼命的技术尝试，在技术的内在必然的引导下，要求用蒸汽机代替水车，把木制风箱换成铁制鼓风机，把横卧铁管式热风炉换成炼瓦蓄热式热风炉。除此之外，还在于木炭高炉开始生产出能够顺利进行机械加工的生铁后，对扩大与周边木炭生产的矛盾的考量。笔者认为，此时釜石的木炭炼铁业与曾经英国炼铁业开始向北发展时相近。而正如英国炼铁业的教训一样，从木炭向焦炭的转换，即工部省大高炉的焦炭作业，是不可避免的。笔者重视技术与周边经济的联系，但笔者也承认，在发展的某个阶段，有必要切断联系。野吕进行的就是切断与田中钢铁厂周边木炭生产的联系，改为与北海道煤矿联系，并由此拯救了周边山林的彻底破坏。与周边经济的完美联系作为合理技术条件的绝对化，则是忽视了技术是通过努力克服矛盾而发展的动力。

本章把工部省钢铁厂作为工部省事业破产的典型例子，该事业试图将19世纪中叶的欧美产业体系，急切地原封不动地移植到日本这个农业和手工业占主导的国家。但是，遗留在旧址上的设备，再次作为釜石田中钢铁厂复活的因素，对于这个时期开始出现在日本的西方技术人员工匠之一的野吕景义和他在工科大学采矿冶金学科培养的学生来说，成了刚刚学会的“近代工学”的绝佳实习场所。田中钢铁厂遇到的技术课题，对于刚刚成立的帝国大学工科大学采矿冶金学科来说，无论是作为教授的野吕，还是作为毕业生的香村和在校学生，都为各自的能力提供了恰到好处的实验、实习的机会，结果，教师和学生都成长了。本章的重要资料提供者中村恭作于1901年（明治三十四年）在作为金银矿山逐渐衰落的小坂银山完成了“生矿吹精炼法”，并将其作为铜矿山复活。中村恭作就是在矿山技术史上很有名的武田恭作[①]（高松亨，1990）。

① 中村恭作原姓“武田”，因年少时为中村家养子而调整姓氏，后改回。

第七章

近代造船工业的形成

第一节　蒸汽船与帆船的竞争——蒸汽船适合濑户内海和琵琶湖

继 19 世纪 90 年代近代纺织工业大发展之后，20 世纪头十年，日本造船工业取得了戏剧性的发展。更严格地说，这一发展是由 1899 年（明治三十二年）完成的一艘大型钢船“常陆丸”开始的。从纺纱工业、织造工业等轻工业领域开始的“日本工业革命”，在向重工业领域波及的第一步的定位下，这一发展在日本历史学中成为众多学者研究的对象，但为什么在这个时期突然出现这一发展呢？其可能性本身，除了强调中日甲午战争后制定的“海事二法”[①] 的助力之外，看起来好像没有那么不可思议，但仔细想想，这简直是个奇迹。

三菱长崎造船厂以建造 6000 吨级的大型钢船“常陆丸”，开始了这一发展。而许多研究者认为 1886 年（明治十九年）是日本工业革命或日本近

① “海事二法”指日本在 1897 年颁布了“航海奖励法”和“造船奖励法”两个与日本海事相关的法律。后文将会提及。

代经济成长的开始，从该时间点来看，当时既没有建造钢船也没有建造铁船的经验，在第二年即 1887 年，居然完成了 200 吨的铁船“夕颜丸”（与高岛煤矿的联络船）。以 19 世纪 80 年代为目标，对幕末到明治初年的日本和中国海运业和造船工业进行了比较的弗兰克·布罗兹（Frank Broeze）曾写道：

> 1880 年，日中双方都没有修船，也完全没有近代造船工业的发展迹象，对于这个时期的亚洲企业家来说，从欧洲买船经营航运业是合适的，所以海运业的“买船主义”阻碍了亚洲近代造船工业的发展。（Broeze，1992）

笔者认为布罗兹的观点具有某种意义的合理性，但越是承认它的合理性，1899 年以后开始的突然发展就越发不可思议。为了考虑这个问题，首先让我们再考虑一下布罗兹当时的分析背景吧。

正如第一章所示，在鸦片战争以后，认真考虑与西洋舰队战斗的日本诸藩，最热衷的莫过于靠自己的能力制造大炮和军舰。但是，这种热情在大炮方面姑且不论，在船方面却很快就被放弃了，诸藩也转为从外国买船。笔者要强调的是，这一方针转换的背后是关于自己的技术力量和对方力量的差距的极其现实的认识过程，这一现实认识，让武士们从“攘夷”到“讨幕”的方向转换有了意义。不过，以前的研究者用“转为买船主义”这样略带批评的语气来记述这个过程。也就是说，无论在本国培养造船的能力有多么困难，追求它是理所当然的，但却放弃了它，转而选择从外国买船的简单道路。“转为买船主义”就暗含了这样的评价。从这一点来看，布罗兹的观点似乎也很接近“转为买船主义”。

若与“买船主义”这一观点相反，仅仅依靠当时的荷兰的书籍和图纸，依靠自己的力量去建造欧洲军舰的尝试是有多么不现实，对此，我们不再赘述。只是从这个角度看，第一次发现了一个有趣的重要事实。在诸藩转为“买船主义”之后，幕府开始尝试引进“极其现实的造船技术”。所谓“现实”是指，一方面，使用从外国进口的设备和机械，通过外国专家的直接指导和系统的教育训练，另一方面通过派遣留学生进行技术引进。在当时的日本条件下，只有通过这种方法，才有可能获得铁制蒸汽动力船的技术。听说只有幕府进行了这样的尝试，虽然有各种各样的说法，但有一点需要注意，这样大规模的设备进口的技术转移，以诸藩的财力已经是不可能的，恐怕只能是幕府。即使是幕府，最终也不得不将设备移交给明治政府。但是，正如后来所见，幕府的事业，毫无疑问地与“常陆丸”联系在了一起。因此，在谈及近代造船工业的形成之前，笔者想先看看在幕府的事业中对后来发展产生最大影响的部分。在此，笔者有必要谈谈两个事业：长崎钢铁厂事业、户田和石川岛的造船事业。

1. 前史——幕府的造船工业

长崎钢铁厂于安政四年（1857 年）十月开始建设，文久元年（1861 年）三月第一期工程完工，是由铸造场、铁匠铺、细工场（锅炉制造作业场）以及拥有 17 台各种作业机械的工作场（机械加工场）组成的机械工厂。负责建设主体的是荷兰二等机构军官亨德里克·哈尔德斯（Hendrick Hardes）以及他从荷兰带来的 2 位机师、8 位工匠。在长崎钢铁厂的建设中，虽然幕府的意图（从熔铁到大炮、军舰都能制造的工厂）与荷兰的意图（船舶修理和具有必要的造机能力的工厂）之间存在着分歧，但最终形成的是当时具有相当高水准的造机工厂和修船用的岸壁。英国公使阿礼国（Rutherford Alcock）在 1860 年参观了长崎海军传习所，并写道：

> 我发现一个非常有趣的事实是，在海湾的对岸有一家日本蒸汽锅炉工厂，该工厂是在荷兰军官的监督指挥下生产。日本人和

荷兰人共同努力，克服一切困难，在地球上的这个偏僻角落里，为修理和制造蒸汽机钻研出一切复杂的方法和应用。……大型车床工厂完全投入使用，包括良家子弟在内的日本工人，正在制造蒸汽机用的所有零部件。……对于铁匠铺来说，更是如此。在那里，蒸汽锤的使用使得工作井然有序，制造了修复损伤的所有必需品。(《大君之都》上卷)

从安政五年（1858年）开始使用蒸汽锤作业，在那之前，机床就被用于各种各样的修理作业，所以这可以作为长崎钢铁厂第一期工程进行中的作业状况的记录。

问题是，该工厂给日本带来了什么？建设之始，就进行了“云行丸”（第二章中提及过）的发动机改造、“观光丸”的蒸汽锅炉更换，之后也进行了“咸临丸”的发动机故障的修理。随着幕府和诸藩拥有的蒸汽船[①]增多，它们的修理全部在该厂进行，据说钢铁厂非常繁荣，修船的经验很丰富。关于蒸汽机的制造，除了后来提到的军舰“千代田形”[②]的60马力发动机以外，没有可确认的确实制造的记录。不过，从“千代田形”的发动机充分经得起实际应用，以及维新后被工部省接收的该厂将锅炉和蒸汽机作为有力的营业产品来看，可以说该厂充分掌握了蒸汽机的制造技术。这是一个重要的技术转移指标。

从修船到西式帆船建造、未完成的250马力蒸汽机制造计划，以及从锚、步枪、大炮、农具到灯管，在长崎钢铁厂进行着一系列异常丰富且杂乱的工作活动，日本学者中西洋曾对这些工作活动进行过详细的追踪：

---

① 蒸汽船又称“汽船”，从本章开始“蒸汽船”与“汽船”将依据惯用表达法交替使用。

② “千代田形”是日本幕府海军的军舰，于19世纪60年代建成，是日本第一艘国产蒸汽战舰。

> 除了矿山业之外，类似工业的也只有铁匠铺和伴有稍微分工组织的铸造业了。在当时的日本，拥有以蒸汽机为原动力作业的机床群的长崎“钢铁厂”，是唯一拥有超强生产力的近代工厂。因此，周围人都期待着该工厂“诸铁具与铜锡类全部五金之器物”皆可制作，并不奇怪。（中西洋，1982）

五金是指金银铜铁锡。总之，被周围人的期待所吸引，与幕府当初打算从修船到造船的意图相反，渐渐地变成了只要是金属制品就都能制造的工厂。以造船为目的，必须从学习各种机械的制作方法开始，如果学习各种机械的制作方法，自然而然地不得不满足周边聚集的金属制品一般的需要，这是作为不发达国家的日本的造船工业（更准确地说是汽船制造工业）的宿命。明治的造船工业作为“船舶、诸机械制造工业”不断发展。作为先驱的长崎钢铁厂自然掌握了相当高度的造机技术。

另一次技术转移出现在位于伊豆半岛的户田。嘉永七年（1854 年）十一月四日，俄罗斯帝国的护卫舰“戴安娜”号，载着催促幕府缔结日俄和亲条约的使节普提雅廷停泊在下田港，但当时发生了地震，海啸致使“戴安娜”号受到损坏。普提雅廷与幕府交涉，获得了在户田修理“戴安娜”号的许可，但在回航到户田的途中，遭遇暴风雨沉没。最后，在俄罗斯帝国军官的指导下，日本的船木匠在户田建造了一艘不足 100 吨的斯库那纵帆船（二桅帆船），让俄罗斯帝国船员得以回国。幕府抓住了这一绝佳的技术转移的机会，任命韭山代官江川太郎左卫门（英龙）[①] 为该事业的董事。西式帆船的建造于同年 12 月开始，翌年 3 月完成，船被命名为“海达”号，普提雅廷乘“海达”号回国。虽然“海达”号已经回到了俄罗斯，但幕府维持其体制，在户田建造了 6 艘同型号船。可以说，这是一次完美的

① 第二章反射炉建造的江川英敏之父。

技术转移。

详细研究了这一技术转移过程的山本洁表示，支撑这一过程的主体是由以江川为代表的上级武士阶层、山本所命名的“荷兰方技术人员”的江川家臣团为核心的中下级武士阶层、担任造船御用掛①的8名廻船业②相关人士、由担任造船照管的7名船木匠栋梁指挥的船木匠、伐木工、铁匠、水手、搬运工等，工匠加搬运工的4个社会阶层构成的，是以相当整齐的分工为基础的合作组织（山本洁，1994）。

俄罗斯帝国技术人员用俄语对设计和作业程序的说明和指示，由自带的本国翻译用荷兰语向在江川塾学习兰学的武士们，以及山本所说的“荷兰方技术人员”传达，他们在解释和理解后对日本人进行指示说明，一方面由江川家臣团稳步采购铜锻压板、铜棒、松材、杉材等材料，另一方面用传统的“木割术”和“规矩术”将船木匠栋梁们给出的指示解释成日本式的，以准确指挥工匠们，要制作滑轮和木工车床，建造船架，先放龙骨，在那里组装数十根肋骨，上部用船檐压住，在梁做成的骨架上，贴上外板，完成船的建造。就这样，西洋式骨架建造法的木制西洋式船体生产技术，在幕末的社会关系中，被巧妙地转移到了日本的传统技术基础之上。技术转移几乎是完美的，这证明了以后同样形状的斯库那纵帆船的建造，即使在没有外国人指导的情况下也可以迅速普及。

与长崎钢铁厂这样的铁工技术相比，木造帆船的技术更容易被日本的船木匠接受，这是事实。但是，仅仅凭这一事实进行理解的话，就会忽略了作为这个事业的生产侧面。将俄罗斯军官的工程指示，通过双重翻译这一容易出错的过程，准确地转换为日本的船木匠的可行作业指示，并作为依次组装西洋式船体的工程进行组织，检查并确认各个阶段是否正确执行。同时，为了赶上工程的进程，要采购满足俄罗斯人要求的标准木材、铜板、

① 御用掛是日本宫内省任命的官员。

② 又称驳船业，此处为日本江户时代随商业不断发达而兴盛的商船业。

铜棒等材料的必要量。在短短三个月内，斯库那纵帆船完工。这一切本身就是一个非常近代的工程课题。正如通过铸炮实验等尝试才能知道的那样，很早就以兰学为中心致力于西洋式技术的江川太郎左卫门和聚集在江川塾的人才的力量，能够应对这个工学课题。笔者接下来想强调的是，对于拥有这样极其珍贵的生产体验的人们，增加了深造教育的事实。

7名栋梁中的上田寅吉、铃木七助，是从这一年（安政二年，1855年）开始的“长崎海军传习所”的第一期学生。传习所的教育有造舰学和机关学，所以在实地经验之后接受理论教育。这里也有实习，而且是在长崎钢铁厂进行的。派遣涉及下级武士们，长泽钢吉、望月大象、柴弘吉等户田的造船事业经验者，以及肥田滨五郎、小野友五郎、赤松大三郎（则良）[①]等没有直接经验的江川塾学生，他们都在传习所接受教育。也就是说，这种深造开启了通过荷兰方技术人员更系统地培养成造船工程师或海军军官的教育。其中肥田、小野、赤松还参加“咸临丸”赴美并积累经验，上田寅吉、赤松大三郎作为幕府派出的留学生到荷兰接受教育。在户田的实习和江川塾的兰学是初级，长崎海军传习所的荷兰教师的教育和长崎钢铁厂的实习是中级，荷兰留学是高级。以这种不断积累的形式，幕府开始尝试培养工程师。

在幕府的石川岛造船厂建造的军舰“千代田形”，向人们展示了工程师的力量到底有多大，而且通过该军舰的建造给工程师们提供了一次成长的绝佳尝试。木造船体由小野友五郎负责，他在春山弁藏（后来投向榎本舰队而战死的那位）的协助下完成，发动机由肥田滨五郎设计，在长崎钢铁厂建造。根据胜海舟的《海军历史》记载，龙骨钉钉仪式在文久二年五月七日（1862年6月4日）举行，竣工于庆应二年五月中旬（1866年6月）。

---

① “大三郎”为通称，“则良”为名，后文中两种称呼均会出现。

> 该军舰，长17间[①]2尺（约31米）、宽2间半（约4、5米），配有60马力的螺旋装置。该军舰并没有依靠外国人的力量，而是全凭本国人的力量新建造的蒸汽船，以该军舰为开端。

遗憾的是，对于该军舰没有更详细的记载，只知道维新战争时，该军舰作为幕府的榎本舰队的一员参加了实战。总之，能够设计木制小蒸汽军舰的一群工程师、能够制造其发动机的造机工厂，以及能够建造该军舰的造船厂在幕府的统治下成长起来了。

不过，从该军舰从开工到完成用了4年的时间，作为技术指标来说有点让人担心。但是，这并不是因为遇到了技术困难，而是因为开工后不久，受幕末局势的影响，石川岛造船厂的扩建及其他近代化计划也出现了变化。“千代田形”的建造被暂时中断，肥田滨五郎被派往荷兰购买机械。但此时幕府和法国政府之间正在进行谈判，幕府计划把钢铁厂兼造机工厂、2座船坞、3台船台为中心的大造船厂、横须贺钢铁厂等全部交给法国建造，并希望获得法国政府的全面技术援助（井上洋一郎，1990）。幕府最终冒险做了这个计划。石川岛的造船厂扩建被中止，肥田所收购的机械将用于横须贺钢铁厂，肥田回国后，“千代田形”的工程重新开始并最终完成。而当初计划建造20艘的工程，也只是完成了这一艘。

2. 技术转移的进行与技术差的扩大

笔者认为幕末的技术转移几乎是完美的。但是，此时转移的是汽船尚未完成的过渡期的技术。在长崎拼命学习过渡期技术之际，世界的汽船技术正在朝着完备的方向急速推进。这对于进入明治时代的日本人理解汽船具有重要的意义，因此，笔者想简单介绍一下进入明治时代之际汽船技术的情况。

---

① 日本的长度单位。1891年（明治二十四年）根据度量衡法决定作为尺贯制的长度单位，1间为6尺，约为1.818米。1958年以后废止。

汽船诞生于河流。18 世纪末，以瓦特的蒸汽机为动力建造汽船的尝试在英、美、法三国同时进行，地点是泰晤士河、克莱德运河、波托马克河、索恩河、塞纳河等，早期的汽船只是河流蒸汽船。当时的蒸汽机体积大，热效率低，在平静的河流和湖泊中短途行驶并无优势。因此，把在外海行驶的船变成蒸汽船的尝试，是从把蒸汽机作为辅助动力装到以前为了在外海行驶而发展起来的帆船开始的。使用帆作为主要动力，只有当风消失时才使用蒸汽机行驶。1819 年首次横渡大西洋的美国“萨凡纳”号也是这种类型的船。当船的速度降到 4 节①时，相当于没有风了，蒸汽机第一次启动，在总计 27 天的航海日程中，用蒸汽行驶的时间不到 4 天。单凭蒸汽机为动力首次横渡大西洋的是美国的“天狼星”号、英国的“大东方”号。19 世纪上半叶，大部分世界上的外海航行汽船都是这种带有辅助动力的蒸汽机帆船。佩里舰队的旗舰“波哈坦”号和载过幕末遣美使节团的“咸临丸”，都是这种类型的带蒸汽机的三桅帆船。肥田滨五郎的“千代田形”也是二桅式的蒸汽帆船，“载炭量大约是 19 吨半，续航距离是 432 海里，只能航行 4 天”(《日本近世造船史－明治时代》)。1819 年横渡大西洋的“萨凡纳”号是一艘小型船。但是，当这种蒸汽帆船开始出现在日本时，在铁制船体上装载了二级膨胀式发动机②的航海船出现了（最初的例子是 1854 年的“布兰登”号），在“千代田形”完成的 1865 年，相当多的这种类型的船开始在远东航线上航行。在 19 世纪 80、90 年代，三级膨胀式和钢制船体成为航海船的标准，这也是本章的主要研究对象。

支撑汽船快速发展的技术变化大概有三个：推进方式由外车（外轮船）向内车（螺旋桨）的转换、船体的铁制和钢制化、动力的全面蒸汽机化等。螺旋桨的推进已经在“咸临丸”和“千代田形”上得以实现，所以在这里

---

① 表示船速的单位。1 节为 1 小时前进 1 海里（1852 米）的航速，符号为 kn 或 kt。

②“二级膨胀”是复合式发动机的开端，最早在蒸汽机发动机上实现，原理为蒸汽在高压汽缸中膨胀，热力和压力转换为动能，接着输送到低压汽缸，再次将热力和压力转换为动能。

简单地了解一下另外两个。

船体使用铁是从帆船时代便开始的，与此并行的还有帆船速度上的发展。除了使船身细长，还有以三桅式、四桅式等增加帆的数量的形式追求速度的提高，当然，还要应对出现波浪时船体强度的问题。为了加强船体，在骨架部使用铁材的尝试，从很早就开始进行了。开始装载蒸汽机后，再加上要承受其振动的问题，经历铁骨架木皮构造后，人们就达成了共识，即全铁制的船体比木制的船体更轻。在19世纪50年代铁船已经非常普遍。从木制向铁制的过渡，从铁板的弯曲加工开始，需要相当大的加工技术的变化，但从铁制向钢制的过渡，除了材料的变更以外，不需要很大的技术变化。尽管如此，铁船的时代仍持续了约30年，即使在当时被称为“造船王国”的英国，钢船的快速普及虽始于19世纪80年代，但直到19世纪90年代才开始盛行。任何时代都会如此，虽然对材料抱有热爱，但商业界在引进好的新材料时仍会犹豫不决。但有一点可以明确，“平炉制钢法”的发展所产生的造船用软钢板的稳定质量，在当时终于达到了让人们能够信赖的水平。多亏了这种时间的滞后，“常陆丸”在19世纪90年代末便成为国际标准钢船。请注意，在世界的“钢船时代”，“常陆丸”并不滞后。

蒸汽帆船的帆被取下，成为真正的蒸汽船，这一蒸汽动力全面化过程，源于蒸汽机的热效率的提高。早期的蒸汽船上装载的是博尔顿 & 瓦特公司的低压发动机。为了安全起见，詹姆斯·瓦特（James Watt）不允许蒸气压升高，因此热效率低，消耗大量燃料。在陆用发动机中，只要提高蒸气压，就能形成小型的、热效率良好的蒸汽机，这在理查德·特里维西克（Richanrd Trevithick）[①] 的活动中很快变得明朗起来。不过，在船用发动机中，高压发动机的启动并没有立即开始，这大概是出于对安全——防止锅炉破裂的考虑。在海上行驶，不得不将海水作为锅炉用水，必然伴随着

① 1771年出生于英国，机械工程师，制造了世界上第一台在铁轨上行驶的蒸汽机车，1833年去世。

盐类的沉积导致腐蚀、破裂的危险。在 1830 年左右，蒸气压为 4~5 磅的低压发动机很普遍。只要使用这种低压蒸汽，作为帆船的辅助机构的地位就永远无法改变。1834 年，塞缪尔·霍尔（Samuel Hall）发明了表面冷凝器，使锅炉能够循环蒸馏水，避免了锅炉腐蚀的危险。从那时起，船舶的高压化就开始了。

船用高压机与船用锅炉的高压化并行发展。低压时代，在箱型锅炉内部采用箱型烟道的形式。随着压力的升高，烟道变成圆筒形、多管式：箱型锅炉承受不住压力，圆筒型锅炉问世，最后水与烟道位置颠倒，水管锅炉的时代到来。在圆筒和水管中使用钢制，可以增加压力。到 19 世纪末，水管锅炉的蒸气压已经达到 250 磅。当这种高压已经发展到 60~70 磅时，“二级膨胀式发动机”开始用于船舶。将小型高压发动机和大型低压发动机组合起来，用 70 磅 / 平方英寸左右的蒸汽运行高压发动机后，再用排出的蒸汽运行低压发动机，进一步实施提取工作。这具有划时代的意义。《帝国的工具》（*The Tools of Empire*）一书的作者丹尼尔·海德里（Daniel Headrick）克比较了 1843 年建造的“大不列颠”号的 9 磅单式发动机和 1862 年至 1865 年建造的四艘船的二级膨胀机（60 磅）每小时每马力的煤炭消耗量，显示后者的燃料消耗减少了 55%。他还说，后者中的一艘船离开英国，在没有燃料的情况下航行到 8500 英里外的毛里求斯。最早导入二级膨胀机的是 1844 年的小型英式军舰，在远洋航线上最先接触到二级膨胀机的是 1854 年英国的“布兰登”号。以每一年度作为船用发动机的燃效提高，即汽船续航里程开始上升的指标即可。

三级膨胀机的采用是在 1873 年左右。使用 150 磅左右的蒸汽动力，分阶段运行高压、中压和低压三台发动机。通过三级膨胀机的引进，汽船每小时每马力的煤炭消耗量是二级膨胀机时代的一半。在 19 世纪末，使用 200 磅蒸汽的四级膨胀机出现，但其寿命很短，数量不多。正好在那个时候，蒸汽涡轮发动机出现，汽船的动力进入了蒸汽涡轮机和柴油机分开使用的时代。因此，在 19 世纪 90 年代建造的钢制船体上搭载三级膨胀机，以 15~16 节的最高速行驶的 5000~10000 吨级的航海船，可以说是日本近代造船工业以国际标准为目标。

请注意，以上概述的航海汽船技术进步只是极为重要的航运市场的一小部分，是开创性的变化。表 7-1 显示了 1868 年英、法、德三国的船舶保有量。可见海运业是绝对的帆船时代。海运业的生命是运输成本，靠风力行驶的帆船是绝对强大的。最初的远洋汽船中几乎装满煤炭，只有剩余的少量空间中可以运送人和货物，因此是在花费巨大的成本来送低廉的东西。为了实现商业上的成功，即使支付那么高的成本，也必须要多选择有价值的商品——乘客和邮件。学者北政巳指出，大英帝国为了维持其社会经济体制，希望日本通过海军省[①]建设连接英国殖民地和本国的邮轮航路，答应“给予具有代表性的民间蒸汽船公司高额补助金和航线垄断权的政策”，指出“该政策可以使在外海航线的蒸汽船比帆船更具优势”，并提出了 P&O 公司和印度（亚洲）航线、丘纳德公司和北大西洋航线、太平洋蒸汽船公司和南美太平洋航线、皇家邮递公司和西印度群岛航线的组合。可以认为，在航海船的每一个进展阶段，最新锐的船只主要作为运送邮件和乘客的船只进入这些航线（北政巳，1999）。

表 7-1　1868 年英国、法国、德国的船舶保有量

	英国	法国	德国
帆船　艘数	25,500	15,182	4,991
吨数	4,878,000	923,000	891,000
蒸汽船　艘数	2,944	433	114
吨数	902,000	135,000	56,000

[出处：B. R. Mitchell 著，中村宏翻译监修，《麦克米伦世界历史统计》1 欧洲篇（1750—1975），原书房，1983]

① 日本旧宪法下内阁的省部机关之一，负责海军军政事务的中央机构，于 1872 年设立，1945 年废除。

幕末与日本有关的是其中的印度航线，在此建立垄断地位的P&O公司的成长，不仅与邮件和乘客的民用运输有关，还与鸦片战争、第二次英缅战争、克里米亚战争、印度民族大起义及镇压、第二次鸦片战争等战争事件的军事运输密切相关。军事运输是通过忽略经济核算来发挥汽船机动性的绝佳领域。培育邮政汽船公司是日本海军省的事业，这一点想必大家都很清楚。将带补助金的邮政汽船事业与军事运输相结合，日本航海汽船终于保持了对帆船的优势，并有望通过进一步延长航程来巩固优势，这一要求成为迄今为止所提到的汽船技术革新的原动力。然而，在19世纪50年代，人们仍然希望通过使船只变大以增加煤炭的装载量来延长航程。1859年完成的铁制巨船“大东方”号，事先宣称要载有12000吨煤炭和4000名乘客环游世界一周，但却以失败而告终。在不考虑发动机效率的巨大化的幻想性给人们留下了深刻的印象之后，在19世纪60年代，带有二级膨胀机的航海船首次作为邮政汽船航线的主力船只投入使用。P&O公司从1861年开始向印度航线投放这种类型的船只。19世纪60年代的货物运输，例如将中国茶运往英国的航线中，快速帆船的使用达到鼎盛的状态。北政巳指出：“从1869年开始，汽船才开始压制快速帆船，因为当年苏伊士运河开通，只有汽船可以通过。”在这些条件的助力下，汽船一点点地在货物运输领域与帆船抗衡，通过引进更加省油的三级膨胀式发动机，终于取得了优势。

当时最新锐船只的舞台是像英国—印度之间、英国—美国之间的特别航线。我们有必要看看其他航线，特别是与幕末日本直接相关的印度以东的航线上到底行驶着怎样的船只。在这一点上，北政巳仔细追踪此时期这条航线上的船只，为我们提供了宝贵的线索。木船很少，大多数是铁船，推进方式是使用外侧的铁轮，或者外侧铁轮和螺旋桨并用，也会使用帆装，一般为数百吨到1000吨左右的船只。不使用二级膨胀机，一定程度上高压的单式发动机很常用，而且组合了螺旋桨，但不能说是最新锐的船只。它们并不是旧式船只，而是用 19 世纪 50 年代的“标准技术”建造的船只，只是与投入印度航道的最新锐的船只相比，有些相形见绌。从印度到中国上海的沿海航线，槟城、新加坡、中国香港、中国厦门等中转港口很丰富，这种船只有足够的空间。这条航线是鸦片战争以后开放的，为了寻找新商机而只乘一艘船从本国进入的独立企业家、怡和洋行（及其长崎地区代理商哥拉巴洋行）等商业公司的船只以及 P&O 公司的船只等混杂在一起，展开了激烈的竞争（北政巳，1999）。

从技术上看，使用的船只的运航成本相当高，但随着英法联军介入中国的太平天国起义而引发的军事运输、武器买卖等其他随之而来的贸易，获得巨额利润的机会还是很多的。不过，在贸易淡季，船只的维护会带来很大的亏损，所以原有企业家一般马上放手，瞄准别的商机，由新的企业家入手。这样，很多船只在比较短的时间里就会更换所有者且不耽误使用。在造舰运动的狂热之后，轻易转为“买船主义”的诸藩，在维新之前能获得 97 艘西式船，大概是因为这一市场性质的缘故吧。

嘉永六年即 1853 年，黑船的出现[①]让全日本震撼。第二年即 1854 年，装有二级膨胀机的航海船首次登场，这多少让人感到历史的讽刺。汽船给日本人留下了强烈的印象，想要得到汽船，想要获得制造技术的热情弥漫在幕末的日本。然而，当时的汽船技术还只是在极小的活动领域胜过帆船的未完成技术，在日本人拼命学习这一未完成的技术的时候，世界上，特别是以英国为龙头，又发展了新的技术。其间的差距在明治时代以来逐渐扩大。日本人当然不知道这个事实，就将汽船作为与铁路并列的近代化的象征进入了明治时代。

① “黑船”是日本幕末时期对欧美各国驶往日本的帆船的泛称，因其船体涂成黑色而得名，此处“黑船的出现”指代美国海军将舰队驶入日本江户海湾，并与日本签订不平等条约的“黑船来航”事件，该事件结束了日本两百余年的锁国状态，也是日本“幕末时代”的开端。

3. 官制汽船海运事业的失败与民间小汽船海运的崛起

1869年11月（明治二年十月），新政府早早发出了允许“农民和町人”持有“西洋型风帆船蒸汽船”的布告，第二年又制定了“商船规则”。由于传统的日本船只结构脆弱，失事的危险大，所以将来全部换成“西洋型大船”，因此，西洋型船只的持有者要以“承蒙深厚关照”为心得，一直推进西洋型帆船和汽船的促进政策。政府的汽船促进政策的第一弹，是开设船舶运输公司，该公司从1870年1月开始在东京、大阪之间每月3次定期航线的运航。井上洋一郎写道：

> 资金全面依赖外汇公司，船舶以官有汽船及诸藩的委托船为主，从廻船代理商、定飞脚[①]代理商、运输代理商等——这些代理商被政府（通商司）命令收集装载货物——中选出的15名“社头”（领头人）负责经营，但政府的指导干涉极强，与其说是半官半民性质的企业，倒不如说实质上是国营海运企业。（井上洋一郎，1990）

该公司在业务开始不到一年的当年12月，就在东京外汇公司留下了157496日元的贷款，由于经营不景气被大藏省下令解散。在政府通商司的指导下，在明治四年（1871年）一月，以解散的船舶运输公司的5艘汽船为基础，成立了船舶运输处理厂。1年零7个月后，加上政府所拥有的15艘船只，船舶运输处理厂逐渐发展成为半官半民的“日本国邮政蒸汽船公司”。不过，尽管提供了60万日元船舶修理费以及其他各种各样的补助，

---

① 飞脚即日本旧时传递紧急文件、金银等小件货物的搬运工。江户时代“飞脚”这种驿传制迅速发展起来。“定飞脚”是指定期在两地间往返的飞脚。这种驿传制1871年随着邮政制度的建立而废除。

但由于该公司的财政恶化，被政府在1875年（明治八年）6月下令解散。

船舶运输公司失败的原因以往被讨论过很多，但其中几乎成为定论的是船只老化。井上洋一郎批判了这一说法，并调查了使用船的建造年限，明确了12艘使用船中有11艘在公司成立时船龄在10年以下，并主张着眼于这些船不是老化，而是“正在陈腐化”。井上所说的“陈腐化”是指这些船即使是新船，也包括木造船、木铁交造船、外轮船。笔者对井上的并非“老化”的指摘深有同感，即使是推进铁制螺旋桨，只要是幕末从东亚市场得到的船只就不行。综上所述，这些汽船的本土化的技术在具备中转港的东亚中距离航线上，在与西欧列强的殖民地贸易的巨大利润和军事运输等结合运用时，虽然存在很大的风险，但在某种程度上可以盈利，但用于传统帆船航线的日本沿岸运输时，航运经费的极端高昂是很大的不利因素。在这一点上，使用同种船只的三菱公司，作为明治政府镇压佐贺之乱、出兵中国台湾地区[①]、打赢西南战争等接二连三战争事件的军事运输团体，获得政府的优厚保护，从而延长日本主要港口至中国上海、中国东北地区、中国香港、北海道、琉球群岛、朝鲜半岛等中距离航线，该做法的伦理评价暂且不说，航线的利用上还是符合使用汽船的技术特性的。

船舶运输公司在货物运费方面以以前的“菱垣廻船”和“樽廻船”两路廻船为基准，船客运费以太平洋邮报公司为标准决定的。在运费设定中，可以看出设立公司的人们对汽船的技术界限是多么的漠不关心。正如笔者所强调的那样，在这一时期，即使在西欧，在货物运输方面，帆船仍然比汽船更具优势。石井谦治的研究表明，与西洋式帆船相比，传统船舶业者的运输成本更低（石井谦治，1995）。如果把发动机的热效率降低，用汽

① 即日本侵略中国台湾地区之战。1874年5月6日，日本在美国支持下，以1871年琉球船只遇风飘至中国台湾地区，被中国台湾居民劫杀数十人为由，悍然出兵侵略中国台湾。6月2日，日军三路进攻，中国台湾人民据险抵抗，侵略军遭受重创。10月底，由美国出面“调停”，中国清朝政府赔偿日本白银55万两，日军撤离中国台湾。

船运送大量煤炭货物的运费，按照不需要燃料的传统廻船的运费设定的话，运输成本肯定远远超过了运费。装载货物是政府下达的号令，由廻船代理商、定飞脚代理商、运输代理商收集，所以应该会顺利收集货物。在此情况下，出现赤字是理所当然的。在算计如何通过客运来填补货运产生的赤字时，将船客的运费与太平洋邮报公司的运费混为一谈，是难以形容的误算。当时，像诸如太平洋邮报公司这类邮轮航线的乘客，无论票价多么贵都是会搭乘的，毕竟他们都是大富翁、殖民地官员和寻求利益的人们，而这些邮轮是他们的交通工具。但换作是日本船舶运输公司，即便如此依旧是杯水车薪，比如，横滨至大阪的航线，能支付上等舱 20 两、中等舱 15 两、下等舱 9 两的船票的人在当时的日本有多少呢？船舶运输公司的破产，即使被改组为邮政蒸汽船公司，也只是白白地积累债务罢了。

事先声明，笔者不想写当年日本的船舶运输公司有“多么无知”，毕竟他们没有条件去了解如今经过解释的事实。他们被幕末以来的时代热情所驱使，相信西洋技术的优势，想要用“西洋型大船”来取代被视为过时的传统帆船，只是中途失败了。从这一意义上说，船舶运输公司的失败与工部省事业的失败是同质的。尽管他们对西洋化充满热情，但传统型木造船的海运已经根深蒂固，不仅是明治大正时代，而且能够延续到昭和时代初期。但是，看到这些官制事业失败的例子，笔者不得不关注的是濑户内海的民间小汽船海运的发展。

在幕末时期开港的同时，向日本寻求新商机的外国人来到了开港地。最初在长崎和横滨，之后是稍晚开港的大阪、神户。其主要目的是采购生丝、茶等，销售武器和船只，其中有不少人开设铁制品加工厂尝试修理船舶、制造小汽船，或尝试使用汽船运送旅客。铃木淳明确了他们给日本带来的技术转移作用：在 1870 年（明治三年）横滨有 10 家外国人经营的铁制品加工厂；1873 年神户有 4 家（铃木淳，1996）。除此之外，长崎和大阪也出现了外国人或外国人指导下的造船活动。这些铁制品加工厂是由在幕藩经营的工厂工作过的人和传统的铁匠进行作业，他们为了掌握技术而工作，成为初期熟练机械工的重要供给源，但更重要的是，在那里建造的船只成了日本近距离汽船海运的开端工作。这一点在大阪—神户地区（以下简称阪神地区）的造船业中尤为明显。

阪神之间定期汽船航线的开端是哥拉巴公司的“斯坦奇”号，从庆应四年（1868年）四月开始，神户出港时间是上午8点、大阪出港时间下午5点，每天往返神户—大阪之间。虽然是货客运输，但这种定时运航形式显然是把重点放在了乘客运输上。结合船的速度与最短的直线距离的运输效果，在阪神之间的运输不到2个小时就可以完成，但对当时的人来说，应该给予了即使称为技术革新也不足为奇的便利感（《新修大阪市史》）。阪神之间的航线成为初期外国人造船业的绝佳市场。神户小野滨的缪尔海德造船厂建造的木造汽船“平安丸”“扶容丸”；由雷曼 & 哈特曼公司从德国进口部件，在荷兰人沃格尔的指导下在大阪组装的铁制汽船“阿德勒”“库绍”“福山丸”；藤永田造船厂在德国人萨根的指导下建造的“神速丸”；加贺藩的加州[①]钢铁厂的“春阳丸”等新造船，与从上海进口的“往返丸”“金札丸”“旭日”“巴隆”等，作为投入到该航线的船只在各种文献中都有提及。

值得注意的是，“斯坦奇”号的航线从1868年（明治元年）秋开始延长至长崎—神户—大阪。随着航行的船只日益激烈，仅靠阪神之间往返无法维持利润，有必要延长航线。缪尔海德造船厂的“平安丸”实际上也有两艘，在阪神之间航行的是“第二平安丸”，“第一平安丸”在大阪—冈山之间航行。这些情况表明，阪神之间开始的汽船航线，当然会发展成连接濑户内海沿岸各地方和大阪的汽船航线，另外，如果不这样的话，这么多的船只仅靠阪神之间往返航线是无法共存的。1874年（明治七年）神户—大阪之间的铁路开通后，阪神之间汽船航线的短暂热潮也宣告结束（《兵

① 此处“加州”为加贺藩地区的别名。

库县史》第五卷），不知是幸运还是不幸，贫穷的政府没有能把铁路从神户向西延伸。民间的山阳铁路连接神户—姬路是在 1887 年，到达下关是 1901 年，因此在铁路开通以前，小汽船海运对濑户内海沿岸的人们发挥了作为代替物的魅力，以满足被铁路点燃的人们的速度的梦想。内海小汽船航线将继续发展。总而言之，这些小汽船航线，可以说是转移到日本的汽船技术，发现了与美国大陆铁路以前的河流蒸汽船相似的合适地方，并开始了自生性的发展。船体为木制，大多在 100 吨左右，装有高压单式发动机。当时大多数当地人因为不能忍受汹涌的波涛，所以绝对不能乘坐面向太平洋的横滨—大阪（和神户）之间的航线。海浪静静的濑户内海的近距离的航线上也没有必要多装载燃料，只要没有与铁路的竞争，就是很方便的交通工具。只要能确保乘客的安全，就可以通过乘客运输来确保主要利益，并通过灵活地对货物进行收费来抵销成本。

这一时期，琵琶湖也有同样的小汽船水运的发展，而且备受关注。出发点由加贺藩的支藩大圣寺藩的石川嶂建言，计划在旧有的北陆到京都、大阪的物资输送路的湖上部分的海津—大津之间运行汽船。这个计划从 1867 年（庆应三年）开始着手，实际上被称为“一番丸”的 5 吨 12 马力木造外轮船由石川完成是在明治二年三月（1869 年 4 月）。《新修大津市史》中写道：

> “一番丸”经常拖着 60 石①的丸子船②，将上等客装上汽船，将下等客及货物装上丸子船，以每小时 4 海里（约 7.4 千米）的速度在大津—海津之间航行。……装载了大量的人和货物，其速度还是让人们感到惊讶。

这种航运形式非常有趣。虽然用 5 吨的船不运送任何人和货物，但通

① 日本船只的装载量或作为衡量木材实际体积的单位。1 石为 10 立方尺，约为 0.28 立方米。
② “丸子船”是日本琵琶湖当地特有的一种小型帆船的叫法。

过拖曳 60 石的日本船，确保与原有水运同等的装载量，在汽船的准时就航性和速度上划定了差距。这种拖船方式后来在濑户内海的煤炭运输中进一步发展起来。由于“一番丸”的巨大成功，大圣寺藩开始着手建造“二番丸”，但 1870 年新政府禁止各藩经营这种事业，因此大圣寺藩以 2 艘船为基础设立了民间商社“第一琵琶湖汽船公司”。这加速了江户时代以来发展的传统水运业者的加入，并开始了小汽船海运的自生性发展。5 年后的 1875 年（明治八年），已有 15 艘汽船在琵琶湖上行驶。最大 22 吨、最少 3 吨的小汽船群，是濑户内海出现的小规模发展。

那么，在具备类似条件的安静的大海中，而且是在面对首都的东京湾，又是怎样的呢？明治铁路开通以前，有 3 艘联络小汽船在东京—横滨之间竞争性地航行。但是，其中 1 艘于 1870 年（明治三年）因锅炉爆炸事故而沉没，造成 100 人以上死伤者，剩下的 2 艘因新桥—横滨的铁路开通而停航（松永秀夫，1993）。到此为止与阪神之间非常相似，但与阪神之间不同的是，与横滨以西的主要地方都市连接的航线必须出外海。这对小汽船来说是不可能的。另外，相比纵贯琵琶湖从北陆到京都—大阪的人和物的频繁流动，横穿东京湾的线路并没有与之相匹敌的人流物流。以 1877 年日本国内海运连接江户川—利根川到佐原、铫子、鉾田的汽船航线为契机，在这条航线上开始有了竞争，1885 年开航的隅田川汽船直到大正时代都盛况空前，东边的发展反而以河流蒸汽船为特色。1876 年（明治九年）从海军省借用石川岛造船厂，并设立石川岛平野造船厂的平野富二，于第二年 2 月完成的“通运丸”（32 总吨、公称 13 马力），是日本国内海运的一号船。此后，日本国内海运发展到拥有 40 艘“通运丸”，石川岛制造了其中的 8 艘（《石川岛重工业有限公司 108 年史》），但最大仅达 100 总吨，河流蒸汽船似乎没有产生更多大型船只所需求的力量。与此相比，西日本地区[①]的

① 日本依据版图大小、地质情况及社会文化，大致将日本分为“西日本”和“东日本”地区。

小汽船海运，无论是濑户内，还是琵琶湖，都充满了创造更大发展的活力。让我们暂时也关注一下西边吧。

为濑户内海小汽船海运带来一股热潮的是在 1877 年（明治十年）发生的西南战争。这一时期，在大型汽船海运领域几乎占据垄断地位的三菱公司的船只，由于全面从事军事运输，再加上民间海运的运输能力不足，海上运费高涨，也影响了小汽船海运业务。战争结束后，伴随通货膨胀的经济繁荣也使运输量增加，船运人员的加入以及新船的投入相继发生，热潮持续到 1880 年。但是，1881 年松方正义的紧缩政策一开始，经济就陷入不景气。在热潮迅速消退、运输量减少的情况下，一度出现“船舶实际上 110 余艘，船主 70 余名”的局面（《大阪商船有限公司 50 年史》）。小汽船海运陷入过度竞争，并展开了激烈的价格争夺战，直到出现共同倒闭的危机。这期间，大阪府与相关各县合作，为抑制运费竞争、协调船主之间的合作而努力，但效果并不大，最终只能通过协议建立一个公司，召集了 55 名船主、93 艘船只，就这样，“大阪商船公司”于 1884 年（明治十七年）5 月成立。这一连串的经过对作为继三菱公司之后的大型海运公司的诞生具有重大意义，但笔者关注的是竞争过程对日本国内造船业的影响。

以当时大阪商船公司所拥有汽船 92 艘（剩余 1 艘为帆船）为中心，铃木淳追踪统计了截至 1884 年年末在濑户内海可确认已通航的 99 艘小汽船是什么时候在哪个造船厂制造的（表 7-2）。该表鲜明地展示了热潮与日本国内造船业成长的关系，异常珍贵。首先，在合计一栏中，除了 11 艘制造商不明的船只外，其余 88 艘船只中进口船只 2 艘，其余 86 艘全部由日本国内造船厂制造。而且兵库县有 50 艘，大阪府有 27 艘。濑户内海小汽船海运在阪神地方造船业的形成中发挥了重要作用。其次，从年份来看，64 艘船只中，建造于 1878 年（明治十一年）至 1881 年的约占 2/3。如果把从订单到完成的时间考虑为一年左右的话，那就是从 1877 年到 1880 年的订单对应于当时的热潮。热潮给阪神地区的造船业带来了巨大的工作机会，推动了其成长。特别值得关注的是，这一时期以个人名字记载的日本民间业者抓住了工作机会。铃木写道：“这些企业主要制造木造船体，并搭配工部省兵库造船厂供应的船用发动机制成汽船。”他们后来没有发展成大造船厂，但作为“船

表 7–2　截至 1884 年（明治十七年）年末濑户内海运航小汽船的建造年份、建造出处及建造数量

年份 地点及归属	1871以前	1872	1873	1874	1875	1876	1877	1878	1879	1880	1881	1882	1883	1884	合计
兵库县	2	1		1		1	2	6	8	11	11	3	2	2	50
工部省							1	2	4	2	1	1		1	12
三轩荣太郎 *									1	2	2				5
铃木清次郎											2				2
河野龟次郎													2		2
神户铁制品加工厂								2		4	5			1	12
大阪府		2						2	2	6	4	4	4	3	27
永田三十郎										1	2		1		4
八木新造										2					2
细谷丑松													2	1	3
川崎源二郎										1		1			2
大阪铁制品加工厂														1	1
外国人		1							2						3
长崎（工部省）									1	1	1				3
阿波福岛										1	2		1		4
国内其他地方			1									1			2
国外进口	1							1							2
不明来源							2	1	1	2	3	1	1		11
合计	3	3	1	1		1	4	10	12	21	21	9	8	5	99

注：大阪商船公司最初加盟 92 艘、中村新次郎 4 艘、尼崎伊三郎 3 艘。
* 包括三轩荣次郎。该表以递信省[①]《西洋型船舶名录》（1887，1896）、大阪商船公司《第一次实际报告》（1885）、*Lloid's Register of British and Foreign Shipping*（1888）为基础制作而成。
（出处：铃木淳，《明治的机械工业》，密涅瓦书房，1996）

① 日本旧国家机关之一，承担现在日本总务省和电信电话公司所负责的业务。1885 年设立，1949 年被划分为邮政省和电气通信省后而撤销。

舶、诸机械制造”业者，在阪神工业地带发挥了重要作用。

在建设数量上，特别出众的是工部省兵库造船厂和神户铁制品加工厂。关于前者，在第三章已有体现。作为官营造船厂，这样的业绩可以说是理所当然的。该造船厂后来被出让，成为川崎造船厂。后者是E. C. 基尔比（E. C. Kirby）经营的造船厂，自开港以来，在神户的多个外国人经营的离合集散之后，继承了这些技术，只剩下一个造船兼机械制造业。造船厂拥有众多外国技术人员和技能人员，当时被认为拥有比工部省兵库造船厂更高的技术。该造船厂将向带有二级膨胀机的铁船进行首次技术跳跃尝试。与这两者相比，作为长崎钢铁厂的后身的工部省长崎造船厂只接受 3 艘船的订单，给人留下印象是非常少，但是考虑到长崎造船厂的偏远位置，这样的业绩也是理所当然的。倒不如说，即使非常偏远，虽然只有 3 艘船的订单，但其社会评价也很高。该造船厂后来被出让，成为三菱长崎造船厂。与这三家造船厂并驾齐驱，大阪铁制品加工厂将在接下来的过程中担任重要角色，虽然在表 7-2 中也出现了，但只是建造了 1 艘船。这是因为该造船厂自 1881 年（明治十四年）创业以来经营不稳定，稳定经营是在 1885 年以后，而相关数据在表中并未记录。

从 1883 年（明治十六年）开始的一系列阶段性技术跳跃的过程，与 1899 年“常陆丸”的完成有关。成为跳跃过程主角的是以上 4 家造船厂，支撑跳跃前半部分的是大阪商船公司，后半部分的是日本邮船公司。表 7-2 显示，最初准备技术跳跃是在 1877—1880 年濑户内海小汽船海运的热潮。难怪弗兰克·布罗兹曾写道：“在 1880 年并没有近代造船工业的发展迹象。”这些事情的意义，通过铃木淳制作的这个表，我们才能看到。伴随着这些发展，读者可以认识欧美正在发生技术变化的过程，以及新技术在日本成长的缓慢过程。这两个过程与“常陆丸”的首席建造技师盐田泰介所说的“成长过程”比较相符。幸运的是，他以谈话笔记的形式留下了自传。这是从彼时开始的技术跳跃的宝贵记录。

4. 第二代技术人员的形成与造船技术差的认识

盐田泰介于 1867 年（庆应三年）出生在冈山县赤磐郡今井村（后来的轻部村）。据他自己说，这里距冈山市 5 里（约 2 千米）左右。

> 1878 年（明治十一年）年末，小学下课后，朋友和两位老师让我留下来，在地方大人物的见证下，想把我放在最近从国外回来的松田金次郎那里，并问我要不要去东京，我回复说去。

松田金次郎之前是冈山藩士，被冈山藩送去英国留学，1878 年回国后，在横须贺海军工厂工作。据说当时的盐田有 12 岁，但恐怕是虚岁，所以盐田其实年满 11 岁。还没有从小学毕业，盐田突然要以“寄食学生”的形式开始了新的学历，对此盐田感到颇有兴趣。所谓“寄食学生”是地方大人物让当地出身的几个年轻人住在自己家里，边跑腿边学习的非正式奖学金制度。松田金次郎说，盐田等人到达东京后，松田金次郎的胞兄花房义质的家里已经有两名寄食学生，一个在工部大学矿山系上学，另一个比盐田大两岁，也就是满 13 岁，已决定春天就进入札幌农学校。这种人才的选拔、培养制度是以日本藩地时代的人际关系为基础，在当时发挥了相当大的作用。

松田夫妇和两名寄食学生支持少年盐田的东京之旅，作为前面内容的总结是绝佳的。据记载他们从冈山到神户是乘坐仅有 100 吨左右的“平安丸”去的，很大可能是缪尔海德造船厂的“第一平安丸”。由于风浪太大，出航推迟了 2 天，出航的日子也是盐田泰介第一次体验晕船。时间正处于濑户内海小汽船海运热潮中，但那似乎并不是一趟舒适的旅行。从神户乘坐三菱公司的“和歌浦丸”，得益于好天气的恩惠，在舒适的旅行中，从松田金次郎那里接受了关于指南针 32 方位的英语的第一次教育。

“和歌浦丸”重达 2125 总吨，是 1877 年（明治十年）西南战争的军事运输时全力以赴协助的三菱公司为加强因战事而变得薄弱的定期航线的运输力而购买的 10 艘船只之一。因为是 1854 年建造的，所以购买时的船龄是 23 年，盐田乘船时是 24 年。但是，这艘船装有初期的二级膨胀机，是著名的斯科特·罗素（Scott Russell）[①] 设计的船形，虽然是旧船，但由于船形设计好，所以速度很快。盐田回忆说：

> 在后来“共同运输公司”成立的时代，与其新造船“近江丸”“山城丸”等在速度上可以争霸。

前面的内容提及日本当年船舶运输公司的失败，并主张其与是否是老旧船毫无关系，哪个阶段的技术能把船融入现实社会才是问题所在。1854 年是带二级膨胀机的大型航海船首次出现的一年，那一年建造的这种类型的船只，在设计的优越性的帮助下，可以在 30 年后的远东地区与新造船相抗衡。

1878 年（明治十一年）年末，他们在“和歌浦丸”享受太平洋沿岸的舒适旅行，对于三菱公司来说，这是即将进入严冬的转折期。西南战争结束后，直到 1882 年朝鲜半岛的“壬午事变”[②] 之前，并没有大规模的军事运输，而且作为最大后援者的大久保利通在同年 5 月被暗杀。三菱公司从之前的军事运输合作和政府保护的杠杆式成长中，步入了必须展望纯粹作

---

① 全名为“约翰·斯科特·罗素”，英国造船工程师，“大东方”号的设计者之一。此人通常以中间名著称。

② 又称壬午军乱、壬午兵变、汉城士兵起义，是农历壬午年六月初九，朝鲜发生的一次具有反封建、反侵略性质的武装暴动。朝鲜王朝京军武卫营和壮御营的士兵因为一年多未领到军饷以及对由日本人训练的新式军队的反感，而聚众哗变。大量汉城市民加入了起义队伍。起义士兵和市民焚毁日本公使馆，杀死几个大臣和一些日本人，并且攻入王宫。这次兵变引发了中国和日本同时出兵干涉，并且很快被中国清朝的军队所镇压。

为民间事业的经营的地步。截至当时，三菱公司轻易击退了同太平洋邮报公司和 P&O 公司的竞争，在上海航线和日本全国铁路网建成之前极为重要的沿岸干线航线上，建立了垄断地位，但要将这些航线进行商业上的维持，使用汽船的经济性能才第一次成为关注的焦点。1877 年购买船只时似乎是考虑到了这一点。问题是之前的船只。正如笔者之前所指出的那样，这些船只中的大多数都是以商业价格运行，而且越运行越亏损。在这一时期，三菱公司大胆地挑选了所拥有船只中竞争力最高的船只，出售、废弃了不好的船只，并进行了帆船和拖船的改造。这作为预想的竞争对策是理所当然的，但此时国内针对三菱公司垄断的批评声不断高涨，三菱公司成为众矢之的——本可以修缮后使用的船只，三菱公司并没有修缮就直接废弃，以减少船只数量，维持高昂的运费，该行为被严厉谴责。

现在回顾一下这些批判，当时社会对幕末购买的汽船技术过渡性的不理解尤为突出。参照当时作为不发达国家的日本的条件，选择保留以“和歌浦丸”为代表的二手优秀船只，果断废弃效率低下的船只，将新船的购买限制在最小限度，这是合理的企业行动。此举揭示了政府要抑制三菱公司的垄断之害，于是在政府的全面援助下投入巨额资金，集结进口新锐船只出发的“共同运输公司”，但终究不能轻易地战胜三菱公司。然而，这种批判三菱公司的论战，连同共同运输公司和三菱公司的激烈竞争，确实把人们的关心吸引到了海运上，甚至使人们广泛认识到日本在世界海运业和造船业中的劣势。

完成东上旅途的松田夫妇住在横须贺工厂内的住宅里，盐田他们两人也住在那个房子里，白天跑腿，晚上从松田金次郎那里学习英语和数学。盐田回忆道：

> 当时的横须贺，“海门”和“天龙”在船台，“海门”正在贴着外板，“天龙”正在建造骨架，带着老师的便当去造船厂玩，知道

了当时的情况。作为御召舰的“迅鲸”正在安装装备中，“磐城”则正在试运行……

为这些军舰准备的大量精美榉木也让少年盐田看到了。从这里所记述的各艘船的行进状况，可以看出是1880年左右的情景，少年盐田留下了横须贺海军工厂的历史性转折期的技术记录。当时，首长维尔尼于1876年（明治九年）被解雇，工厂的管理落入肥田滨五郎和赤松则良等幕末时期日本第一代工程师手中。“试运行时代”的“磐城”是第一个由日本人全面设计和监督的木造炮舰，建造主任是赤松则良。盐田继续回忆道：

这次试运行，松田老师和其他人也都去了，回来后好像也有评论，说是因为蒸汽机锅炉的型号很旧。大家都是新归国人员，因为要看到最新的进步，所以被认为批判是理所当然的。

盐田所说的“松田老师和其他人”是指和松田金次郎一起于1878年（明治十一年）回国的留学生伙伴赤峯伍作、志道贯一、佐双左仲、土师外次郎，分别搭乘当时在英国新造的二等战舰“扶桑”、海防舰“金刚”“比叡”。松田是冈山藩派遣的，其他四人是1871年海军兵学寮毕业后被送往英国的留学生。他们被分配到1875年9月开工的“金刚”“比叡”“扶桑”的建造现场，在设计者爱德华·里德（Edward Reed）的直接指导下实习，之后分别搭乘完成的战舰，于1878年5月至6月回国。“金刚”“比叡”是排水量2284吨、钢骨木皮结构的海防舰，“扶桑”是排水量3777吨的甲铁舰，发动机是3650马力，速度是13节的二等战舰。正是在英国见证了这些战舰的制造过程的他们，以656吨木造船体、590马力的单式发动机、速度10节的炮舰“磐城”为幕末以来的技术转移努力的成果具体化，必将显得过时。他们在少年盐田面前直言不讳地交谈着，这牢牢地留在了盐田的记忆中。

然而，笔者认为，这一差距并不是被松田金次郎一行人指出的，而是被送走他们的第一代工程师充分认识到的。伴随着维新，他们直接看到海外状况的机会格外增加。岩仓使节团的《美欧回览实记》中也详细记载了出入英国港口的船只的盛况，以及在伯肯黑德的大造船厂建造的全长60间（约100米），每小时行驶20英里的邮船等。作为专家，他们熟悉世界造船造舰最前线所发生的变化，一定为日本现状的落差而感到焦虑。表7-3是维尔尼在任期间在横须贺海军工厂建造的舰船的清单，考虑到当时最先进的技术，从这个表来看，幕末经由上海来到日本的外国雇员的限制非常明显，他的解雇是必然的。然而，由于这一限制不仅是维尔尼面临的限制，也是"磐城"所证明的第一代工程师的限制，因此，他们需要尽快培养能够接触到最新技术的下一代。为此，他们派遣大量的留学生，并利用新舰订单进行他们的实地训练。

表7-3　维尔尼在任期间横须贺海军工厂新造船的清单

船名（船类别）	排水量	船壳材料	推进方式	发动机动力（马力、机型、磅每平方英寸）	负责人	开工年	竣工年	备注
横须贺丸（拖船）		木制?	螺旋桨	30马力	维尔尼	庆应二年		发动机是法国制造
（拖船）		木制?	螺旋桨	10马力	维尔尼	庆应二年		发动机是横滨钢铁厂制造
（机械升降用船）		铁制			维尔尼?	明治元年		
（传马船[①]）								
横滨丸/弘明丸	250吨	木制	外轮	40马力	维尔尼	明治元年	明治三年	
（小汽船）				10马力	维尔尼			明治元年起一直有建造

① 日本小型老式木船，一般搭载于大船上，用于岸船之间的货物装卸。

（续表）

船名（船类别）	排水量	船壳材料	推进方式	发动机动力（马力、机型、磅每平方英寸）	负责人	开工年	竣工年	备注
（清泥船）		铁制			维尔尼			明治元年起一直有建造
（清泥船）					维尔尼			8艘，明治元年起一直有建造
（小汽船）							明治四年	
（乘坐游河船）					奇波迪		明治四年	
（拖导小汽船）					奇波迪		明治四年	
（小汽船）			双螺旋桨	7马力				明治四年起一直有建造
苍龙丸（内海乘坐船）	152吨	木制	外轮	40马力 28lb/in^2	维尔尼	明治二年	明治五年	
（拖船）		铁制	螺旋桨	10马力				明治五年起一直有建造，作为乘坐桨船
第一利根川丸（练习船）	119吨	木制	外轮	95马力	奇波迪	明治三年	明治六年	面向兵学寮
第二利根川丸	109吨	木制	外轮	40马力 71lb/in^2	奇波迪	明治四年	明治八年	海军提督府所属
函容/函馆丸（运送船）	450吨	木制		250马力 28lb/in^2	奇波迪	明治四年	明治八年	面向开拓使①
清辉（炮舰）	897吨	木制	螺旋桨	730马力 二级膨胀 45lb/in^2	奇波迪	明治六年	明治九年	
迅鲸（军舰）	1364吨	木制	外轮	1400马力 30lb/in^2	奇波迪	明治六年	明治十四年	帆装

① 明治初期负责开拓北海道的行政机构。1869年设立，从事西洋农业的引进、煤矿开采、屯田兵的设置等，1882年废除。

（续表）

船名（船类别）	排水量	船壳材料	推进方式	发动机动力（马力、机型、磅每平方英寸）	负责人	开工年	竣工年	备注
天城（炮舰）	926 吨	木制	螺旋桨	654 马力 二级膨胀 45lb/in^2	奇波迪	明治八年	明治十一年	
磐城（炮舰）	656 吨	木制	螺旋桨	650 马力 单膨胀 45lb/in^2		明治十年	明治十三年	

表中“？”表示数据不确定

（出处：横须贺海军工厂编,《横须贺海军船厂史》，横须贺海军工厂，1915 年制作完成。一册日本船舶用发动机史编集委员会编,《帝国海军发动机史》，原书房，1975 年补充完成）

奥利弗·切克兰德（Olive Checkland）所写的《英国与明治日本的交汇，1866—1912》（*Britain's Encounter with Meiji Japan，1868-1912*）一书是以科学和技术为重点，研究明治时代日英交流的著作，切克兰德观察道：

> 日本通过外派留学生接触英国科学家和造船家，热衷于建立帮助日本技术学习的亲日专家网络。

爱德华·里德无疑是这种亲日造船家的初期例子。爱德华·里德曾来过日本，也写过一本叫做“*Japan*”的书。据三浦昭男称，爱德华·里德从 1863 年开始担任英国海军的造船部长，1870 年退休，转为顾问时，被委托照顾日本造船留学生（三浦昭男，1995）。因为他们的派遣是 1871 年，所以从一开始就在里德的指导下。在里德担任阿尔斯造船厂社长的时期，“金刚”“比叡”“扶桑”的设计、建造、回送都由里德统一订购，因此，订单也是为了给里德指导下的留学生提供在建造现场实习的机会。包括赤峯等 4 人在内，有 7 名日本人在建造过程中进行了训练。为了培养能够立即获得最新技术的专门人员，可以说这是当时可以考虑的最好的新方案。从兵学寮被送去英国留学的丸田秀实（此人之后在三菱长崎造船厂担任工程师这一重要角色）便是其中一员，三浦写道：

> 他留学了9年，在德文港海军工厂和约翰·埃尔德造船厂学习。与此同时，横须贺海军工厂内的技术教育机构横须贺学校也有9名留学生被送往法国。这些年轻人将成为第二代海军造舰工程师。

随着他们回国，日本海军开始大胆地征用他们，并迅速实施与西欧缩小的差距的造舰计划。首先，从1883年（明治十六年）到1884年，铁骨木皮构造、排水量1502吨、1622马力二级膨胀机、速度13节的海防舰“葛城”“大和”“武藏”动工。《日本近世造船史》记载，这些战舰是“金刚”“比叡”的“仿效计划”，它们完全融入了留学生们学到的技术。值得注意的是，与这个计划同时，“浪速”“高千穗”“亩傍”3艘二等巡洋舰也在制造中，前两艘是从英国订购，后者是从法国订购的。“浪速”是木制船体，“高千穗”“亩傍”为钢制船体，但完全是3600~3700吨、18节快速的同类型战舰。这些战舰不仅仅是为加强海军力量而下的订单，还是下一步技术吸收的典范。1884年（明治十七年）开工，至于监督官，“浪速”“高千穗”派遣土师外次郎和宫原二郎，“亩傍”派遣若山铉吉和第二代工程师。以监督为名，他们一边监督一边体验，最终成了能够吸收技术的工程师。“仿效”这些战舰在国内建造的军舰是“秋津洲”，它具备钢制船体、排水量3159吨、8500马力的三级膨胀机，作为速度18节的三等巡洋舰，于1894年（明治二十七年）3月完成。此后，海军向海外订购目标舰的示范舰，将其建设过程作为技术吸收的场所利用，通过在国内建设模仿舰，逐步积累，完成技术掌握的循环，迅速提高建舰技术。最初利用“金刚”“比叡”“扶桑”的建造进行实习的时候，一般认为这一循环还没有被明确意识到，但是与“葛城”“大和”“武藏”的国内建造开始的同时，在“浪速”“高千穗”“亩傍”的海外建造开始的1883—1884年，海军省可以明确地以此方针作为开始缩短与欧美的建舰技术差距的行动的指标。

与此同时，民间从小汽船海运的自生性发展和竞争中，开始萌发技术跳跃的氛围。笔者想就此展开讨论。

5. 铁船的最早的技术跳跃与挫折

新的技术跳跃请求不是来自濑户内海，而是来自琵琶湖水运的竞争。这一现象涉及本章的铁路和轮船竞争或互补的主题。由于第三章所讲的重视汽船水运政策而暂时停止动工的京都—大津之间铁道，根据1878年（明治十一年）大隈重信的提案，开始募集1000万日元的创业公债，并于1880年4月开通。与此同时，大津作为从北陆—东海地区到大消费地京都—大阪的货物和人流聚集地，通过铁路向西运送，一举提高了其重要性，开始了前所未有的发展。同时，作为湖上的运输路，长滨—大津之间的航线开始受到关注。当初从敦贺同时开工的铁路到达盐津，原本计划用汽船连接盐津—大津之间，但在一波三折后，敦贺—长滨之间、长滨—大垣之间首先连接，之后在长滨—大津之间用汽船连接的计划才得以落实，这也符合两地间的货物和人流的变更。

预计1882年（明治十五年）开通的琵琶湖汽船水运的新阶段开始了。从那时起，每当竞争激化产生混乱的危险时，滋贺县都会介入，制定航运规则，促进联合发展，船只也逐渐大型化，几乎长滨—大津、敦贺—长滨、长滨—大垣三个小组都进入50吨左右的船只竞争阶段。但是，除了铁路通车的时机之外，1879年铁路局也让114吨的“长滨丸”（铁路渡轮）开始航行，这导致竞争再次激化，各小组都建造了更大型的船只，再加上长滨—大津之间铁路渡轮（或称铁路联络船）成为现实的课题，以及大阪的新兴资本家藤田传三郎的藤田组的新加入计划，众人为了获得权利而陷入了混乱之争。于是，滋贺县再次介入，以藤田组为中心，由原有的各船主联合成立新铁路联络船公司。这就是1882年5月设立的“太湖汽船公司”(《新修大津市史》)。

滋贺县提出的运输改进计划是1881年（明治十四年）9月向铁路主管井上胜提出的关于设立公司的两份申请书之一，新公司表示旅客使用2艘钢铁船，货物使用3艘蒸汽船。井上提出旅客运输船在大津—长滨之间每两小时或两个半小时至少航行一次，无论是在大津还是长滨，铁路客运每两列列车在这个时间间隔内必须行驶一次。两艘钢铁船若要在满足该航运条件的同时进行不间断地来回运输，考虑到停泊时间，在大津—长滨的航程必须在2小时以内。需要至少用15节的速度运送两列火车那么多的乘客的大型船只。彼时的琵琶湖水运水平自不必说，需要远远超过濑户内海小汽船海运水平的大型快速船。这就是在铁制船体上搭载二级膨胀机的“第一太湖丸”（516总吨）、“第二太湖丸”（498总吨）。

负责这两艘船的建造订单的是与基尔比的公司经营相关的神户铁制品加工厂。但该加工厂的技术水平可不是日本海运激烈竞争的结果。1881年，工部省长崎造船厂和兵库造船厂都没有建造这种船的能力，日本海军省或许能够建造，但连海军省也没有建造铁船的经验，暂且推进铁骨木皮海防舰的建造计划。众所周知，在外国人经营的所有公司中拥有10名外国技术人员、技能人员（铃木淳，1996）的只有神户铁制品加工厂。

神户铁制品加工厂即是以所有者E.C.基尔比的名字命名的“基尔比造船厂”，也是以所在地的名字命名的“小野滨造船厂”，是日本最早的铁船建造工厂（铁船建造的例子之前有数例，但都是进口了已经加工的整套材料在日本组装而成的），以基尔比死后《日本公报》(*Japan Gazette*)上刊登的追悼报道为线索，我们可以详细了解其成立经过（资料源自《明治文化》昭和十一年8—10月号翻译刊登的内容）。

基尔比出生在英格兰伍斯特郡的小镇（名字不详），父亲是文法学校的校长，但基尔比小时候因伤寒流行失去父亲的同时，自己也患听障，被送到孤儿院，度过了一段黑暗的少年时期。离开孤儿院后，他成为药剂师的学徒。在学徒期满后，他投身淘金热时代的移民潮，前往澳大利亚。当时是1855年或1856年。他在澳大利亚终不得志，于1860年左右前往中国上海再闯新天地，之后去往宁波，并首次在仓储业、租船业、酒店业等领域取得成功。这个成功似乎与当时恰逢太平天国之乱末期、宁波又是太平军与西欧军队的战争点有关。随着战争的结束，他的事业也逐渐衰落，必须再次寻找新的活动之地。于是，1865年（庆应元年）春天，他来到了日本横滨。

在横滨，基尔比开始了同来航的英法军舰和登陆军队的西式杂货、食品交付业，并取得了成功。兵库开港后，他马上进入神户居留地，并开始了同样的事业。在横滨和神户，他被认为是建造了最初的食用肉处理场的人物。据说为了从旧金山采购烤面包用面粉而租了专用的船，所以事业规模之大也是众所周知的。以这一成功为基础，基尔比还开始在横滨居留地开展建筑事业，不断建造宏伟的建筑物，备受瞩目。但此时他的经历中还没有造船。

他对造船感兴趣是在进入神户以后，观察外国技术人员的活动，观察濑户内海航线的活跃情况，将造船事业视为有希望的投资对象，自己也亲自动手开始了小规模的造船业。他注意到的是R. 哈根（R. Huggan）的“生田铁工”。

哈根是工部省兵库造船厂的母体之一的伏尔甘铁制品加工厂的经营者，将工厂卖给工部省后，继承了同样是外国人经营的“生田铁制品加工厂”，雇用了来自伏尔甘铁制品加工厂的3名外国人，以及他曾经工作过的横滨铁制品加工厂的2名外国人进行经营。铃木淳指出：“在这一时期，工部省不愿意扩大外国人经营的工厂，采取收购有实力的工厂或把外国人收为自己的雇员，因此横滨、神户有很多外国人经营的工厂消失了。”哈根的工厂在逆风中幸存下来，1875 年（明治八年），生田铁工改名为神户铁制品加工厂（Kobe Iron Work）。基尔比从 1877 年开始成为该公司的联合经营人，到 1880 年该公司为基尔比单独所有。该造船厂的技术在当时获得了极高的评价。铃木淳表示：

根据大阪商船公司设立时各船主所拥有的船只的评价额计算，全体平均每净吨位数为 101 日元，其中工部省长崎造船厂 114 日元，工部省兵库造船厂 97 日元，而神户铁制品加工厂则获得 168 日元的超高评价额。（铃木淳，1996）

取得这个优秀的造船厂经营权的基尔比，将他人生后半期的梦想寄托在了将神户铁制品加工厂发展为东洋第一的大造船厂。第一步是建造两艘铁路渡轮“太湖丸”，第二步是建造后面提到的海防舰“大和”号。同时，他在横滨居留地不断出售他建造的大建筑。他想用所有的经营资源来扩充和翻新他的造船厂。两艘太湖丸在神户铁制品加工厂建造完成，分解后运往琵琶湖再进行组装，并顺利交付太湖汽船公司。这一成功进一步提升了神户铁制品加工厂的声誉。关于这次成功的程度，我们有宝贵的证词。这就是 1883 年（明治十六年）9 月接到命令巡视阪神地方工厂的工部省长崎造船厂技师佐立二郎的报告书。这份报告书由中西洋发现，并在《日本近代化的基础过程中》中进行了介绍。佐立在这次巡视中，对神户基尔比造船公司即神户铁制品加工厂印象最为深刻，他在报告书中多有提及。然而，他在看到两艘“太湖丸”时却这样写道：

其粗制程度令人愕然，然尚不能详说，恐涉诽谤，仅止于此。

由此可见，这两艘“太湖丸”并非很棒的船只。中西洋认为，这个事实“无疑是‘稍微粗制’，恐怕是最优先降低成本的结果吧”，虽然神户铁制品加工厂有能力，但却偷工减料。但笔者却认为，这是在其实力极限下制造的第一件产品，该产品的质量就那样表现出来了。佐立观察到，二级膨胀发动机也有一台是从英国进口的，另一台是自制的，但进口发动机要轻得多，装载进口商品的“第二太湖丸”的吃水要浅得多。仿效品的重量比较重是常有的事，但重到影响吃水的程度也是相当可怕的。佐立的证词表明，“太湖丸”的完成，从同行的角度来看，是处处存在缺陷的，但在挑战没有经验的更高技术领域时，这是理所当然的。虽说情况不太好，但按照目标，第一次就可以使在大津—长滨之间航行的铁制快速船获得成功，应该说真不愧是神户铁制品加工厂。

从“太湖丸”的建造开始，基尔比就一直在努力争取日本海军省的订单。写给时任海军卿的川村纯义的第一封信于 1882 年（明治十五年）2 月 4 日寄出，但主船局却以“也就是类似一般广告的东西，没必要特别回答”而无视。同年 9 月 28 日，基尔比再次写信给川村纯义，在信中介绍自己“是最早向日本导入铁船建造技术的人，现在有能力与贵局签订合同，与贵局一起建造完成 2000 吨以下的铁船。”同时，他强调说：“只要是在日本国内建造铁船，进口可以仅限铁材，而且建造费用的 3/4 不会流失到国外。”这个时期正好是松方通货紧缩的时期，而此时政府最大的关注点则是贸易收支的平衡。

收到这封信后，海军省的回应与对第一封信的无视形成了鲜明的对比。海军卿在回信中说：“首先我读了您的信，新舰制造等问题可以在见面的时候详谈，”之后在部内进行了讨论。笔者刚才强调的以第二代工程师为主力的阶段性技术跳跃计划的第一阶段，即 3 艘钢骨木皮海防舰，第一舰“葛城”的设计结束，在开始建造讨论的时候，信就收到了。海军省应该没有注意到第一封信之后建造 2 艘“太湖丸”的进展情况。海军省在开始关注神户铁制品加工厂的实力时收到第二封信，开始重新研究建造场所和方法。11 月初，对神户铁制品加工厂展示“葛城”的图纸、规格，进行估价委托。11 月 11 日，川村纯义以海军卿之名给基尔比回信道：

> 之后制造的舰船在委托横须贺造船厂之前，必须向“神户‘钢铁厂’基尔比公司”附上船形及规格书进行估价，必须研究利害得失。

主船局长赤松则良也向川村海军卿提交了申请书，并表示向基尔比的公司订购，既有利于减少进口，也有利于培养工匠。这说明培养“造船工匠”是这个时期日本海军的当务之急。

在这一连串的经过后，日本海军省决定向神户铁制品加工厂订购继“葛城”之后的二号舰“大和”号，1883 年（明治十六年）2 月 23 日签订了合同。虽说彼时处于经济不景气中，海军对造舰费的经济也非常关心，但一般来说，在明治时代的日本，政府对在外国人经营的主干产业中拥有巨大力量是极为警戒的，首先通过铁路联络汽船抓住了技术跳跃的机会，接着在海军的新舰建造中抓住了巩固机会，基尔比作为经营者的执念非常出色。正如佐立所写的那样：“单纯地作为商业家，能随机应变，是人所知之处。”

1883 年 11 月，“大和”号在神户铁制品加工厂动工。然而，翌年 12 月，神户铁制品加工厂突然陷入财政危机。基尔比在香港上海汇丰银行留下 255000 美元的债务后自杀。仿佛谜一样。在合同的第 17 条中，有“订单之军舰制造中承包人受到意外的损害”“致使神户的制造所也很难维持”这一预测这一事态的条款，这是该合同中本就会有的内容，还是海军在熟悉基尔比公司的财务状态的基础上加入的内容，由于没有解答这些问题的线索，让人相当迷惑。海军根据合同，在海军的监督下继续完成“大和”号的建造，同时与建造中的“太湖丸”同类型船“朝日丸”也完成，交付给船主，在清算各种费用之后，海军解雇了外国技术人员，接收了包括工匠、设备在内的神户铁制品加工厂，作为海军小野滨造船厂。不费任何力气，民间最优秀的造船设备和训练有素的钢铁造船厂，就成了日本海军的了。笔者认为基尔比的命运，是近代造船史上的悲剧。但更为重大的深层因素，是通过明确当时拥有超群技术实力的该造船厂的破产结构，预感到不发达国家的“技术跳跃”必将面临的结构困难，并有说服力地表现出来。以下在本章的后半部分，通过考察神户铁制品加工厂的破产结构，从木造汽船制造到铁制汽船制造的技术跳跃的困难出发，我们来看看三菱长崎造船厂为什么能成功实现一系列的技术跳跃并到达“常陆丸”的。

第二节　从神户铁制品加工厂的破产到“常陆丸”

1. 从木造汽船到铁制汽船

如表 7-4 所示，神户铁制品加工厂成立不久时除了一艘 23 总吨的小型船外，余下就是从 100 总吨左右到最大 347 总吨的木制、单式蒸汽机船，1880 年（明治十三年）有 5 艘，1881 年有 6 艘。该钢铁厂拥有能够每年生产 5~6 艘优良的、每艘 200~300 总吨的木造汽船的设备和人员。而 1882 年减少到一艘仅 147 吨的汽船、1883 年为 23 吨的一艘小型船，建造量急剧减少，与其说是受濑户内海运不景气的影响，不如说是这个时期以建设“太湖丸”为目标进行造船厂的大扩建更为妥当。正如基尔比在 1882 年 9 月写给川村纯义海军卿的信所示，将设备扩建为能制造 2000 吨的铁制军舰。这里的吨是军舰使用的排水量吨，换算成总吨的话数值会稍微小一点。以极为标准的估算——船体容积要扩张 4 倍，船体构造由木制变为铁制，发动机从单式到二级膨胀式（“太湖丸”以后全部为二级膨胀），为了实现这样的大跳跃，铁制品加工厂进行了设备和人员的强化。

让我们依次看看这三次跳跃将如何改变造船厂的设备和人员。第一点是船的规模。容积的 4 倍意味着尺寸长短是 1.6 倍，面积是 2.5 倍多。

表 7-4　神户铁制品加工厂建造汽船一览表

制造年月	船名	木制或铁制	总吨数	发动机马力 · 机型
1878.3	侠贯丸	木	134	9 · 单式
1880.1	佐伯丸	木	195	15 · 单式
1880.5	备前丸	木	134	10 · 单式
1880.5	三保丸	木	347	30 · 单式
1880.7	新八幡丸	木	202	21 · 单式
1880.12	名草丸	木	165	20 · 单式
1881.1	广陵丸	木	134	11 · 单式
1881.2	太阳丸	木	144	15 · 单式
1881.3	金崎丸	木	98	30 · 单式
1881.6	新和歌浦丸	木	153	11 · 单式
1881.7	朝阳丸	木	144	15 · 单式
1881.11	龟鹤丸	木	220	25 · 单式
1882.6	青森丸	木	147	25 · 单式
1883.3	斯波丸	木	23	6 · 单式
1883.6	第二太湖丸	铁	499	54 · 二级膨胀
1883.9	第一太湖丸	铁	506	54 · 二级膨胀

（出处：铃木淳,《明治中期的造船工业》，1985 年度东京大学文学部国史学专修课程毕业论文）

虽然完全不清楚神户铁制品加工厂的旧设备是什么样的，但至少为了新设备能够承受大的负荷，工厂必须将基础设为坚固的船台，为了将重的铁板和型材装载到台车上搬运；必须沿着船台采取广阔的运输路线，并配置用于吊起它们的叉车和绞车。因此，造船厂的必要面积是原来的 3 倍左右。为了装备下水后的船，还需要大型起重机，不过该厂已经有非常大的起重机。这些扩建工程要花费多少费用呢，正好此时工部省兵库造船厂正在以 15 万日元的预算建造 1200 吨船的新船架，这成了一个标准。因为这是木造汽船用船架，所以大一轮的铁船用船台肯定需要相当多的投资。

第二点是船体从木制到铁制的转变。这一转变在历史进程中改变了船体结构，以适应铁的材料，并改变了建造过程的组装工业方向。

从很大程度上依赖于船木匠的经验熟练程度的木造船体的建造程序到用铁板、型材、金属铸件等精确加工材料制造零件和组装零件来建造既定的船体的方法的变化，正在随着铁船的出现而不断发展。在造船过程中，工程师设计的作用和图纸将设计者的意图传达给制造现场的作用是重要的过程。这样，船体的建造，以连接四个基本作业的流程为轴心发展。这四个基本作业的流程如下：

▽制图工厂作业：由技术人员进行基本设计，并在此基础上进行细节设计，作出制作图和结构图。

▽设计图工厂作业：为了把制作图作为现场作业的媒介而绘制原尺寸大的船体设计图，根据船体设计图切薄木板制作模板和弯曲模型的船体。

▽机械工厂、挠铁工厂的作业：将这些模板和弯曲模型作为量规驱使，在铁板上划线、切割，必要时加工成曲面，另外，模板也弯曲成所需形状，开铆钉孔。

▽船台作业：一边参照结构图一边组装它们，铆接完成船体，进行涂装加工的。

以上所述都经历了变化的历史过程。在日本，该过程必须一边追赶欧洲技术知识，一边从神户铁制品加工厂开始实践，经过“常陆丸”，到第一次世界大战左右完成。山本洁从劳动现场的职种中追查了这一过程，并以图 7-1 的形式显示了其变化。神户铁制品加工厂是如图 7-1 所示的明治

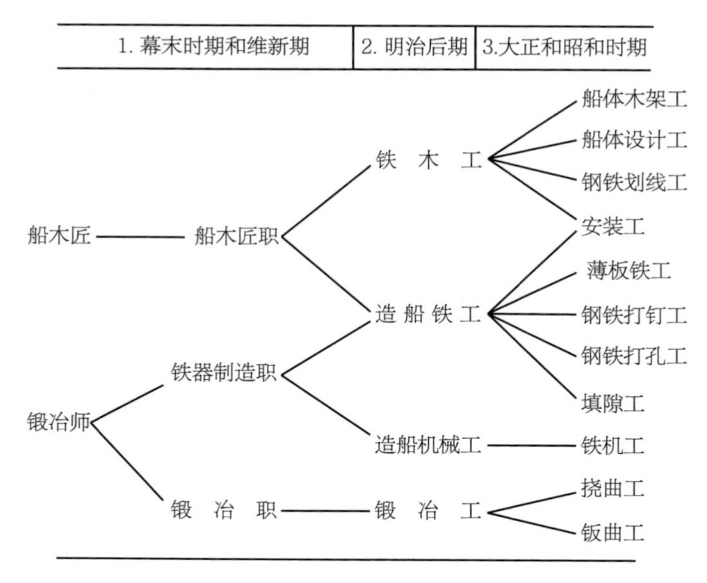

图 7-1　伴随木制汽船向铁船、钢船制造的转移，分工逐渐深化
（出处：山本洁,《日本职场的技术·劳动史 1851—1990》，东京大学出版会，1994）

后期时期的先驱。该图只显示分工的变迁，并不一定是从旧职种培育出新职种的劳动者。至少在现场作业中，负责船体设计图、模板、盘木（置于船台与船体之间的角材）、划线、切断、挠铁、铆接等技能人员的新录用和训练，在设备方面，制图工厂、船体设计图工厂、挠铁工厂等新作业工厂、将铁板和模板加热软化变形的大型加热炉、作为曲面加工用台的蜂巢定盘、水压式的折弯机、板辊、用于铆钉开孔的冲孔机等的购买，另外，还需要加强技术人员和图工等。

新需要的人才是如何调拨的呢？对此，铃木淳写道：

> 为了建造“太湖丸”，基尔比除了聘请内务省驿递寮和农商务省历时 5 年担任海员司验官兼汽船检查官的 J. 艾尔顿为技师外，还新雇用了 5 名外国技师。当时的工人数是中国人 30 名、日本人 450 名，是工部省兵库造船厂的 3 倍。（铃木淳，1996）

诚然，技术人员得到了加强。《日本近世造船史》记载，这些技术人员训练了铁匠。但是，当时中国有福州船政局和江南机械制造总局等大型造船厂，要在外国人的指导下制造铁船，因此这30名中国人可能是图工和造船铁匠等的经验工。值得注意的是，大多数新录用人员并非单纯的劳动者，而是当时日本罕见的特殊技能人员。

技术跳跃的第三点是关于二级膨胀发动机，横须贺造船厂是1876年（明治九年）完成的，而工部省兵库工作局（造船厂）是1880年完成的，因此制造技术并没有很大的跳跃。如前所述，两艘“太湖丸”用的二级膨胀机中有一台是从英国进口的，并以此为原型，自制了一台，是神户铁制品加工厂完成了这个课题。但是，“大和”号的1600马力发动机的低压汽缸直径是2米，为了制造它，必须大幅扩建以往的铸件场，钻机等机床也必须购买大型机械。再加上上述新购入的造船铁匠所用的机械，需要多少投资，虽然无法准确推测，但三菱长崎造船厂自开业以来，14年间为了扩建设备而进行的投资明细由表7-5给出了一些线索。因为造船厂的规模不同，所以不能参考总额，但是该表中所说的向岛船坞，是三菱从1895年到1896年建造的371英尺的船坞，船坞需要挖掘，所以和船台的建设略有

表7-5　长崎造船厂创业以来的14年的设备扩建费

项目	（明细）	金额（日元）
船坞类	（小计）	224,816
	立神船坞	41,896
	向岛船坞	180,060
	小菅船坞	2,860
机械道具类	—	681,089
建造物		338,943
地皮		156,420
船舶类		18,547
日常用具		7,837
总计	—	1,427,652

（出处：三菱造船厂,《明治三十一年年度第1次年报》）

不同，但是因为规模相近，所以其费用 18 万日元，与之前的工部省船架的预算相符。机械工具类的购买费是船坞类费用的 3 倍，也成为当时的钢铁船造船厂需要购买多少机械的标准。后来也可以看出，神户铁制品加工厂没有购买地皮，虽然削减了建筑物的费用，但似乎毫不吝惜地投资了机械。至少需要 60 万 ~70 万日元的投资。

2. 扩大化的神户铁制品加工厂的作业

两年的短期集中投资和急剧的人员膨胀（“大和”号建设时达到 800 人）的结果，究竟建成了一家什么样的造船厂？对此，佐立二郎曾进行过考察，并留下了造船厂“太湖丸”的观察记录。佐立在 1883 年（明治十六年）9 月考察了基尔比造船厂即神户铁制品加工厂，留下了宝贵的记录。

> 工厂的地位组成等全部不得其宜，初建开工时规模小，随着工程的兴盛而增建，工厂狭小，运输最为不便……随着大和舰的制造，近来购置了新器械，屋檐下也有精妙的器械。（中西洋，1983）

神户铁制品加工厂最初是小型造船厂，趁着濑户内海小汽船海运的繁荣，将 300 总吨级的木造汽船制造设备作了整顿，为了制造“太湖丸”级 500 总吨的铁船而将设备扩建为可同时制造两艘的水准，再通过“大和”号的订单进一步扩建了设备，结果，在狭窄的空间里挤满了大型设备，严重地影响了作业效率差的资材搬运路线，而且对厂房等的费用勉强节约了，资金只集中在机械设备上。给人的印象是“在狭窄的破房子里摆放着最先进的机械”。年轻技术人员敏锐的目光清晰地捕捉到了基尔比这种逞强的投资行为的痛苦。因为“大和”号的订单合同是当年 2 月签订的，所以佐立访问的时候“大和”号应该已经在建造中了。那么，他是怎么观察到这种情况的呢？

> 过去政府下令制造“大和”舰，最近几乎着手于其机械部，且舰体部还完全在制图及材料收集中，铁部是从英国购入的，正在组装计划中，机械部铸造低压汽缸，以及活塞类的凿削，但这只是工人工作的一部分，不足以尽全力。

2月签订合同的“大和”号，过了7个月，到9月份还没有开工，那是因为向英国订购的铁材没有到来，不得不先开始制造机械部分，不过，低压汽缸的铸件完成，活塞等的切削加工也在进行中。虽然一部分工人在工作，但与全部工作的状态相去甚远。靠逞强的投资“在破房子中”摆放的众多新锐机械都处于无意义的闲置状态。这种情况表明，从木船到铁船的过渡不仅需要高额投资，还提出了维持设备利用率的问题。更具体地说，如果不腾出船台，一个接一个地建造船只，投资的偿还也不能支付800名员工的工资。而且，船台上的船不再是木船，而是铁船，因而不能让挠铁匠和铆接工做船木匠的工作。但是，在当时的日本要订购“太湖丸”级的铁船并不容易。

两艘“太湖丸”于1883年（明治十六年）9月交付。“太湖丸”在神户铁制品加工厂组装后，被分解后运到琵琶湖再组装并交付，所以1883年年初船台应该是空的。正好那个时候能接受“大和”号订单，乍一看是幸运的，但正如佐立所观察的那样，如果从那之后订购铁材的话，就不能在接受订单的同时开工。基尔比最终为了填补船台，在没有订购者的情况下开始建造一艘与“太湖丸”同类型的船。因此，向英国订购所需材料当然是在前一年年初进行的。除此之外，佐立还确认了三台二级膨胀机同样是预测性生产[①]制造的。佐立将这些预测性生产作为“预备品生产”，给予了高度评价。

---

① 预测性生产是指根据需求预测和销售计划制定生产预估品，以方便之后重复性生产的开展。

随着当今工业的不景气，像基尔比造船厂一样，虽然最为缺乏作业而苦恼，但其预备品制造之盛、工匠督责之严，不得不让人感叹。

首先可以确认佐立认识到神户铁制品加工厂因订单不足而苦恼的状况。在此基础上，他对加工厂以预测性生产的形式维持开工率，按照严格的劳动纪律进行生产而感叹不已。相反，他作为官方的长崎造船厂的技师，却不必为维持开工率和资金周转问题而烦恼。但是，还没拿到订单的预测性生产是冒险的。从英国进口的铁材的货款当然必须支付，而且必须支付那些严格遵守建造规则的工人的工资，但除非找到成品买方，否则产品的货款很难入手。不过，对于没有加入大阪商船公司而作为独立船主之一的中村新次郎要买的“朝日丸”，佐立写道：“那会儿已经定好了承兑人”，所以当时中村应该已经决定要买了。但是，大部分货款得在“朝日丸”完成后才能入手。

因此，包括“朝日丸”在内的预估生产，加上为了扩建设备而投入的巨额投资，应该在 1883 年年初左右成为神户铁制品加工厂资金周转的巨大负担。在“大和”号的合同中，货款为日本银币 399000 日元，支付分为 6 次，第一次在合同签订后 10 天内，为 65000 日元，第二次为铁骨板材料到达后 7 天以内，为 65000 日元。到 11 月为止，基尔比收到了总计 13 万日元的资金，但不管他的资金周转到什么程度，好不容易等到第三次支付，结果在支付之前，他的资金筹措力已经用尽，并留下了 255000 美元的负债，这直接导致神户铁制品加工厂的破产。如合同第 17 条所述，“在订单之军舰制造中承包人，万一遭受非常意外的损害，致使神户的制造所也很难维持，能够成功完成军舰制造的同时，每期交付的金额需得全部返还。”看到这样的条款过于生动地预测了之后发生的事态，虽然笔者认为这种合同的条款是理所当然的，但仔细想想，日本海军或许是在把握神户铁制品加工厂资金周转的痛苦的同时签订了合同。之后，按照已经写的过程，神户铁制品加工厂成为海军小野滨造船厂。这不免让人觉得有指不清道不明的缘由。

但是，笔者并没有进一步深入这个问题，笔者之所以提到神户铁制品加工厂，是为了把该铁制品加工厂的破产结构作为不发达国家技术跳跃的困难模型来分析。以木船制造的经验为基础，进入铁船制造，与其说是技术学习，不如说是技术跳跃，是一种“超越断绝”的行为。努力获得可跳跃的技术能力，将要求高水平的资本投入，因此，为了偿还资本，必须继续接受比以前更贵的产品，使新设备的利用率充分保持。要满足这一最后的条件，在狭小的不发达国家的国内市场是极其困难的。基尔比成功建造了铁船，却因没能克服这最后的难题而失败了。三菱长崎造船厂是如何克服这一难题的呢？让我们一边着眼于这一点，一边探讨“常陆丸”建造的过程吧。那是用了 10 年时间的阶段性的连续小跳跃。

3. 三菱长崎造船厂的形成

三菱长崎造船厂的形成及其成长，在至今为止的技术史中，主要集中在工部省长崎造船厂的出让关系上，但笔者认为应该更加注意其与围绕日本邮船公司的形成而发生的日本海运业的变化密切相关。所以，笔者想简单地把其成立定位在这一过程中。

如前所述，三菱公司全面协助日本政府向中国台湾地区出兵、西南战争的军事运输，每次都因大量汽船的转售而膨胀起来，对邮政汽船三菱公司垄断海运的批评也逐年高涨，但直到三菱公司最大的后援者大久保利通在 1878 年（明治十一年）被暗杀以及 1881 年大隈重信下野，时任农商务大辅的品川弥二郎一口气带头组建了形成对抗之势的汽船海运公司。就这样，以“东京风帆船”“北海道运输”“越中风帆船”三家公司的所拥有船只为基础，资本金 600 万日元（其中政府出资 260 万日元）的“共同运输公司”于1883年1月开始营业。但是，三家公司所拥有的船只很难与三菱公司对抗，因此新公司从英国订购了以“山城丸”（2528总吨、二级膨胀机）为首的12艘新船，从1884年开始陆续投入使用。接受挑战的三菱公司也订购了与“横滨丸”（2305总吨、二级膨胀机）几乎同类型的“东京丸”，不过只有两艘，剩下的是以少年盐田乘坐的“和歌浦丸”为首的二手船进行对抗。两家公司在横滨—神户之间的旅客运费最后达到了25钱，展开了激烈的降价竞争。最后，双方为防止都倒闭而联合起来，“日本邮船有限公司”（本书简称“日本邮船公司”）于1885年（明治十八年）10月1日开业了，资本金1100万日元、所拥有船只中汽船58艘（其中14艘是1000总吨以上的新造船）、帆船11艘，而且政府保证每年给八成的利润补给（《日本邮船有限公司百年史》）。

有必要总结以上经过在今后的分析中所具有的意义。首先，由于两家公司的竞争，日本民间船主首次向英国造船厂订购大型航海船。订购这么多新船的船主对于英国来说也是重要的客户。日本邮船公司在今后一段时间内将继续成为英国造船工业的重要客户。在本章的前半部分，我们看到了海军如何利用新舰订购机会来转移和掌握技术。三菱公司如何利用日本邮船公司订购新船的机会，将成为后文分析的重点。其次重要的是，日本邮船公司的成立，对三菱公司来说，把作为公司支柱的邮政汽船事业分离成其他公司的事业，那么，分离后剩下的部分该如何让公司生存下去呢？长崎造船厂的进路当然与之相关。

三菱公司于1884年（明治十七年）从工部省借用长崎造船厂，将主要在横滨进行船舶修理事业的三菱钢铁厂的设备和人员转移到长崎，并从大阪铁制品加工厂挖来技师J.F.科德担任经理（他与高岛煤矿事务长山胁正胜二人共同担任经理，但实质上是科德），进一步完善体制，从当年7月7日开始了相关业务。这一时期正处于与共同运输公司的激烈竞争之中，因此，笔者认为这是利用了全长140米、被称为“东洋第一”的立神船坞的修船能力，三菱钢铁厂的设备和要员也集中到这里，强化了三菱船队的修理维护体制，为与共同运输公司的竞争做好了准备。

初期的工作以修船为中心。在造船方面，1885年铁制疏浚船“浚港丸”（51总吨）、1887年“夕颜丸”（206总吨）、1888年“第三震天丸”（320总吨），这三艘都是铁制拖船，还有1889年铁制汽船“大和丸”（96总吨），5年间建造了4艘铁制汽船。在此期间，只建造了4艘木制小型汽船和1艘铁骨木皮船。“夕颜丸”之后的船只是在日本邮船公司成立以后建造的，所以这一时期可以看作以铁船制造的造船工业为目标进行的摸索期。1887年（明治二十年）4月25日，三菱公司向大藏大臣松方正义提交了请愿书，希望通过充实长崎造船厂的设备，经营铁船制造业，因此希望以50年按年偿还的出让方式，将地方建筑物及诸机械等的费用459000日元减免。对此，政府于6月7日下达出让命令，给予50年无利息偿还，并以每年12月15日为期上缴9180日元为条件，6月8日三菱公司将接受命令。然后，在6月14日，三菱公司希望将年赋金一起支付，所以提出“以工厂年纯营利一成的利息计算”的请求，并被受理。很明显，在类似竞赛的交易之后，459000日元的土地建筑物诸机械等的费用，三菱公司一下子就一并还清了91017日元86钱4厘[①]的50年的年赋金，借用设备以来每20年偿还的储藏品货款的余额68000日元，按照同样的计算是最后一笔28946日元11钱6厘一并偿还，长崎造船厂至此全部归三菱公司所有（小林正彬，1977）。

表7-6　三菱长崎造船厂设立时的工种人数构成

工种	人数
木匠职	16
体力工职	74
绳索工职	1

① 日本的货币单位，日元的千分之一，钱的十分之一，也就是1钱相当于10厘。

（续表）

工种	人数
制图工职	7
滑轮机床职	176
钢结构加工职	110
浇铸职	53
木型制作职	53
打磨职	22
锻冶职	49
总计	561

（出处：三菱造船有限公司长崎造船厂,《三菱长崎造船厂史》，1928）

一般认为这种做法是对政商的强力保护，但在这里，与基尔比的情况相比，这是三菱公司今后尝试的技术跳跃的强有力的保护。基尔比铁制汽船制造技术跳跃的主要问题可以从以下三方面讨论：一、需要巨额资本投资资金；二、技术人员和技工招聘；三、确保稳定的订单，以维持造船厂经营与扩张的开工率。

为了第一个方面中提到的投资资金，基尔比不得不向香港上海汇丰银行借款 255000 美元并因此导致其自杀，与之相比，合计不足 12 万日元的年赋金一并偿还，就可以看出三菱公司获得了长崎造船厂的广阔用地、“立神船坞”和“小菅船坞”的修船设备、拥有长崎钢铁厂以往的传统的机械制造设备的情况是多么强有力的保护。那么，第二个方面中提到的技术人员和技工又如何呢？工部省时代最大的技术成就，是 1883 年（明治十六年）建造的 1496 总吨、拥有 642 马力二级膨胀机的木造汽船“小菅丸”，但没有铁船的技术。从创业初期的工人构成（表 7-6）来看，显然是木制船体和蒸汽机、锅炉为中心的机械制造体制，完全没有铁制船体制造的体制。技术人员的话，有作为副所长的水谷六郎、负责船坞的大江太郎、负责造船的山田耕作，大江那时也即将调动了。除此以外，技师全部都离开了。如果将来以建造铁船为目标的话，三菱长崎造船厂从工部省继承的财产，在设备方面是带有大型船能入的船坞，以及带有修船设备和至少642马力二级膨胀发动机制造技术的机械工厂，在人才方面，那些都是当时在造机方面有经验和积累的工人们，像之后看到的那样，需要加强技术人员和造船铁匠。

这样，当长崎造船厂完全归三菱公司所有时，长崎造船厂在三菱公司未来战略中的地位确实更高了。然而，我们无法确定当时该造船厂的未来是如何设想的（其发展可以参考前文“技术跳跃”的第三方面）。从这里到“常陆丸”的过程，是三个阶段的连续小跳跃。也就是说，之后三菱长崎造船厂从大阪商船公司订购了“筑后川丸”（620总吨）、“木曾川丸”（685.7总吨）、“信浓川丸”（685.7总吨）3艘带三级膨胀机的钢制船，从1890年（明治二十三年）到1891年顺利完成。这是第一阶段的小跳跃。1894年，开始建造1592总吨、具有双重底构造的钢船“须磨丸”，并于第二年完成，这是第二阶段的小跳跃。然后，从1896年6月开始了第三个阶段的跳跃——“常陆丸”。然而，这个过程并没有经过仔细的战略计算和设计，而是在很大程度上跟随着事态发展的结果。在1890年，没有人认为该造船厂会在10年后将诞生像“常陆丸”那样真正的外海航行船。

4. 技术跳跃的机会是如何得来的

为了知晓三菱长崎造船厂技术跳跃中的缘由，我们首先要了解的点便是，从给三菱长崎造船厂提供3艘钢船订单的机会究竟意味着什么。这个问题与濑户内海小汽船海运的竞争有着很深的关系。虽然“大阪商船公司”是在避免过度竞争的大联合的情况下成立的，但并不是所有的从业者都参加了联合，也有强硬反对而留下来的船主。这些船主所拥有的船只被称为“公司外船”，打与它们的竞争战，是新公司的首要任务。新公司首先针对的就是作为最强硬的联合反对派的京都的中村新次郎和兵库县的岩崎英之助。他们带着自己所拥有的船只，进行激烈的运费降价竞争，但“他们都是螳臂当车，是无法与这家拥有大资本的公司相对抗的”，于是，他们“在1884年（明治十七年）末到1885年年初选择投降”，这是《大阪商船有限公司五十年史》中的相关记录。此时，中村刚买下的基尔比的第三号铁船“朝日丸”，变成了大阪商船公司的战利品。大阪商船公司让“朝日丸”在濑户内海航线上航行，并取得良好成效：

> 成绩颇好，在首次航海中已经得到了很高的评价，船主收到了来自各地的大量贺电，给当时的人们留下了深深的感动。(《日本近世造船史》)

但是，竞争的第二个阶段就此开始。随着松方正义的通货紧缩趋向上升，共荣社（山口县德山）、大阪共同组、宇和岛运输、日本共立汽船（和歌山）、伊予汽船等公司陆续开设竞争航线，开始发起竞争。这些公司都使用前面表7-2中提到的工部省兵库造船厂、大阪铁制品加工厂、细谷丑松，还有新隈政次郎（虽然表中没有，但他当时已经制造了船舶用发动机，从1887年开始制造汽船）等造船厂和造船经理新造的汽船，而作为大阪商船公司，当务之急是整备能给它们带来绝对性差距的船队。大阪商船公司自筹建过程中便预料到了竞争，并于1884年1月制定了建造6艘新船的计划，并请求政府贷款建造费30万日元。政府拒绝贷款，最终大阪商船公司在资本金中挤出钱，按年分期购买了政府造船厂建造的5艘铁船。这是第一次建造新船。在第一次建造进行中的1887年5月，政府回应了大阪商船的多次请愿，决定从1888年开始，在之后8年间，给予大阪商船公司每年5万日元的补助金。大阪商船公司以立即将补助金用于偿还金为条件，从三菱公司借入了40万日元，再加上自己的资金，新订购了6艘钢船。从1885年到1891年，根据大阪商船公司的订单，在国内造船厂建造了 11 艘铁船、钢船。

表 7-7 显示了这 11 艘船的名字、主要性能和订单造船厂。政府最初决定在工部省兵库造船厂建造木造汽船并出让，但大阪商船公司希望是铁船，而且是带有二级膨胀发动机的铁制汽船，这被认为是受“朝日丸”高性能的影响。决定时，因为兵库造船厂没有铁船制造能力，所以政府计划从 1884 年下半年开始“购买铁船制造机械”，第一船“安治川丸”（500 总吨）由完成“朝日丸”的海军小野滨造船厂建造（该厂是基尔比造船厂的后身，“太湖丸”型铁船直到四号船都是在那里建造的）。对于造船厂的主体——制图工、铁木工、造船铁匠等劳动者来说，对于从“朝日丸”手中接手监督业务的海军技术人员来说，这应该是充分的学习机会。

表 7-7　大阪商船公司的铁船、钢船订单

交付日期	船名	铁制或钢制	总吨数（GT）	机关形式	建造场所
1885 年 12 月	安治川丸	铁	500	二级膨胀	海军小野滨造船厂
1886 年 8 月	吉野川丸	铁	401	二级膨胀	工部省兵库造船厂→川崎造船厂
1887 年 5 月	湊川丸	铁	400	二级膨胀	同上
1888 年 3 月	木津川丸	铁	138	二级膨胀	川崎造船厂
1889 年 9 月	加茂川丸	铁	421	三级膨胀	川崎造船厂
1890 年 3 月	球磨川丸	钢	558	二级膨胀	大阪铁制品加工厂
1890 年 5 月	筑后川丸	钢	620	三级膨胀	三菱长崎造船厂
1890 年 7 月	多摩川丸	钢	565	二级膨胀	川崎造船厂
1890 年 9 月	木曾川丸	钢	685.7	三级膨胀	三菱长崎造船厂
1890 年 11 月	富士川丸	钢	571	二级膨胀	川崎造船厂
1891 年 3 月	信浓川丸	钢	685.7	三级膨胀	三菱长崎造船厂

（出处:《日本近世造船史》，各社社史）

工部省兵库造船厂在机械到达并安装后，就开始动工建造“吉野川丸”“凑川丸”，而且是在小野滨造船厂的支援和指导下进行建造。濑户内海小汽船海运的竞争，也给兵库造船厂带来了首次建造铁船的机会。在建造期间，兵库造船厂出让给川崎正藏，成立了“川崎造船厂”。“吉野川丸”“凑川丸”便是由川崎造船厂完成的，剩下的 2 艘也由川崎造船厂建造并交付。川崎正藏不仅意外获得了拥有铁船制造能力的造船厂，而且还附带了铁船制造技术指导，甚至获得了订单。在大阪商船公司第二批 6 艘钢船订购中，又获得了 2 艘的订单，因此从 1886 年以后，每年稳定建造和完成 1 艘钢船。与基尔比接受订单的辛苦相比，川崎受到了难以说成是跳跃的优待的技术转让。大阪铁制品加工厂之所以承揽了 1 艘船的订单，是因为对于以大阪为起点的航线作为营业基础的大阪商船公司来说，是作为培养对象的造船厂。三菱公司承揽了以“筑后川丸”为首的 3 艘，但是其建造就像在下一项中所看到的那样，更加自主。

综上所述，刚诞生的大阪商船公司凭借着和“公司外船”之间的竞争（即本书提到的第二次汽船过度竞争）高涨的时机，以及作为基尔比遗产的“朝日丸”的示范效应，一举提高了政府和海运相关人员对快速铁船的关注，政府的赞助和三菱公司出资的大阪商船公司的 11 艘新船订单，给川崎造船厂、三菱长崎造船厂、大阪铁制品加工厂提供了建造铁船和钢船的绝佳学习机会。在这些学习过程中，在“太湖丸”型船建造中成长的小野滨造船厂的技术人员和铁制品加工集团，在技术跳跃中直接或间接地发挥了重要作用。如果这 11 艘船的订单全部落到神户铁制品加工厂，基尔比就不必自杀，神户铁制品加工厂将发展成为日本最大的造船厂。但是，日本海军是否有意摧毁神户铁制品加工厂姑且不论，这样的发展机会不是给外国人，而是必须给予日本人，这是当时政府的明确意愿。

5. 聚焦“筑后川丸”“木曾川丸”“信浓川丸”

让我们重新回到三菱长崎造船厂，在这里建造的 3 艘钢船，不仅是

11 艘中规模最大的，而且都安装了国产的三级膨胀机，在这一点上，大阪铁制品加工厂和川崎造船厂也有了进一步的差距。但是，无论是钢制船体还是三级膨胀机，都没有以科德为首的外国技术人员的经验，仅凭“夕颜丸”等 3 艘船只的经验，不可能实现这样的跳跃。那么，不足的能力是如何弥补的呢？根据长崎造船厂的年报，从 1887 年（明治二十年）到 1890 年，进行了三项重要的人事调整（三菱造船厂,《明治三十一年年度第 1 次年报》)。

其中，第一项是 1887 年录用了 F. 温格尔（机械制造师）、J. 丁蒂（铸造师），1888 年录用了 J.D. 里德（造船制图师）3 位外国技术人员。虽然没有关于丁蒂的记载，但其他两人来自格拉斯哥的莱布尼兹造船厂。里德签订了 3 年合同，帮助建造 3 艘军舰，在完成建造的 1891 年回国，担任莱布尼兹造船厂的制图主任，估计是为了指导和加强基本设计制作图、构造图、船体设计图这一最基本的流程吧。温格尔和丁蒂的使命是设计三级膨胀机并提高铸造技术。

第二项是录用了河边丰治。关于河边，有这样的记录：“作为旧小野滨造船厂伍长，于（明治）二十一年五月进入我工厂成为铁匠小头目,（明治）二十六年十二月成为造船负责人，在职中于（明治）二十八年五月病死”。盐田泰介说：

> 关于建造这 3 艘船，不仅从小野滨调来了科德，而且自从河边来了之后，山本雄之助、今井保（后来成为小头目工师）等人作为其下属也在那里，并进行了培养，开始在长崎出现了专门的钢船工匠。(《盐田泰介氏自传》)

河边和他从小野滨带来的骨干铁匠将负责培养支撑三个阶段跳跃的铁匠集团。

第三项是从 1890 年（明治二十三年）开始录用了在高等技术教育机构接受教育的技术人员。1890 年从帝国大学工科大学选科录用了山本金一、盐田泰介，1891 年录用了旧工部大学毕业生白户隆久，1895 年录用了工科大学毕业的加藤知道、江崎一郎，1896 年录用了格拉斯哥大学毕业的山本长方。

此外，到 1896 年为止，从现在的东京工业大学的前身东京职工学校录用了滨田彪等 9 人作为电气、机械的负责人。与其说他们是这期间造船的现有战斗力，不如说是分担了一部分工作，积累经验，最终成为代替外国人的主力人才。事实上，除了 1894 年退休的白户，其他成员都是“常陆丸”以后造船、造机的主力。

工部大学从 1879 年（明治十二年）开始有了毕业生，这在第六章提及过，其中还没有造船技术人员。机械工学系的造船学课程始于 1880 年，1881 年从机械工学系分离，开设了造船专业，1882 首次有 3 名专业生毕业，这一年恰好也是 2 艘“太湖丸”完成之年。1884 年，东京大学理学部也开设了附属造船专业。1885 年，随着工部省的废省，两所学校合并，新的帝国大学于 1886 年（明治十九年）3 月诞生。当时，两个造船专业也合并成为帝国大学工科大学造船专业，此后每年输送最少 1 名、最多 4 名毕业生。从濑户内海小汽船海运竞争的激化开始，开始意识到培养造船技术人员的制度的必要性，以该制度教育的初期毕业生的一部分，在竞争发展的结果——最初的钢船开始建造的时候，进入民间造船厂，在成长过程中积累经验，形成近代造船技术人员集团。

据盐田泰介回忆，他入厂时，1889 年开工的“筑后川丸”已经完成试运行，即将交付，“木曽川丸”正在装备，“信浓川丸”还在船台。当时的三菱造船厂完全是外国技术人员主导的态势。制图工厂由经理科德全面领导，机械工厂负责人为温格尔，铸造工厂为丁蒂，造船工厂为里德。1890 年入厂的盐田泰介和山本金一也和从工部省造船厂留下的山田耕作一起归里德领导。这样看来，3 艘钢船的建造，实际上在新录用的 3 名英国人的指导下，以河边从小野滨带过来的造船铁匠为中心，再加上原有的铁匠、机械工组成的劳动者集团进行作业的。因此，第一阶段最重要的事情是培养盐田等人作为钢船制造技术人员、获得三级膨胀机制造技术、由河边等人培养"钢船专业铁匠"。关于河边，盐田谈到了当时造船铁匠这一工作方式，这是非常重要的回忆。

河边这个人虽然自己手上没有工作，但他原来是士族，还热衷于画轴、书法，也读用英文写的方法书等。当时，船坞内的工作昼夜兼行，却无法监督，就让身为工匠小头目的河边负责，并与钢铁加工匠小头目小建与吉联合负责，但河边参与了德国船"海伦里克玛斯"号的大修理，赚了很多钱。于是河边自费到欧美国家旅行，并视察了英国的造船工业，亲眼看到了工匠的作风。在长崎后进行的铆接作业，据说效仿了河边看到的英国的作业方法。与年报对照的话，会发现这艘德国船的大修理年代不对，好像河边的记错了，不过，河边的人品以及他对英国造船工业的视察等却是不争的事实。这个时期的现场工作，在所谓的工头承包制下进行，当然造船铁匠的承包是相当赚钱的工作。但是，承包这份工作的河边，原是士族，虽然能读懂英语，不能做铆接的工作，于是自费去研究英国造船厂的铆接，学会了之后成为造船厂标准的作业方法，这样的一个人物形象，与所谓的"小头目"和"工头"这样的语言带给我们的印象是完全不同的。据说他的铆接法后来在吴市[①]的海军工厂也开始实施。正如刚才所见，河边在 1893 年（明治二十六年）年末成为造船负责人，据说还被评为技术人员。随着来自西方的技术转移，在新发生的现场作业领域，需要接近技术人员的人物进行现场指挥，或者需要工头努力做一些像技术人员一样的工作。

---

① 位于日本广岛县南部，面广岛湾，与江田岛相对。"二战"前曾是设有海军军工厂的军港，战后以造船等重工业为主要产业。

其实盐田也是性格上相当接近河边的技术人员。他是帝国大学工科大学选科出身。所谓“选科”是面向没有正规入学资格的学生的制度，接受完全相同的教育，但即使毕业也不会获得学士学位。盐田成为选科生的经过，可以看作是高等技术教育制度未成熟的过渡期的技术人员如何实现自我形成的典型例子。他连小学都没上完，就到成为松田金次郎的寄食学生。同为“金刚”“比叡”海防舰的归国伙伴佐双左仲一步步地登上造船总监的地位相反，不是海军兵学校出身的松田金次郎的经历却很朴素。他于1880年年末离开横须贺工厂前往大阪，进入濑户内海小汽船海运公司之一的偕行社（偕行社是从冈山藩的士族授产事业开始的公司，不过，正好在竞争开始激化的时期，为了在竞争中生存下去而加强新船，这应该是作为原冈山藩士的造船家松田要求协助的）。但偕行社也很快开始参与大阪商船公司的发展，至此，松田才开始崭露头角，受到关注。1882年年末，他搬到神户，进入工部省兵库造船局。之后，他被任命为造船局局长，他致力于建造1200吨的新船架，却没看到其完成，就因病于1884年去世了。

身为寄食学生的少年盐田，曾一边跟随着松田老师行动一边学习知识。他在府立大阪商船学校学习一段时间后，还在神户兵库造船厂当过见习工。松田死后，他也在造船厂作为制图工工作，但在造船厂成为川崎造船厂时辞职，1886年（明治十九年）年末，投靠佐双左仲前往横须贺，进入海军工厂的制图工作坊。虽然他的经历在不断变化，但从松田老师的指导开始，在这期间，少年盐田扎实地积累着学问，令人吃惊。在商船学校，他学习代数学和航海术，在工部省造船厂，他接受初期造船家佐山芳太郎的制图指导。而且，他还从工部大学造船专业第三届毕业生松尾鹤太郎那里，接受理工学的初步指导和设计的指导。在大阪商船公司的出让铁船“吉野川丸”“凑川丸”建造时，他不仅帮助设计船体设计图，还帮忙做铆接作业，最后还设计了小型汽船。

在论及日本近代技术的形成时，大多数人往往只注意从外国雇员的指导和工部大学开始的高等技术教育的整备，不过，在过渡期的现场，通过前辈的职场教育自然而然地形成了培养技术人员的系统，这一点也需要注意。这样，当盐田进入横须贺工厂的时候，他已经是比单纯的制图工要好很多的技术人员了。但是，佐双告诉他如果不上学，会对晋升不利，所以建议他进入学校。经过再三思考，他成了工科大学造船学科的选科生。坦白说，因为他连小学都没有毕业，所以在微积分、力学、物理学等方面都很辛苦。但是，在工部省兵库造船厂，从“吉野川丸”和“凑川丸”的船体设计图到小汽船的设计，使盐田在大学选科辛苦地积累的理论性学习有了体现，其参与的“信浓川丸”在有了船台的时候进入三菱长崎造船厂，他接受教育的经历正是作为这个时期的主角一般。

关于“信浓川丸”，盐田只记得好像是在里德的指导下写了图纸，但他说没有太明显的记忆。同一时期，造船厂生产了相当多的佐世保镇守[①]府订购的小型木造船，盐田担任其建造监督，根据当时山阳铁路的董事庄田平五郎的要求设计作为联络船用的外轮船，还在当地指挥 47 名工人成功修理在对马海峡触礁的军舰“春日”。这种能力要是没有盐田进入工科大学之前的实务经验是不可能掌握的。从这一意义上说，盐田和河边是支撑着过渡期的现场型造船业技术人员，直到造船厂最终由正科的毕业生技术人员和独当一面的造船工运营为止。

6. 第二次技术跳跃——“须磨丸”

在建造 3 艘钢船（见表 7-7）的同时，三菱公司也正在推进与佐世保镇守府的订单相关的“第一佐世保丸”（201 吨钢船）的建造。这艘船于 1891 年（明治二十四年）2 月完成，并交付。作为 3 艘钢船中的最后一

① “镇守府”是日本海军 1875 年至 1945 年 11 月期间的根据地及相应部队的称谓。

艘船，“信浓川丸”于当年 3 月完成，并交付。此后整整两年，佐世保镇守府只订购了 31 吨的小型钢船，钢船的订单就断绝了。

表 7-8　三菱长崎造船厂作业额与新造船量相关数据的逐年变化（1884—1899 年）

年份	(1) 作业金额（千日元）	(2) 经费（千日元）	(3) 收益（千日元）	(4) 新造船舶数	(5) 总吨数	(6) 人员数
1884	167	136	41	—	—	766
1885	214	179	51	3	80.62	780
1886	251	186	65	—	—	781
1887	237	202	36	2	244.00	799
1888	366	304	53	3	440.00	1,104
1889	375	322	55	2	100.40	1,173
1890	483	411	61	2	1,296.10	1,254
1891	649	482	55	7	1,019.05	1,576
1892	518	378	49	1	31.57	1,468
1893	469	375	64	2	91.98	1,212
1894	644	472	151	2	82.25	1,450
1895	1,242	750	470	34	2,596.24	1,749
1896	1,774	1,311	424	4	79.00	2,607
1897	1,989	1,809	122	3	1,613.18	2,948
1898	2,101	1,944	-216	4	7,703.06	3,517
1899	2,192	2,026	82	12	4,007.00	3,232
合计	13,671	11,287	1,563	81	19,384.45	—

原表根据三菱合资公司《明治三十三年度年报》制作而成，共 10 个项目，本表只使用了其中的作业金额、经费、损益、新造船舶数、总吨数、工人数 6 个项目，年度的表示用公历表示。金额为 1000 日元以下的数值采用四舍五入。年度方面，1884 年度为 1884 年 7—12 月、1885—1893 年度为每年 1—12 月、1894 年度为 1894 年 1 月—9 月、1895 年度以后为每年 10 月—次年 9 月。新造船舶数、总吨数是不包括半成品的该年度已完成的船舶的数值。另外，(3) 收益损失是总利润减去经费，总利润以完成（收入）为基准，作业量以进展（作业）基准计入，因此与（1）减（2）未必一致（原作者注记）。

（出处：山下正喜，《三菱造船厂的成本核算》，创成社，1995）

这与完成两艘“太湖丸”后神户铁制品加工厂所面临的状况完全相同。这个时期，日本国内造船厂能指望的钢船市场还很小。三菱公司如何摆脱这种局面？研究这一点也是了解三菱公司为何成功的绝佳线索。首先值得注意的是，如表 7-8 所示，1892、1893、1894 年，长崎造船厂连续每年只提高 100 总吨以下的造船量，但造船厂的作业量与建造 3 艘钢船（见表 7-7）的 1890 年、1891 年相比，并没有下降很多，反而顺利盈利。年报显示的作业额是新造船建造、船舶修理、杂项账目的合计，杂项账目是陆上机械类、库存品制造、造船厂扩建工程等，因此，通过提高船舶修理及其他工作的比重，可以充分突破。三菱长崎造船厂已经从工部省造船厂接手了立神船坞。该船坞的大小与横须贺海军造船厂的船坞相同，是当时日本可进行大型船的入渠修理的民间的唯一设备。随着从 1886 年开始的经济发展，来日的大型船只逐年增加，这个船坞也兴盛起来，特别是 1894 年、1895 年由于中日甲午战争的军事运输，船舶修理非常繁荣，从表 8-7 中可见的这一时期的收益剧增也是这个原因。船坞的工作规模也有利于维持因 1890 年和 1891 年建造 3 艘钢船而突然增加的造船铁匠。这一时期也是外航船中，铁船、钢船比重逐年提高的时期，所以即使没有新造船的订单，也能通过把他们调到船坞来给予充分的工作，而且还能够维持和提高技能。特别是修理破损的大型钢船船底的机会，是建造大型船的事前训练的绝佳机会。

这样看来，神户铁制品加工厂没有修船设备才是其致命的原因。在当时的日本，修船的市场比新造船的市场还要大，所以如果修船的比重适当提高的话，无论是在收支方面，还是在人员的维持方面，都可以支撑新造铁船的订单的空白。与三菱长崎造船厂一样，从工部省造船厂继承修船设备的川崎造船厂也得到了修船部门的帮助。如果深入探讨强调数量少的钢船订单的情况，也可以在表中看到三菱长崎造船厂比神户铁制品加工厂更具优势。从最初的铁船“浚港丸”到“常陆丸”，三菱长崎造船厂订单中所有铁船、钢船及钢结构物的订单总额如表 7-9 所示。在订单金额的总计中，按订购方排列的话，日本邮船公司以 1084795 日元排在首位，由于是“常陆丸”“立神丸”两艘船，所以可以知道大型航海船的比重有多大。其次是大阪商船公司、三菱公司内部、佐世保镇守府和吴镇守府，其他官民从业者为 90500 日元，仅占全体的 4.3%。三菱公司内部为 271761 日元、13.0% 的占比似乎也不大，但是三菱公司与日本邮船公司的关系是可以称为兄弟的公司，此外，大阪商船公司的“筑后川丸”等 3 艘的订单也与三菱公司的 40 万日元的贷款有关。因此，8 成订单来自三菱集团的实力及其内部市场。这仅仅计算了日本邮船公司、大阪商船公司、三菱公司内部、政府 / 海军的订单，除此之外的订单有藤仓五郎兵卫的 95 吨的铁船和横滨船坞的小型船。让人感受到三菱作为财阀的力量和与之形成对比的民间铁 / 钢船市场的狭小。为了克服市场狭小必然带来的订单空白而展开冒险，“须磨丸”确实与神户铁制品加工厂的“朝日丸”处于同一位置，但由于以上条件的结果，几乎看不到压迫的紧张感。

表 7-9　三菱长崎造船厂各单位订单额（1885—1898 年）

订购方	总订单额（日元）	占总订单比例（%）	明细［船名，订单额（日元），所属］		
日本邮船公司	1,084,795	52.0	常陆丸	807,245	
			立神丸	277,550	
大阪商船公司	458,198	21.9	筑后川丸	94,000	
			木曾川丸	95,451	
			信浓川丸	95,451	
			宫岛丸	173,296	
三菱公司内部	271,761	13.0	须磨丸	200,000	（长崎支店）后卖给大阪商船公司
			夕颜丸		（三菱炭矿）
			“胡蝶”号		（若松支店）
			拖船		（下关支店）
			崎阳丸		（三菱公司）
			船坞小型船		（长崎造船厂）

（续表）

订购方	总订单额（日元）	占总订单比例（%）	明细［船名，订单额（日元），所属］		
佐世保镇守府、吴镇守府	182,697	8.8	拖船、汽船、水雷船、船坞	154,697	佐世保镇守府
			小型船资料不详	28,000	吴镇守府
其他	90,500	4.3	大和丸 浚港丸 船坞小型船	—	藤仓五郎兵卫 三池矿山局 横滨船坞
总计	2,087,951	—	—	—	—

（出处：三菱造船厂,《明治三十一年年度第 1 次年报》）

3 艘钢船竣工后，盐田回忆说：

造船厂没有工作，船台曾是三菱长崎分店的高岛炭的放置地点。这样，我失去了工作。

因此，在和三菱长崎分店的经理瓜生震下棋闲谈中，盐田提出要不要建造新的煤炭运输船。当时，三菱公司拥有 3 艘煤炭运输船，但仅此还远远不够，还租用了德国的煤炭运输船。盐田说，不要租用了，自己再建造 1 艘煤炭运输船吧。于是，造船厂副经理水谷六郎和三菱长崎分店开始了正式交涉，中途又与大阪商船公司进行商谈。最终，三菱长崎分店订购了煤炭运输船，而大阪商船公司最终购买了“须磨丸”，并把它作为客货船使用。其实当初“须磨丸”在设计的时候也是可以作为客货船设计的（船体设计是盐田、造机设计是滨田彪），“须磨丸”于 1894 年（明治二十七年）7 月动工。盐田说：“设计须磨丸时参考的是日本邮船公司的新船‘玄海丸’。”这艘船是日本邮船公司的旧船“第一玄海丸”被出售后，作为代替船在格拉斯哥的纳皮尔 & 香克斯 & 贝尔造船厂于 1891 年（明治二十四年）完成的“第二玄海丸”（1427 总吨、三级膨胀发动机），确实是与 1592 总吨、835 马力三级膨胀发动机的“须磨丸”相称的新船。与明治前半期的海军一样，从这个时候开始，日本邮船公司的新船订单，对三菱长崎分店来说是学习技术的绝佳机会。以建造600吨钢船的精湛技术为基础，挑战建造超过 1000 吨钢船的目标时，每个人都会明白，对在钢船建造技术最先进的国家中建造的1400吨的新船进行深入研究的机会是多么宝贵。

“须磨丸”的材料购买全部委托给格拉斯哥的 A.R. 布朗，盐田说：“做了‘须磨丸’的用品目录，以建造这样的船只为由，委托了布朗进行选择。”这是一种大胆或者粗暴的做法。但是，对三菱公司来说，布朗与明治初年的海军的里德有着同样的作用。当时的三菱公司根据“须磨丸”的设计对钢材进行了适当的选择，没有人能去英国进行采购的交涉。如果没有像布朗这样值得信赖的人的帮助，就很难获得跳跃的成功。关于这位布朗的经历，笔者将在他发挥重要作用的“常陆丸”的部分进行讲述。“须磨丸”的建造期间与中日甲午战争的时间相同。因此，海军修船的工作大量涌入三菱长崎造船厂，致使“须磨丸”的工程一度中断，但它仍然于 1895 年 1 月下水，4 月 5 日完成，同时被陆军征用为御用船，赚了 6 万日元后，至战争结束，最终被大阪商船公司以 20 万日元买下。因为花费的费用是 18 万日元多，所以没想到竟然还赚了。不仅如此，看到这艘船的好成绩的大阪商船公司立即订购了同类型船“宫岛丸”，这让原本担心“须磨丸”建造的三菱公司内部的氛围也一举转为自信，之后，更大型的“立神丸”（2691 总吨）作为煤炭搬运用公司内部船开工。长崎造船厂的造船事业将步入新的成长轨道。与“朝日丸”的建造命运相比，“须磨丸”的好处境确实是时代所致。

7. 第三次技术跳跃——“海事二法”的成立

在中日甲午战争时期，输送军队和粮食用的大型船只的采购需求大增，但是日本国内没有建造能力，“官民争相”购买外国制二手船，在国内造船厂修理后使用，造船厂都忙于此，也就没有了开发新船建造的能力，与此相比，"须磨丸"在长崎三菱造船厂下水，引人注目。

> 该船全部采用双重底，其结构与现在多数的航海船没有太大差别，实际上是当时我商船界破格的大船，是采用双重底的千吨以上新造钢船的先驱。

这是《日本近世造船史》中对"须磨丸"的评价。这篇文章间接讲述了"须磨丸"在所谓"海事二法"成立的时代氛围中所起的作用。

截至甲午中日战争爆发前日本政府对船舶业已做了如下支持：培养邮政汽船三菱公司，在对其垄断的指责高涨时，也培养竞争公司"共同运输"，而当这两家公司因过度竞争而面临共同倒闭的危机，便从三菱公司分离邮政汽船业务，与共同运输公司联合结成日本邮船公司，主要作为海运以及全国铁路网不发达时期的重要运输手段——被追赶着向沿海和近海海运发展。政府对造船的关心集中在海军造舰上，众所周知民间的造船能力很弱，必须紧急培养。中日甲午战争时期，海上运输大增，基于国内大型航海船的不足，以及为了填补这一需求而大量买船的经验，日本国内首次将大型船的外航海运的弱势，以及超越其国内造船业的力量弱小问题作为政财界的关注点，为制定"海事二法"，即"航海奖励法"和"造船奖励法"创造了机会。正好那个时候，谁也没想到能制造出超过 1000 总吨的三级膨胀发动机推进钢船"须磨丸"，这表明日本人也能造出这样的船，这个时机给"海事二法"下的大船制造带来了很大的动力。

1896 年（明治二十九年）制定的"航海奖励法"规定："日本国民，或只以日本国民为职员或股东的商事公司，使用自己所有的日本船籍的船只，依照法律规定的计算法，给予在日本与外国之间或外国诸港之间以货物和旅客的运输为营业者，给予航海奖励金。"奖励金规定，1000 总吨、最高速度10节的船只每航行1000海里，最低给付率为每吨25钱，每增加总吨数500吨给付率再增加1/10，最高速度每增加一节就增加2/10。但是，到建造后5年才能获得满额，之后每年减少5/100。在新造船中，越是大型的快速船只，奖励金就越多。

同一时间制定的“造船奖励法”，在同样的日本人经营的条件下，按照递信大臣①制定的造船规定，对接受其监督制造的铁或钢制700总吨以上的船，对于船体，不满1000总吨每吨奖励12日元，超过1000总吨每吨奖励20日元，发动机如果是国产的话，每实际马力奖励5日元。尝试用这个标准计算6172总吨、实际马力为3888的“常陆丸”的话，奖励金就是142880日元。“常陆丸”的订单价格是804174日元，相当于获得了订单价格17.8%的奖励金。

与其说日本邮船公司对这一时机作出了立即反应，不如说“海事二法”的制定和日本邮船公司的航路拓宽应该是官民一体的行动。掌握了这一时期急速成长的纺织工业进口印度棉的动向，日本邮船公司自1893年（明治二十六年）11月开始成功实施首条远洋航线——孟买航线，并决定在战争结束后立即开通欧、美、澳三大洲航线。该公司的理由首先是“军事上的目的”，中日甲午战争的经验是日本海运力在战时输送上约不足40万吨，当务之急是充实大船巨船。其次是“商事上的目的”，1895年的进出口贸易数字，船只的吨位外国比日本是88∶12，装载货物量外国比日本是90∶10，运费收入外国比日本是16∶1，外国以绝对性的比例垄断了海运。因此，在扩大海外航线，达成军事目的的同时，必须把海运收入还给日本（《日本邮船有限会社百年史》）。由于中日甲午战争后日本国内高涨的军事民族主义，结合刚刚开始的经济发展，向产业的民族主义扩展。

当时，长崎造船厂正在进行大规模扩建工程。随着修船、造船事业的

① 日本政府1885年设立的中央行政机关“递信省”的主要官职。

繁荣，再加上来航船只逐渐大型化，旧有的设备尺寸已经不足了。立神船坞从 1894 年（明治二十七年）3 月到翌年 7 月进行了 96.5 英尺的延长工程，全长 523 英尺（159 米），从 1895 年 10 月开始在向岛开始长 371 英尺的新船坞工程，并于第二年 11 月完成。同时，饱之浦机械工厂也进行了扩建，“筑后川丸”等建造时修建的立神造船工厂也从 1895 年春天开始扩建到建造长 500 英尺的船只。同时，还订购了大型造船机械。盐田后来说：

> 当时订购了 25 英尺的板辊和 24 英尺的龙骨自动销售机等高价机械，而这些高价机械“即使在英国也只有一流造船厂才有”，这在建造“常陆丸”的时候是很幸运的。

日本邮船公司的欧洲航线，以战时购买的 1892 年建造的新锐船“土佐丸”（5402 总吨）为第一船，预计使用 6 艘船，于 1896 年 3 月 15 日开始，这是暂定的措施，在此之前用“航海奖励法”的奖励金和增资资本金，订购了用于欧洲航线的 12 艘新造的船只。在最初订购的 6 艘船的决定过程中，有人提出“让其中一艘在三菱长崎造船厂建造”，这是与之相关的电报。基于之前的动向，总结东京商业会议所提出的海运扩张的建议，为了开设欧洲航线而进入伦敦进行准备，一贯发挥领导作用的是三菱公司出身的日本邮船公司董事庄田平五郎，就连庄田也在犹豫是否要让这艘大船在三菱长崎分店建造。但盐田回忆，这是由涩泽荣一强烈支持后才得以实现的。当然，如果没有盐田和滨田的“可以建造”的答复，也一定不会实现。这样，第一次的 6 艘订单分别为大卫 & 威廉 · 亨德森公司（格拉斯哥）（以下简称“亨德森公司”）3 艘、内皮尔 & 香克斯 & 贝尔公司（格拉斯哥）、沃克曼 & 克拉克公司（贝尔法斯特）、三菱长崎分店 1 艘。“常陆丸”原型是“土佐丸”，但“土佐丸”是客舱数量非常少的货客船，因此为了进一步增加客舱数量而设计，其结果是总吨位增加了 6100 吨左右。从订单数量来看，这一设计的核心是亨德森公司。注意到这一点有助于理解“常陆丸”的建造过程。

8.“常陆丸”建造与布朗公司的作用

决定制作“常陆丸”之后，盐田和庄田平五郎一起去看进入神户港的“土佐丸”。他坦白说:“其所用材料之大型、所用铆钉之粗大让人惊讶。”“土佐丸”原本是一艘叫“伊斯兰”的船，因遇难而受损严重，在亨德森公司修理，是日本为中日甲午战争购买的船只。我们可以看出“常陆丸”建造的全过程与亨德森公司的深厚关系。

在此期间，与建造“须磨丸”时一样，三菱总公司还是向布朗公司订购材料供给及其他，另外，作为制造顾问，也委托该公司选拔外国人，同时，雇用盐田作为顾问，但不委托其实权，并聘请了原巴罗因弗内斯造船厂（Barrow-in-Furness）经理詹姆斯·克拉克（James Clark）。此外，1895年（明治二十八年）末，庄田平五郎为了准备开设欧洲航线而去英国出差的时候，他去了格拉斯哥，也见到了克拉克，并出示了长崎造船厂的设备目录等，也确认了是否有不足的设备，之后和A.R.布朗一起访问了亨德森公司，并让该公司完成“Working Plan”(《三菱长崎造船史》)，决定进口与亨德森公司正在建造的船舶相同的材料。对于这一连串的经过，盐田表示，

> 在建造的材料方面，如果在长崎进行设计并订购，由于与欧洲建造的其他5艘在竣工时会有很大不同，所以采用其中一处造船厂的设计，不仅让其发送明细图，还让其订购与在那个造船厂制造的材料相同的东西，直接送到长崎。

回想一下在建造“大和”号时，神户铁制品加工厂等待材料到达而浪

费的时间，如果不采取这种方法的话，工期就来不及了，虽然可以接受，但问题不仅仅是工期吧。这从布朗在这个过程中发挥的作用就可以看出来。首先，我们需要了解布朗是个什么样的人。阿尔伯特·R.布朗（Albert R. Brown）是1839年出生的英国人，28岁时作为P&O公司的汽船“马六甲”号的高级船员首次来到日本。维新后在外国雇员理查德·布兰顿的指导下，灯塔建设急速推进，作为运送其资材专用的“灯塔船”购买了“灯明丸”，但作为船长，他也成为初期外国雇员之一。他的名字出现在历史上是1874年日本对中国台湾地区出兵侵略。日本政府为弥补船只不足而租了太平洋邮报公司的“纽约”号和英国汽船“约克夏”号，即将要出击的时候，美国发布“局外中立”宣言，英国也随之效仿了，因此当租的船只不可能使用的时候，布朗受到大隈重信的委托，急忙被派遣到中国香港，到第二年3月为止购买了P&O公司的汽船“三角洲”号（日本名“高砂丸”）等13艘（共计11174吨），船员等也在调配后依次投入，对军事运输的顺利进行起到了很大的作用。他的所作所为受到英国政府的严厉警告，但以大隈为首的日本政府首脑，将他作为可以信任的外国人而备受信赖。

从那时起，布朗以管船局为中心不断得到提升，日本的船舶管理、港湾管理、船员培养制度的完善、三菱商船学校（后来的东京商船学校）的设立等都与他有关。他被委托从英国购买船只、在当地监督新船的建造，以及日本海事人员和英国海事及造船人员之间的联系。就这样，他成了尚未与外国造船商进行对等谈判的日本政府和海运业者想从英国购买新船时的中间人。1882年（明治十五年）在政府主导下，共同运输公司作为三菱公司的竞争对手成立时，共同运输打算筹措12艘新造船，但事前的调查和交涉由政府派遣的布朗完成，建造过程也由他监督。不仅如此，三菱公司承接的新造船也由布朗来做中介。通过做这种大量订单的中介，对接受订单的英国方面来说布朗也一定是重要的人物。

三菱公司和共同运输公司过度竞争的结果就是于1885年（明治十八

年）合并形成日本邮船公司。布朗作为该公司总经理，活跃在公司的创始时期，不过，他 1889 年 3 月就辞职，回到英国，在格拉斯哥成立了布朗公司。日本政府当时为歌颂他的功绩，特颁授他三等旭日勋章，同时，还任命他为格拉斯哥名誉总领事。对于一名外国雇员来说，这是相当高的评价。这不仅是为了感谢他一直以来的贡献，也是希望布朗能够在处于世界顶点的英国造船工业的中心格拉斯哥创办事务所。期望这个时期的日本造船厂在所有领域都达到自立的阶段的想法是不现实的。建造“须磨丸”时，三菱公司将“用品目录”寄给布朗，“虽说是建造这样的船只，却委托他进行选择”，乍一看是非常粗暴的材料采购方法，实际上以这种形式交给布朗是当时背景下最有利用价值的方法。这个方法在建造“常陆丸”时也沿袭了。建造顾问的选择、材料费的筹措、“Working Plan”的购买，全部委托给布朗。布朗充分理解三菱公司的条件，选择了拥有原造船厂经理头衔的克拉克为顾问，并与“土佐丸”建造以来和日本邮船公司有着很深的联系且这次也接到 3 艘船只订单的亨德森公司顺利交涉，只用 900 英镑的图工费就得到了“Working Plan”，也获得了使用相同材料的许可。

尽管如此，“常陆丸”也不是那么容易就建造好，虽然通过布朗的操作，材料的到达比想象的要早，但当时立神造船场的扩建工程还没有结束。对此，三菱长崎造船厂的《明治三十一年年度第 1 次年报》中这样记载：“一时间材料堆积成山，其混杂之情不可名状”。1896 年（明治二十九年）6 月“常陆丸”的工程开始后，人员不足变得愈发明显，于是急忙派遣人到阪神、横滨地区雇用了 260 名工人，但由于仍然不足，所以已经开工到肋骨组装结束的“立神丸”工程被暂时中断。预定于 1897 年 10 月下水的“常陆丸”在 9 月完成了外板工程，但当时来访的劳埃德船舶保险公司（以下简称“劳埃德公司”）的检查员罗伯逊指出铆钉的打法不好。盐田吃惊地去看了看，不好的地方全部重新打，但罗伯逊再检查后还是说不好，于是拒绝做登记，进而发展到三菱公司逃避罗伯逊。最终，劳埃德公司新派遣的检查员终于判定合格，以罗伯逊被罢免而告终，但导致巨大的追加作业和九个半月的工期延误。

就这样，“常陆丸”于 1898 年（明治三十一年）8 月 16 日交付给日本邮船公司，但利润惨淡。首先，继“常陆丸”之后预定建造的第二船“信浓丸”因为船台没有空，所以无法按计划开工，确定会推迟交货。最终，“信浓丸”向亨德森公司下订单，三菱公司将自行负责下订单的手续，并承担在英国建造时新需要的工程监督费、返航费用，并支付相应的延误交货期的罚金。当然，由于反复多次检查 60 万根铆钉而造成的庞大的劳务费损失以及“常陆丸”自身的交货期延迟的处罚也很大。如表 7-8 所示，三菱长崎造船厂在 1898 年度损失为 216000 日元，自创业以来首次出现赤字，这充分说明了损失之大。

9.“常陆丸”建造过程的技术评价

刚才看到的“常陆丸”的建造过程，从“技术水平”这一点应该如何评价呢？一直以来，这艘船有划时代的评价和对外国技术的大幅依赖的评价，不能说是国产船的两极评价，总之，议论不断。关于前者，《日本近世造船史》中给予了这样的评价：

> 该船在其超级速度及发动机性能方面，与我国传统的商船相比，是超群绝伦的前所未有的大船，不只是我国造船史上的划时代船，而是向世界介绍我国造船技术进步的好标本。

关于后者，在三枝博音等人著的《近代日本工业技术的西欧化》一书中有这样的评价：

> 在格拉斯哥当地，雇用技师和顾问，从英国进口造船材料，并

委托设计图以及作业计划的制作等，全部依靠英国的造船技术才得以完成……，这件事本身，暴露了当时技术水平的实际情况。

就笔者自己的意见而言，前者是在因中日甲午战争后日本高涨的民族主义（也包含对海运和造船较弱的危机感）的意识中，传达了“常陆丸”是如何反映的记录，稍微夸大了实际状况。后者虽然相当准确地把握了前面所阐述的实际情况，但技术的不足是理所当然的，不发达国家的技术人员，通过挑战超越“常陆丸”这艘大型船的目标而学到了什么，似乎缺乏客观地把握这种态度。

话说回来，到现在为止没有做任何说明就使用了“Working Plan”这个词，那么，“Working Plan”到底是什么呢？当时的记录中只是用了这个词，并没有说明其具体内容。三枝将“设计图和作业计划”视为与图纸相区别的详细操作步骤的指示。但是，庄田在《明治三十一年年度第1次年报》的文章中明确表示，其主要内容就是图纸，他写道：“向亨德森公司提供了英金900英镑，增加其制图工人，特别是为我造船厂制作‘Working Plan’”。笔者认为，从神户铁制品加工厂开始，从木制汽船向铁、钢制汽船转换的技术特征，是工程师和图纸的作用变得格外重要，以及以铁木工和造船铁匠这一新工种为中心的新分工的进展。这个变化从“太湖丸”开始，经过“常陆丸”，在第一次世界大战前左右结束，为了在这个过程中定位“常陆丸”，需要知道被称为“Working Plan”的图纸是什么样的。

关于分工变化结束后的船只的设计方法，“一战”时日本最基础的造船工学教科书（津村均，1943）中可以得到确认。首先，根据顾客的订单要求，确定船的大小、船型、为达到要求速度所需的发动机功率等，一边与造机设计者紧密协商，一边出示所有机械、船舱等设备的一般配置图、表示船体的立体形态的线图和表示要点尺寸的船体尺寸表、构成船体的各钢材的配置、尺寸、连接方法以及中央剖面图的3个主要图纸。这就是基本设计。由此，以 3 个主要图纸的基础上，进入各部分的详细设计，将肋骨结构图、龙骨及中心线梁板结构图、外板展开图、双重底结构图等制作到客房的家具配置。这些图纸作为制作的指示，最终被交付给各制造现场，这些交给制作现场的图纸被称为“working plan”。而所谓的“Working Plan”肯定也是指这些图纸。“plan”一词就是“计划”的意思，但是该词在英语中除了“计划”以外还有“图纸”的意思。盐田所说的“采用其中一处造船厂的设计，并发送其制作明细图”，与“working plan”这一词汇表达的含义是相通的。

对应刚才的设计，山本洁为我们展示了如图 7-2 所示的大正、昭和时代的造船厂的工序作业情况。大型钢船船体的制造作业大部分是钢板和构造材料的切割、弯曲、打孔，不同部位的材料要求不同的曲率。特别是船头部分等的形状极其复杂。如图 7-2 所示，在分工体制下加工的原材料，在组装阶段要完全重合，铆钉孔也要不错位地相吻合，可见，知道每个部位的制作图即“working plan”有多么重要。从工部大学造船专业的讲义可以看出，基本设计完成，以培养能够绘制一般配置图和线图的技术人员为目标，详细设计以后就交给了实地经验。在“筑后川丸”中里德所期待的恐怕也是这后面部分的指导。

生产工程		材料加工工程	组装工程	舾装、船渠工程	间接部门
层状建造法时代	作业步骤	图纸换算—划线—打孔—切断—修边—修孔—扳曲—挠铁	起头—打孔—皿取—打钉—填隙	舾装—船渠	管理　搬运　整备
	职名	图纸换算工　划线工—机械工—挠铁工	起头工　打孔工—打钉工—填隙工	木工　铁工　管工　收尾工—船渠工　涂装工	管理工　搬运工　整备工

图 7-2　日本大正、昭和前期的钢船制造工序

（出处：山本洁,《日本职场的技术・劳动史》，1994）

大概在600吨钢船的阶段，只有少数像里德这样的外聘人员兼图工，从基本设计到详细设计的阶段都能完成。另外，没有史料记载在详细设计中制作了多少图纸。根据川崎造船厂的安部正也在1893年（明治二十六年）造船协会进行的题为“既往十年钢船构造沿革”的演讲（安部正也，1903），他说：

> 在建造大阪商船公司的“绿川丸”（408总吨）的1883年左右，即使弯曲山形钢（或称“角钢”），也不知道外侧和内侧会如何伸缩，所以先立好骨架后，获得尺寸，之后切断头部，贴在上面的外板从骨架上获得型号，使尺寸一致，双方的铆钉孔的位置都确定后便开始打孔。

大约400~500吨的钢船，几乎没有制作图，像河边一样积累经验的小头目，一边测量弯曲材料的尺寸，一边根据自己的经验判断后进行修正，也可以制造出船体。但是，从400~500吨的钢船到1500吨的“须磨丸”，再到6000吨的“常陆丸”，构成船的零部件的数量有了飞跃性地增加，变得更加大型化，把这些零部件一个一个地正确加工，依次组装，按照基本设计完成整体，是非常复杂的作业，这需要精密组织、精密管理、合理分工。三菱长崎造船厂于1885年设置组长制度，把小头目、组长也作为工人，并将他们放在技师、技手的监督下指导（《长崎造船厂劳务史》第一篇），但作业的实际状况似乎没有太大变化。

从“常陆丸”时代开始，三菱长崎造船厂就体验了这些体现旧体制局限的事件。例如，刚才提到的铆钉事件。盐田说：

> 事件的起因是，由于事先是工厂的工人小头目、组长等进行铆钉检查，所以之前没有进行过检查，而是一味地推进施工，让

人吃惊，遂展开调查，才发现不好。

这说明，由小头目、组长保证铆接完成的体制，妨碍了建立一个个严密检查60万根铆接完成的体制。盐田从他建造“常陆丸”开始到建造第三艘船“加贺丸”时，也因为组长随便无视工程而让第四艘船的工程先行而生气。另外，与“常陆丸”同时接受造船奖励法的资助而成立的东京商船学校的练习船“月岛丸”，其建造费超出了预期，造船厂拼命地想弄清楚为什么，到底是在哪里产生了这个赤字，但最终还是没能查明。这是由于随着造船厂组织的庞大，会计系统变得越来越重要，但却缺乏能够掌握制造间接费用的会计系统。山下正喜写道：

“月岛丸”的经验，成为三菱长崎造船厂以正式引进成本核算法为基础确立近代工业付酬的契机。（山下正喜，1995）

同样，在生产方面，通过取消工头承包制；根据作业顺序和各阶段工作的性质，完善分工体制；在分工的各部门，严格按照指示加工、组装零部件；按照工序自然而然地完成想要的船舶等方式，确立近代的造船工序。这种分工的建造法成立的关键，是决定如何由钢板和钢材开始构建的船舶的立体结构的各部分，并交付给各现场的制作图，即作业图纸。

“常陆丸”建造时的三菱长崎造船厂，即使完成了6000总吨级航海船的基本设计，并基于此进行详细设计、制订庞大的作业计划、根据图纸进行现场作业的能力，从技术人员的数量、经验、力量来看，是没有的，这一点可以断言。敢于这样做，应该说是蛮勇的。首先，造船厂拥有购买亨德森公司的作业图纸、完善分工、按照图纸指示建造6000吨级钢船的经验。笔者认为，经过不断重复，完善造船厂的分工体制，管理者积累了管理造船厂的经验，工程师要学习详细设计的方法，这在当时作为不发达国家的日本首次建成大造船厂的三菱长崎造船厂，从技术形成战略来看，是充分了解自己力量的合理战略。

之前，由于铆钉问题导致“常陆丸”的完工延迟，日本邮船公司订购的“信浓丸”无法开工，三菱公司支付了罚金，之后委托亨德森公司建造“信浓丸”。作为该船的代替，日本邮船公司让三菱公司建造“阿波丸”。“阿波丸”是和“常陆丸”同类型的船，所以应该是用同样的作业计划建造。“信浓丸”在设计的时候增加了船舱，成了比“常陆丸”更大的船。三菱公司再次从亨德森公司购买了作业图纸，并基于此将“加贺丸”（6301总吨）和“伊予丸”（6319总吨）两艘船交付给日本邮船公司。这样，基于从亨德森公司购买的作业图纸建造了4艘之后，三菱公司终于从接下来的“安艺丸”（6444总吨）、“日光丸”（5539总吨）开始按照自己设计、自己制造的作业计划开始了建造。

值得注意的是，在盐田泰介成为“常陆丸”制造主任的1897年（明治三十年）7月之前的6月，庄田平五郎就任长崎造船厂经理。在这之前他作为日本邮船公司的董事，响应并推进“海事二法”，向三菱公司订购“常陆丸”，与亨德森公司开展合作，这个从侧面支撑着整个流程的人物走在了前面，站在了指挥造船厂工作本身的位置上。经理之名在1899年改称厂长，他作为厂长在长崎造船厂工作到1900年（明治三十三年），之后回到东京总公司，在那里一直到1906年12月，都在担任厂长。他回到东京是在1901年5月6日，之后“加贺丸”在5月16日竣工交付，8月24日第4艘船“伊予丸”下水。

这样看来，他在任期间，就是按照制作图的指示进行作业，让生产通过劳埃德公司船级试验的6000吨级船的“近代造船厂”步入正轨，得以顺利进行。常陆丸的铆钉问题雄辩地证明了这是一项包含巨大风险的事业。对于不发达国家的技术跳跃来说，最大的困难之一，不是周围所有人都确信一定会成功，而是以不安的眼光来看待这会不会失败。眼前劳埃德公司的检查不及格的话，转眼间就会出现“日本人果然还是不行”的论调，再也振作不起来了。盐田回忆说：

> 这起事件是自己和罗伯逊之间的感情冲突，所以要通过解雇自己来解决，但庄田坚决不答应，在半夜2点被说服说再努力，结果自己测试了60多万根铆钉，以力求万全。

由此可见庄田在前线的指挥能力。毕竟他是引进成本核算法的领头羊。三菱长崎造船厂从“安艺丸”开始了自己设计，但“安艺丸”只是稍微改变了之前的船，“日光丸”则是模仿日本邮船公司购买的英国制新船“熊野丸”的设计，改变极为慎重。但是，随着船逐渐大型化，山本长方设计的“天洋丸”（13454总吨、帕森斯DC涡轮3台、18958马力、速度20.6节）竣工的1908年（明治四十一年）左右，可以说设计能力和建造能力几乎达到了世界标准的造船厂。正好从当年10月1日起，三菱长崎造船厂将实施新组织，从往返文件的处理方法、工程设计以及材料准备方法等，到会计账簿组织、结算账户固定资产折旧方法的诸项目，对此，《三菱长崎造船厂史》中写道：“确定了详细的处理方法。”几乎在这个时候，按照图7-2所示的工序顺利进行作业，至此，在日本诞生了一个减少浪费、陆续建造着大型航海钢船的造船厂。

在本章中，笔者强调了日本的汽船制造业具有“船舶诸机械制造业”的性质。这里以三菱长崎造船厂为代表，对日本的造船工业的发展进行了分析，该发展也是之后的川崎造船厂、大阪铁制品加工厂、石川岛造船厂等所共有的。这些造船厂不仅要制造海洋船，今后还将形成日本重机械工业的核心。

第八章

日本近代技术的形成

23 年前笔者在墨西哥讲课时的情景，如今依旧浮现在脑海中。笔者一直在思考，为什么日本和拉丁美洲地区以同样的方式与欧洲工业经济的前线相遇，又同样发展混血型经济，但却没有走上“发展中国家开发式”的道路呢？笔者讲述了从日本在幕末时期与欧洲工业经济的前线相遇到 20 世纪10、20年代左右日本工业和技术发生的变化中的4个领域的代表性案例，通过笔者的讲述，问题的答案差不多呼之欲出了。

明治时代的日本工业化的派别，正如第四章的传统织造业所代表的那样，江户时代形成的传统工业，将欧洲工业经济的产品作为原材料和工具纳入传统的手工业的内部来作为新起点的发展，以及纺纱、钢铁、造船为代表的来自欧洲工业经济的“移植工业”适应日本市场规则而开始的发展，这两种发展是由不同性质的、处于相互补充关系的派别构成的。特别是前者的派别具有与“混血型”相称的形态。在这两种派别中，传统要素和西方传入的要素之间的竞争和相互作用中不断产生矛盾，并通过努力克服这种矛盾保持强有力的发展。笔者没能在所有行业中描绘出这样的形态，所以选择这四个工业领域作为典型，尽可能详细地跟踪其发展历程来回答问题。结果可见，这四大领域在这一时期的两个流派中占据重要位置，而一些发展正在回落。因此，在给出答案之前，笔者必须简单地梳理下这些发展形态。

在传统工业中，与织造业的发展占据相同比重的是纺纱业。与养蚕相关的制丝业和棉织业都是江户时代农村重要的手工业副业。与开港同时开始的生丝出口，抓住发展的时机，以富冈制丝厂为首模仿西洋式工厂，制丝业也发展了传统的手纺纱技术，通过机器缫丝，纺纱业在明治中期成为工厂制工业，之后也成为日本出口的主力工业。之所以选择织造业而不是纺纱业作为传统工业的代表，不仅是因为除了机器缫丝的作用比较广为人知之外，还因为明治时代传统工业发展的重要意义在于消费品生产的大部分都由这个部门承担，以它为代表，比起作为素材工业的纺纱业，消费品工业的主力织造业更为适合。

在移植工业的潮流中，在 1880 年（明治十三年）的政策转换之际，政府放弃铁路业的垄断。以民间资本成功加入的日本铁路为导火线，民营铁路实现重要发展。1880 年在工部省下的铁路总长度只有 123 千米（新桥—横滨之间、大津—神户之间），而到 1900 年（明治三十三年）为 6204 千米。随着全国铁路网接近建成，铁路开始发挥沿海海运无法逾越的、延伸到内陆的全国统一交通运输网的功能。其中 75% 是民营铁路公司的路线（原田胜正，1983）。铁路建设在工业发展中发挥了巨大作用。尽管如此，本书之所以不选择铁路，而是选择沿海海运和造船工业，是因为造船工业作为日本重机械工业的母体，对下一个时代有很大影响，而且其诞生过程中，还有帆船海运和汽船运输的竞争这一有趣的主题，在传统帆船海运的强大竞争面前，小汽船运输好不容易在内海和内陆湖得以成长出竞争力，在近代造船工业的诞生过程中，存在着对向不发达国家的技术转移和工业化感兴趣的人们所无法忽视的固有问题。

19 世纪 80 年代，以日本铁路公司、大阪纺织厂、大阪商船公司、日本邮船公司等的商业成功为开端，1886 年（明治十九年）开始的持续经济增长期内，在铁路、纺织、海运、矿山等领域，有限公司企业相继设立，被称为企业兴起的时代。其中，矿山业的发展与财阀的形成等有关，但由于本书的页数限制，并没有提到。

第六章的炼铁业中，写到釜石田中钢铁厂的成功就停笔了。之后，以进入钢铁时代为目标，日本从德国的古特霍夫努格公司（GHH 公司）引进技术，建设了国内第一家钢铁一贯制工厂——官营八幡钢铁厂，1901 年（明治三十四年），其第一高炉点火。该高炉作业十分困难，翌年停止作业，停业两年后重新开始，但仅仅 17 天的作业后就再次被迫停产，最后卷入贪污风波中。辞去东京帝国大学教授职务的野吕景义受邀而来，他以擅长解决难题而闻名。八幡钢铁厂的主要技师大多是野吕在东京帝国大学的学生，野吕与他们合作，发现主要原因在于不符合日本原料特性的高炉设计，并进行改造。改造后的第一高炉于 1904 年 7 月点火，之后顺利运行。在新建造中变更设计的第二高炉也于翌年点火，并顺利运行（饭田贤一，1979）。这成了显示在野吕周边正在形成的钢铁技术人员的力量的指标。此后，八幡钢铁厂不断扩建，1909 年（明治四十二年）粗钢年产量达到 11.9 万吨。第七章介绍的“天洋丸”为日本第一艘动力为大型涡轮机推进的商船，达 13454 总吨位，速度高达 20 节。“天洋丸”在三菱长崎造船厂建造，由格拉斯哥大学毕业的山本长方设计、监督，于 1908 年完工。这些技术的达成，再加上中日甲午战争、“日英同盟”[①] 缔结、日俄战争等民族主义的高涨的事件，日本人感觉到本国在近代技术上也与西欧近代国家并驾齐驱。

很多学者将 19 世纪 80 年代后半期到 1910 年左右作为“日本工业革

① 又称“英日同盟”，日本和英国 1902 年至 1923 年期间的条约，旨在维持或加强日英两国在中国和朝鲜半岛的利益结盟。签约双方承诺在另一方对中国和朝鲜半岛发起的战争中保持中立，并保证签约国在与多于一国进入战争状态时给予支持。日本在 1921 年底加入《四国公约》，后“日英同盟”不再续约。

命”时期进行论述，这一点也是基于这一系列的经过。至于这是否可以称为“工业革命”，虽然有很多争论，但作为维新后期时代的号召，“工业革命”使日本成为近代国家，学习近代技术，制定目标以创造与19世纪后半期的西欧国家相匹敌的工业基础和社会制度，日本在这个时候确实取得了一定的成就。本书以此为一个时代的分界点，回答日本为何能避开了“发展中国家开发式”道路的问题，同时，从“近代技术的形成”的角度考察“日本近代技术”究竟处于怎样的到达点。

第一节　日本为什么避开了“发展中国家开发式”的道路？

富尔塔多所称的把“发展中国家开发式”作为基础的混血型经济，在其中心有主要依靠外国资本的资本主义部门，在其外围有前资本主义的传统经济部门，这两个部门之间的关联，仅在于后者向前者提供劳动力、前者向后者提供资金。混血型经济就是指这样的经济。他以种植园经营等为例，相当有说服力地表明，在这种混血型经济中，资本主义部门只是投资国家经济的一部分，对当地的前资本主义经济没有产生资本主义发展的核心作用（Furtado，1964）。无论这种模式是否也适用于现代的发展中国家，使用这一分析作为线索，将有助于思考日本在18世纪至19世纪中叶遭遇了欧洲工业经济前线的第三地区国家中，为何能走上了资本主义发展的道路，而不是走“发展中国家开发式”的道路。

1. 政治革命

当然，第一个答案，是日本将欧洲工业经济对其的冲击转化为政治革命，从而避免了殖民地化危机。正如第二章所写，19世纪中叶以“蒸汽船与大炮”为龙头的欧洲工业经济前线，显示出波及远东的岛国日本时，最早反应的是位于日本列岛西南端、锁国期间对来自海对岸的影响比较敏感的三个雄藩——萨摩、佐贺、长州——的武士们。佐贺藩和萨摩藩首先以制作蒸汽船和大炮作为战斗准备，长州藩也紧随其后。他们在准备过程中，认识到整顿出像西欧一流之样的军事装备会伴随着闻所未闻的技术困难，而且是浪费金钱的行为，之后萨摩藩和长州藩在现实中也经历过与西欧舰队的战斗，他们在诸藩中最早认识到西欧军事力量的强大，以及其背后的国富理念和工业化的关系。他们将“攘夷”的主张转换为“倒幕”，推翻旧的幕府体制成功进行以建设西欧型近代国家为目标的政治革命。

在战后的日本历史学中，从国民主权的立场来看，强调这场革命的不彻底性的意见占主流，防止殖民地化的功绩很少被强调。笔者第一次意识到这一点，是在墨西哥生活了一年，看到中美洲地区殖民地时期形成的社会结构如何阻碍工业的正常发展之后，联想到日本武士们的政治革命，虽主张必须以“王政复古”，即回归古代王政的形式完成，最终却以日本“近代化为目标的政府”这一充满矛盾的形式实现，这将导致下一阶段的困难。但是，在认识到历史是一个阶段的成功转化为下一阶段矛盾的过程的情况下，笔者列举了武士们实现打倒幕府的政治革命，创造了以形成西欧型民族国家为目标的主体，这是日本避开“发展中国家开发式”道路的第一个理由。

在对铸造大炮和建造军舰的狂热消退之后，在第二章中写到许多武士为了亲眼看到西欧的现状而远渡重洋，从“讨幕派”发展的武士们，清楚地意识到打倒幕府后建立的国家要看西欧。正如五代友厚给萨摩藩家老桂久武的信中所写的那样，他们倍感震惊的首先是“国政公平，不论贵贱，有高论则用之，举人不以爱憎”的西欧近代国家，和以严格的身份差别秩序为基础的幕藩体制的鲜明对比，其次是支撑国家富强的工业和交易的作用。五代在给桂久武的一封信中写道：

欧洲有两样东西是国家的基本，即“Industrial”和“Commercial”。

五代将“Industrial”（工业）描述为“打开各种机器，随意制造万物，作为蓄财之根本”（五代友厚传记资料），这一点令人很感兴趣。这就是我们今天所说的工业。工业化是新政府政策的核心。

但是，当时他们看到的不仅仅是西欧。他们能乘坐的船，正如第七章所写的那样，是经常消耗煤炭的短航程的船。他们的船离开日本，在中国上海补给煤炭，又在中国香港补给煤炭，然后在新加坡，一边反复停泊一边向西欧驶去。结果，他们零碎地看到了那些硬是被西欧各国殖民地化或从属国家的状况，形成了属于他们自己的西欧主导的工业化与殖民化关系的思想。他们深信在工业化方面需要西洋人的全面技术援助，但他们也相信，西洋人直接投资进行工业化会带来殖民地化的危险。正如第三章所写，五代友厚与伊藤博文合作，阻止美国领事提出的建设神户—京都之间铁路的申请。与五代合作，帮助其在巴黎世界博览会上抢先于幕府的计划的蒙布朗，于1868年（明治元年）来到日本，希望在五代的帮助下实现阪神之间的电信事业，但五代却冷冷地拒绝说：“电信建设是由官方运营的。”（宫本又次，1981）

第七章提到的基尔比，在1880年日本制定了官营工厂出让概则后，向当时工部的山尾庸三提出了兵库造船厂的出让问题，但因“不允许出让给外国人”而被拒绝（铃木淳，1996）。这种对外国人直接投资的警惕，使第三章所分析的、无钱国家过于急迫的工业化事业——工部省事业——的矛盾更加严重。此处如果以富尔塔多的分析为基础，此时日本国内正酝酿着将资本主义部门的核心与传统经济全面联系起来的体制。

政治革命引发了第四章中以织造业的发展为代表所论述的传统工业的发展。第四章所描写的西阵物产公司的调解者们和各纺织品产地领导的热情，无疑是由明治维新带来的营业自由以及废除封建身份制所支撑。笔者认为初期的官营事业的最大功绩在于文明的示范效果，并不具有讽刺意味，该示范效果与明治维新掀起的民众的上升志向相结合，在民众中产生了“文明开化”的热情，从而带动了传统工业的发展。对于纺织业来说，从基于身份的服装限制中解放出来的平民的购买欲望涌向了“美丽的”和服，在市场方面也得到了助力。这种传统工业的发展，也是日本避开“发展中国家开发式”的道路的第二个理由，也是最核心的理由。为什么这么说呢？是因为富尔塔多把“前资本主义的传统经济”部门不变作为“发展中国家开发式”的根本原因，而在明治时代的日本，这个部门已经先开始了资本主义的发展。

2. 传统工业的发展

一直以来，传统工业领域在日本经济发展中被视为“落后的领域”或“封建制的残渣”，是维新以来西欧模式的近代化、工业化的热情的对立面。政府和领导的知识分子的理解是，工业化是建立机械制大工业引领产业的社会。政府的《工厂统计表》中，每年每个产业、每个府县，按照工厂人数以及 10 人以上的工厂数量，区分工厂动力是水动力、蒸汽动力还是无动力，并做了详细的记录。增加蒸汽动力机械制大工厂的数量，是工业化的至上目标。手工业、家庭工业、小规模工业都是负价值。表 8-1 来自 1897 年的《农商务统计表》，涉及 1895 年主要府县的织户、织工数，该表说明了在全国范围内，作为小型家庭工业或农村副业的劳动集约性纺织业被颠覆了多少。对于一味地以机械生产、普及大工厂为目标的人们来说，这些数值只是落后性的证据和耻辱，除此之外，什么都不是。但是，如果把比较对象改为不发达工业国、发展中国家，这个数值就会改变意义。表 8-1 告诉我们，在那时还是贫穷的发展中国家的日本，仅纺织业就创造了 100 万个就业岗位。从目前苦于创造就业机会的发展中国家的国家开发的角度来看，这是一个令人羡慕的数值。而且，这种发展还发生在大多数国民已经掌握的传统技术领域。纺织业的发展形式涉及制丝业、陶器漆器制造业、酿酒业、食品加工业、家具制造，还有铸件、锻冶、钣金等金属加工业等传统工业的全域，与真正的工业发展、被称为“Industrialization”的工业化是相称的。

官营事业旨在将 19 世纪中叶的欧洲工业体系移植到日本，并做了尝试，这不仅需要在大规模投资方面忽视贫穷国家的经济条件，而且正如工部省钢铁厂的失败、“2000锭纺织”的艰辛所象征的那样，要克服转移技术的掌握、其与传统经济基础的接合、国内原料和装置的适应性关系等问题，直到开始在经济上发挥作用，大概需要10年、15年的艰苦奋斗。在此期间，支撑日本经济的是传统工业的发展。如第四章所述，根据中村隆英的测算，在持续经济增长开始的1886年，制造业产值的95%来自传统部门（中村隆英，1980）。

表8-1　1895年（明治二十八年）部分府县织户、织工数，以及全国总数

府县	织户数（A）	织工数（B）	每户织工数（B/A）
爱知	42,032	86,054	2.0
京都	13,208	59,754	4.5
大阪	22,333	59,310	2.7
熊本	40,353	46,196	1.1
埼玉	36,289	45,696	1.3
爱媛	34,470	45,270	1.3
山口	29,801	41,130	1.4
岛根	34,253	39,367	1.1
鹿儿岛	35,323	35,561	1.0
新潟	22,407	35,029	1.6
长野	24,101	32,792	1.4
鸟取	22,267	32,259	1.4
群马	13,862	30,603	2.2
滋贺	20,998	28,226	1.3
大分	27,530	26,959	1.0
全国总数	660,408	1,042,866	1.58

［出处：农商务省，《农商务统计表（第12次）》，1897］

但是，为什么这样的发展能在当时的日本实现呢？作为日本国内的条件，可以指出两点：其一是江户时代，以江户、大阪、京都三大都市的市

场为中心，手工业的商品生产取得了相当高度的发展；其二是围绕它的农业的小规模劳动集约性，是热带作物水田稻作农业所具有的强季节性。因此，手工业商品生产不仅受到城市手工业人员的支持，而且从尾西和入间地区的例子来看，形成了由农村的农闲期副业所支撑的结构。着眼于这一事实，有观点认为，在江户时代，日本收获了“勤勉革命”（industrious revolution）这一与工业革命（industrial revolution）相匹敌的划时代经济，但在笔者看来，虽然这是无争的事实，但与工业革命相比，手工业的发展始于开港和维新之后。

江户时代的日本，部分地区发展了相当高级的手工业。比如，金、银、铜、铁等金属精炼及加工；木造、石造的建筑及构造物建造；陶器、漆器、家具、纺织品、日本纸、鞋等消费品的制造；以被称为“弁财船”[①]的沿岸航线用帆船为首的各种木造船的制造；清酒、味噌、酱油、盐等食品制造。在所有的这些手工业中，有铜产业的例子，用被称为“南蛮吹”[②]的精炼技术生产高纯度的铜，通过长崎的荷兰商馆出口，并一时间引发沿着大坂长堀川铜铺林立的盛况；也有“有田烧”[③]的例子，以“伊万里”之名通过长崎出岛被出口而成为国际商品。用沿岸航线连接构成列岛的全国，建立全国经济的传统海运的作用也很特殊。由木刻板印刷进行的出版活动的活跃，以及从中诞生并给世界带来影响的“浮世绘”等也说明了这个时代的成熟度很高。但是，铜产业在江户后期极度低迷。这是因为手工业采矿技术只能开采接近表面的部分，任何铜山都可开采的地方在江户后期被挖掘殆尽。正如在第四章看到的使用西阵的空引机的提花织以及尾西和入间地区的条纹棉布的例子一样，作为传统纺织技术的空引机是非常有限的，并且从日本棉纺

① 日本江户时代制造的老式木船的总称，因能载千石而又称千石船。船首形状和两舷栅栏很有特征，1 根桅杆挂 1 张横帆。

② “烤钵冶金法”（又称为灰吹法）中的一种改良金属提炼技法，该方法于 16 世纪至 17 世纪从日本南部国家传入日本境内。

③ “有田烧”是日本近代以来具代表性的烧制瓷器样式的名称。

织的手工纺纱和手工木织机的组合，使纺织技术发展到极限，无法靠个人劳动超越，进入下一个阶段。纺织业的这个例子代表了江户时代的手工业技术。它们在给定条件下表现出高度成熟，但未能进入作为工业所期待的下一个发展阶段。阻碍其发展的是锁国导致的国际交流的中断，以及幕藩体制对生产和消费的控制。特别是前者，通过长崎勉强地持续着“唐物”和“兰学”的传入，但就是这时的舶来品，给工业和学问带来了不小的刺激。

高度发展的手工业经济，在制度上阻止了向下一个阶段的发展，但随着维新对幕藩体制的限制和废除，以及由于开港带来的西欧的素材和技术知识的流入，手工业立即作出反应，在手工业的分工中引入工业产品和西欧器械，使承担明治时代“工业革命”一部分的工业发展成为可能。但是，必须指出，这种形式的发展，是由当时西欧机械技术水平这一条件支撑的。正如第五章第三节提到的机械化经济一样，在工业革命时期的制造业中，机械工厂在经济上有利的领域多在原材料和材料产品的生产上，随着它们被加工和完成，随着生产走向底层，手工业能够对抗机械生产的领域非常广泛。在明治时代的日本，手工业高度发展，且工资水平低。比起使用进口机械进行工厂生产，在原有的手工业中引进国产化的廉价的器械和工业材料，进行多品种少量生产更有可能获利，服装织物、陶漆器、家具、加工食品、日常杂货、刀具等国产商品广泛存在于传统消费品生产领域。生产这种类型的最佳形式不是工厂，而是家庭工业。这是使明治时期传统工业发展成为可能的另一个历史条件。与第二次世界大战后从殖民地解放出来并开始工业化的发展中国家相比，可以观察到，由于后来各种加工机械的高度发展，许多大众日常消费品开始在工厂生产，消费品的手工业生产占优势的领域与100年前相比大幅缩小，给这些国家带来了就业困难。

3. 传统工业与移植工业的互补性

与传统工业的发展并驾齐驱的另一个重要派别是以纺纱业为代表的

“移植工业”。所谓移植工业，是指把基础技术放在从西欧进口机械设备和技术指导上，以公司系统发展的工业。笔者习惯上用“移植工业”这个名称来称呼。除了纺纱业，移植工业还有政府事业的电信和电话业、铁路业、汽船海运业、造船业、煤气和电力业、炼铁业、（以肥料、硫酸和苏打等为首的）化学工业、矿山业等。手工业传统工业的发展覆盖了消费品生产的广阔领域，而移植工业的发展则覆盖了运输、通信、燃气及电力等基础设施领域以及生产活动的材料领域，机械装置在很大程度上依靠进口。

富尔塔多提出的“混血型经济”模型，是在欧洲经济的“边界地区”，欧洲发达资本主义产业领域被当地前资本主义传统经济的浪潮所包围的结构。从他的模型来看，在日本，前者相当于移植工业的派别，后者则相当于传统工业的派别。就其配置而言，移植工业是工业的基础设施结构和生产流程的上游，传统工业是下游，两个领域在生产流程中是相连的，但这一点会和富尔塔多的模型有很大不同。日本移植工业虽然在依赖欧洲工业经济的机械进口方面处于从属地位，但不是技术出口的欧洲各国经济的一部分那样开展工业活动。按照富尔塔多的说法，两个领域之间的关系，如果只是从传统领域向资本主义领域供给劳动力，从资本主义领域向传统领域流入工资收入，工资带来的收入增加被并行的劳动力增加抵消，那么，人们依然贫穷，则不会引起传统经济的发展，这样一来，“边界地区”资本主义领域的发展只会使欧洲的经济增长。日本的两个领域虽然性质不同，但是在生产流程中相关联，相互之间有极其动态的影响交换，这一点与富尔塔多的模式不同。这或许是日本能够避开“发展中国家开发式”的道路的第三个理由吧。

如第五章所示，在生产流程中，日本的移植纺纱业和传统纺织业接轨。传统纺织业利用进口纱线发展而引发的进口过剩，引发了移植纺纱业的需要。传统纺织业发展中固有的纱线质量优良可以帮助移植纺纱业在英国棉业和印度棉业的竞争中脱颖而出。随着移植纺纱业技术的提高，能够生产越来越强的经纱，这样，传统织布机的发明家得到帮助，小幅的动力织布机得以诞生，促进了传统纺织业中的动力织布机的工厂化建设。第六章看到的工部省釜石钢铁厂的案例，讲述了在幕末铸炮运动中诞生，适应传统炼铁地带的地区经济而生存下来的“混血型”高炉，以及在同一地方由工部省主导建设的移植大型焦炭高炉的故事。如果用更便宜的地区产木炭代替焦炭进行移植高炉作业，则传统工业的木炭供给能力跟不上移植高炉的木炭消费速度，最终成为大失败的原因。之后，荒废一阵的“混血型”高炉又得以重启，彼时平衡了木炭的生产和消费，虽然操作顺利，但炼出的铁仅成为适合传统铸造业的白口铁，不能成为适合近代机械工业原材料的灰口铁。为了生产灰口铁而改良“混血型”高炉，通过这样的努力一点点地结出果实，随之带来了发展，但同时，木炭消费的增大再次扩大了与周边山林经济的矛盾，而最终，工部省高炉的炼焦技术终于得以实现。这个案例表明，在生产流程中，传统技术和移植技术相接轨的地方会不断产生矛盾，但通过不断解决这些矛盾，就会带来发展。

我们不仅要关注生产流程，也要关注生产与运输的关系，这样便可以发现作为移植工业的铁路与内陆发展的传统工业的发展的互补性越来越突出。1880 年政策转换后诞生的第一条民营铁路“日本铁路”的沿线，包括北关东、福岛等地区养蚕和制丝业繁盛的地区。日本铁路通过开辟将当时交通不便的内地产的生丝直接运送到出口港横滨的道路，大幅降低了运输费用，帮助了这些地区的制丝业的发展。另外，大量生丝运输为日本铁路的营业收入做出了巨大贡献，支撑了其良好业绩。随着内陆传统工业的发展，地区间原材料和最终产品的运输需求增加。于是，它们发展了中短距离用牛马的拖车运输，长距离用船把河流与下行沿岸航线连接起来的运输方式，但运输效率不高，随着传统工业的发展，运输成本的上升成为发展的绊脚石。日本铁路的良好业绩刺激了各地的民营铁路热潮，之后民营铁路线以远远超过国家建设的速度延伸，长距离运输以铁路、铁路站为起点带动短距离运输，短距离运输则以马车、牛车、人力车、自行车进行运输。笔者曾在拙著《汽车在行驶》(《朝日选书》618 号）中指出，这种体制一直持续到两次世界大战期间。

这种移植工业和传统工业相互补充、相互支持发展，从整体来看，到明治末期，制造业中工厂制生产和家庭工业的生产比例几乎各占一半（中村隆英，1982），另外，作为传统工业发展起来的制丝业成为机械制工业，在传统织造业中，从白木棉纱织布、纯白纺绸等产地开始大力发展动力织布机工厂化。这是明治时代的日本的工业化。随着移植工业比重的提高，贸易收支问题再次浮现出来。如纺纱业所示，棉纱的替代进口虽然取得了成功，但随着原棉进口的增加和设备进口的增加，纺织业整体上是进口诱发的工业。铁路取得了良好业绩，在民间投资的同时形成全国铁路网，是明治中期以后经济增长加速的主要原因，但铁路的成长也伴随着机车、铁轨、建设资材、技术指导所需人员等要素的大量引进。第七章看到的远洋海运业的发展，也加速了汽船的进口，以替代进口为目标的造船业的形成，加速了加工和组装用机械类和钢材的进口。

这一性质是后发工业化的特征，也与当今发展中国家的工业化相通。日本从这个时候开始，贸易收支一直持续着以赤字为基调的时代。在这样的时代，以传统工业中诞生的“諏访[①]型”器械制丝为起点的机械制丝业，没有原料进口和大量机械进口，而是以生丝出口支撑了出口的最大部分，整体上几乎不需要资本产品进口的传统工业的发展覆盖了大部分消费品需求，而且出口的比重也很大，这确实相对缓和了日本后发工业化的矛盾，但为了从根本上解决经济繁荣后进口急速增加、贸易赤字增大的结构，日本国内除了培育制造机械和钢铁材料的工业外，别无他法。在第七章看到的造船业的案例，以及各种钢板、铁轨、型钢等以国产化为目标的八幡

① 諏（zōu）访，日本长野县中部城市，以制造业而闻名。

钢铁厂，虽然是努力运行，但却是下一个时代——20 世纪 20 年代、30 年代——的重要课题。

4. 亚洲区域间贸易的发展

现在，让我们再次回到富尔塔多的模型，并指出非常重要的第四个问题吧。富尔塔多的模型以在第三地区各个国家的传统经济与欧洲工业经济一对一关联的方式确立。笔者在墨西哥的感受是，这也许适合富尔塔多研究的主要领域——拉丁美洲地区，但在日本却有点不同。笔者回国后在《社会经济史学》中读到的杉原薰的论文《亚洲间贸易的形成与结构》直接回答了这个疑问，使笔者醍醐灌顶。杉原薰详细跟踪了 19 世纪后半期以后亚洲贸易的流程，发现其在与欧美的关系上，作为工业原材料的初级产品出口、工业产品进口等与拉丁美洲地区和非洲结构相同，但在亚洲，各国间贸易的快速增长是拉丁美洲地区和非洲所看不到的特征（杉原薰，1985；后杉原再次刊登于 1996 年）。他以印度、日本、东南亚和中国这四个地区之间的贸易为代表，根据图 8-1 定义了亚洲间贸易成长的样态，通过 1883

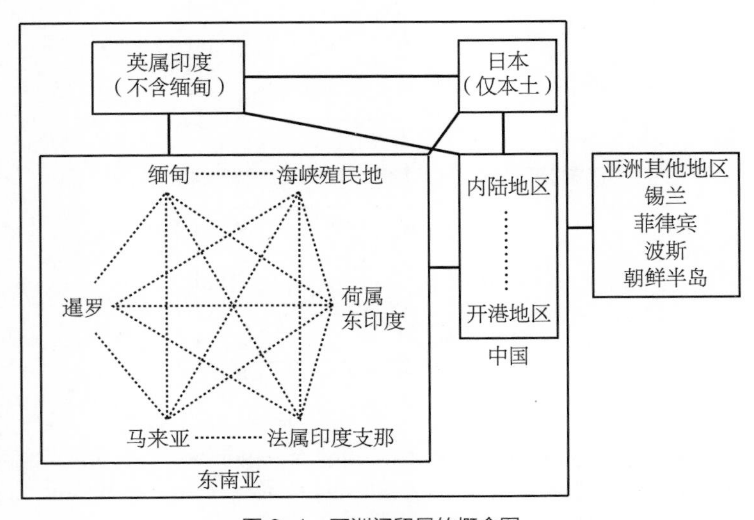

图 8-1　亚洲间贸易的概念图

（出处：杉原薰，《亚洲间贸易的形成与结构》，密涅瓦书房，1996）

年、1898 年、1913 年这 3 个年份（这 3 个年份恰好与本书所考察的时间相重合）的贸易额对比，展示了其增长。如图 8-2 所示，1883 年，只有印度向中国出口是亚洲贸易的主要趋势，而且其中大部分都是鸦片。15 年后的 1898 年，增加了日本与中国、印度与东南亚地区之间的贸易，其主要内容为棉线、棉制品。在印度与中国的贸易中，鸦片的比重下降，棉线居首位。印度的近代纺织业和稍晚成立的日本近代纺织业的产品开始对亚洲产生巨大影响。再过 15 年后，从中国到日本、东南亚，从东南亚到印度、日本，贸易的主要内容为大米、砂糖，从印度到日本的贸易也加入进来，至此，完成了四个地区间的相互贸易网络。其间，亚洲间贸易总额 1883 年为 3377 万英镑、1898 年为 6096 万英镑、1913 年为 1.673 亿英镑，30 年间

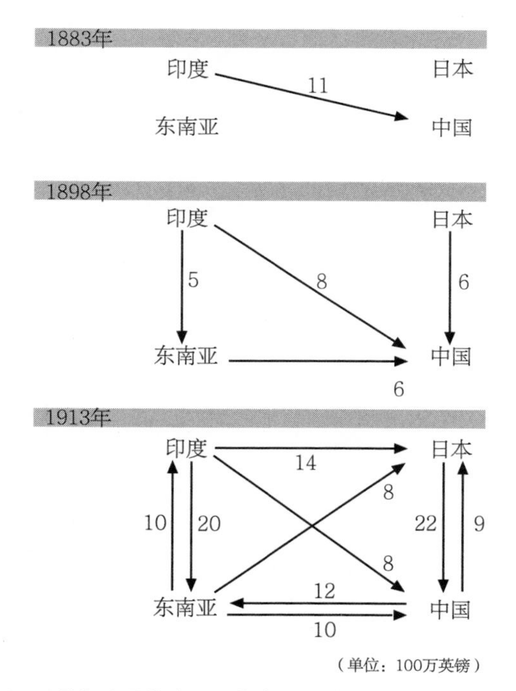

图 8-2　亚洲间贸易的主要环节（1883 年，1898 年，1913 年）

注：仅展示 500 万英镑以上的环节。数字基于离岸价格（FOB）。1898 年和 1913 年，东南亚对中国出口贸易中包括大量经中国香港向日本的出口贸易，因此参考日本的进口统计进行了调整。（出处：杉原薰，《亚洲间贸易的形成与结构》，密涅瓦书房，1996）

增长了近5倍。

杉原说："这一发展的起点是印度近代纺织业的诞生，由于其生产出的纺制纱线的使用，在该地区内以'棉花栽培一手工纺纱一手工织布一地区内消费'的关联为特色的传统棉业中，引起了手工织机棉织物业的发展。"这与笔者在第四章分析的日本的情况相类似。从此，"作为商业作物的棉花栽培一近代纺纱业"的近代链与"手工织布一地区内消费"的传统链互补结合，开始了新的发展，杉原将其命名为"棉业基轴体系"。

笔者想通过中井英基追踪中国农村传统纺织业的工作，来印证这一主张。鸦片战争后，英国资本开始销售洋布和洋纱，但洋布对城市市场产生了影响，而对广大的农村市场没有任何影响。农村的衣料消费要求的是耐久力和保温，这一点，用传统粗纱手工织成的土布"比机械制品结实几层，而且有独特的温度，所以购买时即使价格比外国棉布高，由于使用的月份很长，所以也比较便宜"，结果，农民选择的是土布而不是洋布。但是，19世纪80年代以后开始进口廉价且适合织成土布的粗支印度棉纱后，使用印度纺制纱线作为经线、使用本地纺线作为纬纱的新土布的生产，伴随着生产地带的重组，覆盖了农村织造地带，中井详细追溯了这一情况（中井英基，1983）。在这一过程中，薄的西洋棉布完全没有渗透到农民厚实的日常着装和工作服领域，但从印度粗纱的进口开始，"半唐物"就迅速扩散到这个领域，这与日本的情况一模一样。中井还观察到，随着日本纺织业的发展，中国向日本出口的棉花增加，作为商品作物的棉花栽培变得活跃起来，不久之后它就会与中国的近代纺织业联系起来。杉原将这种"棉花栽培 - 近代纺纱业"和"手工织布 - 地区内消费"的并行发展命名为"棉业基轴体系"。

"棉业基轴体系"的发展带来的农民、工人的追加购买力，主要面向主食用谷类、若干香料、海产品等，而从东南亚流向印度、中国、日本的大米、砂糖等则代表着适应其需求的发展。另外，从进入20世纪开始，日本开始向东亚出口大量棉布和杂货。印度的棉针织内衣，东南亚的火柴，中国的内衣、袜子、足袋，中国沿海的肥皂、牙刷、药品、灯具、洋伞等，应该被称为与各地区传统商品不同的亚洲型近代商品，多少与这些地区的生活方式的西式化联系在一起。这些从日本出口的杂货，虽然产品是西式的，但是其生产形态是典型的手工业，是和传统工业相同性质的发展。

以上亚洲间贸易的进展，反映在四个地区的产业分工，不折不扣地反映了亚洲工业发展。但是，要支持这样的贸易发展，当然要发展亚洲间航线网，完善各港口，建设连接内陆和港口的铁路，发展煤炭补给、电信、金融、保险等相关事业。与这些活动相关的技术大多是从欧美转移来的，同时，必要的材料、设备、机械也全部从欧美进口。向欧美出口的初级产品起到了维持这些进口的作用。在拉丁美洲地区和非洲地区，初级产品的出口是这些地区与西欧的从属关系的起点，而亚洲则以使地区内贸易的基础设施结构近代化的进口货来源的形式，成为地区内各国经济发展的支撑力量。

杉原对亚洲间贸易和亚洲经济增长的描写，是笔者所描绘的作为两个派别发展的互补发展，其与明治的工业化具有相似的结构，该发展存在于这个时期的整个亚洲，而本书所描绘的日本的发展也通过亚洲间贸易与亚洲的发展融为一体，特别是近代纺织业的发展和手工业依赖型消费品工业的发展与亚洲间贸易的增长是不可分割的。

亚洲间贸易的发展，除了亚洲各国历史上大陆沿海海运有较强的相互交流的条件外，还建立在川胜平太指出的东亚棉业以短纤维棉—粗纱—厚布料的联系为特征的历史地理条件（川胜平太，1977）。为什么印度纺制的纱线是亚洲发展的开端，而不是西欧的纺制的纱线，这是因为印度纱线是以相对短纤维的印度棉为原料的粗纱。产于广阔的印度的棉花有很多种，但印度近代纺纱业使用的“印度棉”位于中纤维棉的美国棉和短纤维棉的中国棉中间。如第五章所示，在机械纺纱中，原料棉的纤维长度决定了容易纺出的纱线的粗细的范围。

以中国棉为原种的棉花在日本、朝鲜半岛、中国、安南（今越南）等东亚一带地区都有栽培，在该地区普及了以使用粗纱为前提的棉纺织业。这就解释了为什么在粗纱方面具有优势的印度纱线，能够带动这些地区的农村棉织业通过手织机发展其纺织业，以及为什么落后于印度成立的日本纺织业能够马上进入这个市场，与印度纺制的纱线同等竞争。亚洲的“棉业基轴体系”为粗纱有优势的两种近代纺织业提供了一个非常有利的市场，与在细纱方面具有优势的西欧纱线和棉布相比，比较有优势。

由此可见，明治日本的工业化融入了以亚洲间贸易发展为象征的“亚洲工业化”之中，为了不使日本的幼儿期工业直接暴露在西欧工业的强大竞争力中，发挥了重要作用。杉原指出：“这在拉丁美洲地区和非洲地区是看不到的。”

但必须强调的是，棉业基轴体系也是受西方因素的强烈影响，在亚洲内部引发的发展。印度纺织业的发展，是在兰开夏制的纺纱机上实现的，杉原和川胜当然也十分明白，但第五章的整体分析，否定了为了用长纤维棉纺出细纱而发展的西欧的纺纱机，引发短纤维棉纺纱业发展的可能性。和日本近代纺纱业的成立一样，印度近代纺纱业的成立，是以美国南北战争引起的“棉荒”为契机，在英国兰开夏推行的印度棉纺纱技术的开发而来的。

来自西方的欧洲工业经济前线，随着在地球上成为工业产品单一市场的强大作用。相比之下，亚洲棉业是西欧棉业不熟悉的“短纤维—粗纱”，在当时最有力的工业产品棉线和棉纺织领域，确实具有对西欧产品的进口壁垒作用，在一段时间内保障了受西方市场情况影响而引发的亚洲独自的棉业基轴体系下的成长。

不过，这是全球市场发展过程中一个阶段的竞争态势，正如下一节所述，在发展的下一阶段，欧美的有力工业产品将从纺织品向更近代的技术密集型产品转移。笔者认为，日本也好，亚洲也好，都不可逆转地进入与欧美工业产品更直接、更露骨的竞争关系。在下一节中，在考虑到这一点的同时，通过与欧美的比较来验证日本在近代技术形成方面所做出的努力在 20 世纪 10 年代左右的到达点，在探讨下一阶段的矛盾和问题点的同时，结束本书。

第二节　日本近代技术的到达点

迄今为止，“近代技术”这个词，与日本把“industry”一词作为“工业”，以“工业化”（industrialization）为国家目标的 19 世纪后半期的西欧的工业技术几乎同义。但是，如果像本节这样提出问题的话，那么，在作为目标的欧洲的“近代”中，技术的推进会有怎样的变化呢？这就需要事先简单地理解认识。虽然这个问题可以足够成为一本书的主题，但笔者在这里想简单地指出三个特征。

首先，在工业革命时期的英国，以“engineer”（意为工程师，日语写作“工学者”“技术者”[①]）之名的专门职业集团，在民间工业中登场并广为传播。在欧洲，“engineer”曾经是指负责军队炮兵和工兵作业的军官。在工业革命时期支撑工业发展的道路、运河、桥梁、水力利用、蒸汽利用系统建设的周边，以自立的形式现身的技术人员群体，自称是“civil engineer”。他们声称自己不是军队或国王，而是为民生（civil）做工程的工程师。土木工程技术在英文中被冠以“civil engineering”，就反映了这一历史。从工业机械化周边诞生的发明家型机械工也形成了自称“mechanical engineer”的专门职业集团，他们运用的知识、手段、经验体系被称为机械工程技术（mechanical engineering）。在明治时代的日本，“engineer”一词被赋予了“技师”“技士”“技手”“技术家”等各种

---

① 在日语中，“engineer”一词有多种说法，有直接音译的“エンジニア”，还有一些汉字词，例如“工学者”“技术者”，前者强调掌握了相应知识，后者则更强调了理论知识与实践经验兼有的技术型人才，相当于中文的“工程师”和“工程技师”，为方便后文对日语名词解释的行文逻辑，此处特作说明。

各样的汉字译词，现在“技术者[1]”这个词已经固定下来了。着眼于这一点，可以说，近代技术的特征之一是“技术者”这一专门职业集团出现在工业中，他们在工业中担负起技术的指挥职能。虽然这是包含若干同义词反复的总结，但作为问题的切入点，这已经足够了。

变化的第二点是，在工业化之前的英国，工程师是在现场经验中培养的，通常形成“协会”（英文为“institution”或“society”）这一同职团体，在其中进行资格认定和技术的磨炼，但在落后于英国而以工业化为目标的国家，在相当于大学的学校进行技术人员培训的制度逐渐普及。正如英国最初的工业化波及欧洲各国和在美洲殖民的诸国的过程一样，在这种变化的背景下，引发了美国独立战争、法国大革命等一系列市民革命的时代变革。此外，法国大革命时期，拿破仑军队占领欧洲国家、向占领地进行革命输出、各国对此的抵抗和解放的一系列行动，硬是打破了欧洲的旧秩序，结果给 19 世纪的欧美带来了与强大的民族主义相结合的民族国家的形成时代。这一时代的特征是，通过工业发展来增进国力为目标的国家间竞争，本书开头提到的世界博览会，是通过产品展示来竞争国力的竞争性民族盛典（中冈哲郎，1977）。在这个时期，在紧随英国其后的国家中，可以看到名为综合技术学院（Polytechnische Institute）、工学院（Technische Hochschulen）、理工学院（Institute of Technology）的技术培训学校的普及。在那些学校进行的教育是，将制图、解析学、物理、化学等作为基础学科学习后，学习技术的一个专业领域，在法国大革命时期，在巴黎综合理工学院实行被定型化的技术人员教育。

广重彻曾经用“科学的制度化”一词，概括从 18 世纪末到 19 世纪上半叶的西欧，将科学家这一社会集团通过制度被编入近代国民国家中的举措，从而完美地描述了一个专门职业集团的转变过程，以及从那之后开始

① 一般认为，日语中的“技术者”，词义偏向于英文中的“engineering technologist”，即有实践经验的“工程技师”。

的助推日本近代化的过程（广重彻，1972）。时至今日，这个事实在科学史和技术史的研究人员中几乎被接受为常识。但是广重彻并没有提及“科学的制度化”与“技术的制度化”是对立的。在广重彻的讨论中，“综合理工学院式”的高等教育制度被欧洲的近代民族国家广泛接受，科学家在这种院校获得教育、研究职位，作为科学研究的专业化、职业化的一种途径受到重视。但是，这些学校试图在近代国家的高等教育中制度化培养在科学家之前完成专业化、职业化的技术人员，科学的制度化和技术的制度化是成对互补的过程，被称为“科学和技术的制度化”。在这个时期，日本常有人认为科学和技术融合成了“科学技术”，但这并没有正确把握时代。近代民族国家的“科学与技术的制度化”，将科学家和技术人员的制度化划分为拥有不同社会职能的专门职业集团。社会分工一方面专注于研究和阐明自然性质，另一方面专注于将成果纳入工业，这一社会分工得到了国家制度的支持，通过研究开发而诞生的新工业领域，开始了加速工业发展和国富增加的新时代。

第三点是，这一变化与同一时期的工业前线的变化有关。到 19 世纪上半叶，西欧的工业发展，在矿山、土木、纤维、炼铁、机械、铁路、海运等领域，具有诸知识经验性的集大成的性质，用理论知识补充的形式的技术进行推进。但是，到了 19 世纪后半期，电气、电磁波、有机合成等科学研究领先，技术应用和新工业的发展作为紧随其后的领域出现，在旧有领域，内燃机、转炉炼钢、化学纤维等，科学的研究加速新技术诞生的事例也增加，研究开发这一新活动在技术人员的工作中变得越来越重要。在技术开发紧跟在科学开辟的自然认识前沿时代，“综合理工学院式”技术人员教育是合适的。英国之所以从世界工厂跌落，是因为落后于这种类型的技术人员教育的制度化。明治三年（1870 年），工部省成立，开始了 19 世纪中叶的西欧工业技术的学习和同化。在西欧，支撑工业革命时期诞生的技术人员集团的近代技术，经过“科学和技术的制度化”，技术紧随科学开辟的前沿，加速向新时代的变化。我们一边考虑这一点，一边来看看日本近代技术的到达点吧。

1. 作为社会群体的技术人员的形成及其教育

首先，笔者回顾一下相当于日本工程师的社会群体的形成过程。在出发点上，兰学者发挥的作用很大，恐怕没有异议。在铸炮、造舰运动和在户田建造斯库那纵帆船时，他们正是作为工兵军官的工程师。有一段时间出现了这样的说法："与从民间和平工业出发的西欧相比，日本的近代技术源自军事，给日本技术带来了显著的军事偏向。"不过，即使在西欧，工程师也是从军事领域开始的，但这种说法却一直被忽略。他们无论如何都想在日本实现西欧式的军备，与其说是成功，不如说是遇到了巨大的困难，这也很快就证明了兰学的局限性。他们最大的功绩是，以西欧为现实认识的起点，并引导他们采取一系列后续行动。

以佐贺藩的精炼方（参照第二章）那样的真正的技术习得制度为首，给日本带来了各种学习的机会，比如与之相关的诸藩的洋学学习制度的整备、长崎海军传习所和长崎钢铁厂那样的系统性的技术导入的尝试、幕府的派遣、诸藩的偷渡调查和留学，等等。最直接的贡献，正如在本书所看到的那样，是带来了日本对西欧近代国家及其工业和技术所发挥的作用的认识，产生了领导民间事业的五代友厚、涩泽荣一，以及主导创立工部省的伊藤博文、井上馨、山尾庸三、井上胜、远藤谨助的"长州五人组"，还有佐贺藩的佐野常民、石丸安世等一系列工业化的领导者。但是，在这样的发展中，有很多是我们所无法忽视的，比如本书所称的第一代工程师的留学归来的工程师、石川岛造船厂的平野富二、田中制造厂（东芝公司的源流）的田中久重等初期的技术人员企业家的诞生以及开明派诸藩的洋学制度在过渡期的人才培养中发挥的重要作用。

接受长州五人组的伦敦大学学院，最开始时，除了英国国教徒外，是关闭门户的。但是在对当时抵制教授科学、技术教育更是免谈的牛津、剑桥两所大学进行的对古典中心主义的批判运动中，该学校于 1828 年由股份公司组织设立的大学学院，拥有自然科学和工学系课程，以不分宗教和国籍接纳学生为特色（广重彻，1973）。正因为是这样的大学，长州五人组很容易被接受，在短期内就获得了对近代技术轮廓的认识。这种变革完全适合日本当时的留学。留学首先成为培养工程师的最佳方法，是因为当时在欧美，技术人员培养大学正在普及。

在此之后，日本以维新为转机推进工部省事业的时代即将到来。在这些事业中，形成了工程师集团的，是外国雇员和少数留学归来的工程师。以往的论点是以他们带来的优秀的西欧近代技术为大前提，但这仍有讨论的余地。一是正如本书第七章所启示的，他们中的一部分很早离开祖国，在印度、中国等地工作后回到日本，我们有必要从这些人的角度来看；二是从工部省钢铁厂和“2000 锭纺织”的例子可以看出，在技术转移中，被转移的国家固有的条件和转移技术的联系是关键。在本书没有作为研究对象的土木和水利领域，西欧的国土条件，和转移技术成长的狭窄的岛国中密集着陡峭的山地的日本国土条件的差异，产生了各种各样的困难和纠纷。这也是铁路建设费用超出预期的原因之一。很多人克服了这些困难，并且考虑到贫穷国家的财源，有很多人留下了宝贵的贡献，但大势如大久保利通的《行政改革建言书》所言，都是“功过相偿”。彼时急需培养自己的工程师。

从自身的工程师培养系统这一点来看，在初期的大规模事业的周边，横须贺造船厂的横须贺校舍、灯台寮、电信寮、劝工寮等、每个寮的修技学校等，能够满足事业当前需要的技师培养学校，这些机构的设立都是无法忽视的。

日本海军独特的工程师培养系统：从横须贺校舍毕业→去法国留学、从海军兵学校毕业→去英国留学，让其有能力承担初期的造舰技术，这一点在第七章已经提及过。电信局修技学校持续了 15 年，一直到工部省关闭的1885年（明治十八年）为止，共有1239名毕业生（《工部省沿革报告》）。

全国电信网的建设、维护和运营都是他们承担的。

1877年（明治十年），铁路局内部设立了铁路工技术生养成所。在1878—1880年进行的京都—大津之间铁路的建设，在没有外国雇员的帮助下，由日本技术人员设计、施工这一点具有划时代的意义，其技术人员集团的构成是，留学归来的第一代工程师（井上胜，饭田俊德，本间英一郎）是总工程师，相当于工程师的技术人员1~4等，是技术生养成所的第一期生，相当于助手的技术人员5~10等是第二、三期生（中村尚史，1998）。总负责人以外的技术人员是从经验者中选拔出来的，在养成所进行集中教育。由于官营铁路在初期确立了这种体制，所以工部大学毕业生被定位在技术生养成所出身者的下属，他们对此表示不满，中村针对这种情况进行了有趣的考察，认为他们之所以不满是因为让他们外流至民营铁路，并且在技术上支撑了民营铁路的发展。

这个事实告诉我们，过于匆忙的工部省事业，虽然作为事业是失败的，但在实践中，在技术人员培养这一方面却是非常成功的。国立的工程师培养学校有工部大学和东京大学理学部的工学系，两者合并而成的帝国大学工科大学，此外还有旨在培养车间主任的东京职工学校。统计了以上学校全部毕业生的内田星美表示:“在1890年的总人数中只有393名毕业生（其中228名是政府机关）”（内田星美，1992）。可见，大学毕业生担负工业技术的时代是更晚的。

支撑到明治中期发展的日本技术人员集团，除了少数留学归来的工程师之外，主要有初期政府事业经验和在修技学校培育的技术人员、在外国人经营的工厂和造船厂掌握技术后独立出来的技能者、通过少数民间工厂的经营成为技术人员的人以及不是学校毕业生的技术人员。正如第六章强调的横山久太郎的作用，第七章引起注意的盐田泰介和河边丰治的经历。此外，考虑到本书所强调的传统工业发展，以下技术人员也是极其重要的，比如以动力织布机著称的丰田佐吉、模仿雅卡尔织布机和其他提花机的荒木小平、发明嘎啦纺纱机的卧云辰致、制造器械制丝系统骨架的“六工社”

的海沼房太郎和大里忠一郎、开发诹访型器械制丝技术核心装置的多管半通式锅炉（图 8-3）的丸山弥三郎等，虽然他们都是与学历无缘的技术人员，但他们支撑了到明治末期的传统工业的发展。从中期开始，从工部大学、东京大学理学部的工学系、帝国大学工科大学毕业的学生逐渐进入这种性质的技术人员集团的上层，不久就有了很多毕业生，这就是日本的技术人员这一社会群体形成的特征。

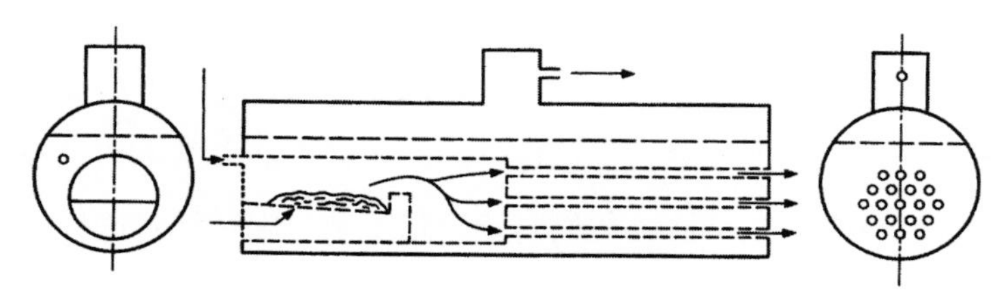

图 8-3　多管半通式锅炉概念图
（出处：铃木淳，《明治的机械工业》，密涅瓦书房，1996）

但是，如果把近代技术的特征之一看成是通过作为国家制度的高等教育培养工程师的话，那么在日本从 1873 年（明治六年）开始，以亨利·戴尔为“都检”（日本当时对教导主任的称呼，英语为“principal”）在工部省工学寮中新设工部大学是没错的。关于工部大学的教育，三好信浩高度评价了戴尔未采用“综合理工学院式”教育，也未采用以实地教育为中心的英国型教育，而是将 6 年分为预科学、专业学、实地学，采用校内修学（预科）、实地与修学的结合（专业）、实地完成（实习）等符合技术实践性质的独创性教育法（三好信浩，1983）。考虑到明治经济发展的主要领域是经验知识集聚的性质很强的技术领域，笔者也认为这是恰当的。在第五章，笔者高度评价了工部大学毕业的斋藤恒三和菊池恭三，从工厂实习开始从事没有经验的纺纱业，但他们的态度与戴尔的教育不无关系。不过，戴尔的教育形式非常优秀，这在日本的工程师教育中不可动摇，所以日本的工业化是否顺利，还可以展开讨论。

工部大学的存在是短暂的。第一届毕业生是在1878年，也就是政府在1879年（明治十二年）决定官业出让的前一年。第一届毕业生中，有11人到英国留学，他们回国后要成为教师，是为了赶走获得巨额工资的外国人教师。但是，当他们回国时，工部省却不复存在。这样，1886年帝国大学令颁布，作为文部省管辖的国民教育体系的顶点，帝国大学成立之际，工部大学与从东京大学理学部分离出的工学系而建立的工艺学部合并，形成了“帝国大学工科大学”。柿原泰指出，此时重视实践的戴尔型教育受到了大幅度的改编缩小（柿原泰，2002）。我们需要看看在这两所大学中形成的东西是如何被工科大学所继承的，为此，我们有必要看看东京大学在不断发展的潮流中所形成的东西。

工部大学从办学开始按照戴尔的教育思想，在井然有序的教育体系和他带领的有能力的教授队伍下推进教育，与此相对，东京大学的发展是继承幕府的洋学学校“开成所”①后，经由短期的“开成学校”，以及“大学南校②→南校→第一高等中学→开成学校→东京英语学校”的短暂分离、重复改组后，于1877年（明治十年）成为东京大学，这是鲜明的对比。这一改组，是为了迅速吸收西欧的文理系学问，通过“从外国人教师直接”学习这一想法来摸索高等教育制度的困难和摸索尝试的反映。让我们简单沿着其发展前行，探索由此产生的教育制度的特征吧。

1870年（明治三年）大学南校建校时，还存在的各藩被分配推荐“贡进生”名额的制度，学生从幕府的开成所移交的有约300名、贡进生约300名，共计约600名。作为实质士族（原武士的家系）的学校开始了办学。当然，随着入学考试的采用，平民的比重会提高，但士族的优势这一特征还是远远保留了下来。最大的问题是，一边让全体外国人教师教学生

① “开成所”是日本幕末时期，幕府的洋学教育机构，1863年设立“大政奉还”后，明治政府于1868年将其作为官立学校，称“开成学校”。此后几度易名，最后并入东京大学。

② “大学南校”地处“大学校”（1869年成立，东京大学前身）南方，因此得名。

外语（英、法、德），一边让他们用外语学习所有学科的教育方式是不可能的。在南校，语言学习是按进度编成的，进度有 9 个阶段，经过严格的考试后才可以升级。当然，如果没有达到高级别的进度的话，连用外语讲授的普通基础学科都无法理解，所以会出现数量庞大的落选者。而另一方面，修完“普通课程”[①]进入“本科”[②]的学生也没有出现。图 8-4 是南校在 1873 年（明治六年）成为开成学校这一专门学校时的教师表，看到这样的人员构成，有没有人认为可以进行正规的专业教育呢？

教师	人数	兼任	人数
法理学教师	五人		
物理学教学教师	美国一人	化学文学教师	同一人
法学博物学教师	同一人	文学数学教师	同一人
文学教师	英国一人		
诸艺学教师	四人		
物理博物化学教师	法国一人	天文学教师	同一人
文章科教师	同一人	数学线书教师	同一人
矿山学教师	四人		
物理化学教师	德国一人	数学教师	同一人
语学矿山学教师	同一人	数学教师	同一人
总计	十三人		

图 8-4　开成学校第一年度教师情况

［出处:《东京开成学校（文部省年报收录情况）明治六年》，东京大学史料研究会编,《东京大学年报》第 1 卷，东京大学出版会，1993］

1875 年（明治八年），文部省从开成学校在校的学生中选拔并派遣了第一批海外留学生 11 名，第二年派遣了第二批留学生 10 名。可以解释为，

---

① 此处的普通课程是指日本高中等学校中以普通教育为主的课程，相对于专业课程、职业课程而言。

② 此处的本科并非我们日常所称的“本科”，而是指组成该学校主体的课程。

由于专业教育很难成立，所以想促成让优等生直接进入海外一流大学，从这个时候开始，全体外国人教师的洋学学校，无论是在必要经费方面，还是在教育效果方面都是不现实的，需要日本人教师传授洋学的高等教育的必要性的认识扩散开来，通过留学培养日本人教师也是迫在眉睫。

石附实追踪了当时被选为留学生的成员的经历，在藩校的教育和藩的洋学系统中受到严格选拔，被推荐为“贡进生”的人很多，这样的人在留学地的学校中也取得了优异的成绩，并受到关注（石附实，1992）。这与其说显示了开成学校教育的优秀性，不如说是除接受严格事先选拔的英才以外，开成学校的教育是不完善的教育。

随着东京大学的诞生，“预科”制度形成，学生进入预科，在3年（最初是4年）的语言和基础学科学习后，按照志愿升入大学本科①。这是吸取了彼时的教训后进行整顿的一步。预科在帝国大学成立时改名为第一高等中学学校，高等中学校也就是“旧制高等学校”②的原型。东京大学和预科的诞生与考试竞争的开始一致。第六章的出场人物之一的香村小录，在1884年（明治十七年）参加了大学预科的入学考试，但当时已经有很多相当于现在的预备学校的“准备校”。对此，香村回顾道：

> 神田淡路町的共立学校（校长高桥是清氏）因最具优势而称霸，其次是骏河台的成立学校，但两个学校都满员，最后进入了英文学校这个微不足道的准备校。（香村小录，1939）

将入学后的语言升级选拔外部化为通过入学考试进行的严格选拔，对

---

① 从此处开始的本科即我们日常所称的“本科”学历，日语里称作“学部”。

② 根据日本1894年公布的“高等学校令”，日本国内将原先“高等中学校”陆续更名为“高等学校”。在日本1950年学制改革时，原有高等学校制被废止，在此之后这些学校被称为“旧制高等学校”。

被选拔的学生给予更充分的预备教育，使其向专业系统进发。

这样，在文部省旗下沿着“大学南校→南校→开成学校→东京大学”的发展流程形成的高等教育体系，是建立在国民义务的初等教育之上的，经过“中学校→高等中学校（旧制高等学校）→帝国大学”的选拔阶段，在外语教育上花费了很多时间，而且外语在选拔标准上也占有很大比重，但教学的是日本人。专业能力的最终完成以留学为参考，特别是帝国大学教授的录用，非常重视留学经历的有无。各府县名门中学、旧制高中等学校形成，多起源于旧藩的藩校和洋学学校，初期的士族优势是整个选拔阶段的特色。作为培养工程师的工科大学，在具有这种性质的帝国大学中，作为“分科大学”[①]被编入。因此，我们有必要考虑日本的工程师教育会受到怎样的影响。

表 8-2 是工科大学成立时的主要教授人名表。包括校长、代理教导主任在内，所有教授都有留学经历，除了志田林三郎，有 10 人是士族，这实在令人印象深刻。工部大学出身的只有 3 名，乍一看会让人以为是对工部大学的轻视，但是如果读到“初期留学生 1 名、开成学校的留学生 3 名、东京大学的留学生 4 名、工部大学的留学生 3 名”的话，可以知道是工部大学留学生的出发年份较晚的缘故。

表 8-2 帝国大学工科大学教授留学经历一览表

	古市公威	志田林三郎	松井直吉	高松丰吉	岩谷立太郎	渡边渡
任职	系负责人、教授	代职教务主任、教授	教授	教授	教授	教授
士族 / 平民	士族	平民	士族	士族	士族	士族
教科	土木工学	电气工学	应用化学	应用化学	冶金学	矿山学
出身学校	开成学校、留学	工部大学校	开成学校、留学	东京大学	东京大学	东京大学
留学地	法国	英国	美国	英国 德国	德国	德国
留学出发年	1875	1880	1875	1879	1877	1882
归国年	1879	1883	1880	1882	1881	1885
就职地	内务省土木局	工部省电信局	东京大学	东京大学	东京大学	东京大学

① 此处“分科大学”指代大学的院系，日本 1919 年将该叫法改为“学部”。

（续表）

	三好晋六郎	辰野金吾	平贺义美	山田要吉	谷口直贞
任职	教授	教授	教授	教授	教授
士族 / 平民	士族	士族	士族	士族	士族
教科	造船学	造家学	应用化学	机械工学	机械工学
出身学校	工部大学校	工部大学校	东京大学	大学南校、留学	开成学校、留学
留学地	英国	英国	英国	美国	英国
留学出发年	1880	1880	1878	1870	1876
归国年	1883	1883	1881	1875	1881
就职地	工部大学校	工部省建筑科	职工学校	职工学校	职工学校

注：根据《东京大学百年史》通史 1、《工部省沿革报告》、石附实《近代日本海外留学史》（密涅瓦书房，1972）制作而成。另外，以各人的传记资料作补充。

工科大学的学科构成，除了土木工学、机械工学、造船学、电气工学、造家学（现称“建筑学”）、应用化学、采矿及冶金学，以及第二年追加的“造兵学（兵器制造）科”，还沿袭了工部大学的学科构成。东京大学工艺学部是为了合并而从理学部分离机械工学、土木工学、冶金学、应用化学四个学科和附属造船学科而紧急建立的学部，学习体系重视工部大学也是理所当然的。《东京大学百年史》写道：

> 虽然实地学习大幅缩小，成为教科学习中心也是事实，但即便如此，与东京大学理学部相比，实际测量制图被分配了大量时间，第三学年将三个学期中的一学期作为实习，与毕业论文的完成相结合，实习得到了强化。

其实，实习在教育上发挥作用的情景，在第六章中已经提及过。虽然很少，但戴尔撒下的种子却被保留了下来。

相对于工部大学就学期间 6 年，实地学习的大幅削减是“高等中学 3 年→工科大学 3 年”的制度改编的必然结果。为了在三年的时间里进行充分的专业教育，除了削减戴尔原定在实地花费的时间，别无他法。相反，相当于工部大学学生们在工地度过的三年时间里，深入选拔具有很强精英意识的年轻人，在提高外语的阅读能力和学习制图、数学、物理、化学方面花费相对宽松的时间，这成了培养超越专业框架的、根据情况超越文科、理科的友情的时间。他们不久后在国家重要场所活跃时所依赖的人脉，是在旧制高等学校（甚至是高等中学校）时期形成的，这样的例子有很多。

从那以后，他们按照志愿进入工科大学的一个专门学科，留学回来的士族们，回国后，多多少少都会到农商务省、内务省、文部省等政府部门听教授们授课。教授们也都不知不觉地从国家的视点以及士族的风气进行授课，学习的内容使用他们留学的国家的教材，用外语写的专业书籍被称为“原书”，报告原则上用英语书写，是起源于外国的理论学习。下一项中出场的工科大学以及继承了它的东京帝国大学工学部毕业的技术人员们的共同特征，他们从国家的角度表达，继承了幕末武士开眼看世界之风，是国家的杰出人才。与此相反，在工作的价值标准上，这些技术人员给人留下了深刻的印象，他们重视原书和来自技术母国（即留学地）的经验。

由于实地学习的大幅减少，专业教育也大幅简化为理论学习。在工科大学，“engineering”这个词的日语译词是“工学”，这多少带有象征性。毕竟，工科大学的学科名中带有“工学”的学科只有土木工学、机械工学、电气工学这 3 个。由于英语里这几个学科全都是“engineering”，所以“engineering”被翻译为“工学”也就非常明确了。以后把“engineering”翻译成“工学”的说法在日本就经固定下来了。笔者认为：戴尔的“engineer”教育的背景中，培养目标的职能设定是在工厂和建筑工地负责结构、设备、机械的设计、构建、驾驶的“指导、指挥”，为了发挥“指导、指挥”职能的教育光靠理论是不行的，光靠实地也是不行的，关键是实地经验和理论教育的结合。因此，从笔者立场看，从作为社会集团的“engineer”（对应“技术者”）为了完成其职能设定而使用的手段、知识、技术情报体系称为“engineering”（对应“技术”），工科大学所教授的是纯粹化、理论化的“engineering”，即“工学”。

工科大学的开始，与1886年（明治十九年）开始的日本正式经济增长时期是一致的。支撑其成长的两个派别，如本书第四章至第七章所示，根据各自的性质，需要大量具备西欧技术知识的“技术者”的“指导和指挥”，但工科大学送出的极少数精英工学生却无法满足这些需要。京都帝国大学、九州帝国大学、东北帝国大学相继成立，但这些大学也只是满足了官方和大企业的需要。

与东京大学密切相关的东京职工学校，顾名思义，是为了培养车间的主任而成立的，但在这种情况下，硬是成了向工业供给技术者的学校，校名也在1890年（明治二十三年）更改为“东京工业学校”，1901年又更名为“东京高等工业学校”。到明治末期为止，除东京以外，大阪、名古屋、熊本、仙台、桐生都设有高等工业学校。内田星美指出：

> 初期高等工业学校的重点是染织、窑业、酿造等与传统工业相关的学科，实际上满足日本民间工业的技术者需求的是高等工业学校。（内田星美，1986）

随着职工学校的作用变更，车间主任等级、技术要员、传统工业和商业的“实业教育”的整备也在推进。表8-3来自内田的论文，涉及了大学以外的技术系学校的数量的推移。包括最底层的实业补修学校在内，底边广阔的“金字塔型技术教育体系”可以说是日本独有的。

表 8-3 大学以外的技术系学校的数量的推移

年份 / 按所学内容细分	1896 年（明治二十九年）	1905 年（明治三十八年）	1914 年（大正三年）
—	专门学校		
高等工业学校	—	4	8
农业专门学校	—	2	5
—	实业学校		
农业学校	10	117	251
工业学校	7	30	35
徒弟学校	16	46	117
水产学校	—	10	13
商船学校	—	7	11
实业补习学校	93	2746	—

（出处：内田星美,《技术政策的历史》；中冈哲郎、石井正、内田星美,《近代日本的技术与技术政策》，国际联合大学，1986）

本书的特征就是留意这样的底边，但是这里特意把视点集中在金字塔的顶端。正如我们所看到的那样，在明治前期的工业发展中，在初期工厂的现场经验、转移技术和传统技术的结合下，大概在有经验的技术者、技能者集团形成后，从顶端的大工厂部分开始，接受基于外国原书的工程教育的毕业生技术者，随着时代的推移数量不断增加，且逐渐扩大到中规模工厂，这是日本近代技术者集团形成的特色。在下一节中，我们将选出从工部大学到东京高等工业的毕业生技术人员的代表人物，并通过他们的体验，了解日本近代技术的到达点。

2. 通过工学学士们看到的日本近代技术

正如已经看到的那样，工科大学的学科名中带有“工学”（即中文的“工程学”）的学科有土木工学、机械工学、电气工学 3 个学科。自称是“engineer”的社会群体，在工业革命时期出场的也是这 3 个技术领域，可以说，这3个学科代表了近代技术。根据需要，增加其他相关学科，并接受非毕业生，但主要是学过工学但没有实际经验就进入工业现场的人，通过他们在成为指导和指挥生产技术过程的“技术者”的过程中遇到的问题和困难，探寻明治和大正时期日本近代技术的终点。

◆ 土木工学

首先是土木工学。这是那个时代技术中的王者。工科大学校长古市公威被选为开成学校的第一批文部省留学生，留学法国，回国后先在内务省土木局进行官营土木工程的指导，以内务省技师兼务的身份成为工科大学校长。一个刚刚通过留学学习工程的年轻人，突然被任命为指挥现场土木工程的技术者，而且以30岁这样年轻的年纪就当上了校长，对比到目前为止的分析，相当令人惊讶。

然而，并非只有古市是这样的。工部大学第五届毕业生田边朔郎，在毕业论文中一直关注着琵琶湖疏水构想，京都府的知事北垣国道知晓后，在其毕业之际便聘请其到京都府，成为疏水事业的核心，并取得了成功。以琵琶湖－京都之间的隧道为主体的水路挖掘、利用水的落差发电及用于工厂动力、市街电车事业、自来水用水的确保，以及将水导入宇治川，将全水路作为运河使用，这具有极其近代性质的综合开发事业。刚从大学毕业的年轻人，突然能够“指导、指挥”这个大事业，不能不让人感到惊讶。三枝博音在讨论古市公威的同时，对明治时代的土木技术的定位进行了非常有趣的深入考察。

第一，“像金字塔和万里长城这样的令人惊叹的工程已经在古代完成。在古代、中世纪和近代的土木工程技术之间，没有出现像其他技术一样的质的变化的巨大差异”。在明治时代转移的西欧技术中，土木技术与传统技术的差异最小。

第二，土木技术是一种大规模的技术。“诸如治水、灌溉、水路、筑城、军道、交通等，都是在国家的、国土的规模上实施，而且在那个时代的整个文明中普及是司空见惯的。……无论是古代还是近代，土木技术都是文明的技术、国土的技术、……'王者'的技术。”因此，指导近代以前土木工程的人，与其说是专业技术人员，不如说是来自那个时代的“指导者阶级的知识阶层”，三枝列举了奈良时代属于指导者阶级的僧侣（例如行基[①]）、战国时代[②]的武士、德川时代的儒者（例如野中兼山[③]）（三枝博音，1943）。

因此，代表近代国家日本指导者阶级的知识阶层的留学归来的古市、工部大学毕业的田边担任土木工程的指导，从日本的传统上来说没有违和感。此外，考虑到过去土木工程中知识分子的作用主要在于地形的把握、河道性质的理解、测量、规划等方面，所以近代工程的调查、测量、设计、规划手法明显优于过去。留学归来的古市，立刻在内务省土木局大显身手，他成为工科大学校长的意义，以及他负责的土木工学科在之后的工科大学中所占的位置，他都能很好地了解。土木技术是“近代国家”日本的文明技术、国土技术、王者技术。在第二次世界大战前的大学工学部，土木工程学科是最享有权势的学科，之后到今日为止，它又是聚集了朝着志向努力进取的学生的学科。

在与传统技术的距离上，与土木技术相似的是采矿冶金技术。特别是矿山的采矿技术，为防止崩塌而弥补不充分的地方，通过挖坑道，不断将地下的泉水排放到地面，同时，高效地将开采的矿石运出地面，采用的几乎都是土木技术，可以说传统技术和西欧技术的距离很近。但是，由于全

---

① 行基，活跃于日本飞鸟时代至奈良时代的日本佛教僧人，相传他因打破旧有规定，向民间弘法，并协助各地兴建土木而受当时广大民众爱戴。据说他也参与一些地形图、工程图的绘制。

② 日本历史上指从应仁之乱（1467—1477年）至1568年织田信长巩固统一天下的基础这段时期。这是日本室町幕府的实体丧失、群雄割据的时代，各地战乱持续不断。

③ 野中兼山，江户时期的儒生，也是土佐藩的家臣，任职期间积极促进藩内的农田灌溉、港口等基础设施建设，并培育产业，但其增产兴业的措施，因当时固化的阶级等原因，引发多阶层的不满，致使他被解职流放。但后世对其工程遗产的实用性给予较高评价。

面依赖人力的挖掘、搬运、排水的极限，以及坑道技术的极限，传统技术只能开采接近地表的矿石，特别是铜和煤炭的极其丰富的埋藏量，还尚未动用就被保留了下来，这是明治时代矿山业发展的幸运。

西洋型矿山巷道技术、蒸汽机动力以及电气动力的引进，与卷扬机、排水泵、凿岩机等机械的引进相结合，在能够进行深部采矿的同时，也引领了生产率的划时代的上升，从而带动了明治时代矿山业的发展和铜山业的住友、古河，煤炭业的三井、三菱等财阀的成长。作为学校的第一批留学生，与松井直吉一起在哥伦比亚大学矿山学科留学的长谷川芳之助、南部球吾回国后加入了三菱公司。从福冈藩到美国麻省理工学院留学的团琢磨，在三池煤矿的近代化中大显身手，成了三井财阀的中心人物。

在采矿冶金学科中占据特别地位的是钢铁。考虑到明治时代，这是理所当然的。钢铁既是"工业的大米"（指代工业的中心），也是军器的材料。说起日本近代炼铁技术的先驱者，不得不提第六章的主角野吕景义。追踪他的经历也很有趣，野吕在1889年成为工科大学采矿冶金学科教授后，首先送出了1892年毕业生3名，让我们看一下其中之一的今泉嘉一郎，他作为一个接受工科大学教育且刚刚毕业的年轻人，与日本近代技术的象征之一——八幡钢铁厂的建设有着怎样的关系呢？今泉毕业后进入农商务省，在农商务大臣榎本武扬的推荐下，前往德国弗赖贝格矿山大学自费留学。弗赖贝格是中世纪开始发展的有名的矿山城镇，特别是这所矿山大学，东京大学理学部野吕等人的恩师库尔特·内托（Curt Netto）是该大学的毕业生，基于这样的关系，弗赖贝格矿山大学成为渡边渡、野吕景义、大岛道太郎等弟子们的留学地，今泉也遵循了该先例。

1894年（明治二十七年）4月，榎本目送今泉到新桥站头，并鼓励他"计划中的炼铁厂创立方案在你三年的留学中一定要拿出来"，所以榎本的意图很明确。"计划中的炼铁厂"就是指八幡钢铁厂，它不仅是大钢铁厂，而是将用高炉制造的生铁，用转炉和平炉的新型炼钢炉变成熔钢，将其铸入钢块后，反复加热、轧制、锻造，加工成钢板、钢轨、轴等各种钢材，即所谓的“钢铁一贯制工厂”。特别是这个转炉和平炉，作为笔者刚才强调的近代技术的第三个着眼点，是象征着技术紧随科学开辟前线的新时代的技术，这决定了八幡钢铁厂在技术史上的意义，进而决定了今泉留学的意义。在矿山大学，今泉也听了野吕的恩师、世界级钢铁冶金学者莱德布尔（Ledeber）[①]的授课。虽然听不懂德语而感到十分困难，但今泉回忆说：“习惯了，而且内容也已经从野吕那里学到了”，这也是代表工科大学教育水平的证词。但是，在莱德布尔的介绍下，在德国具有代表性的钢铁一贯制工厂赫尔德钢铁厂，作为见习技师在“新营及修缮计划室”工作一年的经历，在日本是绝对无法得到的宝贵体验。今泉在1895年（明治二十八年）《日本矿业会志》的9月、11月号上刊登的《赫尔德钢铁厂略记》，涉及钢铁厂的地势学考察、主要设备的配置和地形、从设备之间的运输问题、以“托马斯转炉炼钢法”[②]和“西门子－马丁平炉炼钢法”[③]为中心的钢铁厂的作业和设备等，是来自极其实践的视觉上的报告。今泉通过报告告诉我们，他已经切实把握了这一宝贵的机会。

1896年（明治二十九年）5月，今泉来到了柏林矿山学校（现柏林工科大学），在韦奇教授的指导下接受显微镜铁质检查的指导时，接到了来自日本的电报，电报显示他被任命为八幡钢铁厂的技师。同年12月归国后，他立即担任代理工务部长，指挥钢铁厂的建设过程。今泉回忆道：

① 卡尔·海因里希·阿道夫·莱德布尔，德国矿物和冶金学家，其研究的碳铁合金在1174℃左右形成的共晶混合物，被命名为“莱氏体”。

② 一种基于贝塞麦设计的转炉，通过改变炉内砖衬结构，从而从磷矿石中高效炼钢的技术。19世纪80年代至20世纪60年代，该炉的建造较为普遍。该炉以这种精炼法的发明者之一西德尼·吉尔克里斯特·托马斯命名。

③ 又简称“平炉炼铁法”，1865年由德国工程师卡尔·威廉·西门子和法国工程师皮埃尔－埃米尔·马丁共同发明的炼钢法，该方法容易达到较高温度且便于控制炉内反应，在20世纪90年代以前广为应用，作为贝塞麦转炉的替代品。

> 三年间在德国、奥地利、比利时、瑞典、英国、美国看到了86家钢铁厂、矿山、煤矿，作为莱德布尔和韦奇的弟子，他在很多工厂都受到了信赖，获得了宝贵的收获。（“第一次留学及其感想”）

可以说，今泉留学获得了在国内大学的工学学习所得不到的实务经验和知识，这也是他留学的最大目的。

对外国工厂的彻底调查和研究，探索可能尝试工作的经验，结识提供侧面援助的外国人的存在，这样的构图，让人联想到在第五章看到的纺纱技术者们和三井物产、普拉特兄弟公司，以及第七章中看到的造船技术者们和里德、布朗的关系。而在钢铁的情况是，在氧化和还原的科学进步的基础上，正在开拓钢铁冶金学的新阶段的学者，帮助了新兴国家的弟子们，可以说，这代表着更加新的阶段。作为钢铁厂的技监和工务部长，大岛道太郎被委派负责基本设计以及全权购买设备，他同样也得到了莱德布尔的帮助。只有釜石田中钢铁厂经验的日本技术人员集团，在将非常先进的技术实际应用到八幡钢铁厂的建设和作业中，不顾高炉设计错误造成的混乱，在早期取得成功，之后顺利地继续扩大规模，这大概是恩师们在弗赖贝格的教育、实务经验、工厂参观、技术选择方面提供援助的缘故吧。

但是，在产品质量方面，八幡钢铁厂的冶炼技术并不出色。象征这个问题的是可称为“新技术”的贝赛麦转炉①。减少生铁中含有的碳，制造出可轧制、可锻造的钢就是炼钢，这一点在第六章已经进行了说明。贝赛麦转炉的原理是，在旋转式的炉中放入铁水，从底部吹入空气，空气中的氧与碳化合，作为一氧化碳气体排出，生铁中的碳减少。吹空气的冷却效果被反应产生的发热消除，热铁水保持在高温，约20分钟就能完成大量炼钢，这是一项划时代的发明。不过，为了用这个装置制造优质的钢，需要

---

① “平炉炼钢法”发明之前的首个从生铁大规模生产钢的廉价工艺，以开发者之一的亨利·贝塞麦的名字命名。

将硅成分少且磷和硫含量极少的铁水填入炉中。八幡钢铁厂的高炉部门直到最后都无法在经济上制造这样的铁水，于是，1927 年（昭和二年）八幡钢铁厂关闭了转炉部门。

分析这一技术过程，并叙述日本在两次世界大战之间的约 20 年间日本炼钢业全都是平炉的过程，至少需要本书的一章。因此，如果对这个过程感兴趣，希望大家去阅读堀切善雄的出色研究（堀切善雄，1987），在此将目光集中在今泉对这一事实的反应上。今泉在八幡钢铁厂开始作业后担任炼钢部长，但其凭借经验感到官营事业的限度，为了推进民营炼钢事业而辞去官职，创设日本钢管公司，并担任技术董事。但是，应该能感受到他对八幡钢铁厂的转炉的依恋和责任感。他着眼于在德国所见的与高磷铁矿的利用相结合而发展起来的托马斯转炉，生产出足够优质的钢铁，将国产矿石与南洋群岛的磷矿混合成高磷矿，用托马斯转炉炼钢法成功制造出符合规格的钢。这可以作为日本技术的独自开发，但产品质量在市场上的评价并不理想。

平炉用的是幕末时期以来日本人惯用的反射炉，引进了蓄热室，以便在更高温度下可以精炼。将铁矿石（主要成分为氧化铁）用于碳的氧化剂，应除去的成分通过控制使用助剂的炉内反应，使其很好地吸收到浮在热铁水表面的熔渣，另外，通过添加铁屑也可以调节成分，具有可以依据经验熟练作业的性质，这也是为什么这一阶段的日本钢铁业只有平炉炼钢才能成功的原因。与此相反，原理更加革新的转炉，由于包含着未解决的技术问题，因而反映了日本技术的落后性。但是，将贝赛麦转炉的停产视为严重的技术性的失败，想设法克服的人只有今泉，而今泉的日本式转炉也并非全面成功，但把这一事实作为日本近代钢铁技术到达点的标志，也是说得过去的。

◆ 机械工学

工业化的核心被认为是蒸汽机的机械制大工厂的普及，与土木工学科和采矿冶金学科毕业生的华丽活动相比，工部大学和工科大学机械工程学科毕业生的主导性显得较为朴素。在工部大学机械学科毕业生中，本书登场的人物有第五章的荒川新一郎、斋藤恒三、菊池恭三。他们的活跃让人感受到了工部大学教育的可靠性，但他们在非本来专业的纺纱业移植工业中，把机械工程的素养有效地用于选定、运转、管理高度复杂的标准化的纺纱设备方面，并没有活跃在机械系统的设计、制作、安装这一机械工程的原本领域。在这一原本领域，机械学科第二届毕业生安永义章和坂湛这两人在赤羽工作分局的希金斯公司制造的走锭精纺机的模仿制作很有名。经过艰难过程，总算生产出能动的机械，虽然该机械在下野纺织厂中多少有些问题，但对生产很有帮助，从现代来看这是很辛苦的工作，但是当时的社会评价是接近残酷的，与土木学科第五届毕业生田边朔郎的琵琶湖疏水等形成了鲜明的对比。然而，这种对比却告诉了我们日本近代机械工程的特性。在1886年（明治十九年）以后引领发展的两个流派中，形成移植工业流派的大企业，特别是海运业、铁路业、纺织业、矿山业等大企业，首先要求的是能够应对进口机械的选择、设置、维护、修理等课题的、作为拥有“机械工程素养”的人才的毕业生技术人员，未必期待着他们会制造机器。

但是，在这样的时代，初期横滨和神户的外国人经营的铁制品加工厂、濑户内海的小造船厂、工部省事业的周边工厂、急于将武器国产化的陆海军工厂及其相关工厂等，也制造了国产机械，形成了相当数量的机械工。正如第七章中，当时那种状况下，留学回来的工程师以及像盐田泰介这样非学校毕业的，他们以现场经验和自我学习成长的技术人员的作用为焦点，而在这个时代，另一个值得关注的点，便是从机械工中通过自身学习和经验的积累成长为机械工程师的人们。

以机床闻名的池贝铁制品加工厂，就是在这个时期从生产、销售织物品抛光辊、小型车床、小型发动机等的城镇工厂成长起来的企业。其创业者池贝庄太郎的经历是13岁时作为学徒进入横须贺海军工厂出入的泵制造工厂学习车床的使用方法，因该工厂经营不善倒闭而去到了田中制造厂（后来的芝浦制造厂），在那里得到了可以作为“日本首屈一指的机床师”的评价后，独自设立了池贝铁制品加工厂。

这个经历在当时作为机械工的技能形成过程可以一般化。十几岁时在附近的小工厂当徒弟学习机械加工，成为独当一面的工匠后，便搬到当时有名的工厂，尽可能积累多样的机器制造经验便是当时机械工职业生涯的真实写照。这时，许多大工厂很大程度上依赖于称为“工头承包制”的制度，但仍然帮助他们进行工厂间的转移。像庄太郎一样，在自己制造机械之前，让高手艺的工匠成为工头，几个有本事的工匠和若干徒弟组成自己的组，与工厂签约，使用工厂的设备，用承包制加工机械进行组装。对于工厂方面来说，这是一种在景气时能够熟练地筹集劳动力、在不景气时能够不留后患地解雇的简便方法，对于工匠来说，在工头之间按照被称为“流动”的惯例移动，要积累各种各样的加工经验，成为工头是很方便的制度。

这些工头熟练工可以解释为，在机械工程师不足的初期机械工业中，代行了工程师的角色。他们的工作方式不是从图纸开始，而是以模仿真实机械，通过制造完全相同的东西的经验积累开始。池贝铁制品加工厂的技术负责人是庄太郎的弟弟喜四郎，他也是工头熟练工，在零件的草图上添加尺寸并指示工作。之后的工作首先是制作与模型相近的形状，然后用锉刀和刮刀（用于比锉刀更精密的调整）精心完成，这就是现场配合组装的方法。不仅是城镇工厂，就连大工厂都是在工头承包制下，用这种方式制造机器的。

与西欧相比，开创国际水准的机械由日本技术者亲手制造的时代，正如我们在第七章中看到的，是以三菱长崎造船厂为龙头的近代造船业的形成。这个过程为工科大学造船学科和东京高等工业机械学科毕业的技术人员提供了绝佳的活跃舞台。在机械工业没有先行发展的情况下，日本造船业必须具备船体建造能力和机械制造能力，许多造船厂都以“船舶和诸机械制造业”的性质进行发展，这一点已经强调过。在第七章中，我们看到这一点有助于弥补三菱长崎造船厂技术跳跃的风险，但从国产机械需求高涨的明治末期开始，大造船厂开始积极活用其机械制造能力。

例如，三菱公司在“天洋丸”采用涡轮时，其陆用涡轮也与帕森斯公司进行技术合作，以发电用涡轮为首，进军电气机械制造领域。从 1911 年（明治四十四年）开始由铁道院[①]主导的“国铁标准机车国产化”运动中，川崎造船厂和日立笠户工厂（技术上与大阪铁制品加工厂有着很深的联系）与汽车制造等铁路机车车辆的公司都非常活跃。从第一次世界大战开始，这些大造船厂强化或分离了以汽车、飞机、潜艇为目标的内燃机制造部门、铁路机车制造部门、发电设备和电气设备的电气机械部门等，并引进了众多技术，完成了众多工业用机械的“国产化”，并发展成为自称为重工业的综合工程企业。以这一趋势为先导，取得了丰硕的成果，比如铁路车辆工业的发展、以矿山业的机械部门为基础的综合工程企业的发展、以纤维工业的需要为基础的纤维机械工业的发展，而且第一次世界大战后的日本与化学工业的发展相结合，被视作实现了所谓的重化学工业化。

在第七章中曾提及过近代造船厂的过程，从“常陆丸”的建造开始，通过到“天洋丸”的一系列大型船的建造，三菱长崎造船厂以一系列庞大数量的制作图的工作计划的指示为轴心，进行复杂的巨船的零件加工、组装、下水、舾装，流程井然有序。在此基础上再重复以上的成果，日本的机械工业也在这个时候，在掌握了近代机械工程的毕业生的设计和指挥下，给人的印象是进入了机械整齐有序的工厂生产时代。但就在不久前有记录显示，三菱公司的车间在那时也是工头承包制占支配地位，即使在 1910 年

① 日本铁路管辖权在明治政府成立的 30 年里历经多重变更。之后为解决管辖问题及相关社会问题，政府借由 1904 年以法律形式将全境铁路收归国有，并以此为契机，于 1908 年将原有铁道管辖部门合并为“铁道院”。

左右仍然存在。

而且，在新造船厂的职制中被称为总负责人、小头目等的人，在那之前也是工头，或者是工头手下的工匠。至于新毕业的技术人员能否指导、指挥这样的车间，让我们借鉴之后成为三菱飞机发动机的主导性技术者的深尾淳二的记录，进行讨论吧（以下参考深尾淳二，1979；前田裕子，2001）。

深尾毕业于东京高等工业学校机械学科。当时，日文的工业书极少，所以他用零花钱买了很多外文原版书，拼命学习。1909 年 7 月，毕业的同时进入三菱神户造船厂（三菱合资公司造船部神户造船厂）。被分配到木制铸型工作坊，成为总负责人山崎常次郎的助手，山崎被称为“海军工厂在现场独当一面的铸件之神”。当时的图纸全部用英语填写，但山崎主任看不懂英语。阅读图纸上的英文说明，向他解释是深尾的工作。通过来自格拉斯哥制的图纸，三菱公司才刚刚学会了如何建造船，也只有这样的、三菱公司才有的任务，让深尾所学的机械工程书本知识以这种形式发挥着作用。

接下来是一段他所写的铸件小插话，象征着当时的毕业生技术人员和现场熟练人员的灵魂邂逅。因为长崎造船厂非常忙碌，所以要在神户造船厂制作一部分蒸汽机的台座铸件。那是因为在长崎造船厂因生产有裂缝的零件而苦恼，但从神户造船厂接二连三地送来的产品却没有裂缝，这让长崎的技术人员非常吃惊，之后开始调查。深尾写道：“会议是在长崎造船厂举行的，有很多理论家参与，这让会议的现场成了该厂的单独舞台”，但在技术人员讨论使用生铁和产生裂缝的关系的时候，铸件之神山崎沉默了，会议没有得出任何结论就结束了。后来深尾问道：“神户造船厂使用长崎造船厂技术人员容易发生不良反应的生铁，为什么生产的产品没有裂缝？”山崎第一次开口说道：“铸件的裂纹的发生不是金属的问题，而是铸件模型的制作方法的问题”，并教授了如何使砂芯型模型变软，尽早去除砂型等秘方。在卖弄理论的人面前，经验丰富的铸件之神都闭口不谈，不了解现场情况的技术人员的讨论也只是空谈，无法触及问题核心，由此可以看出当时三菱公司工作中的关系。

但这个插话反映的根本问题，是当时日本机械工学科的毕业生在制图、机构学、机械设计法、流体力学、热力学等理论方面受到严格的教育，但在机械成为现实的过程中，对必要的铸造、热处理、切削加工、组装等现场作业没有经验，只通过一些实习和学习的知识进入公司。设计也好，现场指导也好，他们为了完成技术人员的职能，需要相当多的现场作业。这就是为什么他们首先被分配到现场的原因，但在此之前，有一个对他们这些技术人员不友好的现场困难。对于烧镶边和轴承间隙的采取方法，深尾虽然被现场的提问所困扰，但无论调查什么文献都没有写，于是，彻底调查过去的加工记录，制定自己的经验法则，才得以漂亮地解决问题，突破困难，得到了现场的信赖，对此，他自豪地写道："技师终于在实践方面也掌握了实权"。

深尾从这个经历中领悟了新毕业的学生应该如何突破困难。同时，另一项工作经历也给了他很深的感悟，这便是在 1910 年左右的三菱造船厂的制作图中，作为机械加工的基本步骤之一的嵌合，并没有记录轴的外径和孔的内径的严格加工尺寸和能够允许的公差。换言之，当时三菱造船厂的机械加工组装是在零件加工阶段留下适当的锉刀余量进行加工，在组装阶段用锉刀和刮刀削去不合适的部分，然后一边拼合一边组装，进行所谓的"现场组合"。这种方法不可避免地依赖机械组装阶段的精整工的精湛工艺，而精整工将耗费大量时间才能拥有名手的技艺。事实上，深尾也记录了很多他们的名手的技艺，但当初他并未认识到这是个大问题，直到另一件事情的发生。

1918 年（大正七年）12 月，进入公司九年半的深尾，被派遣到向三菱公司提供泵技术的格拉斯哥的船舶用发动机制造商 G&J. 伟尔公司（G&J. Weir，后文简称"伟尔公司"）并逗留了一年多。和三菱神户造船厂的造机工厂在工厂规模以及工人数上都差不多的伟尔公司，在生产能力上却比神户的大得多，而且，制造一台同样的泵，在三菱神户造船厂要花费 6 倍的工人数，工资虽低，却支付了近两倍的人工费，当发现这个事实的时候，深尾深受冲击。究其原因，是因为伟尔公司没有精整工，也没有使用锉刀和刮刀的作业，而是直接组装机械加工的零件，回国后的深尾大力推广该做法，提倡摒弃用锉刀和刮刀进行作业，力求实现与伟尔公司同等的生产率。

“直接组装机械加工的零件”与所谓的“可互换性生产”是同义的。可互换性生产的关键是有能够允许的公差。如果制作图上必须标明尺寸和能够允许的公差，并且零件以公差范围内的精度进行加工，则无须精整工也可进行组装，从而节省大量的工人数。可互换性生产是近代机械工程的大前提，但深尾的记录显示，日本的代表性重工业现场在 1920 年左右才达到这一大前提。

随着“近代化”的进展，以明治时代的工厂为特征的工头承包制在制度上逐渐消失，但那个时代形成的职场惯例，特别是组装的现场配合和对精整工的依赖，在日本的机械工业中根深蒂固地生存下来，阻碍着可互换性生产的普及。

其原因之一是，以制作图所记载的尺寸公差范围内的精度，如果技术和管理水平还处在只能由技术高手进行多个加工的阶段，则状况与对精整工的依赖无异。平均能力的机械工，为了能以公差内的精度进行反复加工，只有在车间的加工工序和管理的划时代的重组下，才能实现可互换性生产。主要项目有：作为精密加工辅助工具的夹具、安装工具、极限计量器具的完善，其设计制作技术的提高及其制作所需的精密机床的购买，专用机床的引进，公司内部规格的确立，工具管理的体制完善等。因此，需要的投资，不论是大企业，还是对于机械工业中的很多中小企业来说都是问题。例如，池贝喜四郎早在 1908 年（明治四十一年）就聘请了东京高等工业学校雇用的查尔斯·弗朗西斯（Charles Francis），开展可互换性生产的指导，这是他自己的先见性尝试，他认识到在精密零件组合的标准车床的多台生产中引进可互换性生产很重要，但最终中途解约，或许是因为看到弗朗西斯在相关设备建设上不断投资而感到害怕吧。

另外，对于体制完善也很难征得所有人的同意。在以军用汽车和机床的生产而闻名的东京瓦斯电气公司的工业中，有在美国机床公司工作经验的荣国嘉七的可互换性生产体制，虽然在“日本标准规格（JES）制定的昭和八年（1933 年）以前”制度上就已经引进了，但是在按件计酬的承包工作中获得高薪的机械工，因为害怕承包单价的贬值，以各种形式抵抗，据说实效很难提高（山下充，2002）。在这种情况下，丰田佐吉立刻聘请了池贝解雇的弗朗西斯到丰田式织机制造厂，按照弗朗西斯的指导毫不吝惜地投资，确立了可互换性生产体制，成功实现“H 式”宽幅铁制动力织机的商品化，这形成了良好的对比。为使可互换性生产在经济上取得成功，需要重复进行多次同一零件机械切削的工厂，换言之，需要大量需求同一型号机械的市场。在进入这样的市场时，经营者和现场机械工都会明白，机械加工的效率是经营的生死攸关的问题。据说丰田式织机制造厂的“H 式”宽幅铁制动力织机共制造了 3742 台（丰田自动织机制造厂《四十年史》)。从明治纺织业发展内部诞生的国产动力织机的市场，支撑了可互换性生产的先驱性引进。

可互换性生产是机械成为由多个精密零件组装而成的系统，并且是“大规模生产”的时代所不可缺少的生产技术，也是在技术史的下一阶段发展为所谓的“大规模生产方式”的桥梁。但是，两次世界大战间隔期的日本机械工业，除了军工厂和一小部分先进企业、纤维机械工业等，还在努力突破技术人员与现场的困难，在确立可互换性生产的课题上苦战。刚才我们看到三菱神户造船厂在 1920 年左右脱离了精整工支配，但那时美国汽车工业已经建立了所谓的“福特系统”，汽车年产 223 万辆。这个对照最终会具有很重大的意义，在这里，我们将把它作为日本机械工程的到达点的指标，转向电气工学。

◆ 电气工学

工科大学副校长志田林三郎，从工部大学毕业留学回国后，入籍工部省电信局，并从那里转入工科大学讲授电气工程。日本的电气工程与电信事业一起起步。与铁路并列的作为工部省事业支柱的全国电信网的建设，从 1869 年的“东京—横滨”之间开始，到 1874 年连接“青森—东京—长崎”的干线完成，之后迅速完成全国通信网。为了通信网的建设和设备的维持运营，在形成相当数量的中下级技术人员集团的同时，曾经从佐贺藩的精炼方中被聘为工部省电信寮的制机负责人的田中久重的田中制造厂（之后的芝浦制造厂）、冲牙太郎的明工社（之后的冲电气）、三吉正一的三吉电机（之后的东京电气）等一批电气机械工厂，以电报机这一比较简单的机械制造为基点出发了。此外，以艾尔顿（Ayrton）① 为教授的工部大学“电信学”科为顶点，日本电气工程的基础，是在明治初期的 10 年间，以电信为中心形成的。

但是，在此期间，欧美的电气事业，从电报到电话（贝尔，1876 年），再到白炽灯的电灯（斯旺、爱迪生，1879 年）、无线电报（马可尼，1895 年），发展重点迅速转移着。特别是电灯业务加速了供电网络这一巨大工业部门的发展。如前所述，这个时期的欧美技术的特征，是“科学研究先行、技术紧随其后”，换句话说，通过研究开发前所未有的新工业，以及现有工业内的新领域一个接一个地诞生的时代开始了，其代表性的例子是电气、通信工业。刚刚诞生的日本电气工程师们毫不迟疑，满怀热情地追踪着这一动向。

日本最早使用白炽灯是在 1884 年（明治十七年）在日本铁路上野站安装的，是在爱迪生发明的仅仅 5 年后。1885 年还尝试使用国产 5000 瓦

---

① 威廉·爱德华·艾尔顿，英国物理学家及电气工程师，师从热力学家开尔文勋爵，自身在电流分流器等领域作出突出贡献。

发电机点亮白炽灯。设计者是工部大学副教授藤冈市助，制造商是三吉电机。此外，从1887年开始，东京电灯公司开始了与电力供给相结合的电灯事业。这些初期的事业当然大部分都是使用外国生产的设备和器具进行的，但值得注意的是，工部大学“电气学”科（1884年从“电信学”科改称而来）的藤冈市助、中野初子等工作人员以指导、设计等形式深入开展研究。他们追踪新领域的活动本身就具有研究和开发的性质。

其典型例子是藤冈市助的白炽灯国产化的尝试。他1884年就去到了美国，详细参观了爱迪生的白炽灯的制造工序等，回国后协助东京电灯公司进行研究，1886年作为副教授从工科大学辞职，成为东京电灯公司的技师长，致力于灯泡制造研究。1889年，东京电灯公司从英国引进一套灯泡制造设备，在开始试制的同时，于1890年将灯泡制造部门独立，在三吉电机的三吉正一的协助下，创立了日本第一家灯泡制造公司“白热社”。

白热社的灯泡试制开始的9个月后，即1890年8月12日才完成最初的制品。但是点亮后仅维持了两个小时，因此没有成为商品。终于到了开始销售灯泡的时候，最初的订单来自京都，但是等灯泡送达京都时，由于运输时的震动，灯丝全部断裂，没有可以使用的。自投入生产10年后的白热社，将名称改为“东京电气”，拥有日产800～1000个灯泡的制造能力，但日本的灯泡市场已经成为通用电气（GE）、飞利浦、西门子等10余家欧美企业产品的价格竞争场所，东京电气的产品没有价格竞争力，业绩不佳，面值50日元的股价仅有17日元左右。1902年（明治三十五年）藤冈市助因业绩不好而辞去社长职务，1905年，东京电气公司因选择成为通用电气公司在远东的部门子公司增资25万日元，资本金为40万日元，增资部分204000日元由通用电气公司承担，通用电气公司的持股比例为51%（《东京电气有限公司50年史》）。

藤冈的这场苦斗，似乎与第五章所描述的“2000锭纺织”和第六章釜石田中钢铁厂的苦斗重叠，但从根本上看有所不同。那就是，第五章、第六章的事例是，如何将在欧美经过漫长的历史已经完成的技术，按照日本的条件进行转移的奋斗，而藤冈则是通过研究开发，以数年的时滞追赶欧美正在进行的新技术开发。灯泡的一般性制造理念，是将相对高电阻的电导体灯丝封装在真空玻璃球中，通过电流使灯丝白热化，其开发的中心问题是探索在真空中蒸发而无法断裂的灯丝。欧美各公司也和藤冈一样，从脆弱的碳丝出发，以更强的灯丝为目标展开竞争。这场竞争最终在通用电气公司的研究所中看到了柯立芝（Coolidge）[①]的“引线钨丝”的发明（1908年）和朗缪尔（Langmuir）[②]将氮封入灯泡的发明（1909年）中拉开差距。这期间，出发点的技术差距没有缩小，反而扩大了。导致这一结果的是无可争议的开发能力的差异。

开发能力的差异被研究开发带来的新的企业活动风格所印证。作为完全新诞生的工业——电气和通信，新发明的技术一旦获得专利权，谁都没有可以替代的技术，所谓“专利权作为排他权、作为垄断权发挥了决定性的力量”（石井正，2005）。电气和通信成为大型垄断企业容易成立的工业。白炽灯是如果不伴随电力供给就无法成为商品的发明，但一旦建立配电网，不仅电力本身是巨大的新工业领域，而且也使工业用、家庭用的庞大的新商品群成为可能。成立于1889年的爱迪生通用电气公司是将与电气相关的爱迪生企业群联合起来，集结致力于这一领域可能性的资本家而成立的公司。不过，公司成立后不久，对选矿、留声机、电影、助听器、飞机等所有发明执着的爱迪生，从公司名称中去掉自己的名字，使公司成长为集中于电气领域的企业研究所，以及将由此产生的专利的排他权作为企业竞争力，形成“通用电气”的大型电机企业，与同样在各国成长的大型电机企

① 威廉·大卫·柯立芝，美国物理学家及工程师，在通用电器公司任研究员期间，通过提纯氧化钨增加其延展性，让钨成了灯丝材料。

② 欧文·朗缪尔，美国化学家、物理学家及工程师，博士期间研究电灯的发光条件与气体，毕业后入职通用电器公司，并通过改良扩展泵、给灯泡充入惰性气体、改变灯丝的形状，提升了电灯的照明效能。

业一道，采用托拉斯[①]型的全球市场战略（Millard，1998）。

这种发展，正是在藤冈市助的灯泡开发集中发展的时候进行的。1879年（明治十二年）才刚培养出第一位电气工学学士的日本，从一开始就没能促成这一产业发展出企业竞争力。与通用电气公司技术合作后，东京电气公司的业绩改善令人瞩目。从1905年6月（第14期）到1913年5月（第30期），总收入从4万日元到270万日元，净利润从4500日元到20万日元（第29期），员工数从135名到1930名，实现了巨大发展。当然，通用电气公司的技术指导、零件供应、刚发明的引线钨丝技术的提供等都很重要，但最重要的是，以通用电气公司品牌为背景，一举提高公司的信誉，并且通过融入通用电气公司的远东战略，确保在亚洲市场的竞争力。

同样的情况也适用于从田中制造厂发展而来的芝浦制造厂。早期的小型电机和配电用设备，加上电信用设备，对于不发达国家的机械工业来说，是可负担得起的制造品目。芝浦制造厂在早期实现机械工业中被视为大企业的成长，与此不无关系。但是，交流送配电占据主流地位的同时，送电的高压化也在迅速发展。与此同时，送配电用设备成为大型世界企业的独断，芝浦制造厂的经营逐渐恶化。最终与通用电气公司签订伴随资本参与的技术合作协议，随之经营一举好转，这与东京电气公司的情况相同（《东京芝浦电气有限公司85年史》）。芝浦制造厂与东京电气公司于1939年（昭和十四年）合并，成为第二次世界大战前日本最大的综合电机制造商“东京芝浦电气有限公司”（简称“东芝”），成为拥有24000名员工的大型企业。不过，这与日本也诞生了以其他方式发展成与世界大型企业并驾齐驱企业完全不同。

工部大学电信学科第四届毕业生岩垂邦彦于1899年成立了电话设备制造、销售的有限公司“日本电气”（NEC），从最初开始采用电话设备的权威企业西部电气公司（Western Electric）的持股比例为54%的子公司的

① 相同工业部门的多数企业为垄断市场而在资本上联合的企业集团，以期实现利润最大化。托拉斯型的企业，其经济结合力强，各企业独立性小。

形式，这是毕业后拥有在美国工作经验的他自己的合理判断。之后，三菱电机和美国西屋电器、富士电机和德国西门子电器等公司继续组合，在这个新工业领域形成企业竞争力的组织性研究开发能力的巨大差距下，力求不轻易依赖外国技术。

3. 技术与民族主义——战争与败北

从前文可见，日本近代技术的特色是，技术者这一职业群体作为“工业的将校”在社会上登场。从技术者在作为国家制度的学校被培养的立场出发，通过对几名大学毕业生的事例的探讨，以1910年前后为一个时间节点，我们看到了日本近代技术的到达点。1910年前后这个时代设定，是日本在“日英同盟”的支撑下在日俄战争中取得胜利后，在第一次大战中获得了渔翁之利，从而实力有飞跃式增长的时间节点，很多日本人都意识到日本终于迎来了与世界先进国家并驾齐驱的时期。

吸引维新领导人的目光，驱使他们走向“近代化”的，是地上壮丽的建筑和地下水道和火道（煤气管），是有煤气灯照耀的街道的城市、铁路、运河、道路、电信网等遍及各个角落的国土，是以蒸汽驱动的工厂为主体的工业产出的商品，是商业交易的国民经济所创造的财富，是支撑着这些城市和国土的情景、强大的军事力量和国家的各种制度。这是19世纪后半叶的西欧近代国家的面貌。从那时起日本近代技术群体面向社会使命出发，建立被近代基础设施结构所覆盖的国家景象，创造由机械制大工厂支撑的工业和强大的军事力量。总长度超过10000千米的铁路网全面覆盖国土，在世界主要港口拥有定期航线的海运业正在成长，作为主力产业的纺织工业成长到威胁英国曼彻斯特，造船工业也迅速发展，而且在对马海峡海战（日本海海战）[①]

① 日俄战争期间的一次重大海战。1905年5月27日，俄国第二太平洋舰队钻进了日本舰队的包围圈，日本海军在硬件上的充足的准备以及战术的出色应用，使俄国舰队遭到了空前的损失，近乎全军覆没。这场关系到“日本国家兴衰”的战争，助长了日本对外扩张的野心气焰。

中，日本拥有一举战胜俄罗斯舰队的军事力量，这给日本人带来了一种成就感，他们终于在技术上与欧美发达国家并驾齐驱。但是，前面的概观告诉我们，日本正努力在19世纪后半期的工业结构上缩小与欧美的技术差距时，欧美各国在电气、通信、合成化学、汽车、石油精炼等新工业领域不断进入创造大型世界企业的新阶段。另外，正如当年机械工业的精整工的依赖一样，这种与生俱来的依赖性助长了那时后发工业化固有的矛盾。以20世纪初的工业结构为前提，只要站在客观立场，比较欧美发达国家的技术群体的能力和日本技术群体的能力，就会认为“并驾齐驱”的这种意识是高估了自己。在此，笔者至少要指出3个问题。

第一是在彼时期弥漫在日本技术中的“外国依赖体质”。技术的故乡存在于国外，以纺织工业的曼彻斯特、造船工业的格拉斯哥、钢铁工业的弗赖贝格等为象征，依赖那里的老师、朋友、工厂和工程公司的援助，日本的技术人员是完全无法独立作业的。在新工业领域，这种关系演变成更紧密地依赖国外技术供应商。今泉的“日式托马斯转炉”的构想源于赫尔德工厂的托马斯转炉，深尾在看了伟尔公司的现场之后，就以“可互换性”为目标而努力。这些事实表明，对于一流技术人员来说，外国的现场也是构想的源泉。技术许可协议不仅对给本国提供技术方面至关重要，而且对维持参观外国现场的机会也至关重要。这种依赖型体质下，只要日本保持国际交流就没有任何问题，但当日本陷入国际孤立时，这种依赖性就可能转为日本技术的致命弱点。

第二是机械制造领域的可互换性生产的滞后。其原因如前所述，应该是后发工业化机械工业形成的过渡期的矛盾，发挥支撑过渡期积极作用的工头熟练工的存在阻碍了可互换性生产的引进。可互换性生产是量产由多个精密零件组成的机械的系统的前提条件，这一事实意义重大。

第三是以藤冈市助的灯泡开发为代表的新工业领域的组织性研究开发能力的薄弱。日本的技术人员以数年的时滞进入研究，但在开发方面，差距却越来越大。美国以战略研究开发和专利壁垒为武器，在不断创造大型企业的同时引领世界，在这个领域日本和美国的技术差距是巨大的。

这种状况，如果冷静地观察就会很明显，而且当时的日本也在活跃地议论着本国工业技术的落后性，但第一次世界大战后日本逐年提高对东亚和其他地区的侵略性，最终发展到以美国为主敌的战争，从 1931 年（昭和六年）开始，日本进入到一系列的对外战争和国际孤立的时代。结果，以航空机为首的武器的量产能力存在绝对性的差距，不用说原子弹，雷达及其他新武器的研究开发能力的巨大差距导致了完败。在国际孤立中，日本与作为其构想源泉的各国甚至外国企业断绝联系的技术失去了活力。战争末期，在依靠 U 型潜艇偶尔从德国传来的技术信息和图纸进行尖端技术开发的悲惨状况下，日本迎来了战败。

为什么日本的领导人会看错了本国工业技术的到达点？如果试图从历史中吸取教训，去面对一个不确定的未来，那么这个问题无论如何都无法结束。笔者认为技术和民族主义的问题就在这里。近代技术的形成与欧美的民族国家的形成是一体的，这一点在本章的开头已经提及。各国的科学和技术成果，在欧美也作为国力和国家国际地位的象征，成为民族主义的形象。特别是在像日本这样以“与西欧近代国家并驾齐驱”为国民目标的国家，接近西欧水平的技术成就，在民族主义中受到较高的评价的倾向尤为突出。这与国民对屡次战争的胜利的狂热相结合，在军事技术方面尤为突出。

对提升民族主义的“日本军事技术优秀性的确信”所达到的顶点，不正是所谓的“八八舰队①建设”么？日本海海战的戏剧性胜利使民族主义狂热，但其中却包含了一些伤害日本人自尊心的因素。胜利的日本舰队的主力是以旗舰“三笠”为先头的英国制进口战舰。以战争胜利确信战舰和巨炮在海战中的重要性的海军，以此为契机，在谋求将期盼已久的“战舰

① 八八舰队是日本海军在 20 世纪初以主力军舰为核心的海军扩充计划，是将原有战舰规模扩充至八艘战列舰和八艘巡洋战舰的配置，以组成强大的海军力量。在日本海军的历史上有多个以“八八舰队”为名的海军军备计划。

国产化”的同时，也开始着手实现由八艘战列舰、八艘巡洋战舰组成的常备海军。对于战舰国产化的方法，应该是第七章所说的“海军的技术掌握法”的集大成，以1911年（明治四十四年）开始的四艘“金刚”级巡洋战舰为例，模型舰“金刚”发往英国的维克斯公司（又称“维氏”，英文“Vickers”），剩下的三艘中一艘（“比叡”）在横须贺海军工厂建造、一艘（“雾岛”）在三菱长崎造船厂建造，另一艘（“榛名”）在川崎造船厂建造，不仅日本海军，三菱长崎造船厂、川崎造船厂的技术人员也被赋予了“海军造船监督官”的头衔，多数被派遣到维克斯公司。“金刚”的建造过程作为彻底的技术学习和转移的场所得到了充分的利用（畑野勇，2005）。在此之前，为获得装到战舰上的巨炮制造技术，海军支持北海道煤矿汽船有限公司与英国阿姆斯特朗、维克斯两家公司的合资公司日本制钢厂于1907年在室兰诞生（奈仓文二，1998）。这种方法本身，无论是为了用日本技术制造巨炮，还是为了建造巨舰，都需要外国技术的集中援助，日本在“日英同盟”下与英国的友好关系中得到了很大的帮助，但国民们多是对随着新舰的完成而增加的排水量、强化的装备而狂热。

1920年（大正九年）在吴海军工厂下水的战舰“长门”，让日本人的狂热到达了顶点。战舰“长门”的排水量34650吨，搭载了世界第一的16英寸主炮、87500马力的蒸汽涡轮机、最大速度26.7节，虽然是巨型，却能达到超群的高速的战舰（星野芳郎，1977）。这在国际上也引起了巨大反响，欧美惊讶于日本技术进步得出乎意料的快，提高了对日本军备扩张的警戒心，加速了对裁军会议的行动。日本的民族主义对此表示愤慨，但世界的反应也起到了强化自己终于凌驾世界水准的确信的作用。笔者在本书中一直都强调，历史在一个阶段起着积极的作用，但在下一阶段却是一个转化为矛盾的过程。维新时期，为防止黑船和大炮带来对日本的殖民化，以工业化为目标的政府形成，并引导国民参与主体工业化，发挥了积极作用的诸要素，但在第一次世界大战的20世纪10年代至20年代，随着工业化的相对成功和民族主义的兴起，逐渐转化为副作用的要素。

星野芳郎对战后年轻人的技术观产生了巨大影响，在其近著《追问日本军国主义的源流》（2004 年）中，提出了将这种转化作为“文明的骄傲”进行说明的尝试。星野承认向“文明开化”的倾向是支撑日本近代化的积极因素，同时关注的是，本来在西欧，文明的概念包含“教化野蛮”，西欧各国把“教化野蛮”以文明的名义作为将殖民地化正当化的论据。并且，探讨福泽谕吉[①]支持中日甲午战争的文章等，说服性地阐明了日本人对文明开化的热情，在“教化野蛮”的理论中，转向将侵略中国和韩国的“正当化”的过程。可以认为，这种对“文明的骄傲”和“日本军事技术的优秀性”的狂热是一体的。“文明的骄傲”在第一次世界大战后更加高涨。大战中占领德国在中国的山东半岛的租借地后，日本向中国提出以在中国大陆的利权为中心的“二十一条要求”[②]，大战结束后聚焦中国东北部，进入从“九一八事变”开始的连续战争时代，正如已经说过的那样，第一次世界大战到底给日本以及日本人带来了什么？

广重彻在《科学的社会史》中设了一章“第一次世界大战的冲击”，详细探讨了这个问题。他把开战同时发生的合成染料、医药品、其他化学制品以及钢铁等从交战国的进口中断给日本工业带来的严重混乱，和紧急

---

① 日本明治时代的启蒙思想家，庆应义塾大学的创建者。他先在大阪的绪方塾学习兰学，之后转学英语，曾随幕府使节三度访问欧美。创办《时事新报》，提倡应用科学和独立、自尊。著有《劝学篇》和《文明论之概略》等。

② 日本“对华二十一条要求”是日本帝国主义妄图灭亡中国的秘密条款。日本为扩大其侵略利益，派日本驻华公使 1915 年 1 月 18 日觐见袁世凯，递交了“二十一条要求”的文件，其中包含扩大其在山东半岛的基础设施、中国内陆铁路线、主要矿山、沿海港口及岛屿等的控制权，要求政府“绝对保密，尽速答复”并施以要挟。袁世凯为首的谈判采取了拖延策略，同日本进行秘密谈判，并向外界透露不平等条约。1915 年 5 月 25 日，中日双方在北京签订了“二十一条”的修正案《中日民四条约》。后来，因为全体中国人民的一致反对，以及列强在华利益上的矛盾，日本的要求没有全部实现。“二十一条要求”的提出，严重损害了中国国家主权，完全违背了国际关系的基本准则，激起了中国国内的反日浪潮与民族主义情绪。“二十一条”交涉时期的爱国反日运动，也成了中国近代化的“五四运动”的铺垫。

进行的制碱工业、煤焦油蒸馏为首的精制业培育政策、临时氮研究所的设置、炼铁业调查会的活动等放在首位。从第一次中断进口的经验中可看出，日本工业依靠从外国进口多少原材料和工业产品，存在缺乏资源和基础工业的风险。其次是开始陆海军的研究开发。之前一直依赖进口的测距仪、炮队镜等光学武器，海军和陆军也开始了国产研发，并于1917年（大正六年）成立了陆海军光学武器专业制造厂“日本光学”。日本海军受到大战时飞机的活跃刺激，在横须贺设立“海军航空队”，并设立“海军航空试验所”。日本陆军从“二战”前便开始在临时军用气球研究会进行飞机研究。更有甚者，在作为研究会成员的田中馆爱橘和横田成年两位东京帝国大学教授的推动下，1916年8月东京帝国大学设立了“航空研究所”，其后陆续设立理化学研究所、电气试验所、陆军技术本部、燃料研究所、海军舰政本部、（日本）东北大学金属材料研究所等。同时，技术人员开始通过工政会、工人俱乐部等向技术行政发言，文部省开始扩充理工学教育也是受大战的影响。广重写道：“第一次世界大战给日本留下的深刻印象是，这是一场国家全力以赴的消耗战。在这场消耗战中，德国几乎能够面对整个欧洲乃至美国，且能够忍受4年以上，这着实令人吃惊。当时人们异口同声地说，那是因为科学的力量找到了应对短缺物资的方法。”（广重彻，1973）

两次世界大战期间，是日本人对科学、资源和技术进行空前讨论的时期，这是广重总结日本对第一次世界大战的印象，这与进口中断而造成的日本工业混乱的记忆叠加，带来的是一个噩梦，主题是“日本军事技术的优秀性”和德国一样被放在国际包围网中时会怎样呢？

在举全国的生产力全力进行战斗的消耗战中，大部分的资源和钢铁等大量中间产品的进口被中断的日本工业立刻停止，完全没有了战斗力。但“天然资源全部在国内或近邻采购，工业用材料全部国产化”，若无论如何也无法采购的天然资源，就像德国通过“空中氮固定法”[①]克服了火药原料硝石的进口中断一样，动用科学技术，通过人工资源开发来克服，在国际包围网中也能维持“军事技术的优秀性”，建立一个自我完善的工业经济圈，这在以后成了日本的执念。然而，这在资源小国的日本列岛的框架内不可能达成，必然会加速向相邻周边国家膨胀，觊觎那些地方的资源。同时，彼时日本强调了“科学”的重要性，但大概是梦想像德国一样致力于“用科学的力量应对短缺物资”的“科学主义”。

日本人在全力以赴地努力创造出日本所欠缺的工业。在这里，比较明显的是发展较快的工业和较为困难的工业。“一战”时高呼要培育的煤焦油蒸馏为首的精制业，以及制碱、硫酸铵等化学工业是前者的例子，在20世纪30年代迎来了繁荣。相比之下，最具困难的例子则是汽车工业。“一战”前，在炮兵工厂进行研究的陆军，在中国青岛作战中确认了卡车运输的有用性后，通过“军用汽车补助法”的大幅度补助金和工厂的技术指导，尝试培养国内的汽车制造商，不过，只诞生了快进社、东京瓦斯电气、石川岛汽车三家公司，而且这三家公司是年产300台左右的“微工业”。此外，在商工省[②]的主导下，为了避免与福特、雪佛兰等具有压倒性价格竞争力的美国量产车的直接竞争，日本国内将目标锁定在更大型的客车、卡车上，在指导铁路机车国产化并成功的铁道省技术人员和上述三家公司的协助下，尝试设计和制造商工省标准汽车“五十铃”。“五十铃”在两年内共生产了750台，但生产规模与之前没有太大差别，依旧无法摆脱微工业的命运。

① 通过化学反应使纯化的氢气与氮气发生反应，合成氨气。该方法于1909年由德国化学家弗里茨·哈伯研发，于1913年由德国化学工程师卡尔·博施开发了工业领域的研究，使德国在火药及炸药领域实现自给自足。该化学工艺也被称为“哈伯法”或“哈伯－博施法”。

② 日本在第二次世界大战前设立的主管工商行政的中央官厅。1925年与农林省自农商务省分离而设置。第二次世界大战期间，曾一度改组为军需省和农商省。1949年改组为通商产业省。

在之前论述的机械工程的部分，以进口机械的模仿制作形成的工头机械工的传统强烈地残留在这个时期的机械工厂现场，抵制了可互换性生产的引进，东京瓦斯电气就是其中一例。“五十铃”的设计过程，是购买欧美的著名车，进行分解、研究和各种试验，以其成果为基础，由铁道省和三家公司的技术团队分担设计的有组织的模仿工程本身，其制作过程或许在保留了工头熟练工的传统的机械工厂更适合。不过，微工业的现实雄辩地表明，没有通向“汽车量产”的道路。在可互换性生产方面，以丰田式织机的H式宽幅铁制动力织布机为例所强调的那样，机械工业从可互换性生产向大规模生产系统的发展，随着市场的形成，需要大量由多个精密零件组装的机械，是自然促进的性质。有必要考虑一下当时的日本哪里有这样的市场。

在日本，被称为“石油发动机”的小型内燃机，从明治末期开始就成为城镇工厂的进口机械模仿生产的绝佳品目，被用于河流的巡航船、鲜鱼运输船、沿海渔船、农村的精米机等的动力，引起了一种技术革新效果，这一点笔者在本书的预告篇《汽车在行驶》(《朝日选书》618号）中已经指出。这些可看成是工头熟练工的模仿机械，创造了农林水产业和传统工业发展的新阶段，由此而来的小型内燃机需求，让城镇工厂成长为骨干工厂，可看作使生产工序得以合理化的绝佳契机。不久，在进口汽车的刺激下，内燃机也被装进了陆地上的车辆。从把进口小型电机附在自行车上开始，二轮摩托车、三轮摩托车、轻型汽车的普及，都是因为贫穷的日本人的购买力和狭窄的日本道路状况。其中与之相称的三轮摩托车，在20世纪30年代迎来了热潮。发动机制造公司（现“大发公司”)、东洋工业公司（现“马自达公司”)、大雄汽车等有力制造商不断成长，甚至出口东南亚（坂上茂树，2005)。这样的经历，是不发达国家日本结合其经济水平和固有机械工业的发展阶段，发展了小型内燃机的需求和小型汽车的市场，是向日本的汽车量产系统的极其自然而顺利的发展。

制造日产汽车的鲇川义介，在自己设立的户畑铸件公司的营业品目之一中放入了小型船舶用内燃机，在日本邀请了与查尔斯·弗朗西斯同样重要的可互换性生产的领导者 W. 戈汉姆（W. Gorham），接受其指导，彻底完善可互换性生产体制。在此基础上，他从三家以大型车为目标的军用汽车公司中，继承了因小型而超出计划的"达特桑"的制造权，使用美国的倒闭汽车工厂的二手设备，在 1937 年（昭和十二年）年产达特桑 8353 台，这是沿着自然路线进行中量生产的代表。制造丰田汽车的丰田喜一郎，从父亲丰田佐吉那里继承了确立可互换性生产的工厂，利用自动织布机和精纺机的量产经验，以月产 500 台左右的乘用车生产线为目标，代表着以这个时期日本最大工业的纤维工业的纺纱机需求为基础的另一个自然的量产技术的路线。但是，以军用运输为目的的卡车工业为目标的日本陆军和商工省，要求日产公司停止制造达特桑，强制转换为中型卡车，强制丰田同样向卡车转换，并将生产规模扩大三倍，以与三家军用汽车合并产生的大型卡车制造的"吉赛尔汽车"公司[①]加在一起的三家公司为主体，其他小制造商和摩托三轮制造商全部作为零件制造者重新组织，强行形成军用汽车工业。这就是当时所谓的工业化，将工业最正常发展的萌芽推向国家计划的框架内。这样形成的日本汽车工业，在对美开战的 1941 年的年产量约 42000 辆。

相比之下，美国汽车工业年产量达到 400 万辆。而且，在美国，作为内燃机应用运输机械的汽车工业和飞机、坦克、高速艇、潜艇工业之间，通过内燃机的开发和相互转用，有着很强的技术关联，其中，汽车工业在量产技术方面处于关键地位（坂上茂树，2005）。通过这一对比，年产约 400 万台的美国汽车工业的生产力，可以直接转换为战时的军需武器生产力。正因为如此，年产 4 万辆和 400 万辆的对比意义很重。那么，当时的日本领导人是怎么想的呢？

没有办法从他们那里听到答案，但有一篇文章可以告诉我们他们的想

① 五十铃汽车公司 1941—1949 年的主要企业名称。

法，那就是宫本武之辅所写的《技术国策论》。宫本是1917年（大正六年）从东京帝国大学工科大学土木工程学科毕业后，进入内务省土木局后成为土木局长的，提到宫本可以让人想起曾经的古市公威。宫本很早就组织了技术人员团体、工人俱乐部，对于技术人员的地位提高和技术国策的需要进行了最有力的发言，同时，他经由1938年12月设置的兴亚院①的技术部长，成为推进科学技术动员政策的内阁直属企划院次长，他的经历告诉我们，他是讲述这个时代国家对"科学技术"期待谓何的最佳人物。《技术国策论》刊载于《改造》杂志1940年（昭和十五年）11月号。当年9月，日德意三国同盟正式签署。《技术国策论》一文恰好就是当时写的。首先令人吃惊的是文章的内容，文章写道：

> 认为我国的技术今日能达到欧美最高水平……这样的见识浅薄，实在是危险的自我陶醉。……我国的技术水平，人造燃料、人造纤维、合成化学产品、化学染料、金属材料、作业机械、光学机械、内燃机、飞机、汽车和其他重要国防工业，与欧美的技术水平相比，处于多么低的位置，如果连这些都想不到的话就太过分了。

这文章明明有了如此正确的认识，想向社会呼吁，却又不能马上回答出为什么。文章的整体讲述的是如何迅速提高科学技术所处的低位置。首先，文章提出必须培养具有日本特色的技术。技术具有根据地理位置不同的资源和环境自然出现的国家特色，在缺乏某种资源的国家，用人造资源代替其资源的技术发达，在说明技术的国家特性之后，文章又写道："我国石油资源不富裕，人造石油制造技术不发达汽油消费量少的汽车制造技术，进一步导致以柴油、乙炔、氢、甲烷瓦斯等为燃料的特殊内燃机汽车制造

① 日本帝国时期的内阁机构，1938—1942年运作，初旨是赞助中国工商业发展及加强对日本占领区的统治，然而该机构很快被日本陆军篡夺，成为其发展矿山和军工业而强迫劳动的工具。

技术并不发达，”宫本慨叹道：“这是因为以往我国急于直接进口欧美技术，而没有把目光投向日本特色的技术建设。”乍一看言论正确，但实际上逻辑是颠倒的。这些技术之所以在日本不发达，是因为日本没有汽车工业。没有汽车工业的国家不需要开发耗油量少的发动机。实际上，在不断加强的军舰、航空机、坦克及其他机械化部队的石油消费量相当大的时候，美国废除了“日美通商航海条约”（1939 年 7 月），以停止石油供给相要挟，逼迫日本进行亚洲战略转换。宫本所列举的省燃料技术的各项项目是因这种状况而有些进展的开发项目，但彼时加速也太晚了。宫本的科技政策缺乏关于研究开发所需的时间和资金、发展目标和开发能力之间的关系的讨论。

作为当时向德国、美国学习科学技术研究最旺盛的国家，展现出值得关注的发展的（前）苏联，日本为克服科学技术的所处的低位置，应该向哪个国家学习？对此，宫本将展开讨论。在这里，三个国家对科学和技术的制度层面的观察是准确的，但随着项目的推进，德国的官民研究组织，对德国国民的规划和目的性表示共鸣，并断定技术的国家管理、科学技术动员应该以“纳粹德国的技术国策”为典范，“德国的赫赫战果，负有完全精锐的科学力量的旺盛的精神力量，受到万人的认同。信之以信，则信之甚明”。两次世界大战期间，日本被捕捉在建立能够承受国际包围网的自我完善的经济圈的幻想中，丢失了自明治维新以来支撑日本顺利发展的诸多要素，企图通过向纳粹德国学习的技术国家管理和科学技术动员缩小与欧美的差距，造就了另一个幻想的时代。本书所描绘的工业发展所产生的矛盾，即技术在日本面临课题挑战，技术人员通过解决该课题，从而打开工业发展和技术的新阶段。然而，使工业与技术的自然相互关系消失，通过强制的技术国家管理形成汽车工业，其结果是，在摘取自然的汽车工业发展的萌芽的同时，用频繁发生故障的卡车使战场的日军士兵痛苦。这是就幻想的代价。

宫本在写这篇文章的次年 12 月 8 日，日本机动部队对夏威夷的美国太平洋舰队进行突袭，在给予毁灭性打击的同时，也开始对南亚的攻击占领作战。很明显，后者的主要目标是确保荷（兰）属东印度（今印度尼西亚一带）的油田及其防卫网的构筑。军部与其追求宫本推荐的“人造石油”[①]的梦想，向纳粹学习，选择了在闪电作战中确保石油资源的道路。但是，美国潜艇的攻击力超乎预想，威胁到日本本土和占领地之间的海上运输。其次，在超出预想的航空机量和机动部队的攻击力面前，日本列岛在国际包围网中孤立时的噩梦变成了现实，因为燃料不足，只能拼尽全力使用单程飞行的飞机和单程燃料出击的军舰。有人认为，这场战争是一场不得已的防卫战争，却忽视了日本有停止侵略中国的选择。另外，对于给国家带来如此大损失的领导人的判断失误和支持它的极端民族主义，缺乏从中彻底吸取教训的态度。也有人认为，这场战争是将亚洲从殖民地解放出来的战争。但事实又如何呢？在本章第一节中，笔者从后发工业化的日本的角度出发，总结了维新以来支撑日本发展的条件。如果日本利用自己的经验，促成亚洲各国的繁荣，当然，日本应该按照这个条件，协助亚洲各国的成长，但日本却走上了完全相反的道路。

日本以防止自己成为殖民地，形成不受任何支配的自立的近代国家为目标，走上了发展道路，但其计划是首先把中国台湾作为殖民目标，然后把朝鲜半岛作为殖民目标，还在中国东北地区一带建立傀儡政权，妄图使其成为实质殖民地，进而继续占领中国的领土。最后，企图军事占领整个东南亚。日本在这些殖民地和附属国建设了铁路和工厂，积极开展矿山经营，但并非为了这些地区的自立经济，而是为了填补日本经济欠缺的部分，恰恰成了富尔塔多所说的本国（日本）经济的一部分，只是为了其利益而行动的企业和工厂。最重要的是，在亚洲，以亚洲间贸易的发展为象征的各国的独立经济通过贸易产生互补影响，促使经济发展不断增长，日本也

---

① 即“气液化”工艺，主要指将天然气或其他气态碳氢化合物转化为长碳链碳氢化合物（如汽油或柴油燃料）的炼油工艺。该工艺最早于 1925 年由两名德国化学家发现，并于 1936 年商业化，德国在“二战”期间作为替代燃料，约占德国战时生产燃料的 9%。

处于其中。但日本的侵略行动，导致原有的经济发展逐渐分裂，最终使经济链因日本试图占领整个亚洲而消失。现在我们眼前的亚洲各国的活跃的经济发展，如果没有日本的亚洲侵略和统治，应该是更早以前就可以看到的景象。日本在这件事上的责任是可以被更多地认识和讨论的。

最后，笔者想强调的是，从八八舰队建设开始的极端军备扩张，以两个流派的动态互补关系为特征，逐渐剥夺了日本自身的经济发展的活力。裁军①具有暂时将日本从经济崩溃中拯救出来的作用，但 1931 年（昭和六年）以后，扩大的经济军事化，如汽车工业的例子所示，采取将经济的自然活力部分解体，并强行纳入进技术的国家管理计划的形式。而且在科技动员的体制下，达到了极限。在战败的焦土中，日本经济在 10 年内复兴并开始高速增长，这被称为日本的奇迹，但这绝非奇迹。遗留在废墟中的机械设备和工厂，让人联想到 20 世纪 20 年代的城镇工厂的集合，随着军需工业被解体，被围困的技术人员带着各自的技术经验，四处向民需工业寻求生计之路，这恢复了日本工业曾经拥有的支撑技术平衡的活力。从先满足废墟上的生活需求开始的增长。这发展的过程，给人的印象是日本经济回到 20 世纪 20 年代，并从那里重新开始。那时，人们会在自行车上装有军需品废弃的小型马达，把自行车变成动力自行车，人们骑着动力自行车在废墟上四处奔走的身影，正是 20 年代的情景。矿工业生产恢复到战前水平后，二轮摩托车和三轮摩托车便开始流行起来。那是曾被技术的国家管理压垮的生产力的重生之姿。当这发展为日本小型车的生产线时，从日本支配下解放出来的亚洲各国的发展也以“NIES”②为龙头重新开始。就像过去亚洲间贸易的发展一样，亚洲各国的独立经济，通过贸易相互影响，形成亚洲整体充满活力的经济发展的姿态。

---

① 即前文提及的裁军会议，英国、日本、法国、意大利和美国参与会议，于 1930 年签署限制和削减海军军备的协定，有效期为 1931 年至 1936 年，但这一限制期间日本国内发生多起政变，走向军国主义的道路。

② 即新兴经济工业体（New Industrializing Economics）。

参考文献

（按章节顺序排列）

第一章

Duchesne de Bellecourt, 'La Chine et le Japon a l'Exposition Universelle', *Revue des Deux Mondes*, 1 aout 1867, pp.710–742

中岡哲郎「産業史における万国博」大阪市立大学『経済学雑誌』76巻2号，1977

五代友厚『廻国日記』(日本経営史研究所編『五代友厚伝記資料』第4巻，東洋経済新報社，1974)

宮本又次『五代友厚伝』有斐閣，1981

C. Furtado, *Development and Underdevelopment*, University of California Press, 1964

第二章

三枝博音『技術史』東洋経済新報社，1940（『三枝博音著作集』第10巻，中央公論社，1973 所収）

三枝博音編『日本科学古典全書』第9・10巻，朝日新聞社，1942・1944（復刻版第4・5巻，1978）

第9巻に「鉄銃製造御用中心覚之概略」(大島高任)・「西洋鉄熕鋳造篇」(手塚謙蔵)・「鉄熕鋳鑑図」「鉄熕鋳鑑図解編」(金森錦謙)，第10巻に「反射炉日録抄出」(佐久間貞介)所収。

青木国夫他編『江戸科学古典叢書』7・46，恒和出版，1977・1983

7に「鉄熕鋳鑑図」(金森錦謙)，「橋野高炉絵巻」，飯田賢一・芹沢正雄「解説　わが国における近代製鉄技術の生成—土着技術と洋式技術の接点」，46に『水蒸船説略』『水蒸船説略附図』所収。

大橋周治『幕末明治製鉄史』アグネ，1975

大橋周治編『幕末明治製鉄論』アグネ，1991

後著は前著を大幅に改訂しかつ岡田廣吉の論文「西欧高炉法の消化詳説」その他を加えている。本章執筆時は前著を参照したが，後著に書かれた新事実および岡田論文に書かれた新事実は後著によって修正した。

秀島成忠『佐賀藩銃砲沿革史』佐賀・肥前史談会，1934（『明治百年史叢書』第156巻，原書房，1972に復刻）

「反射炉の由来」を収めている。また精煉方についても詳しい。

鈴木淳『明治の機械工業』ミネルヴァ書房, 1996
武田楠雄『維新と科学』岩波新書, 1972
ファン・カッテンディーケ著, 水田信利訳『長崎海軍伝習所の日々』平凡社東洋文庫, 1964
藤井哲博『長崎海軍伝習所』中公新書, 1991
公爵島津家編輯所『薩藩海軍史』中巻, 薩藩海軍史刊行会, 1928（『明治百年史叢書』第72巻, 原書房, 1968に復刻）
日本科学史学会編『日本科学技術史大系』第18巻 機械技術, 第一法規出版, 1966
「島津斉彬公西洋形軍艦を創製せられたる事実」という表題で市来四郎談話を収めている。「五代友厚上申書」および引用した手紙の全文は前掲『五代友厚伝記資料』第4巻で読める。また, 彼の渡航の意味づけについては, 犬塚孝明『薩摩藩英国留学生』中公新書, 1974 に大きな示唆を受けた。
石附実『近代日本の海外留学史』ミネルヴァ書房, 1972（中公新書に再録, 1992）

第三章
修史館文書『工業』『棄児』
いずれも大阪市立大学学術総合情報センター図書館の「明治大正大阪市史編纂史料」として閲覧可能である。
庄司乙吉監修・絹川太一著『本邦綿糸紡績史』日本綿業倶楽部
第1巻（1937）, 第2巻（1937）, 第3巻（1938）, 第4巻（1939）, 第5巻（1941）。本文に（絹川太一, 第○巻）として引用するものは同書を指す。なお、同書は7巻まであり、『明治百年史叢書』第387～393巻, 原書房, 1990～1991として復刻。
『工部省沿革報告』（大内兵衛・土屋喬雄編『明治前期財政経済史料集成』第17巻ノ1, 明治文献資料刊行会, 1964 所収）
中村尚史『日本鉄道業の形成』日本経済評論社, 1998
小風秀雅「明治前期における鉄道建設構想の展開―井上勝をめぐって」（山本弘文編『近代交通成立史の研究』法政大学出版局, 1994 所収）
『大久保利通文書』5・7, 東京大学出版会, 1983
通商産業省編『商工政策史』第13巻工業技術, 商工政策史刊行会, 1979
山田盛太郎 『日本資本主義分析』1936（岩波文庫版, 1977 に再録）
Thomas C. Smith, *Political Change and Industrial Development in Japan : Government Enterprise, 1868-1880*, Stanford University Press, 1955

第四章
寺尾宏二『明治初期京都経済史』大雅堂, 1943
鈴木淳「『勧工』―民間工業奨励政策の生成」（高村直助編『明治前期の日本経済』日本経済評論社, 2004 所収）
山口和雄『日本経済史』経済学全集5, 筑摩書房, 1976
佐々木信三郎『西陣史』芸艸社, 1932（復刻, 思文閣出版, 1980）
服部之総「西陣機業における原生的産業革命の展開」『染織日出新聞』1936年1月～12月（『服部之総全集』6, 福村出版, 1973 所収）

『伊達周齋翁傳』周齋伊達彌助翁贈位報告祭発起者,1924
中村正直訳・柳田泉校訂『スマイルス自助論　西国立志編』富山房,1938
『西陣—美と伝統』西陣五百年記念事業協議会,1969
「西陣織物器械図説」を復刻している
『公文録』壬申年五・六月工部省伺,山尾庸三「西洋器械買入ノ儀ニ付キ伺」
吉田忠七『明治五年壬申・新規発明製糸織機両器械最初ヨリ日記』西陣織物館所蔵
京都府立総合資料館編『京都府百年の資料』2商工編,京都府,1972
吉田忠七のリヨンからの手紙,吉田派遣のため府への西陣物産会社世話役,各社肝煎の口上書などはここからとった。
京都府立総合資料館編『京都府統計史料集』第2巻,京都府,1970
荒川宗四郎編『足利織物沿革誌』両毛實業新報社,1902（『明治前期産業発達史資料』別冊51-1・2,1970 所収）
西陣織物業組合編『西陣の栞』1911
本庄栄治郎『西陣研究』増補改訂版,改造社,1930（『本庄栄治郎著作集』7,清文堂出版,1973 所収）
本庄栄治郎編『西陣史料』経済史研究会,1972
山口和雄編『日本産業金融史研究・織物の金融篇』東京大学出版局,1974
田村均『ファッションの社会経済史』日本経済評論社,2004
三瓶孝子『日本機業史』雄山閣,1961
山脇悌二郎『事典・絹と木綿の江戸時代』吉川弘文館,2002
森徳一郎編『尾西織物史』尾西織物同業組合,1939
寺島良安著,島田勇雄他訳注『和漢三才図会』5,平凡社東洋文庫,1986
佐貫尹・佐貫美奈子『木綿伝承』染織と生活社,1997
佐貫尹・佐貫美奈子『高機物語—日本の手織り高機』芸艸堂,2002
河村瑞江・山田真由美「木綿縞の染織文化—越原家の縞帳分析から」「同第2報」『名古屋女子大学紀要』39(家政・自然編)・40(同), 1993・1994
山本麻美・河村瑞枝「江戸・明治期の縞帳の比較研究(第1報—羽島市歴史民俗資料館所蔵の縞帳について)」「同(第2報)」『名古屋女子大学紀要』45(家政・自然編)・46(同), 1998・1999
川勝平太「明治前期における内外綿布の価格」『早稲田政治経済学雑誌』第244・245合併号,1976
同「明治前期における内外綿関係品の品質」『早稲田政治経済学雑誌』第250・251合併号,1977
内田星美「小幅縞木綿とその代替大衆衣料における革新」『東京経済大学・人文自然科学論集』第95号,1993
角山幸洋『日本染織発達史』改訂増補版,田畑書店,1968
田村均「在来織物業の技術革新と流行市場—幕末・明治前期の輸入毛織物インパクト」『社会経済史学』第67巻第4号,2001(田村均『ファッションの社会経済史』所収)
田村均「明治前期の東京織物市場と流行織物—縞木綿を中心に」(老川慶喜・大豆生田稔編『商品流通と東京市場』日本経済評論社,2000 所収)
阿部武司「明治前期における日本の在来綿業—織物業の場合」(梅村又次・中村隆英編『松方財政と殖産興業政策』国際連合大学,1983 所収)
谷本雅之『日本における在来的経済発展と織物業—市場形成と家族経済』名古屋大学出版会,1998
入間郡役所『織物資料』巻1,1909（『新編埼玉県史』資料編第21巻,1982 所収）

東京税務監督局『管内織物解説』明治40年2月（『明治前期産業発達史資料』別冊53-2，明治文献資料刊行会，1970 所収）
塩沢君夫・近藤哲生編『織物業の発展と寄生地主制』御茶の水書房，1985
中村隆英『日本経済—その成長と構造』第二版，東京大学出版会，1980
桐生織物史編纂会『桐生織物史』中巻，桐生織物同業組合，1938
「前橋領紺屋仲間染物代金議定」（『群馬県史』資料編14近世6，1986 所収）
『繭糸織物陶漆器共進会審査報告 第三区織物』（織物講話会筆記を含む），明治18年11月（『明治前期産業発達史資料』10-2，1964 所収）
繭糸織物陶漆器共進会『織物集談会記事』明治18年8月（『明治前期産業発達史資料』8-5，1965 所収）
橋野知子「織物業における明治期『粗製濫造』問題の実態—技術の視点から」『社会経済史学』65巻5号，2000

第五章
機械紡績技術の原理的側面については，以下の文献を主に参照した。
中岡哲郎・鈴木淳・堤一郎・宮地正人編『産業技術史』山川出版社，2001，I-6章「繊維産業」（玉川寛治執筆）
内田星美「紡織機の発明と工場の成立」（荒井政治・内田星美・鳥羽欽一郎編『産業革命の技術』有斐閣，1981 所収）
Robert Cornthwaite, *Cotton Spinning: Hints to Mill Managers, Overlookers, and Technical Students*, John Heywoods, 刊行年不明
Harold Catling, *The Spinning Mule*, The Lancashire Library, 1986
チャールズ・シンガー他編，田辺振太郎・高木純一他監訳『技術の歴史』増補版，第7巻・第10巻，筑摩書房，1979
産業技術記念館・館報『「モノ作り」と「研究と創造」』Vol. 7～9, 15, 16
庄司乙吉監修・絹川太一著『本邦綿糸紡績史』日本綿業倶楽部
第1巻（1937），第2巻（1937），第3巻（1938），第4巻（1939），第5巻（1941）。第三章参照文献の項に同じ。
玉川寛治「わが国綿糸紡績機械の発展について—創始期から1890年代まで」『技術と文明』9巻2号，1995
玉川寛治「初期日本綿糸紡績業におけるリング精紡機導入について」『技術と文明』10巻2号，1997
高村直助『日本紡績業史序説』上，塙書房，1971
高村直助『再発見・明治の経済』塙書房，1995
中岡哲郎・石井正・内田星美『近代日本の技術と技術政策』国際連合大学，1986
Douglas Farnie, *The English Cotton Industry and the World Market 1815-1896*, Clarendon Press Oxford, 1979
Mike Williams, Douglas Farnie, *Cotton Mills in Greater Manchester*, Carnegie Publishing, 1992
Douglas Farnie, "Platt Bros. & Co. Ltd. of Oldham, Machine-Makers to Lancashire and to the World: An Index of Production of Cotton Spinning Spindles, 1880-1914", *Business History*, Vol.23 No.1, 1981
薩摩のものづくり研究会『薩摩藩集成館事業における反射炉・建築・水車動力・工作機械・紡績技術の総合的研究』2004（代表者：鹿児島大学教育学

部教授・長谷川雅康)
第6章紡織機械(玉川寛治執筆)6.1「鹿児島紡績所の機械設備について」においてプラット・ブラザーズ社の鹿児島紡績機械に関する残存資料の調査結果が報告されている。
『渋沢栄一伝記資料』第10巻,渋沢栄一伝記資料刊行会,1956
「玉木永久氏談話」「岡村勝正氏談話」「渋沢栄一『本邦紡績業の回顧』」などの資料はここからとった。
Richard Marsden, *Cotton Spinning : its development, principles and practice*, G. Bell and Sons, 1886
廣瀬茂一『近世紡績術』丸善,1903
『百年史・東洋紡　上・下』東洋紡績,1986
『繭糸織物陶漆器共進会審査報告』第二区第二類綿糸,明治18年(『明治前期産業発達史資料』10-2,1964所収)
荒川新一郎の講話の記録(講話会記録として引用)
『綿糸集談会記事』明治18年8月刊行(『明治前期産業発達史資料』8-5所収)
清川雪彦「日本綿紡績業におけるリング紡機の採用をめぐって—技術選択の視点より」『経済研究』36巻3号,1985
阿部武司・村上義幸・井上真里子「斎藤恒三宛伊藤伝七書翰」『経済史研究』第10号,大阪経済大学日本経済史研究所,2006
絹川太一編『伊藤伝七翁』伊藤伝七翁伝記編纂会,1936(『伝記叢書』332,大空社,2000として複製刊行)
『高辻奈良造氏談話』(筆記稿本)大阪大学付属図書館「日本紡績協会資料」

第六章

森嘉兵衛・板橋源『近代鉄産業の成立—釜石製鉄所前史』富士製鉄釜石製鉄所,1957
森嘉兵衛「日本僻地の史的研究—九戸地方史」上・下(『森嘉兵衛著作集』第8巻・第9巻,法政大学出版局,1982・1983所収)
武井博明『近世製鉄史論』三一書房,1972
杉山輯吉「釜石鉄山精鉱ノ景況」『工学叢誌』第8巻,明治15年4月号
杉山輯吉「釜石木炭製造概況」『工学叢誌』第9巻,明治15年7月号
桑原政「釜石鉱山景況報告」『工学叢誌』第10巻,明治15年8月号
桑原政「釜石鉱山景況」『工学叢誌』第11巻,明治15年9月号
『工学叢誌』収載の杉山・桑原の文献は,各々(杉山輯吉,第○巻),(桑原政,第○巻)として引用。
中岡哲郎「技術史から何が学べるか」『金属』76巻6号,2006
野呂景義「本邦製鉄事業の過去及将来」『鉄と鋼』第1巻1号,1915
『鉄と共に百年』新日本製鐵釜石製鉄所,1986
飯田賢一・三枝博音編『日本近代製鉄技術発達史』東洋経済新報社,1957
田中長兵衛の素志書はこの本所載のものを用いた。
安永義章「赤羽工作分局製紡績機械」『工学会誌』第7輯第81巻,1888
山田健「釜石銑精錬概略」(大阪砲兵工廠弾丸製造所『大阪工廠ニ於ケル製鉄技術変遷史』昭和2年3月〈久保在久編『大阪砲兵工廠資料集』上巻,日本経済評論社,1987所収〉)
朝岡康二『鉄製農具と鍛冶の研究』法政大学出版局,1986
岡田廣吉「幕末の高炉技術の展開」『ふぇらむ』vol.1,No9,1996

中岡哲郎・三宅宏司「大阪砲兵工廠における釜石銑の再精錬」『技術と文明』4巻2号，1988
美馬善文・美馬佑造「大阪砲兵工廠における鋳鉄堅鉄弾と鋳砲の開発」上，大阪府立大学『歴史研究』第31号，1993
葉賀七三男「東大採鉱冶金学科実習報告書」『技術と文明』4巻2号，1988
K. Nakamura(中村恭作)，*The REPORT of Kamaishi Iron Mine*，1893(東京大学工学部採鉱冶金学科所蔵)
岡田廣吉「大島善太郎『故釜石鉱山田中製鉄所所長横山久太郎殿功績録』」1・2『技術と文明』8巻2号・9巻1号，1993・1994
加藤泰久「釜石製鉄所調査報告」明治25年(1892)4月9日(大蔵大臣官房編『鉄考』所収〈『明治前期産業発達史資料』別冊70-4，1970 所収〉)
高松亨「釜石田中製鉄所木炭高炉の鉄管熱風炉」『技術と文明』6巻1号，1990
野呂景義・香村小録『釜石鉄山調査報告』農商務省鉱山局，明治26年(1893)2月
大橋周治編『幕末明治製鉄論』アグネ，1999
野呂景義　「釜石鉄山ノ近況」明治25年(1892)4月(大蔵大臣官房編『鉄考』所収)
飯田賢一『日本鉄鋼技術史』東洋経済新報社，1979

第七章

Frank Broeze, 'The Transfer of Technology and Science to Asia 1780-1880: Shipping and Shipbuilding', in Keiji Yamada ed, *The Transfer of Science and Technology between Europe and Asia, 1780-1880*, International Research Center for Japanese Studies, 1992
オールコック著，山口光朔訳『大君の都—幕末日本滞在記』上，岩波文庫，1962
中西洋『日本近代化の基礎過程—長崎造船所とその労使関係：1855-1900年』上・中・下，東京大学出版会，1982・1983・2003
山本潔『日本における職場の技術・労働史：1854-1990年』東京大学出版会，1994
勝海舟『海軍歴史』(『明治百年史叢書』第43巻，原書房，1967 所収)
チャールズ・シンガー他編，田辺振太郎・高木純一訳編『技術の歴史』増補版，第8・9巻，筑摩書房，1979
D. R. ヘッドリク著，原田勝正他訳『帝国の手先—ヨーロッパ膨張と技術』日本経済評論社，1989
北政巳『近代スコットランド鉄道・海運業史—大英帝国の機械の都グラスゴウ』御茶の水書房，1999
井上洋一郎『日本近代造船業の展開』ミネルヴァ書房，1990
石井謙治『和船』I・II，法政大学出版局，1995
鈴木淳『明治の機械工業—その生成と展開』ミネルヴァ書房，1996
『新修大阪市史』第5巻，1991
『兵庫県史』第5巻，1980
『新修大津市史』5近代，1982
『石川島重工業株式会社108年史』石川島播磨工業，1961
松永秀夫「明治維新時の横浜～江戸(東京)通船の消長—「稲川丸」「シティー・オヴ・エド」「弘明丸」の3船を中心に」『海事史研究』第50号，1993
内山正居筆記『塩田泰介氏自叙伝』1938(三菱長崎造船所・所史編纂室資料)

久米邦武編,田中彰校注『特命全権大使米欧回覧実記』2,岩波文庫,1978
Olive Checkland, *Britain's Encounter with Meiji Japan, 1868–1912*, Macmillan, 1989
三浦昭男「日本造船業の青春時代—天洋丸はどのようにして造られたか」1～5『世界の艦船』1995年10月～1996年4月号
造船協会編『日本近世造船史—明治時代』(『明治百年史叢書』第205巻,原書房,1973所収)
『明治文化』昭和11年8月号～10月号
『公文録』明治17年9月・10月工部省「太湖汽船会社保護ノ件」
　　井上勝の手紙を含む。
『公文備考別輯　新艦製造部　葛城艦・大和艦』(防衛庁防衛研究所図書館所蔵)
　　赤松の手紙,キルビーの手紙,契約書その他引用した資料を含む。
日本経営史研究所編『日本郵船株式会社百年史』日本郵船,1988
小林正彬『日本の工業化と官業払下げ』東洋経済新報社,1977
『大阪商船株式会社五十年史』大阪商船,1934
『三菱長崎造船所史』1,三菱造船株式会社長崎造船所職工課,1928
三菱造船所『明治31年度第1次年報』(三菱長崎造船所・所史編纂室)
Luis Bush, *The Illustrious Captain Brown*, The Voyagers' Press & The Charles Tuttle Company, Tokyo, 1969
津村均『最新初等造船工学』東京開成館,1943
三枝博音他『近代日本産業技術の西欧化』東洋経済新報社,1960
山口増人『船の常識』海洋社,1930
山下正喜『三菱造船所の原価計算—三菱近代化の基礎』創成社,1995
安部正也「既往十年間鋼船構造沿革」『造船協会会報』第1号,1903
『長崎造船所労務史』三菱重工業長崎造船所職工課(昭和5年〈1930〉9月脱稿の稿本)

第八章

原田勝正『明治鉄道物語』筑摩書房,1983
飯田賢一『日本鉄鋼技術史』東洋経済新報社,1979
C. Furtado, *Development and Underdevelopment*, University of California Press, 1964
宮本又次『五代友厚伝』有斐閣,1981
村上安正・原一彦「産業革命の日本的展開」1採鉱冶金技術の発展(村上担当部分)(飯田賢一編『技術の社会史』4重工業化の展開と矛盾,有斐閣,1982所収)
上山和雄「器械製糸の確立と蚕糸技術」,海野福寿編『技術の社会史』3西欧技術の移入と明治社会,有斐閣,1982所収
南亮進・清川雪彦編『日本の工業化と技術発展』東洋経済新報社,1987
鈴木淳編『工部省とその時代』山川出版社,2002
安藤哲『大久保利通と民業奨励』御茶の水書房,1999
日本経営史研究所編『五代友厚伝記資料』第4巻,東洋経済新報社,1974
鈴木淳『明治の機械工業』ミネルヴァ書房,1996
中村隆英『日本経済—その成長と構造』第2版,東京大学出版会,1980
中岡哲郎『自動車が走った—技術と日本人』朝日選書618,1999

杉原薫「アジア間貿易の形成と構造」『社会経済史学』51巻1号，1985（杉原薫『アジア間貿易の形成と構造』ミネルヴァ書房，1996 所収）
中井英基「中国農村の在来綿織物業」（安場保吉・斎藤修編『プロト工業化期の経済と社会』日本経済新聞社，1983 所収）
W. H. G.アーミティジ著，鎌谷親善・小林茂樹訳『技術の社会史』みすず書房，1970
川勝平太「明治前期における内外綿布の価格」『早稲田政治経済学雑誌』第244・245合併号，1976
中岡哲郎「科学の制度化とナショナリズム」（河野健二編『フランス・ブルジョア社会の成立』岩波書店，1977 所収）
廣重徹『科学の社会史—近代日本の科学体制』中央公論社，1973
『大久保利通文書』5・7，東京大学出版会，1983
『工部省沿革報告』（『明治前期財政経済史料集成』第17巻-1，1964 所収）
中村征樹「フランス革命と技師の《近代》—書き換えられる技術的実践の「正統性」」『年報　科学・技術・社会』第10巻，2001
中村尚史『日本鉄道業の形成—1869～1894』日本経済評論社，1998
内田星美「近代技術者の生成」『日本機械学会誌』1992年4月号
三好信浩『明治のエンジニア教育』中公新書，1983
柿原泰「工部省の技術者養成」（鈴木淳編『工部省とその時代』山川出版社，2002 所収）
中山茂『帝国大学の誕生』中公新書，1978
石附実『近代日本の海外留学史』ミネルヴァ書房，1972（中公新書に再録，1992）
『香村小録自伝日記』（発行者香村春雄）1939
『東京大学百年史』通史1，東京大学出版会，1984
東京大学史史料研究会編『東京大学年報』第1巻，東京大学出版会，1993
内田星美「技術政策の歴史」（中岡哲郎・石井正・内田星美著『近代日本の技術と技術政策』国際連合大学，1986 所収）
東條恒雄（三枝博音）「技術家小伝・古市公威」『科学主義工業』第7巻1号，1943
大淀昇一『宮本武之輔と科学技術行政』東海大学出版会，1989
今泉嘉一郎『鉄屑集』上・下，工政会出版部，1930
「ヘールデー製鉄所略記」「第一回留学と其感想」も同書所収。
堀切善雄『日本鉄鋼業史研究』早稲田大学出版部，1987
深尾淳二『技術回想七十年』「深尾淳二技術回想七十年」刊行会，1979
前田裕子『戦時期航空機工業と生産技術形成—三菱航空エンジンと深尾淳二』東京大学出版会，2001
山下充『工作機械産業の職場史—1889～1945』早稲田大学出版部，2002
尾高煌之助『職人の世界・工場の世界』リブロポート，1993
豊田自動織機製作所『四十年史』1967
『東京電気株式会社五十年史』東京芝浦電気，1940（『社史で見る日本経済史』第2巻，ゆまに書房，1997として復刻）
『東京芝浦電気株式会社八十五年史』東京芝浦電気，1963
石井正『知的財産の歴史と現在』発明協会，2005
アンドレ・ミラード著，橋本毅彦訳『エジソン発明会社の没落』朝日新聞社，1998
畑野勇『近代日本の軍産学複合体』創文社，2005
奈倉文二『兵器鉄鋼会社の日英関係史』日本経済評論社，1998

『星野芳郎著作集』第4巻技術史II,勁草書房,1977
星野芳郎『日本軍国主義の源流を問う』日本評論社,2004
牧野文夫「日本漁業における技術進歩—漁船動力化の経済分析」『技術と文明』5巻1号,1989
坂上茂樹『鉄道車輌工業と自動車工業』日本経済評論社,2005
日本科学史学会編『日本科学技術史大系』第3巻通史,第一法規出版,1967
宮本武之輔「技術国策論」はここからとった。

后 记

笔者妄言自称是技术史家，正如早期拙著《人与劳动的未来》（中公新书，1970 年）、《工厂哲学》（平凡社，1971 年）所表明的，起初，现代的技术进步和劳动问题才是笔者对技术的关注中心。之所以对日本近代技术史产生兴趣，是因为笔者在 20 世纪 70 年代中期的中国，看到著名的土法工厂的现场，思考着这种方式如何到达现代工业。这个问题，自然而然地延伸了下一个问题，即在日本的情况又如何呢？回想起来，本书中笔者对传统技术的关心，与当时笔者对土法的关心恰好重合。正好在那个时候，亚洲经济研究所的林武先生问笔者是否参加在联合国大学[①]举行的“技术的转移、变化、开发——日本的经验”的共同研究，由于邀请非常及时，笔者立即答应了。这就是笔者从后发工业化的角度进行日本近代技术史研究，进而成为本书的出发点。在林先生的带领下，笔者在马来西亚和泰国，看到比日本中小企业的二手设备效率低得多的当地“最先进”的工厂，在几场国际会议上与发展中国家的知识分子进行讨论，这些经验都非常珍贵。本书所写的工部省事业的评价和“2000

① 在联合国和联合国教科文组织的援助下创建的独立的学术机构。主要目的为根据《联合国宪章》的精神，就世界性的问题进行国际间的共同研究。1974 年在日本东京都涩谷区设立总部，没有校园，活动则通过各国的合作机构进行。

锭纺织”的分析，是借着经验看明治的工业化，这也是笔者第一次看到。对此，笔者深深地感谢已故的林武先生。

笔者的共同研究报告《从技术史的角度看日本经验》成了中冈哲郎、石井正、内田星美《近代日本的技术与技术政策》（联合国大学，1986）的第一章。这一章是笔者首次提出技术在社会经济关系的支撑下发挥作用这一想法的地方，并根据这一想法，论述了风箱炼铁、釜石田中钢铁厂、日本传统纺织工业、鹿儿岛纺织厂、大阪纺织厂等，从这一点来看，也可以把这一章作为本书的原型。《从技术史的角度看日本经验》这篇论文是觉醒于笔者对日本技术史研究的第五年，现在看来，粗糙度很明显，但当时的笔者却充满了自信。再之后，恰好当墨西哥学院大学邀请笔者是否愿意来上课时，笔者马上回复说：“我愿意去。我想就日本近代技术形成的诸多问题进行讲授。”更为巧合的是，刚从朝日新闻社出来的广田一先生，也是笔者的拙著《看得见的过程》的编辑之一，他对笔者这次在墨西哥的讲课很有自信，认为笔者一定会在墨西哥写出好的稿子，并和笔者约好回来后出一本叫做《日本近代技术之路》的书，之后就气势昂扬地出门了。

在墨西哥学院大学的亚洲研究科，笔者在几位老师和 10 名左右的研究生面前用英语讲课。讲课一开始就有意想不到的反应。正如第二章所写的，当谈到萨摩藩在和英国战争中从樱岛炮台给“尤里亚勒斯”号的一击时，学生产生了异常的兴奋，并发言说：“为什么您不能说萨摩藩胜利了呢？”之后全员进行了讨论。笔者回应说：“萨摩藩是因为这一击而勉强免遭失败，重要的是通过这场战争，萨摩藩认识到了敌人的实力。”但是学生们没有作罢。最后，学生说：“您从未住过殖民地国家，所以不知道这场胜利的重要性。”

想起学生的话，说明本书第一到三章所描绘的讲义的编排，触动了学生的内心，但对笔者来说，日本在这个时期免遭殖民地化的重要性，正像他们那样迫切地接受了，这成了笔者反省的契机。其影响也体现在了本书中。虽然讲课进展顺利，但随着课程的推进，学生想知道笔者所说的混血型的发展与战后日本的高速成长有何关系。要回答这个问题，需要像本书第八章那样对两次世界大战期间进行分析，当时笔者并没有准备好。学生还想在笔者的讲课中寻找帮助墨西哥拯救当时陷入经济危机的线索。对于这个要求，笔者也没准备好回答。当然，在课堂上和学生进行了热烈的讨论，但经过反复的讨论，却增强了笔者写书不要太早的想法。就这样，笔者从墨西哥回来，只写了和广田先生约定的稿子的前三章。广田先生看了这三章后说："嗯，不错，我们等《日本近代技术之路》的完成吧。"不过，这已是距今 22 年前的事了。

被转移的技术与传统经济的相遇，无法产生发展，反而产生矛盾、混乱和停滞，而这对于日本会不会是例外？这种思索有使写本书的心情萎靡的效果。恢复萎靡情绪的契机是 1987 年秋天在西阵织物馆举行的日英纤维工业研究者"East meets West"研讨会。当时与笔者建立联系的外国研究者之间，已经持续了约 10 年的对曼彻斯特、费城、大阪的共同研究，这是将英国最初的工业化、受其启发而在美国发生的一个后发工业化，以及更晚在日本发生的另一个后发工业化，从各自成为推进力的地区的角度进行比较的研究会。在这里，笔者了解到英国和美国都有各自的"传统"和"外来"的故事。为了总结发展中国家的教训，抛开谈论日本经验的过度信念，写出支撑 19 世纪后半期开始的"一个后发工业化"的技术历史和结构即可，这就是该共同研究的成果之一（D. A. Farnie，T. Nakaoka，D. J. Jeremy，J. F. Wilson，and T. Abe Eds，***Region and Strategy in Britain and Japan-Business in Lancashire and Kansai***，1890—1990，Routledge，2000）。从该成果发表以后的 6 年中，笔者把重点放在了本书上。在与衰老作斗争的日子里，笔者强烈地觉得好不容易才写完了。因为想写的东西太多，加上书的容量有限，结果，导致预定要写的两次世界大战期间的很多事项都被删掉了，这非常令人遗憾。关于删掉的这些内容，只要有留给笔者的时间，笔者就想写下去。

本书出版之际，首先要感谢的是广田一先生。如果没有广田先生历经23年千方百计地采取各种方法，实际上是非常有耐心的督促，再加上他的鼓励，他相信本书会成为一本好书，那么，本书就不会完成。对广田先生表示衷心的感谢的同时，对于最终没能达成在广田先生在迎来退休之前出版本书的这一目标，笔者深表歉意。

近代技术的特点之一是专门化。对本书中提到的任何工业领域都是外行的笔者来说，确实需要请教很多人。回答有关技术的初步问题，关于资料的所在进行指导的人数不胜数，在这里，特别想列举多次关照过的人的名字及其所属机构。他们是，阿部武司（大阪大学）、玉川宽治［原大东纺（株）纤维技术人员］、松尾宗次（独立行政法人物质、材料研究机构）、今野丰彦（东北大学金属材料研究所）、田村均（埼玉大学）、铃木淳（东京大学）、高松亨（大阪经济大学）、广田义人（大阪工业大学）、松木哲（神户商船大学）、高桥孝三（西阵织物馆前馆长）、藤井健三（西阵织物馆特约顾问）、土屋朝义（京都市染织试验厂）、佐贯尹（传承文化研究所）、村上义幸（东洋纺社史室）。他们在资料阅览、未公开资料的利用、照片的摄影和提供、图表的制作等各种方面都给予了诸多关照。特别是有几位在读了原稿的一部分后，指出错误，或者给出评论。在文献方面，大阪市立大学学术信息综合中心、大阪经济大学图书馆、同志社大学日本经济史研究所、同志社大学中小企业和经营研究所、三菱长崎造船厂史料室的各位给予了特别关照。

最后，对于广田先生退休后，接手本书企划的山田丰先生、奈良由美子女士表示感谢。笔者认为书是由著者和编辑共同创作的，但本书最终由3位编辑完成，实在是荣幸之至。广田先生一直有信心说："书正在形成中，我的目标方向没有错。"在最后阶段，山田先生帮助笔者修正了稍微过于深入的部分和不足的部分，平衡了构成。奈良女士设想了本书的读者，就技术性说明、用语的选定、细节的完成，给予了周到的评语和考虑。能遇到3位好编辑，笔者感到很幸福。

中冈哲郎

2006年9月

索　引

专有词汇

人名类

日本地名类